WILEY

国外油气勘探开发新进展丛书

GUOWAIYOUQIKANTANKAIFAXINJINZHANCONGSHU

UNCONVENTIONAL HYDROCARBON RESOURCES PREDICTION AND MODELING USING ARTIFICIAL INTELLIGENCE APPROACHES

非常规油气人工智能预测和建模方法

【阿尔及利亚】西德—阿里·瓦德菲尔（Sid-Ali Ouadfeul） 编

邹才能 于荣泽 高金亮 吴振凯 等译

石油工业出版社

内 容 提 要

本书重点介绍了神经网络、机器学习和模糊逻辑等人工智能分析技术在非常规油气藏勘探开发中的应用及案例，主要内容包括基于人工智能技术的页岩气藏孔隙压力预测、储层表征、井筒完整性分析、TOC 预测、甜点识别、表面活性剂分析、岩相分类、岩性识别、饱和度预测、天然裂缝识别和表征、岩石物理参数预测、储层综合评价，以及应力敏感性评价等。

本书可为科研院所、高等院校和油气公司等从事非常规油气和人工智能应用的相关人员提供参考借鉴。

图书在版编目（CIP）数据

非常规油气人工智能预测和建模方法/（阿尔及）西德—阿里·瓦德菲尔编；邹才能等译．—北京：石油工业出版社，2024.11.—ISBN 978-7-5183-7111-2

Ⅰ. TE-39

中国国家版本馆 CIP 数据核字第 2024VK9110 号

出版发行：石油工业出版社
（北京安定门外安华里 2 区 1 号　100011）
网　址：www.petropub.com
编辑部：（010）64523537　图书营销中心：（010）64523633

经　销：全国新华书店

印　刷：北京中石油彩色印刷有限责任公司

2024 年 11 月第 1 版　2024 年 11 月第 1 次印刷

787×1092 毫米　开本：1/16　印张：17

字数：445 千字

定价：80.00 元

（如出现印装质量问题，我社图书营销中心负责调换）

序

“他山之石，可以攻玉”。学习和借鉴国外油气勘探开发新理论、新技术和新工艺，对于提高国内油气勘探开发水平、丰富科研管理人员知识储备、增强公司科技创新能力和整体实力、推动提升勘探开发力度的实践具有重要的现实意义。鉴于此，中国石油勘探与生产分公司（现为中国石油油气和新能源分公司）和石油工业出版社组织多方力量，本着先进、实用、有效的原则，对国外著名出版社和知名学者最新出版的、代表行业先进理论和技术水平的著作进行引进并翻译出版，形成涵盖油气勘探、开发、工程技术等上游较全面和系统的系列丛书——《国外油气勘探开发新进展丛书》。

自 2001 年丛书第一辑正式出版后，在持续跟踪国外油气勘探、开发新理论新技术发展的基础上，从国内科研、生产需求出发，截至目前，优中选优，共计翻译出版了二十五辑 100 余种专著。这些译著发行后，受到了企业和科研院所广大科研人员和大学院校师生的欢迎，并在勘探开发实践中发挥了重要作用。达到了促进生产、更新知识、提高业务水平的目的。同时，集团公司也筛选了部分适合基层员工学习参考的图书，列入“千万图书下基层，百万员工品书香”书目，配发到中国石油所属的 4 万余个基层队站。该套系列丛书也获得了我国出版界的认可，先后八次获得了中国出版协会的“引进版科技类优秀图书奖”，形成了规模品牌，获得了很好的社会效益。

此次在前二十五辑出版的基础上，经过多次调研、筛选，又推选出了《油藏描述、建模和定量解释》《致密油藏表征、建模与开发》《蠕虫状胶束的体系、表征及应用》《非常规油气人工智能预测和建模方法》《多孔介质中多相流动的计算方法》《页岩油气开采》等 6 本专著翻译出版，以飨读者。

在本套丛书的引进、翻译和出版过程中，中国石油油气和新能源分公司和石油工业出版社在图书选择、工作组织、质量保障方面积极发挥作用，一批具有较高外语水平的知名专家、教授和有丰富实践经验的工程技术人员担任翻译和审校工作，使得该套丛书能以较高的质量正式出版，在此对他们的努力和付出表示衷心的感谢！希望该套丛书在相关企业、科研单位、院校的生产和科研中继续发挥应有的作用。

丛书编委会

《国外油气勘探开发新进展丛书(二十六)》

编　委　会

《非常规油气人工智能预测和建模方法》
翻 译 组

组　长：邹才能

副组长：于荣泽　高金亮　吴振凯

成　员：董大忠　胡志明　卞亚南　赵素平
　　　　孙钦平　郭　为　端祥刚　王玫珠
　　　　田文广　刘翰林　俞霁晨　胡云鹏
　　　　吕　洲　金亦秋　刘兆龙　吴　桐

译者前言

21 世纪以来,世界经济进入新的发展周期,各国对石油天然气资源的需求直线上升。非常规油气是指用传统技术无法获得自然工业产量、需用物理方式改善储层渗透率与流体黏度或化学方式转化油气等新技术才能经济开采的连续型油气资源。非常规油气资源包括致密油气、页岩油气、煤岩油气、油页岩、油砂矿、天然气水合物等。随着非常规油气产量的不断攀升,非常规油气开发关键词也由高油价环境下的“效率”转化为当前形势下的“有效性”。当前形势下非常规油气开发将催生一场以大数据和人工智能为代表的智慧革命,人工智能技术的广泛应用将会不断提高非常规油气资源的竞争力。

自德国在汉诺威工业博览会上推出“工业 4.0”,以大数据、云计算和人工智能为核心技术的第四次工业革命拉开序幕。油气行业也迎来了数字化转型智能化发展阶段,深度融合大数据技术已成为支撑非常规油气产业创新发展的关键。人工智能是以计算机科学为基础,研究人类智能活动的规律,构造能够执行智能任务的人工系统。研究如何让计算机去完成以往需要人的智力才能胜任的工作,也就是研究如何应用计算机的软件、硬件来模拟人类某些智能行为的基本理论、方法和技术。人工智能技术也是 21 世纪三大尖端技术(基因工程、纳米科学、人工智能)之一,在油气勘探开发等诸多领域都获得了广泛应用,并取得了丰硕的成果。

本书重点介绍了神经网络、机器学习和模糊逻辑等人工智能分析技术在该类油气藏勘探开发中的应用及案例。全书共 20 章,主要内容包括基于人工智能技术的页岩气藏孔隙压力预测、储层表征、井筒完整性分析、TOC 预测、“甜点”识别、表面活性剂分析、岩相分类、岩性识别、饱和度预测、天然裂缝识别和表征、岩石物理参数预测、储层综合评价,以及应力敏感性评价等。每章分别给出了人工智能分析技术在具体非常规油气藏中的应用实例,包括 Barnett 页岩气藏、Eagle Ford 页岩油气藏、Bakken 页岩油气藏、阿尔及利亚 Oued Mya 油藏、Hassi Terfa 油藏、Berkine 盆地、美国 Williston 盆地等。

希望本译著的出版能够为科研院所、高校、油气公司等从事非常规油气资源勘探开发和人工智能应用的相关人员提供参考借鉴。鉴于对书稿原文的理解认识有限,译文难免存在不妥之处,恳请各位读者批评指正。

目　　录

第1章 地震遗传反演预测页岩气藏孔隙压力

——以 Barnett 页岩气藏为例

Sid - Ali Ouadfeul[1] Mohamed Zinelabidine Doghmane[2] Leila Aliouane[3]

(1. Geophysics, Geology and Reservoir Engineering Department, Algerian Petroleum Institute, Sonatrach, Boumerdes, Algeria;2. Department of Geophysics, FSTGAT, University of Science and Technology Houari Boumediene, Algiers, Algeria;3. LABOPHYT, Faculty of Hydrocarbons and Chemistry, University M'hamed Bougara of Boumerdes, Boumerdes, Algeria)

1.1 引言

孔隙压力预测是油气勘探工作中的重要环节,孔隙压力平面分布图和纵向剖面图对于钻井、储层增产改造和井筒稳定性至关重要。2011 年,Zhang 通过破裂压力梯度法预测孔隙压力并给出了最小破裂压力和最大破裂压力,该模型成为后续众多孔隙压力预测方法之一。

Bahmaei 和 Hossein 利用地震速度模型预测了孔隙压力,并给出了模型在伊朗南部 Sefid—Zakhor 气田的应用实例。实例中利用 Sefid—Zakhor 1 井炮间距速度修正原始声波测井数据,并去除密度测井后将最终声阻抗模型转换为速度模型。最后,将速度模型转换为孔隙压力。利用模块化地层动态测试仪(MDT)获取的孔隙压力数据验证了孔隙压力预测结果。结果表明,除二维地震断面背斜左侧区域受构造隆起影响外,气藏整体孔隙压力呈正常变化趋势。

本节给出了利用测井预测异常孔隙压力的常用经验技术。此外,通过修正 Eaton 电阻率和声波方法,利用深度相关正向压实方程预测地层孔隙压力。修正方法为地层压实趋势预测提供了一种简单的预测途径。除经验预测方法外,理论建模也是认识异常孔隙压力产生机理的重要手段。推荐采用孔隙压力—孔隙度理论模型进一步认识和预测异常孔隙压力。

2002 年,Sayers 等发表了一篇利用地震数据预测钻前孔隙压力的论文。研究表明,根据速度和孔隙压力变换关系能够实现钻前储层孔隙压力的预测。该方法的先决条件是地震速度数据必须具备足够的分辨率以达到预期目的。以墨西哥湾深水沉积地层为例,使用反射成像和基于 Dix 方程的传统方法获取的速度场存在显著差异。

页岩气储层表征的主要工作之一是利用测井数据预测孔隙压力(Huffman,2002;Sayers et al. ,2006;2002)。目前,文献中提出利用测井数据预测孔隙压力的多方法。

2006 年,Sayers 等利用井约束条件下地震数据预测钻前储层孔隙压力,研究指出,通过速度—孔隙压力变换关系获取的地震层速度可实现钻前储层孔隙压力预测。该方法的关键是钻前能够获取空间足够分辨率的地震数据。实钻井速度可用时,通过地震层速度和井速度数据的结合可构建精细的速度场,该方法可用于预测给定目标区域的孔隙压力。本文中提出了一种利用 Eaton 模型生成的地震数据确定孔隙压力的方法,首先对推荐方法进行概述。

1.2 方法和应用

1.2.1 地质背景

晚密西西比时期 Lapetus Ocean 盆地闭合导致海洋入侵,Barnett 页岩在今天的得克萨斯州中北部沉积。Ouachita 冲断带在晚宾夕法尼亚纪时期开始向今天的北得克萨斯州地区推进。南美板块下沉至北美板块下部导致冲断带出现。冲断带直接形成了 Ouachita 冲断带前部的前陆盆地。该盆地初期勘查将 Barnett 页岩热成熟归因于其埋藏史和与埋深相关的温度场。随着勘查不断深入,研究人员对这一认识开始持怀疑态度。2003 年,前 Mitchell Energy/Devon 公司的 Kent Bowker 提出了另一种理论,认为 Quachita 冲断带诱发热流体由东向西运移推动了 Barnett 页岩成熟过程。图 1.1 给出了密西西比和宾夕法尼亚时期地层柱状图。下 Barnett 页岩是主要目的层,其顶部埋深为 2027m(6650ft[1])(Givens et al. ,2014)。

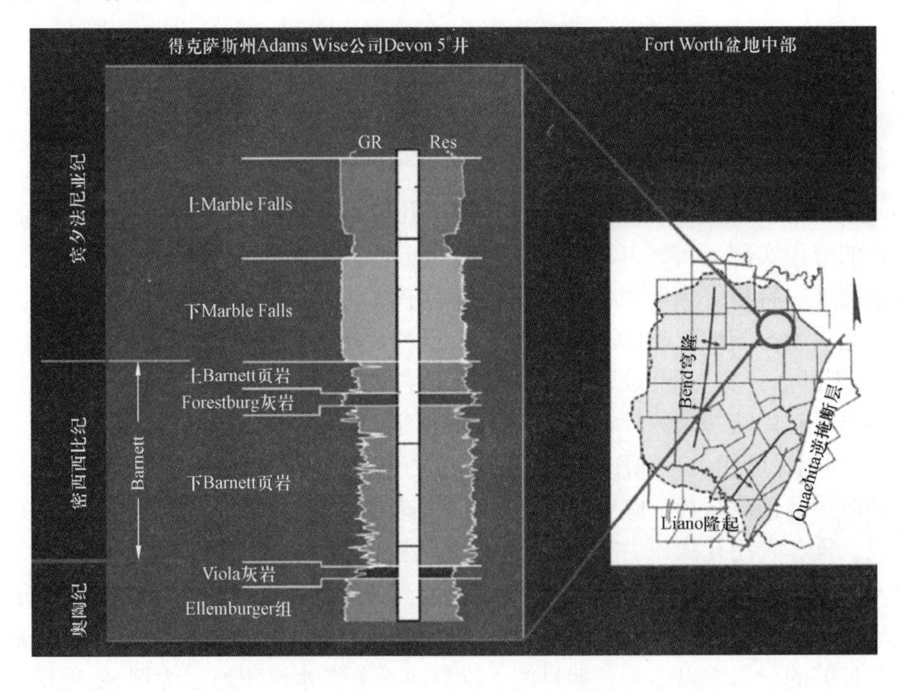

图 1.1 Barnett 页岩气藏典型地层柱状图(Browning et al. ,1980)

1.2.2 方法

Eaton 利用流动方程和地震速度确定有效应力的垂直分量,该方法通常用于预测孔隙压

[1] 1ft = 0.3048m。

力(Eaton,1975;Bowers,1995):

$$\sigma = \sigma_{\text{Normal}}\left(\frac{v}{v_{\text{Normal}}}\right)^{n} \tag{1.1}$$

式中 σ_{Normal}——垂向有效应力;

v_{Normal}——正常压力水平条件下的地震速度;

n——描述地震速度对有效应力面感性的指数,$n = 1.2$(Kumar et al. ,2012)。

预测储层孔隙压力可表示为:

$$p = S_V - (S_V - p_{\text{Normal}})/\left(\frac{v}{v_{\text{Normal}}}\right)^{n} \tag{1.2}$$

Eaton 方法指出,测量地震速度与正常压力条件下,沉积物标准速度之间的差异随深度增加的变化关系为:

$$v_{\text{Normal}} = v_0 + KZ \tag{1.3}$$

假设 Z 是 P 波的声阻抗,那么 Z 是 P 波速度和密度的函数:

$$Z = \rho v \tag{1.4}$$

根据 Gardner 模型(Gardner et al. ,1974),密度和速度呈幂函数关系:

$$\rho = av^{b} \tag{1.5}$$

图 1.2 给出了密度和 P 波速度的双对数交会图,式中 a 和 b 是与岩相相关的常数。

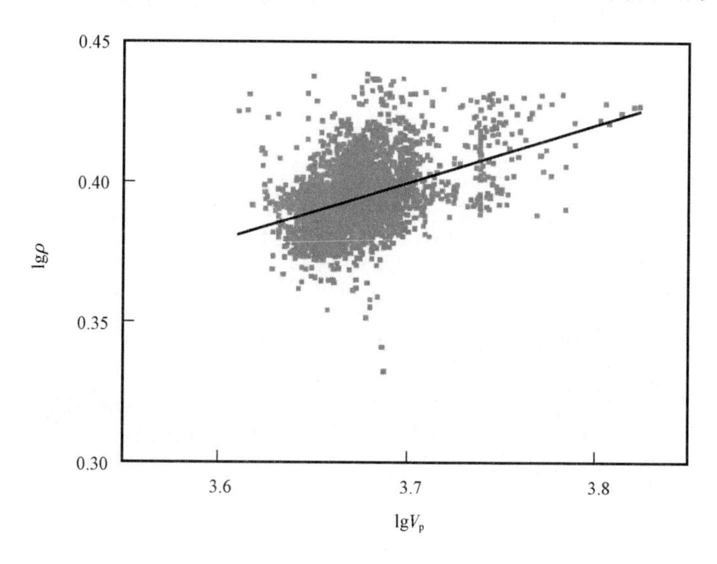

图 1.2 P 波密度和速度双对数统计关系

根据密度和 P 波速度双对数线性拟合关系式求取的常数项 a 和 b 为:

$$a = 1.22, b = 0.69 \tag{1.6}$$

P 波速度 v 和声阻抗关系式为:

$$Z = av^{b+1} \tag{1.7}$$

因此,声阻抗和 P 波速度相关性可表示为:

$$v = \left(\frac{Z}{a}\right)^{\frac{1}{b+1}} \tag{1.8}$$

正常压力系统地层速度计算公式为:

$$v = v_0 + KZ \tag{1.9}$$

式中　v_0,K——与地层属性相关的常数。

图 1.3 给出了 P 波速度和深度的交会图。

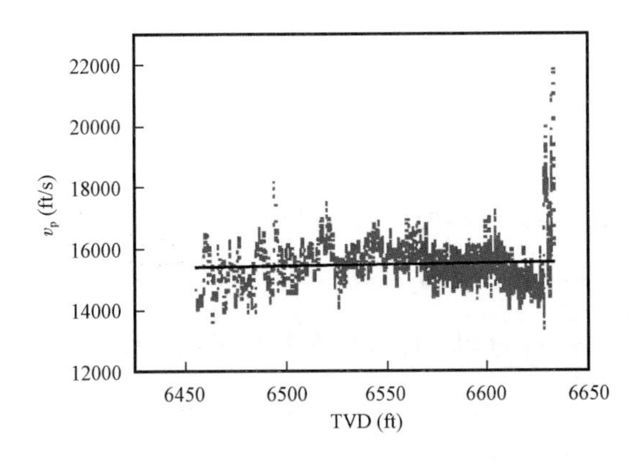

图 1.3　下 Barnett 页岩地层 P 波速度和深度关系

v_0和 K 数值由 P 波速度与深度线性拟合关系确定,如下所示:

$$v_0 = 9656\text{ft/s}, K = 0.89 \tag{1.10}$$

典型地层孔隙压力计算公式为:

$$p_{\text{Normal}} = Z\text{Grad}_{p_P} \tag{1.11}$$

式中　Z——地层深度;

Grad_{p_P}——孔隙压力梯度。

2007 年 Bowker 指出该孔隙压力梯度值为 0.52psi/ft。

图 1.4 给出了下 Barnett 页岩正常压实地层的孔隙压力与深度。

正常压力系统条件下,垂向应力表示为:

$$S_V = \int_0^Z \rho g \text{d}Z \tag{1.12}$$

式中　Z——地层深度;

ρ——密度;

g——重力加速度,取值 9.81m/s^2。

图 1.4 给出了下 Barnett 页岩气藏上覆垂向应力。

根据下式和参数可根据声阻抗获取孔隙压力：

$$p = S_V - (S_V - p_{\text{Normal}}) \left[\frac{\left(\frac{Z}{a}\right)^{\frac{1}{b+1}}}{(v_0 + KZ)} \right]^n \tag{1.13}$$

$$p = \int_0^Z \rho g \mathrm{d}z - \left(\int_0^Z \rho g \mathrm{d}z - Z\mathrm{Grad}_{p_P} \right) \left[\frac{\left(\frac{Z}{a}\right)^{\frac{1}{b+1}}}{(v_0 + KZ)} \right]^n \tag{1.14}$$

式中 n——常数项，取值 1.2。

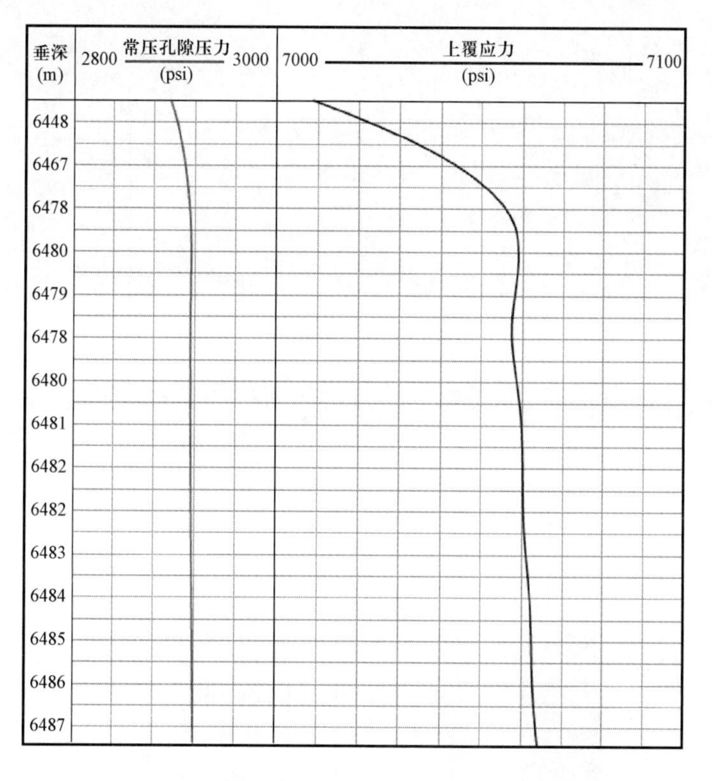

图 1.4 下 Barnett 页岩地层常压孔隙压力、上覆应力与深度关系

1.3 数据处理

将三口水平井（1H、2H 和 3H 井）原始测井数据和 Fort Worth 盆地三维地震数据体结合以反演获取地层总有机碳含量属性。图 1.5 给出了数据叠加处理后的局部三维地震数据体。该图同时还给出了下 Barnett 顶面和底面以及三口水平井的轨迹。密度数据如图 1.6 所示。利用 P 波获取 1H、2H 和 3H 井声阻抗。从三维地震数据体中获取的地震数据临近三口水平井区域。第一步是植入一个神经多层感知器（MLP）机器学习算法模型，该机器学习模型由一个

隐藏层和三个神经元构成,把从图 1.5 中提取的地震数据作为输入数据,原始测井数据中获取的声阻抗作为输出数据。鉴于植入了有监督机器学习模型,模型训练学习过程中使用 1H 井和 2H 井的数据。图 1.6 给出了反演三维地震数据体示例(排测线 782,列测线 723,深度切片位置 5988ft)。模型训练结束时计算神经元之间的连接权重,然后将整个三维地震数据体通过多层感知器传播,并利用连接权重重新计算输出。

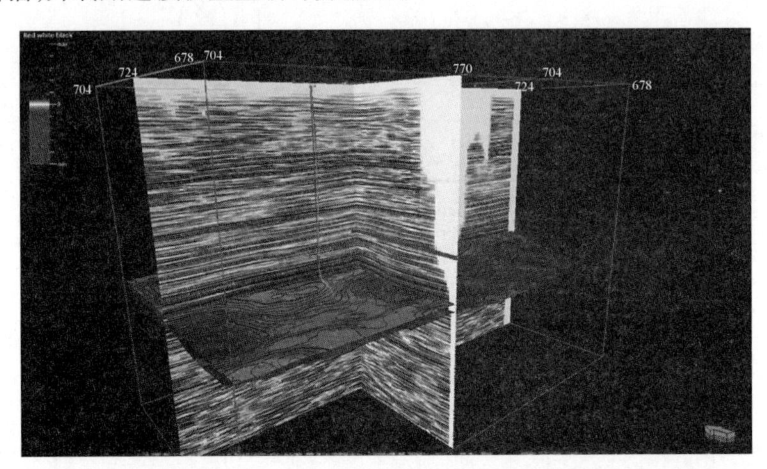

图 1.5　下 Barnett 页岩顶面、底面和三口水平井轨迹的叠加三维地震数据体(排测线 770,列测线 724)

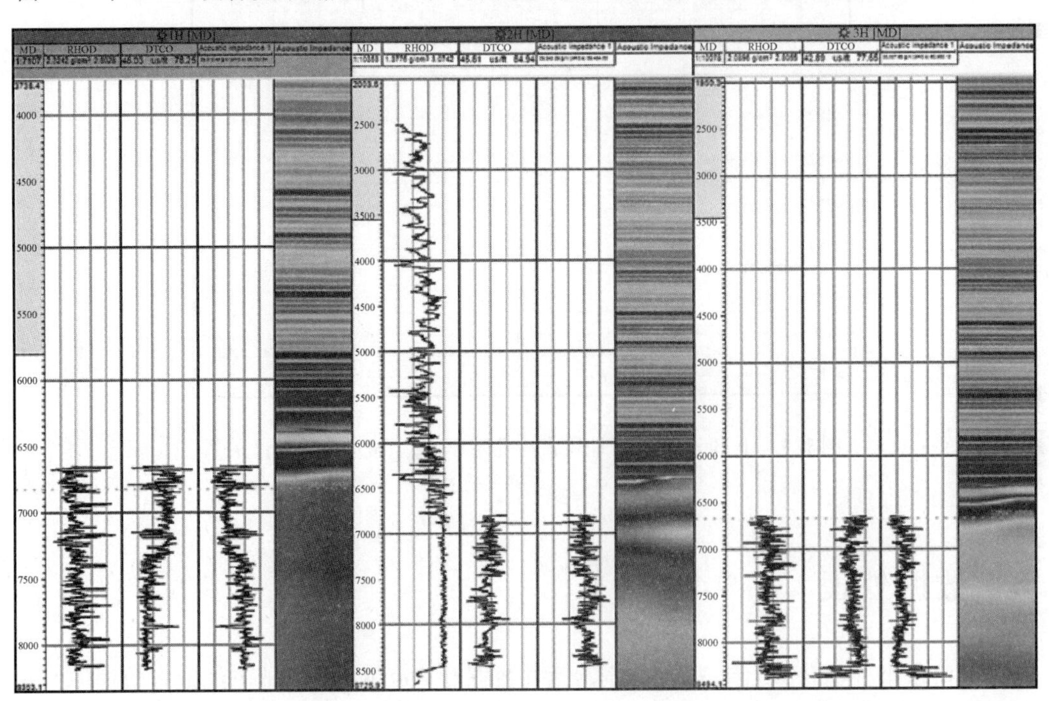

图 1.6　声阻抗反演和地震数据记录的 1H、2H 和 3H 井附近地层密度和 P 波慢度

图 1.7 给出了利用推荐方法预测的下 Barnett 页岩气藏穿过 1H 井经验轨迹及垂向的地层孔隙压力。然后利用声阻抗反演数据体反向预测下 Barnett 页岩气藏孔隙压力。

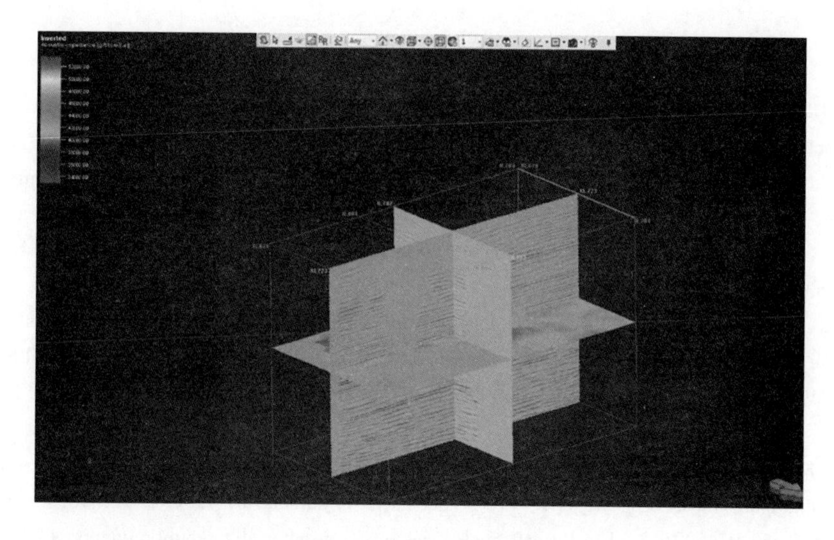

图 1.7 P 波反演声阻抗

1.4 结果和结论

图 1.6 可以看出预测孔隙压力范围 2880~2920psi[1]，预测结果与图 1.4 中静水压力预测结果一致，也表明推荐模型能够准确预测气藏孔隙压力。然而，在静水压力模型中反演孔隙压力不会呈指数变化关系。此外，还可以通过天然裂缝和孔隙压力分布特征来解释部分地层内孔隙压力大幅横向变化特征（图 1.8）。因此，该模型可有效用于页岩气藏、页岩地质力学、井筒稳定性以及水力压裂模拟和方案设计。

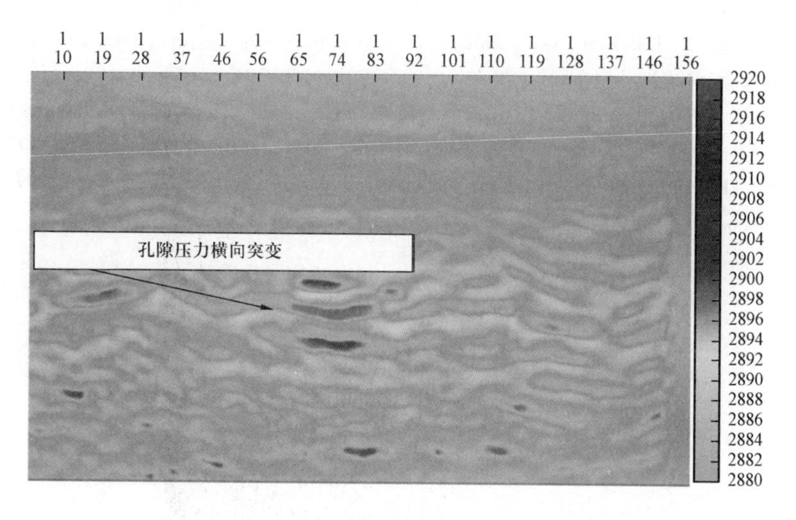

图 1.8 利用推荐方法预测下 Barnett 页岩气藏穿过 1H 水平井的地层孔隙压力

[1] 1MPa = 145psi。

参考文献

Bowers, G. I. (1995). Pore pressure estimation from velocity data: accounting for pore pressure mechanisms besides under compaction. *SPE Drilling and Completion* 10: 89 – 95.

Bowker, K. A. (2003). Recent development of the Barnett Shale Play, Forth Worth Basin. *West Texas Geol Soc Bull* 42: 4 – 11.

Bowker, K. A. (2007). Barnett Shale gas production, Fort Worth Basin: issues and discussion. *AAPG Bulletin* 91 (4): 523 – 533.

Browning, D. W. and Martin, C. A. (1982). Geology of North Caddo Area, Stephens County, Texas. In: *Petroleum Geology of the Fort Worth Basin and Bend Arch Area* (ed. C. A. Martin), 315 – 330. Dallas Geol Soc. 03; 2: 6.

Eaton, B. A. (1975). The equation forgeopressure prediction form wells logs. SPE, 5544, Dallas, TX (September 1975).

Gardner, G. H. F., Gardner, L. W., and Gregory, A. R. (1974). Formation velocity and density – the diagnostic basics for stratigraphic traps. *Geophysics* 39: 770 – 780. https://doi.org/10.1190/1.1440465.

Givens, N. and Zhao, H. (2014). The Barnett Shale: not so simple after all, republic energy. *AAPG Annual Meeting Program* 13: A52.

Huffman, A. R. (2002). The future of pressure prediction using geophysical methods. *Memoirs – American Association of Petroleum Geologists* 217 – 234.

Kumar, B., Niwas, S., Bikram, B., and Mangaraj, K. (2012). Pore pressure prediction from well logs and seismic data. 9 *Biennial International Conference and Exposition on Petroleum Geophysics*, Hyderabad.

Sayers, C. (2006). An introduction to velocity – based pore – prediction estimation. *The Leading Edge* 25 (12): 1496 – 1500.

Sayers, C. M., Johnson, G. M., and Denyer, G. (2002). Predrill pore pressure prediction using seismic data. *Geophysics* 67: 1286 – 1292.

Sayers, C. M., den Boer, L. D., Nagy, Z. R., and Hooyman, P. J. (2006). Well – constrained seismic estimation of pore pressure with uncertainty. *The Leading Edge* 25 (12): 1524 – 1526.

Sayers, C. M., Johnson, G. M. Denyer, G. (2002). Predrill pore – pressure prediction using seismic data. *Geophysics* 67 (4): 1286 – 1292. doi: https://doi.org/10.1190/1.1500391.

Zhang, J. (2011). Pore pressure prediction from well logs: methods, modifications, and new approaches. *Earth – Science Reviews* 108 (1 – 2): 50 – 63. ISSN: 0012 – 8252, https://doi.org/10.1016/j.ears-cirev. 2011.06.001.

Zhang, J., Yin, SX. Fracture gradient prediction: an overview and an improved method. *Pet. Sci.* 14, 720 – 730 (2017). https://doi.org/10.1007/s12182 – 017 – 0182 – 1.

第2章　地震各向异性在勘探中的应用

——以 Barnett 页岩气藏为例

Sid - Ali Ouadfeul[1]　Leila Aliouane[2]　Mohamed Zinelabidine Doghmane[3]　Amar Boudella[3]

（1. Algerian Petroleum Institute, IAP, Boumerdes, Algeria; 2. LABOPHYT, Faculty of Hydrocarbons and Chemistry (FHC), University Mhamed Bougara of Boumerdes (UMBB), Boumerdes, Algeria; 3. Geophyics Department, FSTGAT, USTHB, Algiers, Algeria）

2.1　引言

页岩油气藏是生物圈中重要的油气聚集之一。页岩油气藏具备低孔、极低渗及天然裂缝复杂等特征(Tsvankin et al. ,2010;Aliouane et al. ,2014),需要利用现代技术才能实现有效勘探。

1995 年,Harstad 等发表了一篇关于 Green River 盆地 Frontier 地层低渗致密砂岩气藏表征与模拟的研究论文。天然裂缝表征是致密页岩和砂岩气藏勘探开发面临的一项关键问题。天然裂缝系统是控制油气藏产能的关键因素之一,有效利用天然裂缝的前提是全面认识其属性和流体流动特征。针对 Green River 盆地 Frontier 砂岩开展了五次露头考察以确定天然裂缝特征。2009 年,Olson 等综合利用地质力学和成岩作用分析了致密砂岩储层中的天然裂缝特征。2021 年,Ding 等以两组页岩样品为目标开展了物理模拟研究并发表了论文。物理模拟实验中,S 组包含六块不同黏土含量的页岩样品,N 组包含六块不同孔隙度的页岩样品。实验中获取的二维地震数据用于分析两条对应区域的地震测线响应结果。将各向异性三项反演法用于分析其中一条地震测线,进而预测目标页岩的弹性特征。反演属性可用于揭示页岩黏土含量的影响。各向异性三项反演法能够准确获取页岩地层弹性特征和 P 波各向异性参数。

地震各向异性是指地层声学特性与测量方位之间的关系(Tsvankin et al. ,2010)。2011 年,Wild 文章中展示了地震各向异性的一些实际应用案例,并指出地震各向异性直接影响地震资料处理和解释结果。具体而言,通过校正地震各向异性产生的速度差异能够改善井震联合地震数据处理精度。此外,文章中还给出了如何利用振幅、方位角(AVAZ)和地震各向异性从地震数据中预测裂缝方位角。

本文使用声波扫描仪数据展示地震各向异性对天然裂缝表征的作用。首先介绍了地震各向异性和声波扫描仪,然后给出了下 Barnett 页岩地质背景及声波扫描仪在水平井钻井过程中采集到的数据,最后给出了研究结果和结论。

2.2 地震各向异性

地震各向异性是地球物理学中常用参数,是指地震波速度与传播方向的变化关系。地震各向异性通常被认为是一项与方向相关的属性(Thomsen,2001;1986)。图2.1给出了各向异性介质中传播波形示例。S波在介质中传播时分为水平和垂直分量。水平分量波形和垂直分量波形在不同时间离开介质。尤其在各向异性储层中能够看到S波分裂。S波穿过各向异性储层时分裂为两个正交波,两个正交波传播速度不同。其中,传播速度较快的一个正交波将首先到达检波器。

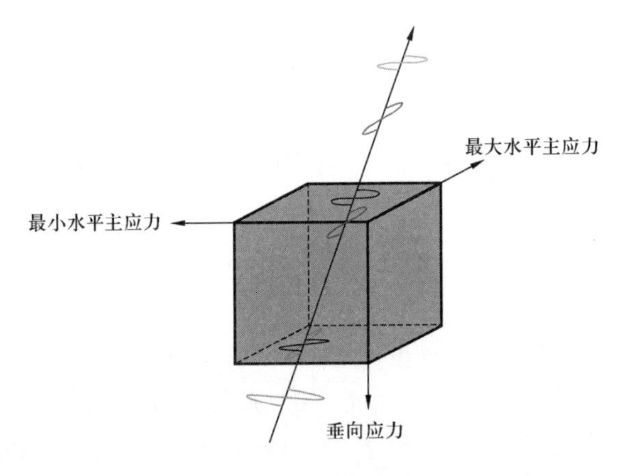

图2.1 S波分裂示意图

地震各向异性已成为油气领域地球物理学的研究热点。速度模型不考虑地震各向异性特征时,包括油气藏在内的整个沉积盆地各地震各向异性特征会降低微震数据定位精度(Tsvankin,2001,1997)。声波测井等测井技术普遍用于采集地层速度信息。然而,这些测井工艺常常忽略水平方向上的速度采集,通常仅采集沿井眼轴线(垂直方向)的地层速度。图2.2给出了地震各向异性研究领域常用的三种地质模型。第一种称为应力诱导各向异性介质,主要测量最小应力和最大应力之间的差异。第二种模型称为垂向各向异性介质,第三种模型称为平面各向异性介质。

声波扫描仪工具有13个间隔6in的轴向采集台站,接收器阵列总直径为6ft(图2.3)。13个采集台站中每个台站都有8个方位接收器,平面间隔为45°,整个接收器由104个传感器构成。高保真度接收器在工具的整个压力和温度操作范围内能够保持稳定的响应能力。此外,接收器会定期进行校准以提高信噪比和传播模式分离精度。两个偶极发射器分布在0°和90°位置。偶极发射器能够产生偶极模式与工具基准面成90°(通常为井下顺时针方向),用于其他测量。频率驱动器使用线性调频脉冲来创建高能宽带信号。图2.2给出了红色偶极测量值和蓝色单极测量值(Arroyo-Franco et al.,2006)。根据2006年Arroyo Franco等的研究成果,声波扫描仪能够测量以下声波参数:

(1)正交能量最大值与最小值的差值;

(2)快速S波方位角;

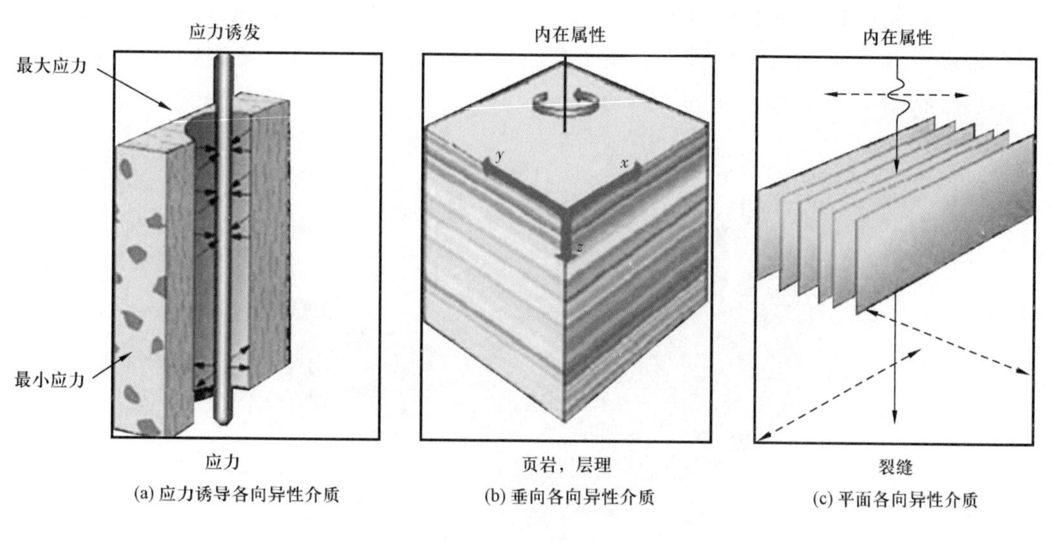

图 2.2　声波各向异性三种原因

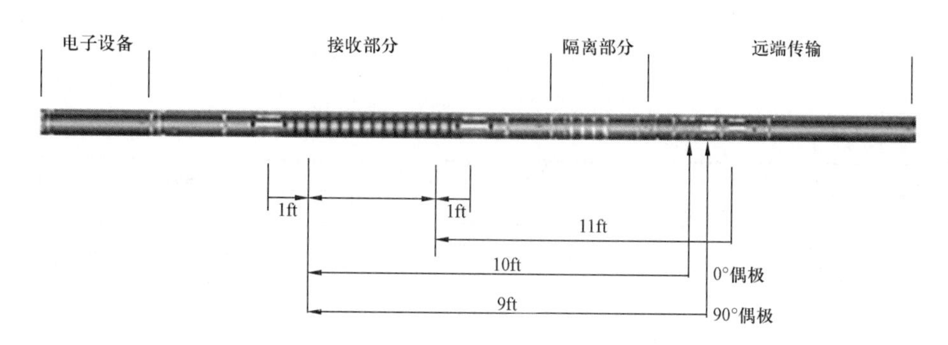

图 2.3　多接收器声波扫描仪工具示意图

(3)慢速和快速 S 波的慢度;
(4)慢速和快速 S 波传播时间差;
(5)慢速和快速 S 波慢度差;
(6)C44 和 C55 刚度参数。

2.3　Barnett 页岩气藏应用实例

2.3.1　地质背景

Lapetus Ocean 盆地闭合引发重大海侵运动,Barnett 页岩在晚密西西比纪(现今的得克萨斯州)中北部沉积形成(图 2.4)。Ouachita 冲断带在晚宾夕法尼亚纪时期开始向现代得克萨斯州北部地区推进。南美板块下沉至北美板块下部导致冲断带出现。冲断带直接形成了 Ouachita 冲断带前部的前陆盆地。该盆地初期勘查将 Barnett 页岩热成熟归因于其埋藏史以及与埋深相关的温度场。随勘查不断深入,研究人员对这一认识开始持怀疑态度。前 Mitchell

Energy/Devon 公司的 Kent Bowker 提出了另一种理论,认为 Ouachita 冲断带诱发热流体由东向西运移推动了 Barnett 页岩成熟过程。图 2.5 给出了包括 Barnett 页岩在内的 Fort Worth 盆地广义地层柱状图(Montgomery et al. ,2005)。

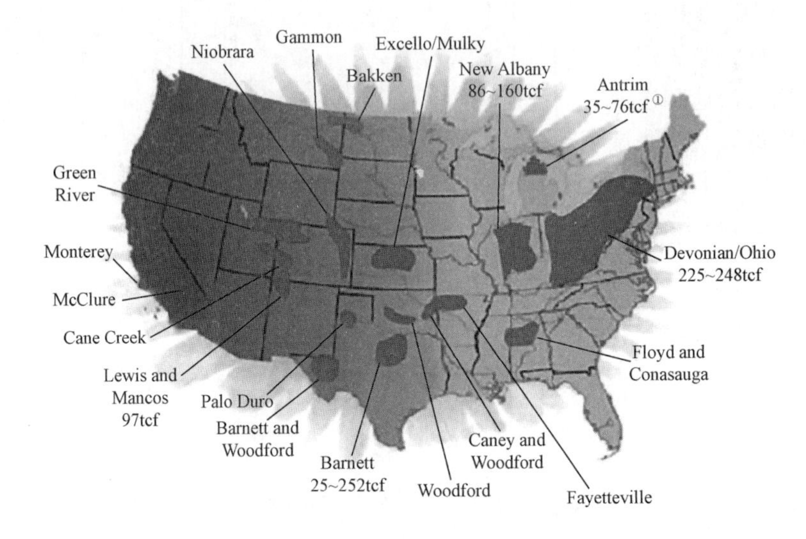

图 2.4 美国页岩气藏及盆地分布

纪(系)		阶	组/地层
白垩纪	下白垩统	Comanchean	
二叠纪		Ochoaguadalupian	
		Leonardian	
		Wolfcampian	¤
宾夕法尼亚纪		Virgilian	● Cisco组
		Missourian	● Canyon组
		Desmoinesian	● Strawn组 ● ¤
		Atokan	¤
		Morrowan	● Bend组 ● Marble Falls组
密西西比纪		Chesteroam-Meramecian	●
			¤ Barnett页岩
		Osagean	● Chappel灰岩
奥陶纪			● Viola灰岩
			● Simpson组 ● Ellenburaer组
寒武纪	上寒武统		Wilberans-Riley-Hickory地层
早寒武纪	Granite-Diorite-Meta沉积		

● 油藏 ¤ 气藏

图 2.5 Fort Worth 盆地 Barnett 页岩典型地层柱状图(Montgomery et al. ,2005)

❶ tcf:英制体积单位,万亿立方英尺。

2.3.2　数据分析

图 2.6 给出了下 Barnett 页岩实钻水平井声波采集曲线。第 1 列为测量深度,单位是英尺(ft)。第 2 列为慢速 P 波的最大和最小能量,在深度 6800 ~ 7200ft 和 7400 ~ 7800ft 区间存在强能量各向异性。第 3 列为快速(红色)和慢速(绿色)S 波的慢度。第 4 列为快速 P 波的方位角。第 5 列为快速和慢速波的慢度差。第 6 列式 P 波和 S 波的慢度。第 7 列为 *C*44 和 *C*66 刚度参数对数值。整个测试深度区间(6750 ~ 8300ft)表现为高慢度各向异性,依然能够看到强能量各向异性。假设下 Barnett 页岩是横向各向异性介质,则高速 P 波方位角对应实际天然裂缝方位角(Ouadfeul et al. ,2015)。

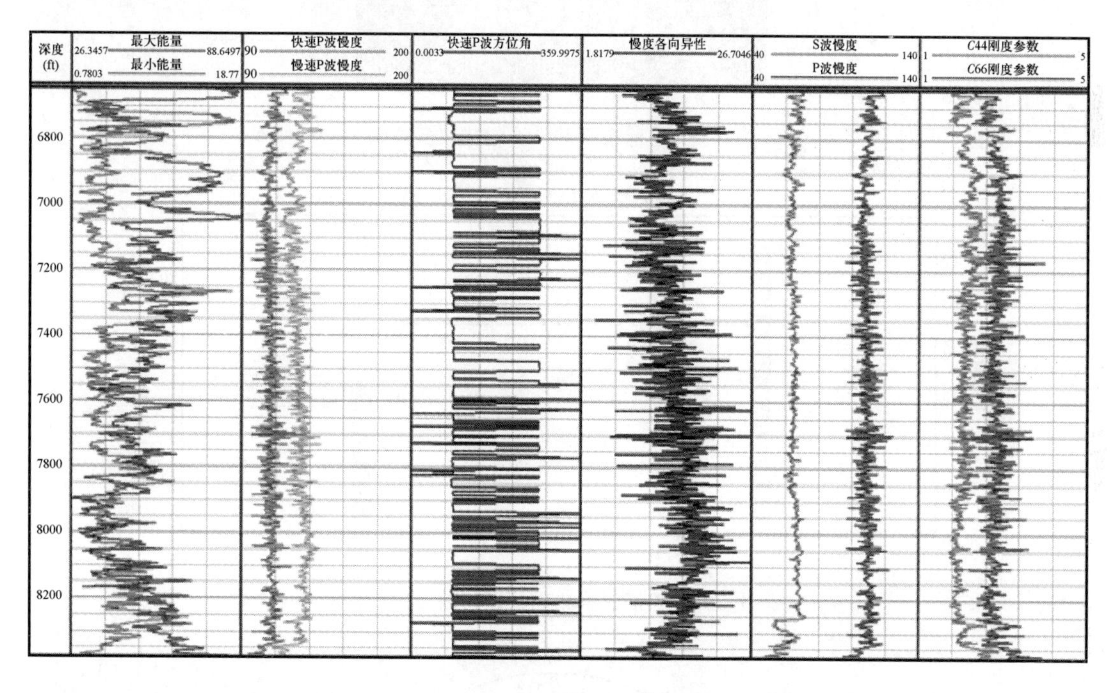

图 2.6　下 Barnett 页岩实钻水平井声波采集曲线

2011 年,Tsvankin 的研究显示第 7 列包含 *C*44 和 *C*66 刚度参数,且直接与快速和慢速横波的传播速度相关(图 2.7)。*C*44 和 *C*66 与横波传播速度存在以下关系式:

$$C44 = \rho v_{\text{慢速横波}}^{2} \tag{2.1}$$

$$C44 = \rho v_{\text{快速横波}}^{2} \tag{2.2}$$

式中　ρ——密度;

$v_{\text{慢速横波}}$,$v_{\text{快速横波}}$——慢速横波和快速横波的传播速度。

根据快速横波方位数据,下 Barnett 页岩发育四个不同角度的天然裂缝,分别为 0°、80°、90°和 270°(图 2.8)。图 2.8 和图 2.9 对比可知,声波扫描仪无法检测其他方位角,如 30°、40°和 140°等。2010 年,Gale 等针对下 Barnett 页岩绘制的天然裂缝玫瑰图验证了该观点。

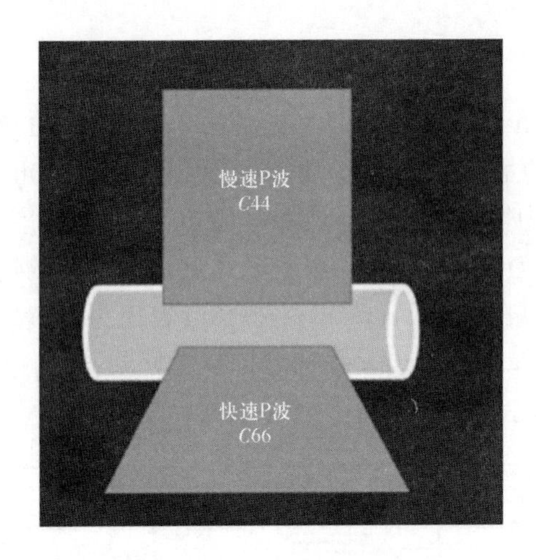

图 2.7 目标水平井声波扫描仪示意图

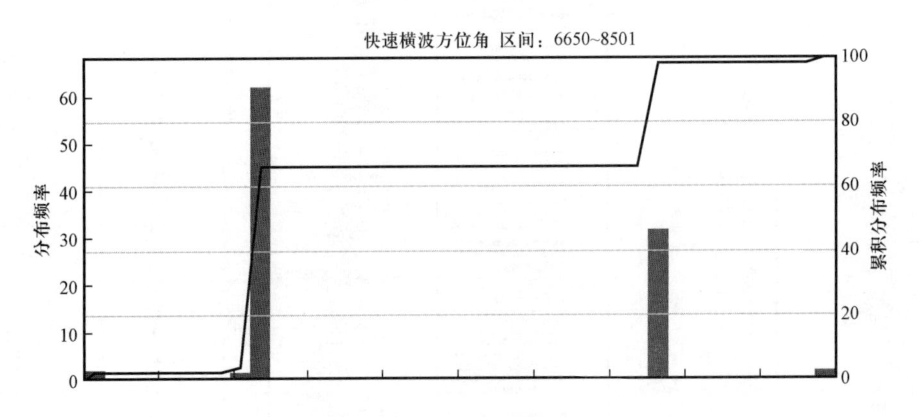

图 2.8 声波扫描仪采集的快速横波方位柱形图

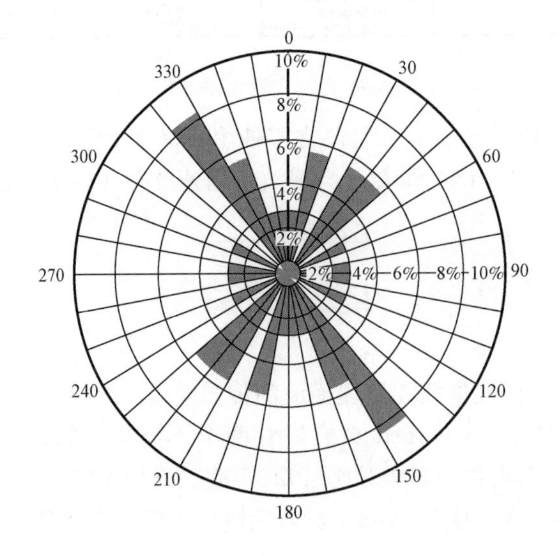

图 2.9 天然裂缝方位和倾角玫瑰图(Gale et al. ,2010)

2.4 结论

本章介绍了声波扫描仪在下 Barnett 页岩水平井中的应用。在横波分裂模型基础上，利用水平井测井表征储层天然裂缝，横波分裂模型也同时导致出现地震各向异性。此外，声波扫描数据解释天然裂缝方位角和成像测井解释天然裂缝方位角对比显示，声波扫描仪采集天然裂缝方位角范围有限。非常规油气资源勘探评价过程中，声波扫描仪采集数据可提供重要信息，但需谨慎使用。

参考文献

Aliouane, L. and Ouadfeul, S. (2014). Sweet spots discrimination in shale gas reservoirs using seismic and well – logs data. A case study from the Worth Basin in the Barnett Shale. *Energy Procedia* 59: 22 – 27. https://doi. org/10. 1016/j. egypro. 2014. 10. 344.

Arroyo Franco, J. L. , Mercado Ortiz, M. A. , De, G. S. et al. (2006). Sonic investigations in and around the borehole. *Oilfield Review* 18 (1): 14 – 33.

Ding, P. – B. , Gong, F. , Zhang, F. , and Li, X. – X. (2021). A physical model study of shale seismic responses and anisotropic inversion. *Petroleum Science* 18 (4): 1059 – 1068. https://doi. org/10. 1016/ j. petsci. 2021. 01. 001.

Gale, F. J. , Reed, R. M. , Becker, S. P. , and Ali, W. (2010). Natural fractures in the Barnett Shale in the Delaware Basin, Pecos Co. West Texas: comparison with the Barnett Shale in the Fortworth Basin. AAPG Convention, Denver, Colorado (7 – 10 June 2009).

Harstad, H. , Lawrence, W. T. , and Lorenz, J. C. (1995). Characterization and simulation of naturally fractured tight gas sandstone reservoirs. *SPE Annual Technical Conference and Exhibition*, Dallas, Texas (22 – 25 October).

Montgomery, S. L. ,Jarvie, D. M. , Bowker, K. A. , and Pollastro, R. M. Geochemistry and Geology by Daniel M. Jarvie, Kent A. Bowker, and Richard M. Pollastro(2005). Mississippian Barnett Shale, Fort Worth basin, north – central Texas: gas – shale play withmulti – trillion cubic foot potential. *AAPG Bulletin* 89 (2): 155 – 175.

Olson, J. E. ,Laubach, S. E. , and Lander, R. H. (2009). Natural fracture characterization in tight gas sandstones: integrating mechanics and diagenesis. *AAPG Bulletin* 93 (11): 1535 – 1549.

Ouadfeul, S. , Aliouane, L. , 2015, Contribution of the seismic anisotropy in the understanding of tight sand reservoirs with anexample from the Algerian Sahara, *SEG Technical Program Expanded Abstracts* 2015: pp. 331 – 335, doi: https://doi. org/10. 1190/segam2015 – 5809635. 1.

Thomsen, L. (1986). Weak elastic anisotropy. *Geophysics* 51: 1954 – 1966. https://doi. org/10. 1190/1. 1442051.

Thomsen, L. (2001). Seismic anisotropy. *Geophysics* 66: 40 – 41. https://doi. org/10. 1190/1. 1444917.

Tsvankin, I. (1997). Anisotropic parameters and *P* – wave velocity for orthorhombic media. *Geophysics* 62: 1292 – 1309. https://doi. org/10. 1190/1. 1444231.

Tsvankin, I. (2001). *Seismic Signatures and Analysis of Reflection Data in Anisotropic Media.* Pergamon Press.

Tsvankin, I. , Gaiser, J. , Grechka, V. et al. (2010). Seismic anisotropy in exploration and reservoir characterization: an Overview. *Geophysics* 75 (5): 75A15 – 75A29. https://doi. org/10. 1190/1. 3481775.

Wild, F. (2011). Practical applications of seismic anisotropy. *First Break* 29: 117 – 124.

第3章　页岩气藏井筒完整性分析

——以 Barnett 页岩气藏为例

Sid – Ali Ouadfeul[1]　Mohamed Zinelabidine Doghmane[2]　Leila Aliouane[3]

(1. Algerian Petroleum Institute, Sonatrach, Boumerdes, Algeria; 2. Department of Geophysics, FSTGAT, University of Science and Technology Houari Boumediene, Algiers, Algeria; 3. LABOPHYT, Faculty of Hydrocarbons and Chemistry, University M'hamed Bougara of Boumerdes, Boumerdes, Algeria)

3.1　引言

井筒稳定性是非常规油气钻井面临的关键挑战之一。统计显示,井筒稳定性相关问题成本占油气井成本超10%,预计每年成本超10亿美元。钻井液由研发到现场应用,全流程都高度重视页岩稳定性问题。随着新兴技术持续的研发和应用,原有技术也在不断完善。钻井过程中,地层暴露在钻井液中,机械应力、化学和物理条件都会发生根本性改变。页岩地层钻井普遍存在地层岩石崩落和坍塌现象,可导致井眼膨胀、桥堵和淤积。井壁稳定性问题会影响管道堵塞、侧钻、测井和解释、井壁取心、下套管、固井和井漏。所有这些问题都会导致井工程成本增加和产能损失。2014年,Liang等建立了井筒稳定性模型,该模型考虑了薄弱面和多孔介质流动的耦合问题。2013年,Yan等对页岩气藏水平井井眼稳定性进行了研究。2019年,Darvishpour等通过井筒稳定性分析确定了钻井液安全密度窗口(SMWW)。研究表明,利用FLAC3D软件结合实钻地层地质力学特征建立有限体积模型,可用于确定保持井筒稳定性的安全钻井液密度区间。塑性条件启动问题可用于确定砂岩地层的安全钻井液密度区间。同时还给出了岩石力学参数、井筒周围应力和孔隙压力对安全钻井液密度区间的影响。敏感性分析表明,内聚力和内摩擦角降低会缩小安全钻井液密度区间。另一方面,孔隙压力和最大水平主应力与最小水平主应力比值下降会增加安全钻井液密度区间。安全钻井液密度区间研究显示所开发的模型可用于钻井设计及检测工具。Almalikee和Al Najm对井筒稳定性进行了研究并给出在伊拉克Rumaila油田大角度定向井优化设计中的应用实例。评价安全钻井液密度区间可用于控制所有井型的井筒剪切破坏,以消除或最大限度地改善井筒稳定性。研究还指出在该地区定向井和水平井井眼轨迹方向首选平行于最大主应力(NE—SW)。该研究还给出了Rumaila油田直井和定向井保持井筒稳定性的合理钻井液密度,钻井进入Sadi地层后需将钻井液密度提高至1.27g/cm^3以上。研究结果还显示,大角度定向井(大于30°)井筒稳定性优于小角度定向井(小于30°)。

本节给出了井筒稳定性分析应用案例,目的是为钻井工程师提供合理的钻井液密度窗口。地层孔隙压力采用 Eaton 模型计算。首先讨论了井筒稳定性问题,然后描述了 Eaton 模型,并讨论了井筒稳定性的基本概念,包括破裂和钻井诱发的裂缝(DIF)。最后,给出了下 Barnett 页岩水平井钻井数据分析结果。

3.2 井筒稳定性

钻井过程可视为一个岩石圆柱体被替换为一个密度不同的流体圆柱体。由于钻井液无法承受岩石所能承受的剪切应力,原始张力在井眼附近重新分布,造成应力集中。地层原始状态下为应力平衡状态,岩石强度足以承受原始状态下的剪切应力。钻井过程中引发的应力集中会导致井壁岩石变形或失稳(Almalikee et al.,2019)。井筒失稳原因包括机械应力作用、钻井液化学作用及钻井液物理作用。

3.2.1 机械应力作用

机械应力作用包括:
(1)张力破坏—断裂和井漏;
(2)压缩破坏—剥落或塑性流动;
(3)磨损和碰撞。

3.2.2 钻井液化学作用

钻井液化学作用包括:
(1)页岩水化、膨胀和分散;
(2)岩石可溶组分溶解。

3.2.3 钻井液物理作用

钻井液物理作用包括:
(1)腐蚀;
(2)沿天然裂缝湿润(脆性页岩);
(3)流体侵入—压力传递。

为准确分析试剂情况并制订钻井液方案,钻井液工程师必须全面认识页岩和井筒稳定性的风险。井筒稳定性评价和处理是一项多学科交叉系统问题。换言之,钻井液工程师需要掌握的知识远超出钻井液范畴。钻井液工程师必须掌握钻井操作每个环节的专业知识,同时还需要对力学、地球物理以及水和黏土矿物的化学特征有基本的了解。为了解决井筒稳定性问题,必须考虑各种影响井筒稳定性的潜在原因,确定最可能的失稳模式,并通过及时的措施避免或减缓井筒失稳。井筒失稳机械问题包括:
(1)洗井问题;
(2)井筒冲蚀;
(3)物理冲击破损;

(4)钻井液密度和孔隙压力;

(5)脉冲和抽吸压力;

(6)井筒应力。

此外,还需要评估化学作用:

(1)破损地层反应性;

(2)钻井液化学兼容性;

(3)井筒溶解。

3.3 Eaton 模型预测孔隙压力

利用测井数据预测孔隙压力是页岩气藏储层表征的重要工作之一(Huffman,2002;Sayers et al.,2006;2002)。文献中已经给出多种利用测井数据预测孔隙压力的方法。以垂向模型为例,该模型利用 P 波慢度和恒定梯度慢度曲线预测孔隙压力。1975 年,Eaton 基于地震速度数据利用流动方程计算了有效应力的垂直分量,该方法常用于预测孔隙压力(Eaton,1975;Bowers,1995)。

$$\sigma = \sigma_{\text{Normal}} \left(\frac{v}{v_{\text{Normal}}}\right)^n \tag{3.1}$$

式中 σ_{Normal}——正常压力沉积地层垂向有效应力;

v_{Normal}——正常压力沉积地层地震速度;

n——表征地震速度对有效应力敏感性的参数。

预测孔隙压力表达式为:

$$p = S_V - \frac{S_V - p_{\text{Normal}}}{\left(\frac{v}{v_{\text{Normal}}}\right)^n} \tag{3.2}$$

Eaton 模型中,测量速度与正常压力沉积地层速度(v_{Normal})之间的差异随深度增加而增加:

$$v_{\text{Normal}}(z) = v_0 + kz \tag{3.3}$$

如前所述,Eaton 模型的应用基础是获取准确一致的 P 波慢度数据。孔隙压力预测结果受压缩波慢度数据估算精度等数据采集问题影响。因此,本文推荐基于模糊逻辑模型利用测井数据预测孔隙压力。

3.4 页岩储层地质力学与井筒稳定性

钻井过程可视为一个岩石圆柱体被替换为一个密度不同的流体圆柱体。由于钻井液无法承受岩石所能承受的剪切应力,原始张力在井眼附近重新分布,造成应力集中。地层原始状态下为应力平衡状态,岩石强度足以承受原始状态下的剪切应力。钻井过程中引发的应力集中会导致井壁岩石变形或失稳。直井井筒主要受轴向应力 σ_a、切向应力 σ_θ和径向应力 σ_r。

图 3.1 给出了平行最大主应力井壁处的有效应力，其中 σ_A 是最大水平主应力、σ_B 是最小水平主应力。应力集中超过井壁岩石强度时会出现井壁岩石变形。图 3.2 给出了传统井筒变形示意图，其中裂缝沿最小应力方向开启，并向最大应力方向扩展。井漏测试、钻井液密度过大、水力压裂措施等高压作业会导致井筒环向应力大于岩石抗拉强度（通常为无围压抗压强度的 10%），井筒垂向应力与轴向应力将发生显著变化。

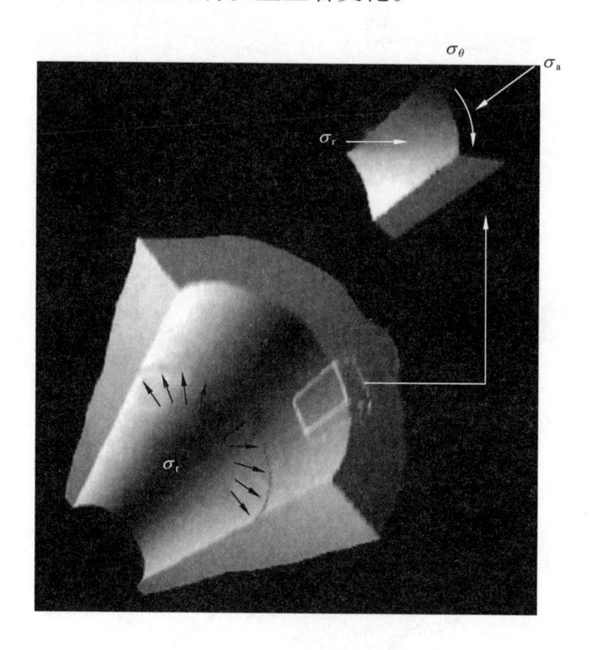

图 3.1　井筒受力示意图

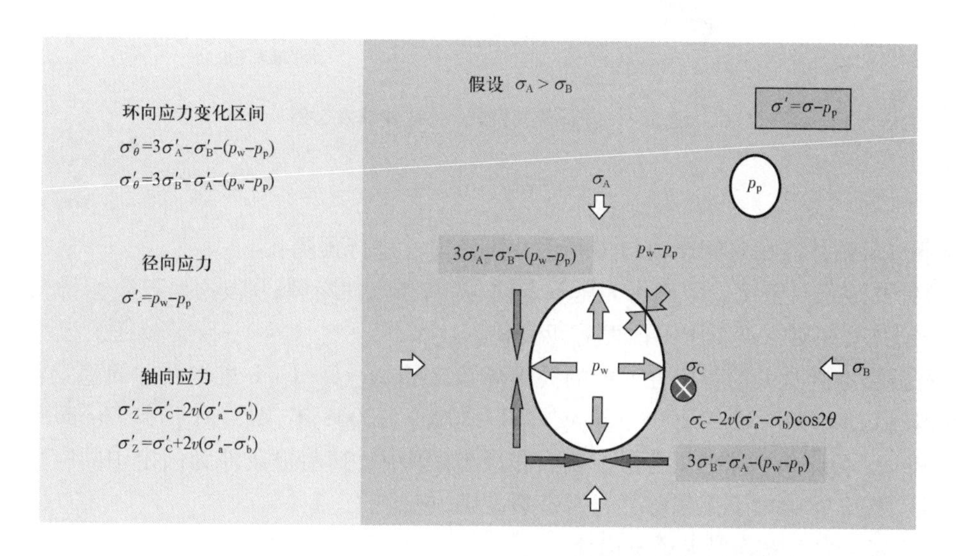

图 3.2　平行主应力井壁有效应力分布示意图

钻井诱导裂缝导致井筒附近小范围内漏气。井筒漏气也是很好的监测数据来源。图 3.3 给出了岩石破损模型下的钻井诱导裂缝。需要控制径向应力与环向应力的差异以防出现崩落

(图3.4)。环向应力和径向应力差引发剪切破裂的原因包括低井筒压力、高应力差和低岩石强度等。

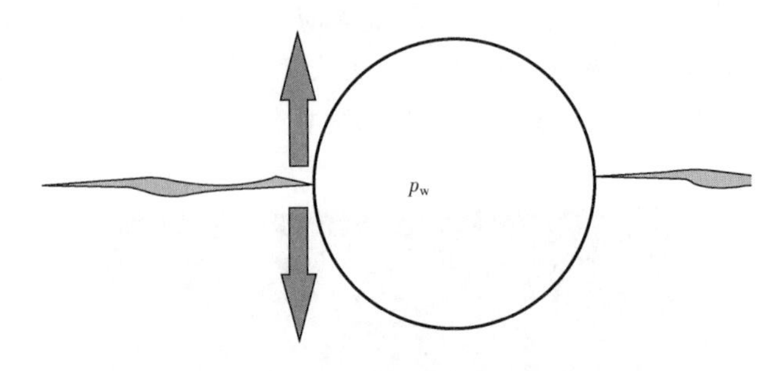

图3.3 典型井筒变形示意图

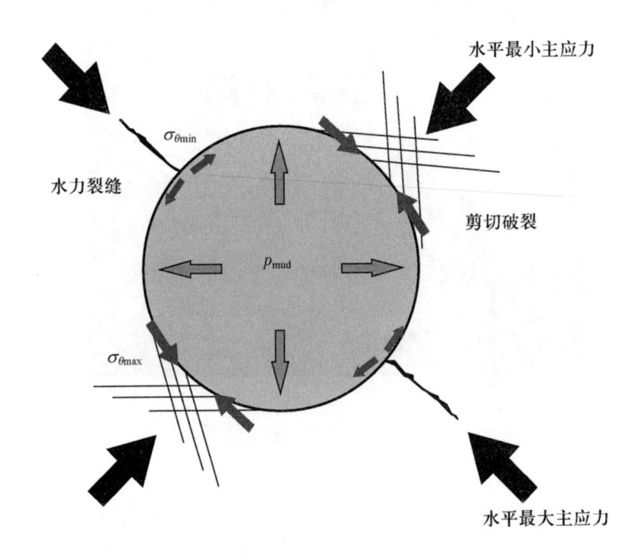

图3.4 岩石破裂模式一(钻井诱发裂缝)

$$p_W - p_P \approx 3\sigma_A' - \sigma_B' - (p_W - p_P) \tag{3.4}$$

以下情形钻井液相对密度窗口需利用井筒稳定性进行预测:

(1)钻井液相对密度上限确保无压差卡钻、井漏和张性断裂;

(2)钻井液相对密度下限不诱发剪切破裂。

岩石破裂准则是井筒稳定性研究的关键环节。Mohr—Coulomb 准则是井筒稳定性分析中常用准则(Chen et al. ,2014;2008;Cheng et al. ,2006)。2006 年,Al - Ajmi 和 Zimmerman 的研究指出 Mohr—Coulomb 准则只考虑了最大和最小主应力,其前提条件为假定中间应力与岩石强度无关。图3.5 给出了无偏移井岩石破裂准则,包括:

(1)井筒压力上限确保无诱发崩落;

(2)井筒压力下限确保无钻井诱发裂缝。

图3.6 给出了井壁坍塌和漏失的井筒状态与钻井液密度关系。

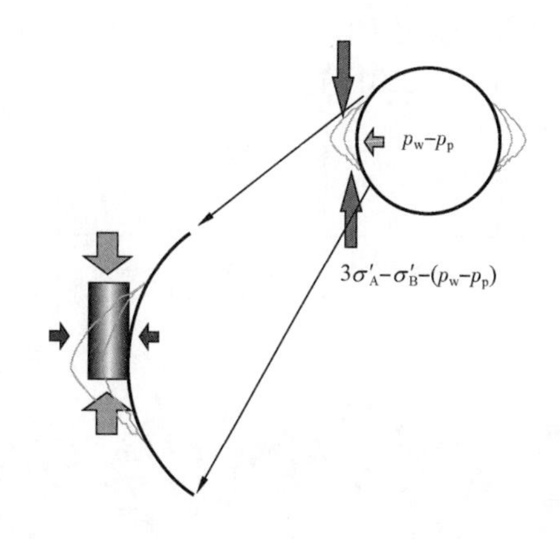

图 3.5 岩石破裂模式二(崩落)

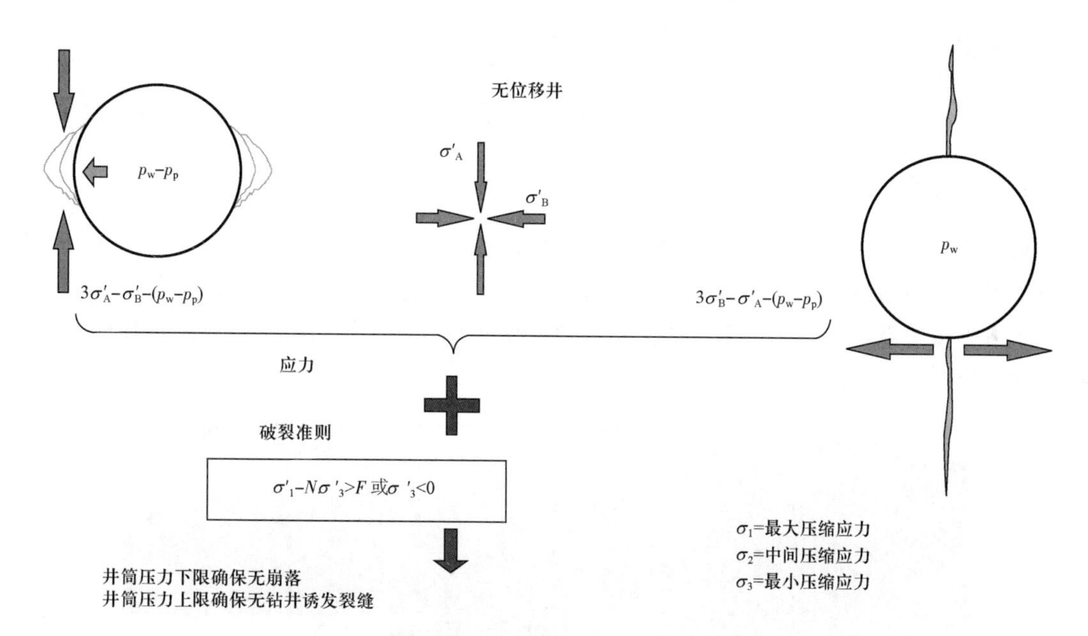

图 3.6 岩石崩落和钻井诱发裂缝对应钻井液相对密度示意图

3.5 Barnett 页岩气藏应用实例

本节首先简要介绍 Barnett 页岩气藏地质背景,然后给出在该气藏水平井的应用实例。

3.5.1 地质背景

晚密西西比时期 Lapetus Ocean 盆地闭合导致海洋入侵,Barnett 页岩在今天的得克萨斯州中北部沉积。Ouachita 冲断带在晚宾夕法尼亚纪时期开始向现代北得克萨斯州地区推进。南美板块下沉至北美板块下部导致冲断带出现。冲断带直接形成了 Ouachita 冲断带前部的前陆盆地。该盆地初期勘查将 Barnett 页岩热成熟归因于其埋藏史及与埋深相关的温度场。

图3.7给出了密西西比和宾夕法尼亚时期地层柱状图。下 Barnett 页岩气藏为开发目的层,顶面埋深约为6650ft(Givens et al. ,2014)。

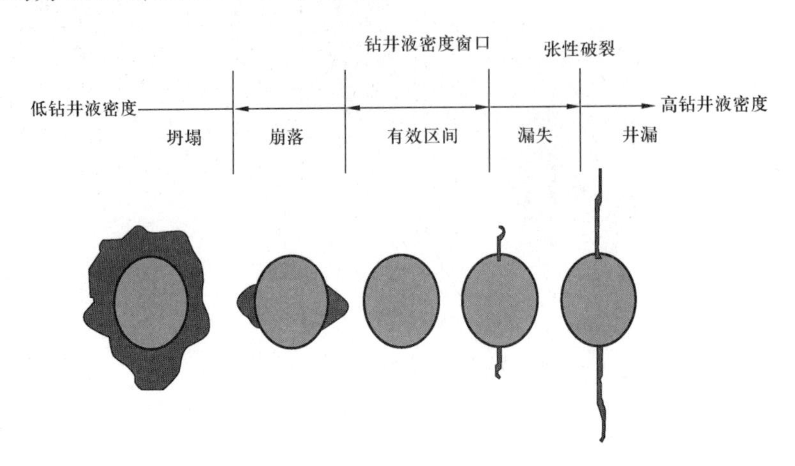

图3.7 不同井筒状态对应钻井液密度窗口

3.5.2 数据处理

图3.8给出了原始和解释测井数据,包括P波和S波迟滞性、中子孔隙度和围压。最大和最小水平主应力对应摩擦角。Archimedes模型用于确定上覆岩层应力。Eaton模型用于计算孔隙压力。钻井液密度预测结果可用于钻井过程中防止井筒失稳(图3.9)。钻井过程中发生崩落或泥浆漏失时可随时调整钻井液密度。

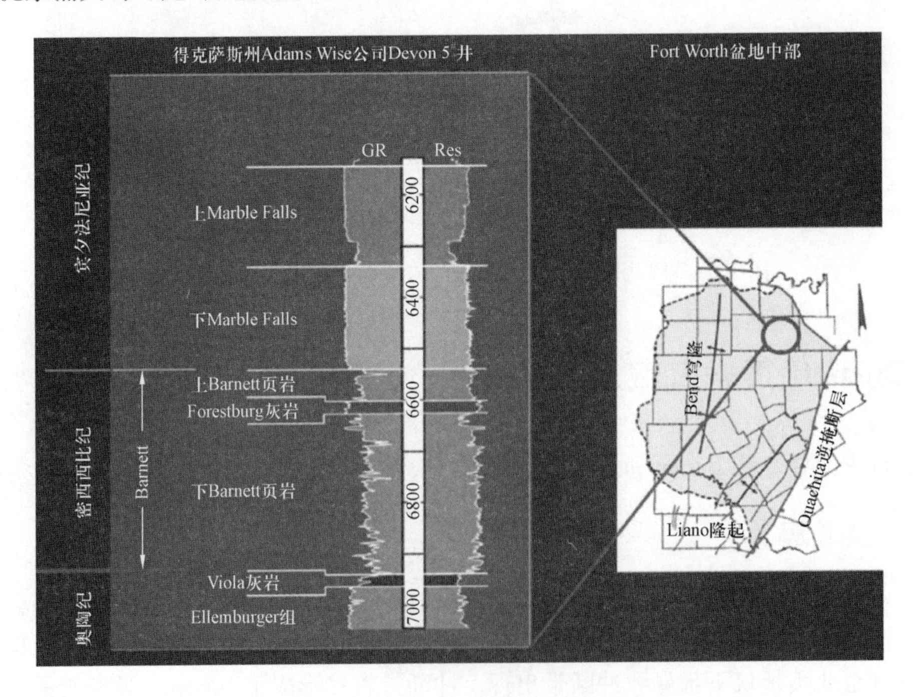

图3.8 Barnett页岩气藏典型地层柱状图(Browning,1982)

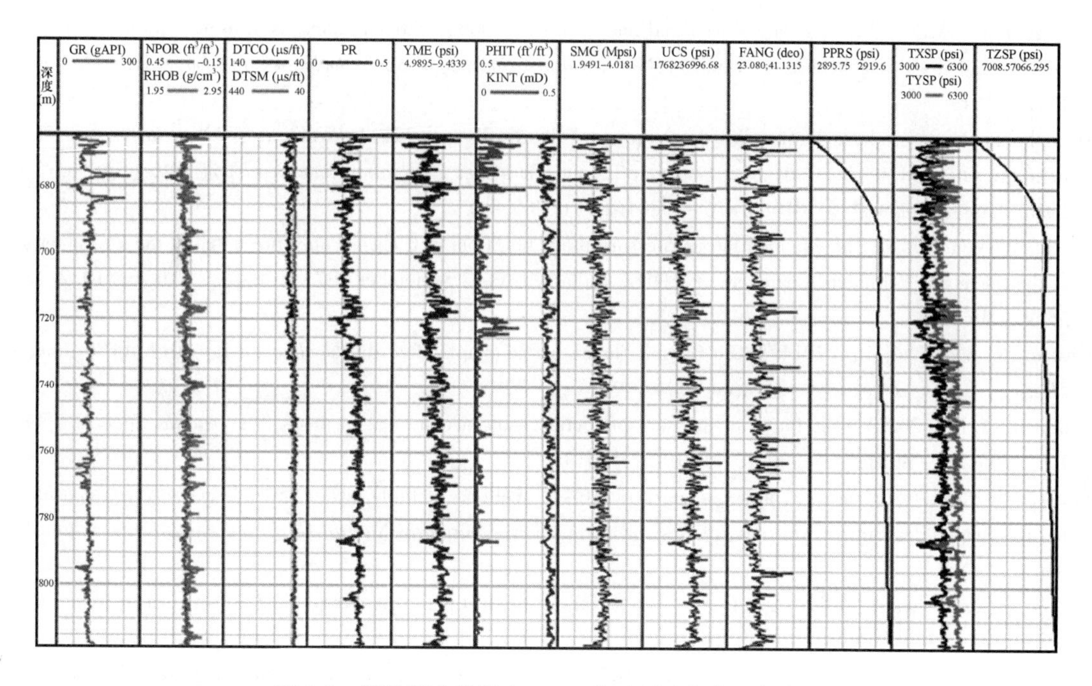

图 3.9 原始测井数据和 Eaton 模型预测孔隙压力结果

3.6 结论

页岩气勘探和钻井过程中忽略井筒稳定性问题会导致井漏、诱发裂缝、井壁岩石崩落和坍塌等严重问题。地质力学是从事页岩气非常规油气资源的重要学科。实际钻井过程中有必要建立合理钻井液密度区间模型,需要熟悉最大和最小水平主应力、上覆岩层应力、封闭内聚强度、摩擦角等地质力学参数。

参考文献

Al - Ajmi, A. M. and Zimmerman, R. W. (2006). Stability analysis of vertical boreholes using the Mogi - Coulomb failure criterion. *International Journal of Rock Mechanics and Mining Sciences* 43 (8): 1200 - 1211.

Almalikee, H. S. and Al - Najm, F. M. (2019). Wellbore stability analysis and application to optimize high - angle wells design in Rumaila oil field, Iraq. *Modeling Earth Systems and Environment* 5: 1059 - 1069. https://doi. org/10. 1007/s40808 - 019 - 00591 - 1.

Bowers, G. I. (1995). Pore pressure estimation from velocity data: accounting for pore pressure mechanisms besides undercompaction. *SPE Drilling and Completion* 10: 89 - 95.

Browning, D. W. (1982). Geology of North Caddo Area Stephens County, Texas. Petroleum Geology of the Fort Worth Basin and Bend Arch Area, 315 - 329. Dallas Geological Society.

Chen, M., Jin, Y., and., Zhang, G. Q. 2008. *Petroleum Related Rock Mechanics*, Beijing: Science Press.

Chen, P., Ma, T. S., and Xia, H. Q. (2014). A collapse pressure prediction model of horizontal shale gas wells with multiple weak planes. *Natural Gas Industry* 34 (12): 87 - 93.

Cheng, Y. F. , Wang, Y. J. , Zhao, T. C. , and Shen, H. C. (2006). Strength analysis of formation rock for porous media coupled with mechanical – chemical effects. *Chinese Journal of Rock Mechanics and Engineering* 25 (9): 1912 – 1916.

Darvishpour, A. , Seifabad, M. C. , Wood, D. A. , and Ghorbani, G. (2019). Wellbore stability analysis to determine the safe mud weight window for sandstone layers. *Petroleum Exploration and Development* 46 (5): 1031 – 1038. https://doi. org/10. 1016/S1876 – 3804(19) 60260 – 0.

Eaton, B. A. (1975). The equation for geopressure prediction from well logs. Paper presented at the Fall Meeting of the Society of Petroleum Engineers of AIME, Dallas, Texas (September 1975). https://doi. org/10. 2118/5544 – MS.

Givens, N. and Zhao, H. (2014). The Barnett Shale: not so simple after all, *Republic Energy* 2014. *AAPG Annual Meeting*, Dallas, Texas (18 – 21 April 2004).

Huffman, A. R. (2002). The future of pressure prediction using geophysical methods. *The Leading Edge* 21 (2): 199 – 205. doi: https://doi. org/10. 1190/1. 1452613.

Liang, C. , Chen, M. , Jin, Y. , and Yunhu, L. (2014). Wellbore stability model for shale gas reservoir considering the coupling of multi – weakness planes and porous flow. *Journal of Natural Gas Science and Engineering* 21: 364 – 378.

Sayers, C. M. , Johnson, G. M. , and Denyer, G. (2002). Predrill pore pressure prediction using seismic data. *Geophysics* 67: 1286 – 1292.

Sayers, C. M. , Den Boer, L. D. , Nagy, Z. R. , andHooyman, P. J. (2006). Well – constrained seismic estimation of pore pressure with uncertainty. *The Leading Edge* 25: 1524 – 1526.

第4章 Levenberg - Marquardt 和共轭梯度 TOC 预测

——以 Barnett 页岩气藏为例

Sid - Ali Ouadfeul[1] Mohamed Zinelabidine Doghmane[2] Leila Aliouane[3]

(1. Algerian Petroleum Institute, Sonatrach, Boumerdes, Algeria; 2. Department of Geophysics, FSTGAT, University of Science and Technology Houari Boumediene, Algiers, Algeria; 3. LABOPHYT, Faculty of Hydrocarbons and Chemistry, University M'hamed Bougara of Boumerdes, Boumerdes, Algeria)

4.1 引言

人工智能神经网络算法已成为储层表征研究中常用的工具。2012 年,Ouadfeul 和 Aliouane 提出利用多层感知器(MLP)和自组织映射(SOM)改进测井解释中的岩相分类工作。2013 年,Wang 等提出了一种利用模糊排序和人工神经网络模型进行储层表征的混合方法。在应用案例中给出了加拿大阿尔伯塔省西南部 3 口不同油井的储层孔隙度表征。结果显示,推荐方法能够准确预测储层孔隙度。2005 年,Aminian 和 Ameri 将人工神经网络算法用于原始采集数据量较少的储层中。2014 年和 2015 年,Ouadfeul 和 Aliouane 基于神经网络算法对页岩气资源进行了评估。2009 年,Yeon 等给出如何通过神经网络模型改善 TOC 预测结果。

2022 年,Wibowo 等基于测井数据利用机器学习算法进行 TOC 预测。目的是通过机器学习算法与人工神经网络和多层感知器的结合实现 TOC 预测。来自 Talang Akar 地层的 18 个样本数据用于训练和测试多层感知—人工神经网络模型。TOC 预测使用的测井数据包括密度测井(RHOB)、声波时差(DT)、深电阻率(ILD)、伽马(GR)及中子孔隙度(NPHI),并利用多层感知—人工神经网络模型训练获得高相关性(R_2 = 0.87 且平均绝对百分比误差 AAPE 为 10%)。所提出的 TOC 预测技术有助于地球物理学家在缺少大量烃源岩样本数据条件下开展烃源岩评价工作。

在这项研究中,利用多层神经网络模型预测下 Barnett 页岩 TOC。实钻水平井原始测井数据作为人工神经网络模型输入数据,Schmoker 模型计算 TOC 作为输出结果(Schmoker,1980)。

研究给出了 Levenberg - Marquardt 和共轭梯度训练算法的预测结果。Levenberg - Marquardt 训练算法和 Barnett 页岩地质背景在前文进行了描述。利用人工神经网络算法处理 2 口实钻水平井数据,本文最后对结果进行了解释。

4.2 Levenberg - Marquardt 机器学习算法

人工神经网络模型是一种自适应算法,该模型在训练学习过程中能够根据内部和外部数据修改模型结构。模型训练过程目的是识别一组链接并利用链接提供与训练集相匹配的映射(Souza,2010)。

$$F(W,\boldsymbol{X}) = \boldsymbol{Y} \tag{4.1}$$

式中 $\boldsymbol{X}$——给定网络的输入向量;

W——网络的权重;

$\boldsymbol{Y}$——网络根据训练集预测的输出向量。

权重向量确定过程从分层开始,然后是神经元,最后是为每个神经元匹配权重并加上偏差。Levenberg - Marquardt 技术是一种直接而可靠的函数近似方法。该方法本质上是求解以下方程(Levenberg,1994;Marquardt,1963)。

$$(\boldsymbol{J}^{\mathrm{T}}\boldsymbol{J} + \gamma \boldsymbol{I})\boldsymbol{\delta} = \boldsymbol{J}^{\mathrm{T}}\boldsymbol{E} \tag{4.2}$$

式中 $\boldsymbol{E}$——误差向量,包括用于训练网络每个输入向量的输出误差;

$\boldsymbol{J}$——系统雅可比矩阵;

γ——Levenberg 阻尼因子;

$\boldsymbol{\delta}$——预期获得的权重更新向量,表示获得更好预测结果时网络权重的调整程度;

$\boldsymbol{J}^{\mathrm{T}}\boldsymbol{J}$ 矩阵——近似 Hessian 矩阵的另一个表达方式。

每次迭代中,阻尼因子 γ 都会发生变化,以不断寻求最优结果。$\boldsymbol{E}$ 快速下降时,选取更小的数值会使算法接近高斯—牛顿算法。迭代过程未实现残差快速下降时,过程向梯度下降方向过渡。Levenberg - Marquardt 算法只需计算不同 γ 数值对应的方程[式(4.2)],直至误差平方和下降至标准范围。每个迭代过程包括以下步骤(Özgür,2004;Souza,2010)。

$$\boldsymbol{g} = \boldsymbol{J}^{\mathrm{T}}\boldsymbol{E} \tag{4.3}$$

$$\boldsymbol{H} = \boldsymbol{J}^{\mathrm{T}}\boldsymbol{J} \tag{4.4}$$

(1)确定雅可比(有限差分或链式法则);

(2)计算误差梯度;

(3)利用雅可比交叉积估算 Hessian 函数;

(4)求解$(\boldsymbol{H}+\gamma\boldsymbol{I})\boldsymbol{\delta}=\boldsymbol{g}$ 方程确定 $\boldsymbol{\delta}$;

(5)根据 $\boldsymbol{\delta}$ 数值更新网络权重 W;

(6)更新权重并重新计算误差平方和;

(7)丢弃新权重,误差平方和无下降情况下提高 γ;

(8)否则降低 γ 并停止运算。

4.3 Barnett 页岩气藏应用实例

4.3.1 地质背景

Fort Worth 盆地内发育 Barnett 页岩气藏。Quachita 冲断带作为构造穹隆和前寒武纪 Liano 隆起环绕前陆盆地，该盆地沿构造板块汇聚边缘形成（图 4.1）。盆地非对称结构，逆冲前缘临近轴线为构造深点。Fort Worth 盆地周围岛弧系统为 Barnett 页岩形成提供了部分粗粒沉积物。Barnett 页岩发育天然裂缝，这些天然裂缝在石灰岩互层中普遍发育并呈矿化趋势（Aguilar et al. ,2014）。与 Quachita 造山运动相关的构造运动创造了这些板块（Bruner et al. ,2011）。Ellenberger 下部岩溶层导致 Barnett 页岩局部地层沉降、高角度断层和岩溶缝。岩溶破坏对本次研究区域影响较小（Loucks et al. ,2007）。因 Viola 灰岩层具有东北向侵蚀面，下 Barnett 页岩沉积在该不整合面上。此外，Forestburh 灰岩向东南方向变薄尖灭，将 Barnett 页岩划分为上下两个单元（图 4.2）。2003 年，Roderick Perea 对图 4.3 区域矿物学和 TOC 分析结果显示，下

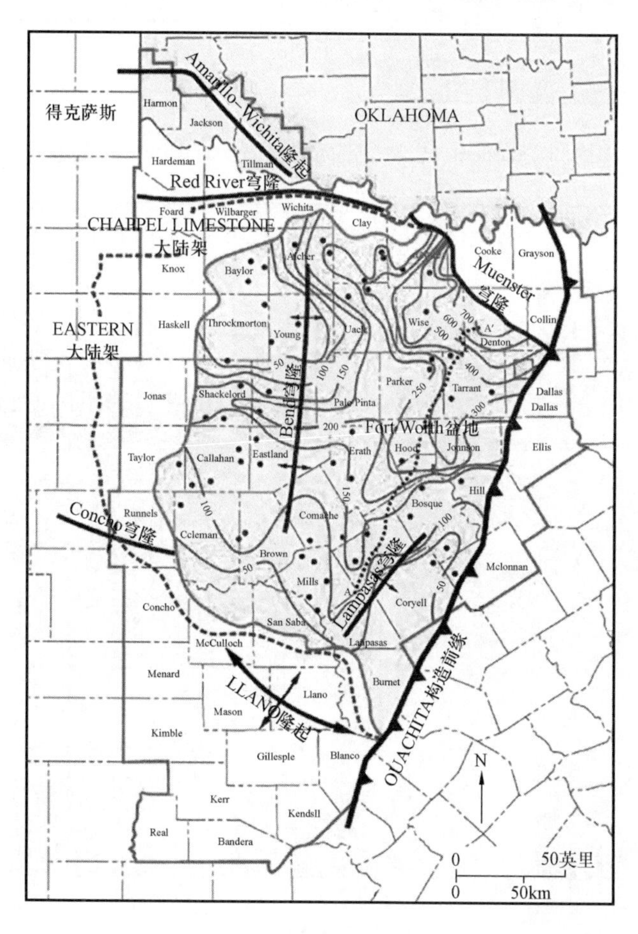

图 4.1 Barnett 页岩等厚图（Bruner et al. ,2011）

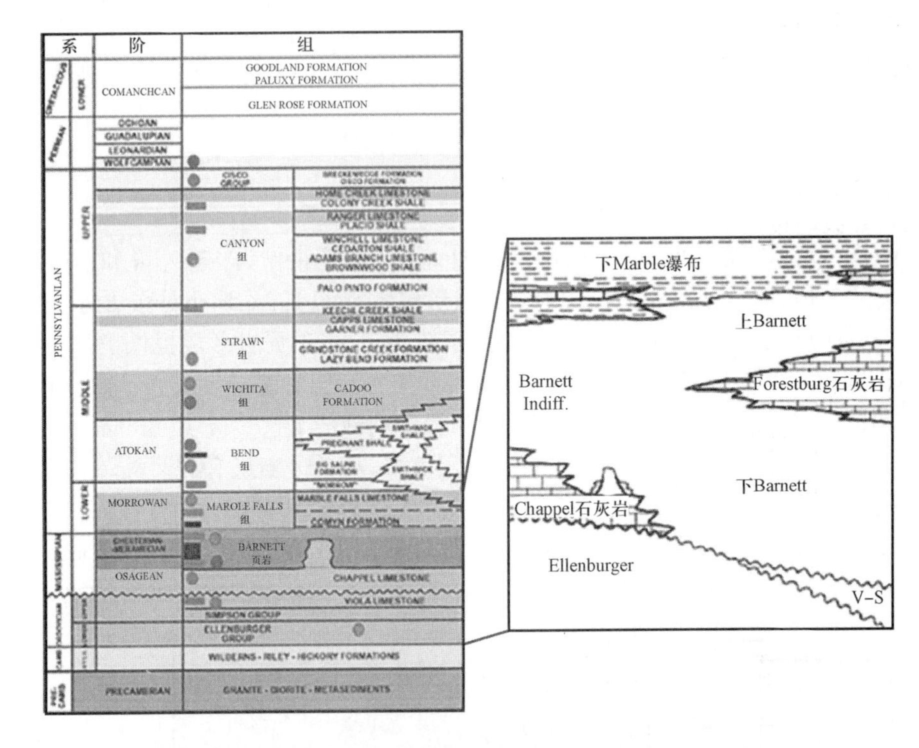

图 4.2 Barnett 页岩地层剖面图(Loucksand Ruppel,2007)

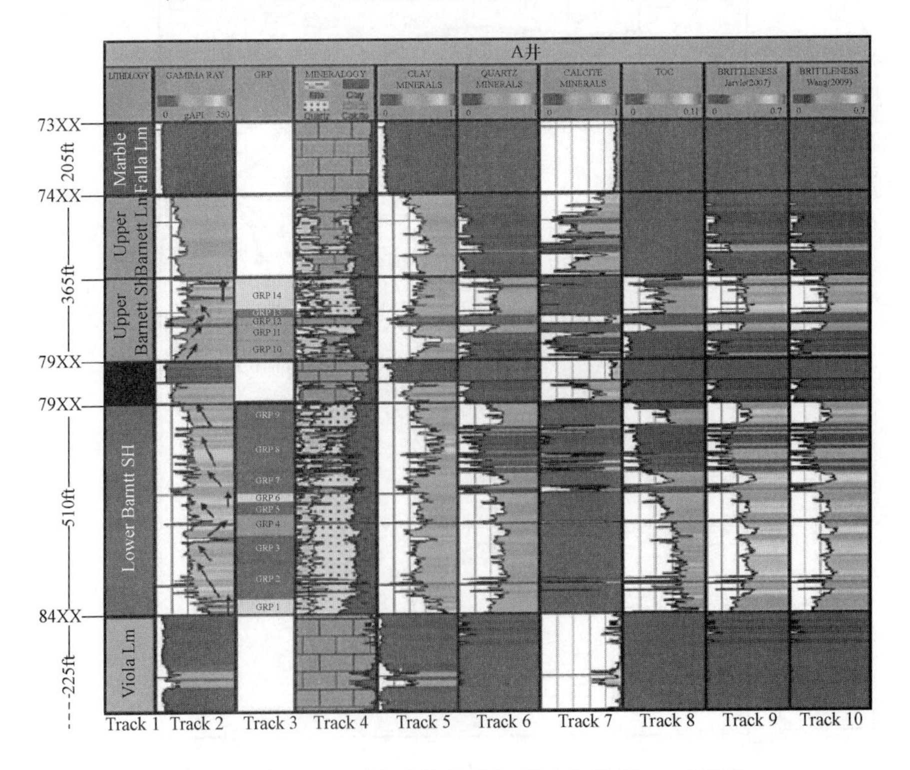

图 4.3 下 Barnett 页岩矿物组成和 TOC 含量(Perez,2003)

Barnett 页岩具有更高的 TOC。矿物学研究显示,下 Barnett 页岩石英含量更高,有利于水力压裂措施。尽管方解石含量较少,但黏土含量保持稳定。高脆性指数等有利特征使得下 Barnett 页岩为页岩油气勘探开发有利层位(Jarive et al. ,2007)。

4.3.2 数据处理

利用神经网络模型处理下 Barnett 页岩 2 口水平井数据。图 4.4 给出了井 1 原始测井数据,鉴于自然伽马、中子孔隙度、P 波慢度和 S 波慢度问题,测井数据处理深度选取范围为 6500 ~ 8800ft。图 4.5 给出了 Schmoker TOC 和原始体积密度测井数据(Schmoker, 1980; 1979)。以 4 项原始测井数据作为输入数据,Schmoker TOC 为输出数据,在有监督条件下选用 Levenberg – Marquardt 算法对多层神经网络机器学习模型进行模型训练。针对所有经验数值进行人工神经网络机器学习训练以优化连接权重,并将输入数据与预测输出数据进行对比分析。人工神经网络模型设置为 3 层,经过多次数值校验后,隐藏层中的神经元数量保持恒定。图 4.6 给出了多层神经网络机器学习模型隐藏层内 10 个神经元。将多层神经网络机器学习

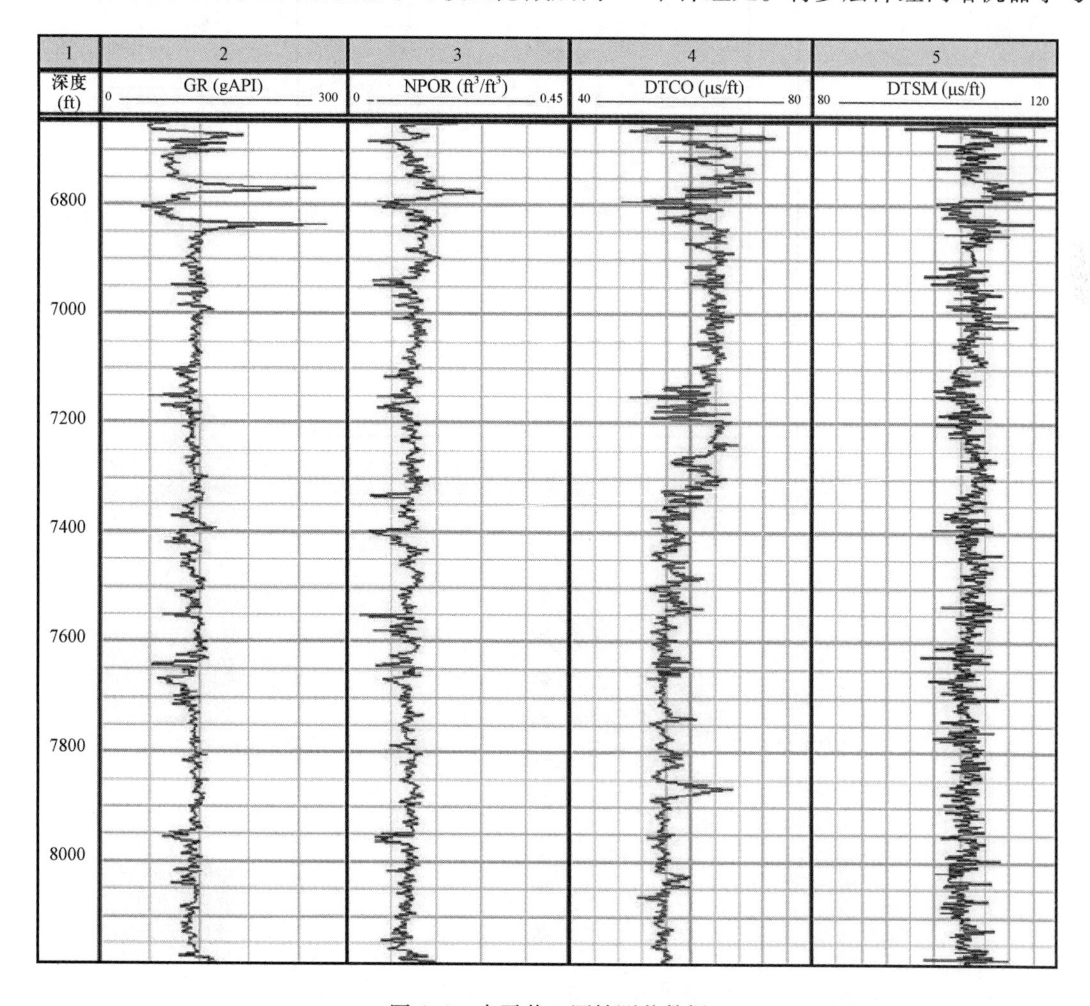

图 4.4 水平井 1 原始测井数据

模型预测结果与图 4.78 中要求的 TOC 数值进行了对比。将另一口水平井 2 的数据作为输入数据,利用 Levenberg - Marquardt 训练算法来预测临近试验井 1 的其他井的 TOC,从而测试所构建多层神经网络机器学习模型的有效性。图 4.8 和图 4.9 分别比较了 Schmoker 方法计算 TOC 和多层神经网络机器学习模型根据水平井 2 原始测井数据预测的 TOC。

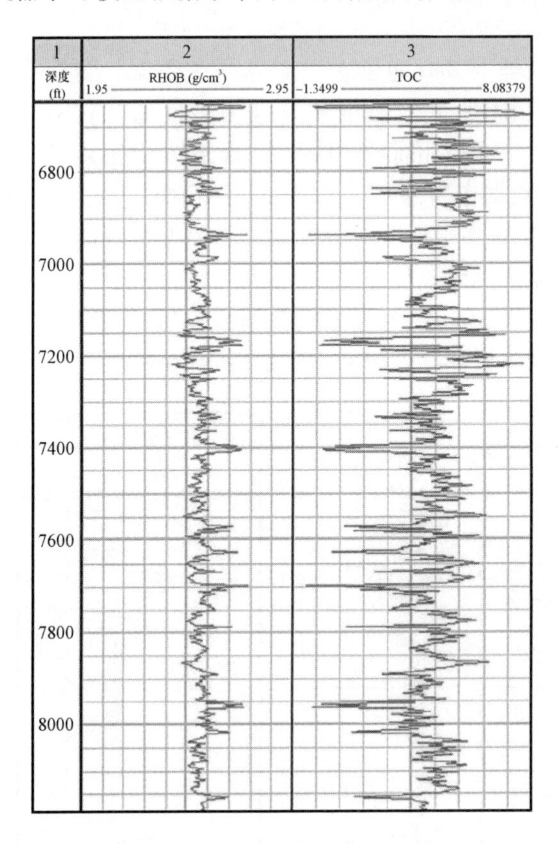

图 4.5 水平井 1 体积密度测井数据和 Schmoker TOC

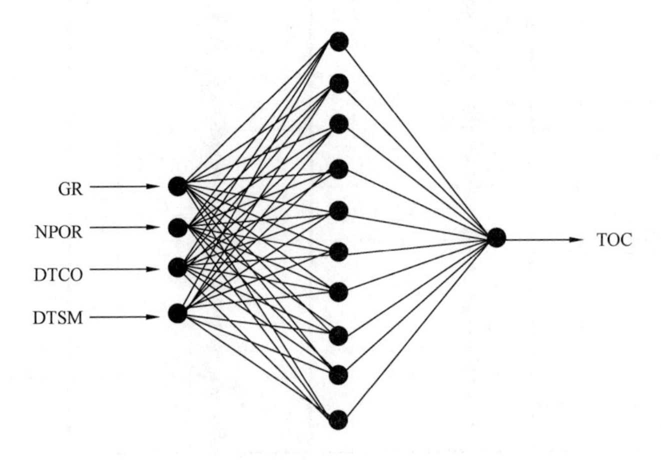

图 4.6 多层神经网络计算模型中 10 个神经元

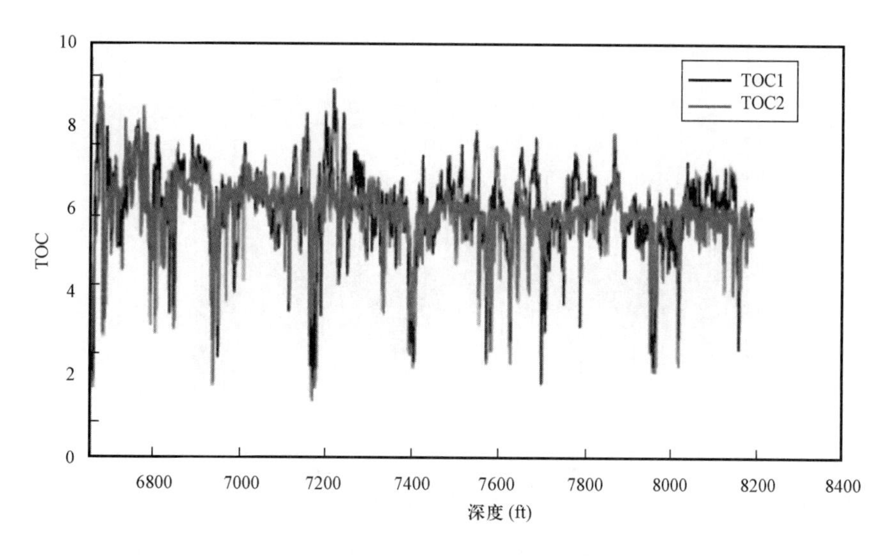

图 4.7 井 1 原始输入 TOC 与利用多层神经网络机器学习模型训练后预测 TOC 结果对比

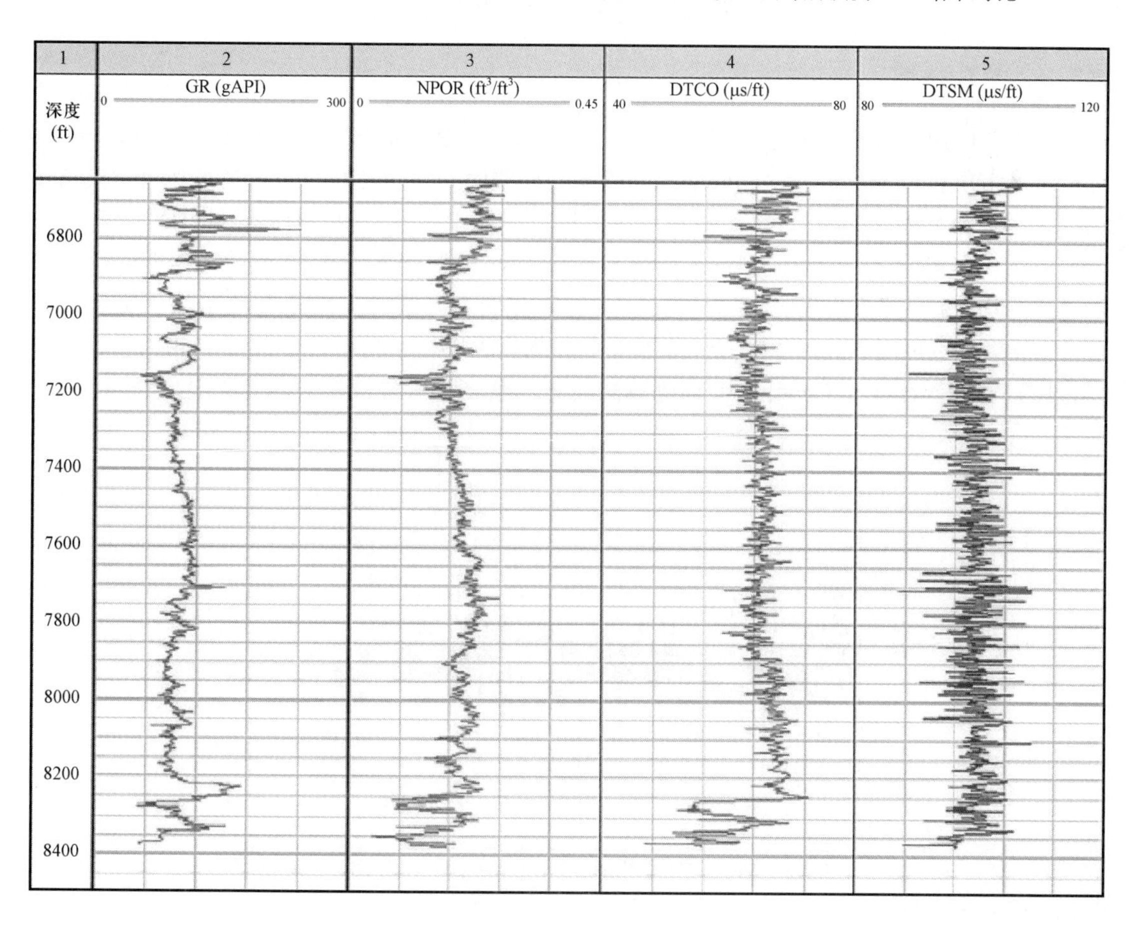

图 4.8 水平井 2 原始测井数据

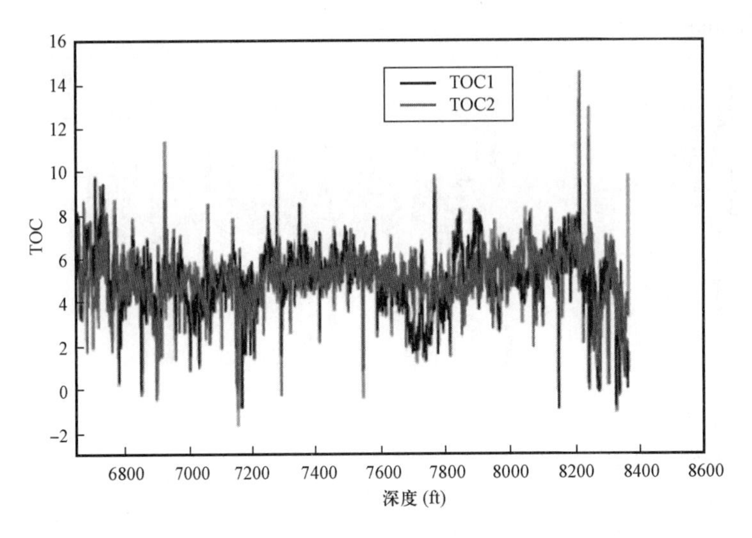

图 4.9 Schmoker 模型(TOC1)和基于 Levenberg - Marquardt 训练算法多层神经网络模型预测 TOC(TOC2)结果对比

4.3.3 结果分析

图 4.7 给出了试验井 1 的计算和预测 TOC 结果,可以看出基于 Levenberg - Marquardt 训练算法的多层神经网络机器学习模型预测结果与期望值一致性良好。结算结果和机器模型预测结果两者均方根误差为 1.06,足以说明神经网络机器学习模型能够有效预测 TOC。

图 4.9 个多层神经网络模型输出结果与 Schmoker 模型计算 TOC 结果的对比图。两种结果之间的均方根为 2.73,表明 Levenberg - Marquardt 训练算法可根据井 1 数据预测临近气井 TOC。链接权重可用于处理水平井 2 原始测井数据(图 4.8)。利用共轭梯度在此执行相同过程,目的是将 Levenberg - Marquardt 训练算法与另一套多层神经网络算法做对比。图 4.10 给

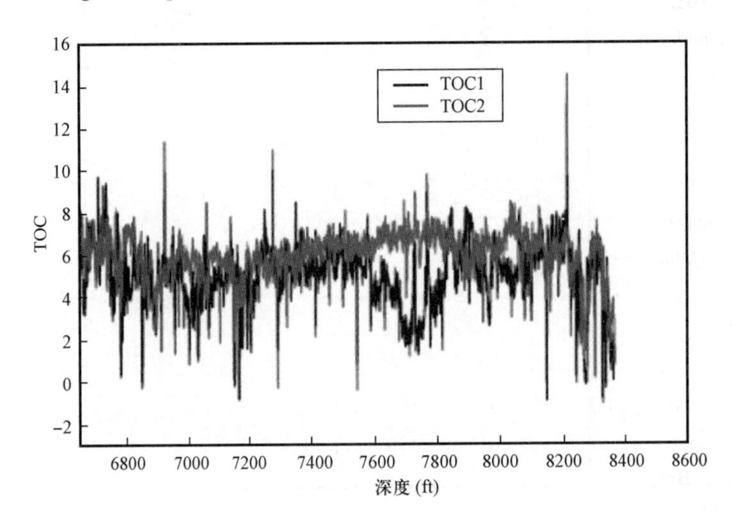

图 4.10 Schmoker 模型(TOC1)和基于共轭梯度训练算法多层神经网络模型预测 TOC(TOC2)结果对比

出了利用 Schmoker 模型计算的 TOC 和基于共轭梯度算法利用井 2 原始测井数据和多层神经网络模型预测的 TOC。两类 TOC 结果均方根为 3.64,表明共轭梯度训练算法无法预测临近气井 TOC。除此之外,还可以得到相同深度 TOC 预期和预测值差异(图 4.10)。

4.4 结论

本章利用具有单个隐藏层的多层神经网络模型和原始测井数据预测 TOC。将Levenberg - Marquardt 和共轭梯度模型训练算法进行了对比分析,研究结果显示 Levenberg - Marquardt 模型训练算法优势明显。

所提出的方法对于解决 Schmoker 模型计算 TOC 的不确定性方面具有广阔的前景。该方法还可用于干酪根体积预测、岩相分类、盆地建模和甜点识别等页岩气储层表征研究。建议将该方法在多种不同类型烃源岩上进行应用以测试人工神经网络机器学习模型的有效性。

参考文献

Aguilar, M. andVerma, S. (2014). TOC and fracture characterization of the Barnett Shale with predicted gamma ray and density porosity volumes. *SEG Technical Program Expanded Abstracts* 2014: 2662 - 2666.

Aminian, K. and Ameri, S. (2005). Application of artificial neural networks for reservoir characterization with limited data. *Journal of Petroleum Science and Engineering* 49 (3 - 4): 212 - 222.

Bruner, K. - R. and Smosna, R. (2011). A comparative study of the Mississippian Barnett Shale, Fort Worth Basin, and devonian marcellus shale, appalachian basin, DOE/NETL - 2011/1478.

Jarvie, D. M., Hill, R. J., Ruble, T. E., and Pollastro, R. M. (2007). Unconventional shale - gas systems: the Mississippian Barnett Shale of north - central Texas as one model for thermogenic shale - gas assessment. *AAPG Bulletin* 91: 475 - 499. https://doi.org/10.1306/12190606068.

Levenberg, K. (1994). A method for the solution of certain problems in least squares. *Quarterly of Applied Mathematics* 2: 164 - 168.

Loucks, R. - G., and. Ruppel, S - C., 2007, Mississippian Barnett Shale: lithofacies and depositional setting of a deep - water shale - gas succession in the Fort Worth Basin, Texas, *AAPG Bulletin*, v. 91 no. 4 p. 579 - 601.

Marquardt, D. (1963). An algorithm for least - squares estimation of nonlinearparameters. *SIAM Journal on Applied Mathematics* 11: 431 - 441.

Ouadfeul, S. and Aliouane, L. (2012). Lithofacies classification using the multilayer perceptron and the self - organizing neural networks. *Neural Information Processing*, Volume 7667 of the series Lecture Notes in Computer Science, Doha, Qatar (12 - 15 November 2012), pp 737 - 744.

Ouadfeul, S. and Aliouane, L. (2014). Shale gas reservoirs characterization using neural network. *Energy Procedia* 59: 16 - 21.

Özgür, K. (2004). Multi - layer perceptrons with Levenberg - Marquardt training algorithm for suspended sediment concentration prediction and estimation. *Hydrological Sciences - Journal - des Sciences Hydrologiques* 49 (6): 1024 - 1040.

Perez, R. (2003). Brittleness estimation from seismic measurements in unconventional reservoirs: application to the Barnett Shale. Ph. D. Dissertation. The University of Oklahoma.

Schmoker, J. (1979). Determination of organic content of Appalachian devonian shales from formation - density logs. *American Association of Petroleum Geologists Bulletin* 63 (1979): 1504 - 1537.

Schmoker, J. (1980). Organic content of devonian shale in western Appalachian bas. *American Association of Petroleum Geologists Bulletin* 64 (1980): 2156 – 2165.

Souza, C. D. (2010). Neural network learning by the Levenberg – Marquardt algorithm with bayesian regularization (part 1). http://www.codeproject.com/Articles/55691/Neural – Network – Learning – bythe – Levenberg – Marquardt (accessed May 2016).

Wang, B., Wang, X., and Chen, Z. (2013). A hybrid framework for reservoir characterization using fuzzy ranking and an artificial neural network. *Computers & Geosciences* 57: 1 – 10.

Wibowo, R. C., Dewanto, O., and Sarkowi, M. (2022). Total organic carbon (TOC) prediction using machine learning methods based on well logs data. *AIP Conference Proceedings* 2563: 030005. https://doi.org/10.1063/5.0103209.

Yeon, IS., Jun, KW., Lee, HJ., The improvement of total organic carbon forecasting using neural networks discharge model, *Environmental Technology* 2009; 30 (1): 45 – 51. doi: https://doi.org/10.1080/09593330802468780.

第5章　页岩气藏“甜点”识别

Susan Smith Nash

（American Association of Petroleum Geologists, Tulsa, OK, USA）

5.1　引言

“甜点”并非一个正式专业术语，是指储层或油田中富含油气且能够有效开发的部分，通常具备高储层质量，如裂缝发育、储层渗透率高、总有机碳含量高、相对含油气饱和度高等特征。“甜点”往往是非均质单元中的离散“豆荚”，针对这些离散分布的“甜点”部分准确实施钻探和水力压裂措施能够显著提高开发效益，这对于页岩等细粒沉积储层更为重要。

“甜点”随着时间的推移而发生变化，主要原因为开采和注入作业作业措施会导致新的裂缝、流体流动和吸附作用等。

随着分布式云计算技术的出现，以及利用大数据开发集成大量历史数据和连续数据模型，能够更有效地识别“甜点”区（Dubey et al. ,2017）。

5.2　材料和方法

本章将目前已发表论文、研究结果和案例划分为三个基本类别：

（1）理论/过程研究：美国地质调查局（USGS）在全球油气评价中发表了一系列研究报告。其中采用了全油气系统（TPS）的理论框架。此外。还有很多综合方法识别“甜点”区，这些方法依赖当前历史拟合和地震数据的输入，以识别新的裂缝网络。

（2）实际案例研究：给出区域和油田层面成功实施“甜点”识别的综合储层模型。

（3）实验分析研究：岩石物理学、储层模型、大数据和深度学习智能模型能够预测裂缝和孔隙，识别储层流体中微量元素和同位素，最终基于持续更新的数据集开发智能储层模型。

（4）产量拟合和储层综合表征：针对页岩气藏形成产量、递减曲线和储层压力三维成像拟合方法，实现井位优化和完井/水力压裂方案优化设计。

5.3 两类典型“甜点”识别工作流数据

5.3.1 早期工作流要素——全油气系统方法

数据采集、处理和二次处理能力及分析技术的提升,盆地分析科同时用于识别新气藏和现有区块优化。美国地质调查局开发了一种基于地质数据的方法,在全球范围内识别发现储量和预测技术可采储量,该方法的核心是结合全油气系统评价方法。

美国地质调查局 McGoon 和 Schmoker 在 2000 年指出,全球起系统包含有效烃源岩生成的所有油气资源相关的要素和过程。简而言之,全油气系统包括对烃源岩、烃源岩热成熟度、油气运移、储层岩石、圈闭和盖层的分析。全油气系统每个方面都涉及多项细则,可预测对应技术可采储量“甜点”的优先油气富集区。全油气系统模型的强大之处在于绘制了所有类型油气在盆地中的运移图并给出了油气随着时间的分布特征。

区域地质史:全油气系统评价流程首先重建主要地质时期的区域地质史,以了解沉积环境、热流动过程、沉积(侵蚀和不整合)、隆起和埋藏史等。

沉积环境:烃源岩和储层沉积环境是建模的重要环节,这些信息可用于预测储层厚度、侵蚀面、岩相变化、有机质含量相对丰度等。

黑色页岩总有机碳含量(TOC)是油气生产潜力的重要显示指标。此外,干酪根类型也非常重要,可用于预测储层品质,以及从甲烷到石油生成的碳氢化合物类型。

盆地地质史是认识热流体的重要基础,尤其地幔上升流可能导致热流体活动、火山活动、变形等,但更为重要的是在通常被称为“厨房”的烃源岩内“烹饪”干酪根。

流体动力学和热液作用:沿断层和裂缝网络内热流体运动是矿化的主要动力,典型案例就是密西西比河谷型矿床(包括铅锌矿)、盆地和山脉(内华达州的金银矿等)。随着时间的推移,识别热流体运动发生位置有助于识别热成熟位置,包括干酪根加热位置及潜在的催化作用。

区域构造:区域构造是勘探构造圈闭的要素。墨西哥湾盐丘是一个典型案例。当通过地震等手段识别到盐丘时,可假设一些圈闭机理确定远景区域或“甜点”区。规模是“甜点”区和远景区的区别之一,“甜点”区是指油田或构造内高油气富集区,而远景区则包含多口潜力井。

断层、断裂和运移路径:局部构造特征是“甜点”识别的要素。认识断层分布能够确定不可布井区域,通常为高含水饱和度、低含油饱和度区域。断层通常为油气运移提供有效通道。此外,开启裂缝同样为油气运移提供通道。此外,裂缝还可以为油气存储提供孔隙空间。尤其当水力压裂措施能够沟通天然裂缝时,裂缝发育程度是产能水平的度量参数。

岩性、岩石适量、地质力学特征和可压性:确定“甜点”区后,认识岩性和岩性变化至关重要。在页岩和泥岩等强非均质储层中,建立储层模型并从矿物学、岩石结构和地球化学等方面描述岩性非常重要。储层渗透率和孔隙度也同样是“甜点”区识别的要素,局部区域内需要对储层渗透率和孔隙度进行详细描述。在全油气系统尺度上,渗透率和孔隙度描述相对粗糙但能够给出可能的储层区域。岩石强度、脆性和延展性是绘制图件的关键,该属性图件能够详细描述储层可压性并给出适合水力压裂措施的区域。

杨氏模量和泊松比能够反映储层的可压性,也有助于预测水力压裂裂缝高度及范围。地质力学特征有助于认识纳米尺度甲烷吸附时间、方式和如何通过裂缝网络系统产出，以及最终如何影响储层压力。储层应力场模拟有助于预测天然气在富集阶段及产出阶段的运动。

圈闭和优先富集：全油气系统聚焦圈闭和圈闭机制，利用地质史预测构造圈闭（背斜和断层圈闭）和可能与不渗透盖层接触的侵蚀面。页岩储层既是烃源岩也是储层，本质上是自生自储型油气藏，主要归因于储层低至毫达西级别和纳达西级别的渗透率。

5.3.2 局部区域工具和技术工作流

为了确定优先富集区和技术可采油气资源，有必要利用更多的信息构建储层模型以更准确地评价储量。区域全油气系统能够让区域岩相趋势与厚度和热成熟度信息充分结合。Chevron 在阿根廷的 Vaca Muerta 成功应用了该方法（Reijenstei et al. ,2015）。

储层参数：孔隙度、渗透率、产层厚度和 TOC 等储层参数与区域研究方法相同，具体执行更为详细。

三维建模充分结合地震数据、测井数据与地质力学模型。2016 年，Rahman 和 Gui 的研究指出，完整地质力学模型包括孔隙压力、垂向和水平应力（最大应力和最小应力）、泊松比、杨氏模量，以及可压性。

微地震监测裂缝高度及裂缝表征：通过微地震监测数据认识水力压裂规模及裂缝网络可能扩展的位置。支撑剂监测及嵌入也是一个关键问题。2016 年，Yuan 和 Zhang 开发了一个模型利用声波测井和微地震监测阵列记录水力压裂响应数据，基于纵横波速度建立了三维模型并预测了储层泊松比和可压性。研究认为三维地质模型中高脆性区域为“甜点”区。

历史拟合：水平井递减曲线等生产历史分析非常重要，如果相同地层中一口井呈快速递减趋势，需明确该井是否已经超出目的区域、存在完井问题或储层流体导致黏土矿物膨胀、极端乳化或地层伤害等。在阿根廷 Vaca Muerta（Licitra et al. ,2015），地下数据与生产数据充分结合非常关键。

储层表征：充分采集汇总岩石物理学、测井数据和岩心数据非常关键。储层描述偏差会导致成本增加和错误的决策。

裂缝特征：天然裂缝特征是确定油气储量的关键要素。天然裂缝包括开启状态和闭合状态两种类型。开启裂缝更易于延伸，通过水力压裂诱导裂缝与天然裂缝沟通能够大幅增加泄油面积。天然裂缝表征需考虑岩石强度、可压性和应力场特征等。通常需要利用整个地质力学模型确定裂缝导流能力（Rahman et al. ,2016）

孔隙/粒度特征：除天然裂缝外，需要对孔隙和粒度特征进行建模。孔隙形状及次生特征有助于认识不同完井策略效果。白云石或燧石等次生作用会降低岩石强度。此外，压裂液和其他储层改造措施方案设计时，压裂液类型一定程度上受成岩作用（次生增长和溶解等作用）影响。例如，酸压适用于溶解钙化次生物，但如果次生矿物为燧石，则酸压效果弊大于利。

地球化学特征：天然气通常含有独特的同位素组合，这些同位素有助于确定运移路径。

化学地层学包括同位素、主元素和微量元素数据，以帮助确定储层内非均质沉积环境成因，该方法在 Eagle Ford 页岩油气藏中得到了成功应用（Tinnin et al. ,2015）。通过研究开发了一个考虑岩石物理、地质力学和手持 XRF 数据的模型。这些信息包括伽马射线、多元素岩石物理模型、XRF（主元素数据和钼）、电阻率、孔隙度、速度、密度、杨氏模量、泊松比、剪切模量和体积模量（Tinnin et al. ,2015）。

2015 年,Kormaksson 等提出了一种利用测井数据识别“甜点”区的方法。研究结合数百万口井数据开发了一种主成分分析统计方法。工作流从直井测井数据和水平井生产动态数据开始,然后应用主成分分析方法,最后利用 Kriging 和多元线性回归方法平滑结果数据并生成预测图件。

诱导和加速吸附增产:一些长效增产改造措施(提高采收率措施)向地层注入纳米表面活性剂等化学物质,这些化学物质性质随着时间、温度和压力发生变化或溶解。注水等提高采收率措施会加速甲烷解吸附并流向井筒。

2015 年,Chen 等研究中指出 BP 石油公司将大数据和人工智能结合建立了一种高级分析方法用于识别 Eagle Ford 页岩油气藏的“甜点”区。该方法通过获取地层有效孔隙度和厚度等数据识别“甜点”区,其中有效孔隙度和厚度数据来源于地震和综合岩石物理信息。

核磁共振(NMR)岩石物理学可用于研究多种流体饱和介质性质,能够获取孔隙度、饱和度、厚度和渗透率等属性数据及图件。2015 年,Jiang 等的研究指出核磁共振还可用于识别和分类岩相。核磁共振岩石物理学结合地质力学和生产数据能够发挥重要作用。鉴于数据特征,分布式计算在钻井实时测井等过程能够发挥重要作用。

5.4　两类集成工作流

5.4.1　早期勘探工作流

第一步:识别盆地和全油气系统要素,重点聚焦烃源岩和储层岩石;

第二步:地质史研究(包括热流动史和沉积环境),其中包括源岩 TOC、厚度和区域构造对应测井数据;

第三步:整合信息确定油气运移路径:

第四步:聚焦储层岩石并绘制厚度、构造和流体饱和度图件;

第五步:制作时间切片,确定流体运移位置和聚集位置。

5.4.2　后期开发工作流(含重复压裂)

第一步:进行储层建模,重点聚焦储层、油气运移路径、非均质性和储量;

第二步:构建完整地质力学模型,聚焦储层可压性和产能;

“甜点”区位于储存能力、可压性、油气饱和度和产能(与压力和岩石性质相关)的最佳组合区域。

5.5　案例分析

5.5.1　Woodford 页岩——地层学

利用化学示踪剂(通常为稳定同位素)进行地层对比。地层对比能够确定优先富集区位置及平面分布特征、油气可能运移位置和聚集位置、高 TOC 和优质生烃沉积位置。稳定同位素分析直接与沉积条件相关。利用微量矿物特征可研究确定沉积环境特征。例如,俄克拉何马州高产 Woodford 页岩,高油气富集区为缺氧沉积条件,缺氧条件下会出现氧化还原敏感的微量元素(Mo、Ni 和 Cu),以及黄铁矿和高 TOC(Turner et al. ,2016)。

为了利用化学地层学识别被忽略的或潜在的"甜点"区,首先需要对核心样本数据进行检查。采用层次聚类分析(HCA)对数据进行分析(Turner et al. ,2016)。通过 TOC 和微量元素含量分析得到了理想油气生产条件对应的化学剖面。

利用化学地层学识别"甜点"区的不足是仅利用岩心和分析数据难以确定沉积环境方向。

然而,岩心分析可用于发现前期勘探被忽略的或潜在的"甜点"区,Woodford 页岩就是典型的案例。化学地层学分析可为油气系统分析提供价值信息,这些信息可逐步扩展用于类比分析。

5.5.2 Barnet 页岩——地震属性

如 Fort Worth 盆地中的 Barnett 页岩气藏等早期非常规油气产区已经通过整合地震和测井数据来确定岩石性质。地震属性与测井信息结合可构建用于识别岩石属性特征的模型(Aliouane et al. ,2014)。

Fort Worth 盆地中的 Barnett 页岩"甜点"区表现为高 TOC、高成熟度(镜质组反射率)、低含水饱和度和高吸附气量特征。杨氏模量和泊松比等地质力学特征参数有助于确定储层岩石脆性和可压性(Aliouane et al. ,2014)。

当岩心数据缺失或不可用时,工作流通过测井确定 TOC。Passey 方法可用于计算 TOC,当储层不完全自生自储时计算结果存在一定偏差。

为认识储层岩相和岩石性质,利用 AVO 反演处理地震数据,并将处理数据与岩心数据关联。生成的三维图件可确定有利井位部署区及沉积厚度。

根据地震数据中泊松比(V_p/V_s)能够计算获得岩石脆性和塑性参数。综合密度测井和地震数据可计算获取杨氏模量,然后再根据地质统计学确定的 P 波阻抗和 S 波阻抗与岩心结合进行适当校正。

Barnett 页岩气藏内,多家能源公司在地震属性识别"甜点"区的基础上寻找优质储量对应的裂缝网络表征指标。然而,含油气闭合裂缝无法生产,因此有必要认识包含天然裂缝和水力压裂诱导裂缝的特征。在该情形下,微地震通常用于确定诱导裂缝延展程度和开采潜力。

5.5.3 Eagle Ford 页岩——模式识别和深度学习

2016 年,Gherabati 等将工作流描述为一种以分析为中心的识别"甜点"区的方法。研究构建的模型以 Eagle Ford 页岩油气藏为基础,考虑了生产历史、岩石物理、地震和储层流体特征数据。

(1)第一个数据集结合测井和地震数据,构建储层厚度、孔隙度、渗透率和含水饱和度属性模型;

(2)第二组数据包括储层流体特征,以区分天然气、凝析油和石油;

(3)最后,加载生产历史数据,根据递减规律定性分区。

其结果是确定研究区域内最有可能钻遇石油(不是凝析油或天然气)的区域,这些地区具备更大的开发潜力。该方法存在一定的局限性,其前提条件是假定所有钻井、完井和增产措施效果相同。该方法是一种基于实际生产数据的"甜点"识别方法而并非替代品。

5.6 结论

地质力学的影响和体积压力的变化,"甜点"区随着时间的推移发生变化,因此有必要构建一个持续更新的油田地质力学模型。天然裂缝系统对应的测井应力计算、生产历史和各向异性可提供价值信息。部分裂缝随着应力场发生变化,重复压裂措施旨在提高裂缝复杂程度(Rahman et al. ,2016)。

参考文献

Aliouane, L. and Ouadfeul, S. – A. (2014). Sweet spots discrimination in shale gas reservoirs using seismic and well – logs data. A case study from the worth basin in the Barnett Shale. *Energy Procedia* 59 (2014): 22 – 27.

Chen, B. , Kumar, D. , Uerling, A. et al. (2015). Integrated petrophysical and geophysical analysis on identifying Eagle Ford sweet spots. *Unconventional Resources Technology Conference*, San Antonio, Texas (20 July 2015).

Dubey, S. , Chakraborty, D. , Mishra, S. , and Fredd, C. (2017). Systematic evaluation of shale play by introducing integration of inversion geophysics, petroleum system and reservoir simulation workflows. *Society of Petroleum Engineers*. doi:https://doi. org/10. 2118/183981 – MS.

Gherabati, S. A. , Browning, J. , Male, F. et al. (2016). The impact of pressure and fluid property variation on well performance of liquid – rich Eagle Ford shale. *Journal of Natural Gas Science and Engineering* 33 (2016): 1056 – 1068.

Jiang, T. , Jain, V. , Belotserkovskaya, A. , Nwosu, N. K. , & Ahmad, S. (2015). Evaluating producible hydrocarbons and reservoir quality in organic shale reservoirs using Nuclear Magnetic Resonance (NMR) factor analysis. *Society of Petroleum Engineers*. doi:https://doi. org/10. 2118/175893 – MS.

Kormaksson, M. , Vieira, M. R. , &Zadrozny, B. (2015) A data driven method for sweet spot identification in shale plays using well log data. *Society of Petroleum Engineers*. doi:https://doi. org/10. 2118/173455 – MS.

Licitra, D. , Lovrincevich, E. , Vittore, F. et al. (2015). Sweet spots in VacaMuerta: Integration of subsurface and production data in loma campana shale development, Argentina. *Unconventional Resources Technology Conference*. doi:https://doi. org/10. 15530/URTEC – 2015 – 2153944.

Magoon, L. B. and Schmoker, J. W. (2000). Chapter PS. The total petroleum system – the natural fluid network that constrains the assessment unit. US Geological survey Digital Data Series 60. https:// certmapper. cr. usgs. gov/data/PubArchives/WEcont/chaps/PS. pdf.

Rahman, K. , &Gui, F. (2016). Geomechanical sweet spot identification in unconventional resources development. *Society of Petroleum Engineers*. doi:https://doi. org/10. 2118/182247 – MS.

Reijenstein, H. M. , Christopher, L. , Manuel, F. et al. (2015). Where is the VacaMuerta sweet spot? The importance of regional facies trends, thickness, and maturity in generating play concepts. *Unconventional Resources Technology Conference*. San Antonio, Texas (21 July 2015).

Tinnin, B. , McChesney, M. D. , and Bello, H. (2015). Multi – source data integration: eagle ford shale sweet spot mapping. *Unconventional Resources Technology Conference*. doi:https://doi. org/10. 15530/ URTEC – 2015 – 21545.

Turner, B. W. and Slatt, R. M. (2016). Assessing bottom water anoxia within the late devonian woodford shale in the arkoma basin, southern Oklahoma. *Marine and Petroleum Geology* 78 (2016): 536 – 546.

Yuan, C. and Zhang, J. (2016). 3D microseismic imaging for identifying shale sweet spot. *Society of Exploration Geophysicists* 144 – 145.

第6章　表面活性剂在页岩油气藏中的应用

Susan Smith Nash

(American Association of Petroleum Geologists, Tulsa, OK, USA)

6.1　引言

表面活性剂在页岩油气储层中的应用方式多种多样。首先,钻井工程中表面活性剂常用于钻井液中改善化学剂的分散和运移能力。表面活性剂在水力压裂措施中用于配置短效微乳液促进油气流体的运移。

表面活性剂能够触发两种流体之间或流体和固体之间的物理化学反应。优先吸附作用会导致界面张力发生变化,该作用常用于降低毛细管压力和表面张力。

表面活性剂分子有头有尾,头部具有极性和亲水性,尾部为非极性和疏水性。表面活性剂分子尾部通常为碳氢化合物。

6.2　表面活性剂功能

表面活性剂能够降低两种介质之间的界面张力。这两种介质可以是两种不同的液体,也可以是一种液体和一种固体,起作用是降低毛细管压力。界面张力降低后,沿界面会发生流体运动。表面活性剂分子开始运动并形成胶束。由表面活性剂形成的胶束通常被带电粒子吸附并包裹,形成乳液或微乳液。乳液是携带颗粒(在石油工业中则指石油分子)传输的载体。

然而,表面活性剂的应用也需要考虑一些重要因素。在常规油藏中非常有效的微乳液在低渗透油藏中可能堵塞孔隙空间。表面活性剂吸附也意味着地层中存在化学损失。因此,有必要为每种类型储层定制个性化表面活性剂。表面活性剂的设计和应用过程中不仅需要考虑与两种介质的相互作用,更重要的是要考虑注入地层后不同液体和固体之间可能发生的化学反应,以及对储层流体和岩石矿物的影响。

表面活性剂的应用过程中也会出现未达预期效果的情况(或者效果未达到室内实验测试效果),但后续作用效果显著。许多表面活性剂是在油田无法有效开采或停产时才被引入应用,应用后至少需要6个月以上周期才能见到油气产量增加,最坏情形为提高产水量并抑制油气开采(Negin et al.,2017;2016)。

表面活性剂在钻井和完井中具备不同用途。

6.2.1 钻井

表面活性剂能够生成理想乳液并提高井眼稳定性。

6.2.2 完井(水力压裂)

表面活性剂可作为“增力器”改变毛细管压力,然后生成短小微乳液。这些微乳液从地层中产出,并在 30 ~45 天后基本上降解失效(如大规模分段压裂水平井)。

6.3 材料和方法

页岩储层中甲烷以两种方式赋存。甲烷首先赋存在储层孔隙和裂缝中。部分天然裂缝和诱导裂缝为关闭状态。除非随着时间的推移储层形成额外裂缝或通道,否则页岩气藏无自然产能。甲烷赋存的另一种方式是吸附在岩石或孔隙表面。尽管表面活性剂吸附性不强,但对于原位甲烷分子吸附是有利条件。甲烷分子一旦从岩石表面释放后就可以参与流动并产出。理论上,任何能够降低表面张力(毛细管压力)的物质都会导致吸附方向向开启裂缝移动,最后经地层流向井筒。

6.4 页岩储层特征

表面活性剂选择过程中需慎重考虑页岩储层特征。

6.4.1 高黏土矿物含量

膨润土等黏土矿物与水接触后膨胀。表面活性剂优选过程中需确保其亲水或疏水特性不会因页岩膨胀而损害地层。

6.4.2 纳米孔隙

表面活性剂胶束可能过大并形成堵塞孔隙的乳液,从而导致产量快速下降。

6.4.3 混合润湿性

页岩储层强非均质性会导致储层润湿性非均质。

6.4.4 高毛细管压力

储层—流体—岩石系统中毛细管压力主要受界面张力和接触角的影响。

2016 年,Li 等通过多次模拟和室内实验结果证明压力是影响甲烷气体吸附的重要因素。研究表明,压力变化对甲烷气体吸附有显著影响。

随着压力的增加,介质表面甲烷分子的密度和吸附速度增加。本质上,压力增加了甲烷分子的吸附能力。狭窄孔隙中存在更多壁面相互作用(Lu et al. ,2016)。为了有效开采吸附态甲烷有必要降低界面张力,可通过注入表面活性剂降低界面张力。大规模表面活性剂驱可能有成效,但也可能会生成乳液。表面活性剂生成的乳液尺寸偏大无法在纳米级和微孔隙及裂缝中流动(Buijse et al. ,2013)。虽然乳液能够有效驱动石油分子,但却不适用于甲烷气体。此种情形下,压力的变化和表面活性剂的精准注入是最优的方法。即使温度小幅度上升也会对压力产生积极影响,部分化学反应也会导致温度上升。

2011 年,Kang 等研究了沿页岩基质表面和页岩气吸附层之间的相互作用。吸附层在基质壁面处发生滑移流动(Li et al. ,2016)

6.5 Klinkenberg 效应

渗透率在一定程度上受孔隙度的影响,并非所有孔隙都为有效孔隙。部分束缚在闭合裂缝或盲孔中的孔隙即使具备储气潜力,也无法实现这部分气体的产出。此外,渗透率测试测试结果不能完全反映真实情况,可能是由于孔隙内压力的影响,以及压力变化导致沿孔隙壁面的滑脱作用。孔隙壁面气体滑脱作用会增加气测渗透率数值。由此产生的 Klinkenberg 效应在页岩和致密砂岩等低渗透率岩石中可能非常显著。

1941 年,Klinkenberg 在 *Drilling and Production Practice* 上发表了研究成果。研究指出孔隙壁面上存在气体滑脱现象。研究还描述了孔隙结构在生产过程中随地质力学的变化规律,以及孔隙几何形状变化导致有效孔隙度和渗透率的变化(Letham et al. ,2015)。

Klinkenberg 效应及由此产生的孔隙变形是表面活性剂驱替方案设计的关键因素。有必要重新预测孔隙结构并计算有效表面积和孔径。不考虑 Klinkenberg 效应会导致错误的表面活性剂浓度设计,并形成过于黏稠的微乳液。忽略 Klinkenberg 效应还可能导致流速加快,90 天后无法保证预期化学反应以充分利用气体滑脱作用。

6.6 其他完井化学剂

为了避免相互作用,配方通常包括非离子表面活性剂。然而,非离子表面活性剂能量不足,并且可能与钻井、储层改造和完井措施中其他流体(黏土稳定剂、杀虫剂、减阻剂)相互作用。

6.6.1 提高采收率

将超稀释表面活性剂与储层流体结合,注入无驱替作用或存在流动通道问题的油田有助于提高储量动用程度。该情形下,原油产量不会立即增加。有必要通过管理的地层波及体积来重新建立驱替压力系统。注入将需要以合理的间歇模式运行。如果储层孔隙度足够高且稀释表面活性剂不会生产黏性乳液,则表面活性剂波及区域原油将发生流动。界面张力的下降应伴随着极低黏度的流体以及足够的压力,从而确保在储层内流动。

提高采收率措施中的表面活性剂包括:(1)驱动原油和提高原油毛细管压力;(2)降低油水界面张力;(3)与助溶剂(碱和聚合物)结合形成稀释溶液;(4)阴离子表面活性剂大幅改变储层岩石润湿性;(5)控制原油、表面活性剂、助溶剂和盐水之间的相互作用。

6.6.2 富含油页岩中后期开发

初期产量下降后,表面活性剂可在重复压裂措施中应用。表面活性剂的应用也可能出现反向作用,有时压裂液中加入表面活性剂会损害地层(现象为储层伤害,实际是化学物质通过吸附作用发生损失)。在部分壁面形成相当于黏性乳液的滤饼层,这也正是主要流动路径或主要诱导裂缝。与其去除乳液层,不如利用制造新裂缝来抵消原有裂缝的作用,并继续应用不同类型的表面活性剂。利用更为稀释的随温度和压力变化而影响矿化度变化的表面活性剂可通过"虹吸"效应提高产量。

6.7 单层覆膜支撑剂

覆膜将支撑剂由单一支撑裂缝颗粒升级为气体流动和解吸附加速剂,通常在注入 18 ~ 24 个月后生效。在持续作用下,甲烷气体流速和流量都会得到增加。

6.8 双涂层支撑剂

6.8.1 外涂层支撑剂

两性离子涂层。

6.8.2 内涂层支撑剂

含镁无机盐:

(1)诱发化学反应;

(2)随着甲烷气体量的增加,温度和压力增加;

(3)化学反应生成晶体,增加表面积;

(4)晶体增加表面活性剂体积、降低张力。

6.9 双涂层多孔支撑剂

支撑剂既作为传输介质也作为诱导裂缝的物理支撑剂。多孔支撑剂颗粒用液体表面活性剂(潜在催化剂)浸渍,以加速甲烷解吸附和产出,并显著提高温度和压力。

6.10 数据

6.10.1 阴离子

阴离子支撑剂应用广泛,包括十二烷基硫酸铵和十二烷基硫酸钠。石油工业中使用的阴离子表面活性剂包括:

(1)烷基芳基磺酸盐;
(2)*N*-乙氧基磺酸盐;
(3)十二烷基硫酸钠;
(4)醇丙氧基硫酸盐(APS);
(5)烷基(或醇)乙氧基硫酸盐(AES);
(6)α-烯烃磺酸盐(AOS);
(7)烷基聚烷氧基烷基磺酸盐或烷基芳基聚烷氧烷基磺酸盐;
(8)α-烯烃硫酸盐;
(9)支链烷基苯磺酸钠;
(10)多库酸钠;
(11)乙氧基或丙氧基缩水甘油基磺酸盐;
(12)双阴离子表面活性剂;
(13)内烯烃磺酸盐(IOS);
(14)磺化、乙氧基化醇或烷基苯酚;
(15)石油磺酸钠;
(16)TDA-9PO-硫酸盐。

6.10.2 阳离子

阳离子表面活性剂在水溶液中形成胶束。石油工业中使用的阳离子表面活性剂包括:
(1)十六烷基三甲基溴化铵;
(2)椰油烷基三甲基氯化铵;
(3)硬脂基三甲基氯化铵;
(4)十二烷基三甲基溴化铵(DTAB);
(5)乙氧基烷基胺。

6.10.3 非离子

长链醇通常表现为表面活性剂性质,常用作发泡剂。石油工业中的非离子表面活性剂包括:

(1)烷基乙氧基羧酸酯;
(2)烷基糖苷(APG);
(3)NEODOL 乙氧基化物 91-8;

(4)NEODOL 67 丙氧基硫酸盐(N67－7POS);

(5)聚乙氧基烷基酚;

(6)聚(乙烯/丙烯)二醇醚。

6.10.4　两性离子

阴离子和阳离子中心能够同时与多种不同类型化学物质连接。这些被称为两性表面活性剂,通常用于改善输送效果,也可用作乳化剂。两性离子表面活性剂甚至还可用作防腐剂。

6.11　实例

6.11.1　Bakken

Bakken 页岩油气藏研究发现,表面活性剂不断将地下岩心润湿性改变为水湿。表面活性剂不断被岩石吸收并通过渗吸驱替出比单相盐水更多的石油(Mirchi et al.,2014)。表面活性剂渗吸作用似乎能够提高原油采收率(He et al.,2017)。一次采油期间,Bakken 地层采收率存在一定不确定性(LeFever et al.,2010),推荐石油原始地质储量采收率范围是 3%～10%。3 次表面活性剂渗吸采油试验显示,石油原始地质储量采收率为 6.8%～10.2%,高于纯盐水驱对应采收率。10 次表面活性剂渗吸试验显示石油原始地质储量采收率为 15.7%～25.4%。表面活性剂驱在超深渗透等给定情形下能够有效提高石油采收率(Zhang et al.,2016;Wang et al.,2012)。

(1)两性离子:二甲基氧化胺;

(2)非离子:乙氧基化醇;

(3)阴离子:内烯烃磺酸盐;

(4)阴离子:线性 α－烯烃磺酸盐。

6.11.2　Eagle Ford

阳离子表面活性剂应用案例。

阳离子表面活性剂在 Eagle Ford 页岩油气藏中的应用效果独特(He et al.,2017),这也证实了早期的发现。由于头部基团之间的静电相互作用和烃链之间的疏水相互作用,两性离子混合物具有许多独特性质,如低临界胶束浓度、低表面/界面张力、多类型微观结构(球形囊泡或杆状胶束)和慢胶束弛豫(Kim et al.,2016; Patist et al.,2001;O'Connor et al.,1997)。

6.11.3　Utica

表面活性剂吞吐采油。

商用非离子改进提高采收率表面活性剂与稀释氯化钾溶液。

6.12 结果

微乳液形成会降低界面张力。表面活性剂形成的微乳液不是永久性的,而是另一种新相态,能够促进原油和地层流体以及表面活性剂混合。微乳液能够将原油从储层中驱替出来。该作用类似于洗涤剂与水混合后遇到颗粒被驱替出来。

表面活性剂驱提高原油采收率方法的问题是流体必须具备一定的流动速度。然而,在非常致密的储层中渗透率不足难以波及孔隙和微裂缝空间。

2016 年,Lu 和 Pope 的研究指出表面活性剂驱的关键环节是微乳液和表面活性剂水溶液之间的界面速度。研究中利用阴离子表面活性剂、助溶剂(异丁醇和三乙二醇单丁基醚)、含氯化钠和碳酸钠盐水进行实验模拟研究。实验用原油为三种不同种类原油的混合物。实验模拟获得原油采收率高达 99%。研究结论为深层、高温、高渗透性油藏中适合使用表面活性剂驱措施,该类油藏存在剩余油或一次采油尚未动用的原油。研究还指出表面活性剂驱对页岩油气藏的适用性是关键问题。显然,一些研究表明表面活性剂驱适用于所有油气储层,但助溶剂配置需极为慎重,微乳液相持续时间也很关键。可能需要人工举升措施增加界面速度。

6.13 页岩储层、气体和吸附

吸附:甲烷分子具备较强吸附性,表面活性剂吸附性较低。

静电干扰:范德华力的产生需要降低界面张力。

表面/液体界面:形成过多胶束并吸附在带电粒子上,界面张力频繁变化会降低效率。

表面活性剂分子的固体/带电官能团表面或胶束在页岩储层干酪根纳米孔隙壁上吸附(Ning et al. ,2015)。已经证明,干酪根孔隙壁面上能够吸附大量气体分子,而且干酪根有机孔隙也为气体提供传输路径。吸附气和游离气相互作用也会显著影响气体流动(Ning et al. ,2015)。颗粒之间相互作用可能受到强内聚力影响。表面活性剂能够降低吸附气和游离气的相互负面作用,将分子捆绑在一起便于输运,或者让分子分解能够流过更小尺寸的纳米孔隙。

最重要的是持续补充孔隙压力,当甲烷分子压力足够克服其分子结合表面化学作用力时,甲烷分子会发生移动。尽管理论上表面活性剂有效,但如果表面活性剂分析尺寸过大或浓度过高或 pH 值异常,会直接导致分子黏附更紧密。考虑管道和晶格中气体滑脱作用和吸附作用的模型会有所帮助。天然气存储能力是微尺度和纳米尺度富有机质页岩中干酪根孔隙的函数(Ning et al. ,2015),这一事实也限制了储层改造方式的选择空间。扫描电子显微镜和孔隙结构建模可用于模拟富有机质干酪根中孔隙的塑性特征,天然气滑脱作用随着富有机质岩石(富含干酪根)塑性的增强而增加。

因此,保持孔隙空间增强基质弹性可能会强化吸附作用。随着孔隙压力的变化,纳米级“波纹管效应”的周期性下降,进而充满孔隙空间并促进吸附。当 Klinkenberg 效应导致晶格

“挤压”状态时,表面张力下降会促进甲烷流动(Lohne et al. ,2012)。

2011 年,Kristiansen 等利用原子力显微镜测量了表面电势,研究显示溶解作用和表面电势直接影响原始压力。研究指出晶体形成与电化学力均是压力的函数。

6.14 作业条件

表面活性剂应用的目的是改变储层岩石润湿性,通常包括去除酒精并增加微乳液容量。阴离子表面活性剂可以在砂岩储层中应用。碳酸盐岩储层中,阳离子表面活性剂能够将储层岩石润湿性由亲油改变为亲水。页岩地层中可应用混合表面活性剂。

界面张力是两种流体或流体与固体分子之间的作用力。表面活性剂作用是降低界面张力,从而影响毛细管压力。

矿化度:高矿化度会对表面活性剂产生负面作用。合理矿化度是指等量油和水能够相互溶解到微乳液中(Hirasaki et al.)。

表面活性剂浓度:表面活性剂浓度需远高于临界胶束浓度才能诱发胶束化作用。高表面活性剂浓度是理想方案。

助溶剂/助溶表面活性剂:通常使用醇类作为助溶剂发挥油水界面表面活性剂膜的作用。

6.15 结论

过多的表面活性剂会导致表面活性剂吸附在地层岩石上并伤害地层。理想情形是实现气体分子吸附,使其进入裂缝和运移通道。

水溶性非离子表面活性剂生成油/水微乳液会造成负面作用。理想情形是利用表面活性剂将石油和天然气转移至盐水中。因此,需要知道盐水的矿化度和表面活性剂流体的 pH 值。理想情况下,表面活性剂的作用是分解界面张力并在盐水中形成胶束,通过压力变化促进胶束在储层中的流动。需要避免的关键问题包括:

(1)微乳液;

(2)表面活性剂在页岩表面发生吸附;

(3)胶束形成;

(4)保持水润湿状态。

表面活性剂可用于页岩油井的水力压裂措施,通过降低油水界面张力改变岩石表面润湿性促进油气流动。表面活性剂同时还会降低油水界面的弹性和刚性,促进油滴变形和渗析作用。

参考文献

Buijse, M. A. , Tandon, K. , Jain, S. et al. (2013). Accelerated surfactant selection for EOR using computational methods. *Society of Petroleum Engineers*. https://doi. org/10. 2118/165268 – MS.

Chegenizadeh Negin, Saeedi Ali, Quan Xie, Most common surfactants employed in chemical enhanced oil recovery, *Petroleum*, Volume 3, Issue 2, June 2017, Pages 197 – 211. https://doi. org/10. 1016/j. petlm. 2016. 11. 007.

Negin, C. , Ali, S. , and Xie, Q. (2016). Application of nanotechnology for enhancing oil recovery – A review. *Petroleum* 2 (4): 324 – 333. https://doi. org/10. 1016/j. petlm. 2016. 10. 002.

He, K. and Xu, L. (2017). Unique mixtures of anionic/cationic surfactants: a new approach to enhance surfactant performance in liquids – rich shale reservoirs. *Society of Petroleum Engineers*. https://doi. org/10. 2118/184515 – MS.

Kang, S. M. , Fathi, E. , Ambrose, R. J. et al. (2011). Carbon dioxide storage capacity of organic – rich shales. *SPE Journal* 16 (04): 842 – 855.

Kim, J. , Zhang, H. , Sun, H. et al. (2016). Choosing surfactants for the Eagle Ford shale formation: guidelines for maximizing flowback and initial oil recovery. *Society of Petroleum Engineers*. https:// doi. org/10. 2118/180227 – MS.

Letham, E. A. and Bustin, R. M. (2015). Klinkenberg gas slippage measurements as a means for shale pore structure characterization. *Geofluids* 16 (2): 264 – 278.

Li, Z. Z. , Min, T. , Kang, Q. et al. (2016). Investigation of methane adsorption and its effect on gas transport in shale matrix through microscale and mesoscale simulations. *International Journal of Heat and Mass Transfer* 98: 675 – 686. https://doi. org/10. 1016/j. ijheatmasstransfer. 2016. 03. 039.

Lohne, A. and Fjelde, I. (2012). Surfactant flooding in heterogeneous formations. *Society of Petroleum Engineers*. https://doi. org/10. 2118/154178 – MS.

Shuler, P. J. , Lu, Z. , Ma, Q. , and Tang, Y. (2016). Surfactant huff – n – puff application potentials for unconventional reservoirs. *Society of Petroleum Engineers*. https://doi. org/10. 2118/179667 – MS.

Mirchi, V. , Saraji, S. , Goual, L. , and Piri, M. (2014). Experimental investigation of surfactant flooding in shale oil reservoirs: dynamic interfacial tension, adsorption, and wettability. *Unconventional Resources Technology Conference*. https://doi. org/10. 15530/URTEC – 2014 – 1913287.

Morsy, S. and Sheng, J. J. (2014). Surfactant preflood to improve waterflooding performance in shale formations. *Society of Petroleum Engineers*. https://doi. org/10. 2118/169519 – MS.

Nguyen, D. , Wang, D. , Oladapo, A. et al. (2014). Evaluation of surfactants for oil recovery potential in shale reservoirs. *Society of Petroleum Engineers*. https://doi. org/10. 2118/169085 – MS.

Wang, D. , Butler, R. , Zhang, J. , and Seright, R. (2012). Wettability survey in bakken shale with surfactant – formulation imbibition. *Society of Petroleum Engineers*. https://doi. org/10. 2118/153853 – PA.

Yang Ning, Yang Jiang, Honglin Liu, Guan Qin, Numerical modeling of slippage and adsorption effects on gas transport in shale formations using the lattice Boltzmann method, *Journal of Natural Gas Science and Engineering*, Volume 26, September 2015, Pages 345 – 355.

Zhang, J. , Wang, D. , and Olatunji, K. (2016). Surfactant adsorption investigation in ultra – lower permeable rocks. *Society of Petroleum Engineers*. https://doi. org/10. 2118/180214 – MS.

第7章　模糊神经算法岩相分类

——以阿尔及利亚奥陶系致密储层为例

Mohamed Zinelabidine Doghmane[1]　Sid - Ali Ouadfeul[2]　Leila Aliouane[3]

(1. Department of Geophysics, FSTGAT, University of Science and Technology Houari Boumediene, Algiers, Algeria;2. Algerian Petroleum Institute, Sonatrach, Boumerdes, Algeria;3. LABOPHYT, Faculty of Hydrocarbons and Chemistry, University M'hamed Bougara of Boumerdes, Boumerdes, Algeria)

7.1　引言

Haoud Berkaoui 区域所属 Oued - Mya 盆地位于阿尔及利亚 Sahara 北部地区,正好位于该省的中心部位(图 7.1)。该地区由古生代形成的东北/西南走向延伸凹陷组成(图 7.2)(Zazoun,2013)。其边界北部为寒武纪 Djamâa - Touggourt,西北部为 Talemzane Pier (Hassi R'mel),东南部为 Hassi Messaoud,北部为 El Agreb - El Gassi 山脊。西南方向宽度 25 ~ 30km,东北方向宽度 8 ~ 10km(Doghmane et al. ,2019;Eladj et al. ,2022a;2022b;2022c)。

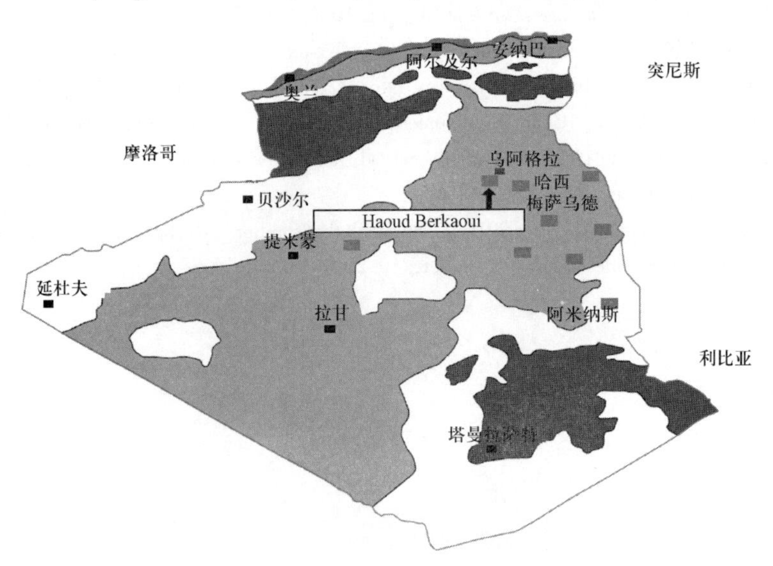

图 7.1　研究区域位置图

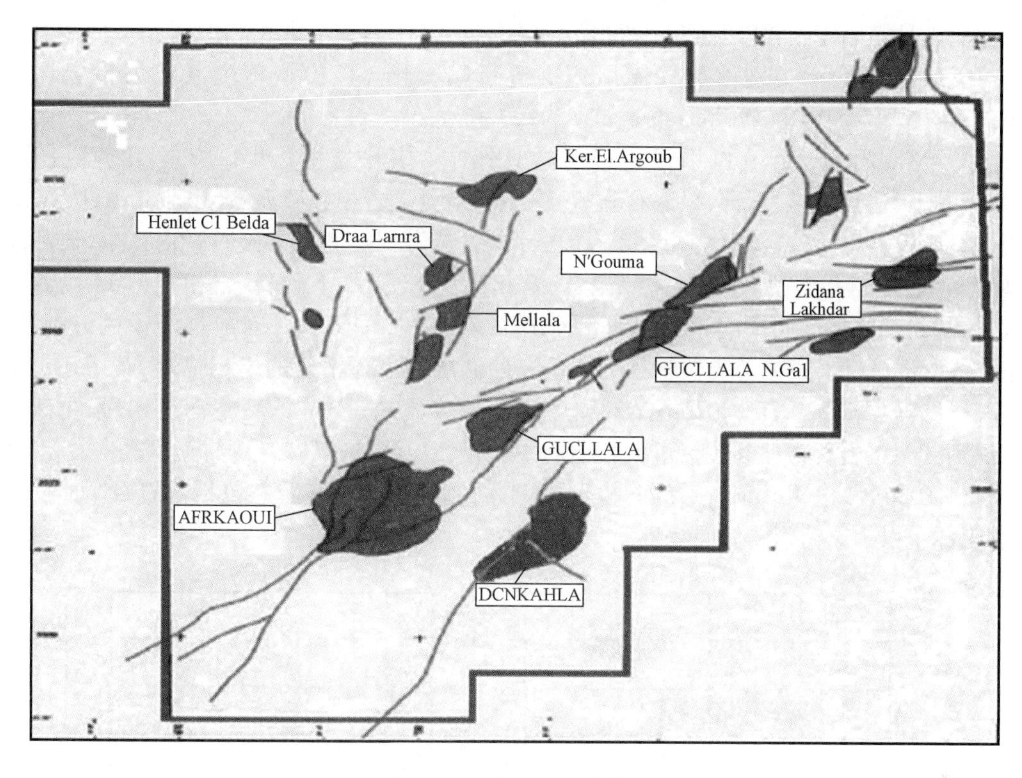

图 7.2 研究区地质构造图

7.2 模糊神经网络分类

将一类物质特征划分为模糊类别的方法称为神经模糊分类方法。把本文提出了一种利用人工神经网络反向传播算法解决模糊分类问题的技术(Bayram et al. ,2010;Doghmane,2019)。反向传播网络对模糊系统中每个特征参数都进行了优化(Imamverdiyev et al. ,2019)。这些参数包括每个特征(图 7.3)的隶属度及函数(Aïfa et al. ,2014;Ehsan et al. ,2020;Mendil et al. ,2019)。

7.3 结果和讨论

图 7.3 给出了神经模糊分类算法的详细流程,该分类器利用三层网络识别每个类别最佳模糊系统参数(Doghmane et al. ,2019)。利用第一层网络确定测井曲线中的每个深度点(Ehsan et al. ,2020)的隶属度

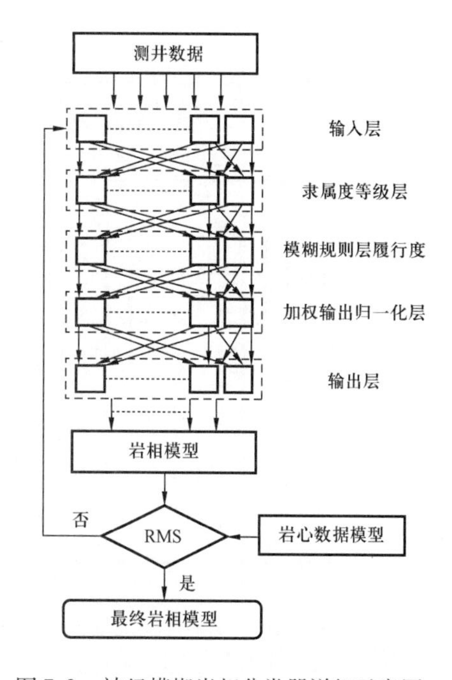

图 7.3 神经模糊岩相分类器详细示意图

等级。在满足模糊规则程度基础上创建第二层网络,以便识别主岩相和次岩相。使用第三层网络对反映岩相模糊类别的加权输出数据进行归一化。该模型精度条件为指定均方根(RMS)误差阈值为0.01(Doghmane et al.,2019)。

图7.4给出了研究区9口井(井1~井9)识别结果,其中岩相类型1~6(岩相类型16分别为砂岩、黏土、白云石、硬石膏、绿泥石和盐)占主导地位。岩相类型7~16(Eladj et al.,2020)。岩相类型7为黏土质砂岩、岩相类型8为白云质黏土、岩相类型9为硬石膏白云岩、岩相类型10为氯硬石膏、岩相类型12为含盐绿泥石、岩相类型13为黏土砂岩、岩相类型14为黏土质白云岩)为每个深度区间中间相。图7.5给出了9口井中的7口井对应神经模糊分类结果。岩相曲线给出了神经模糊分类器如何为所研究的储层提供更精确的岩相描述,其中还考虑了次生相影响(Cherana et al.,2022a;2022b)。对于厚度不超过1m的特定深度层段,更改方法能够识别对储层岩石物理参数有重大影响的主岩相,以及影响不容忽视的其他次生岩相(Bacetti et al.,2020)。由于Quanti-Elan模型以上述精确数据为基础,并包括对岩石基质的大量描述,因此获得了更精确的储层特征。

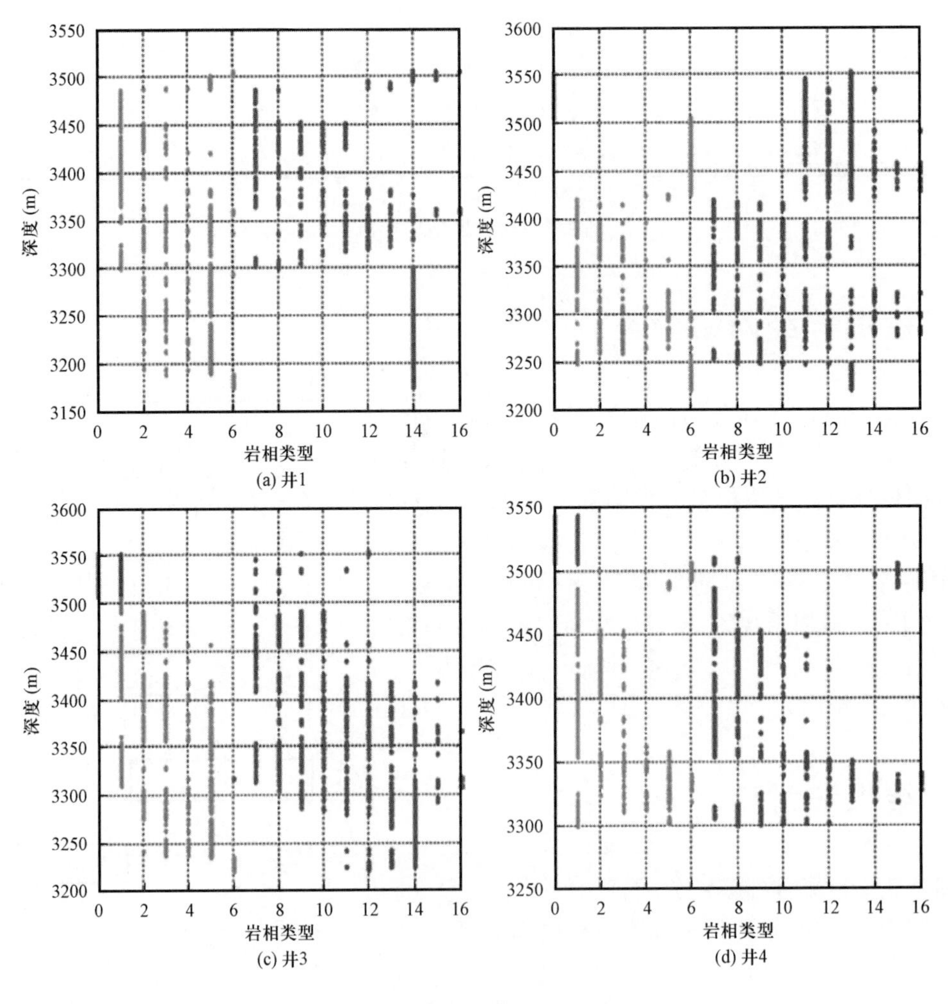

图7.4 神经模糊算法分类结果

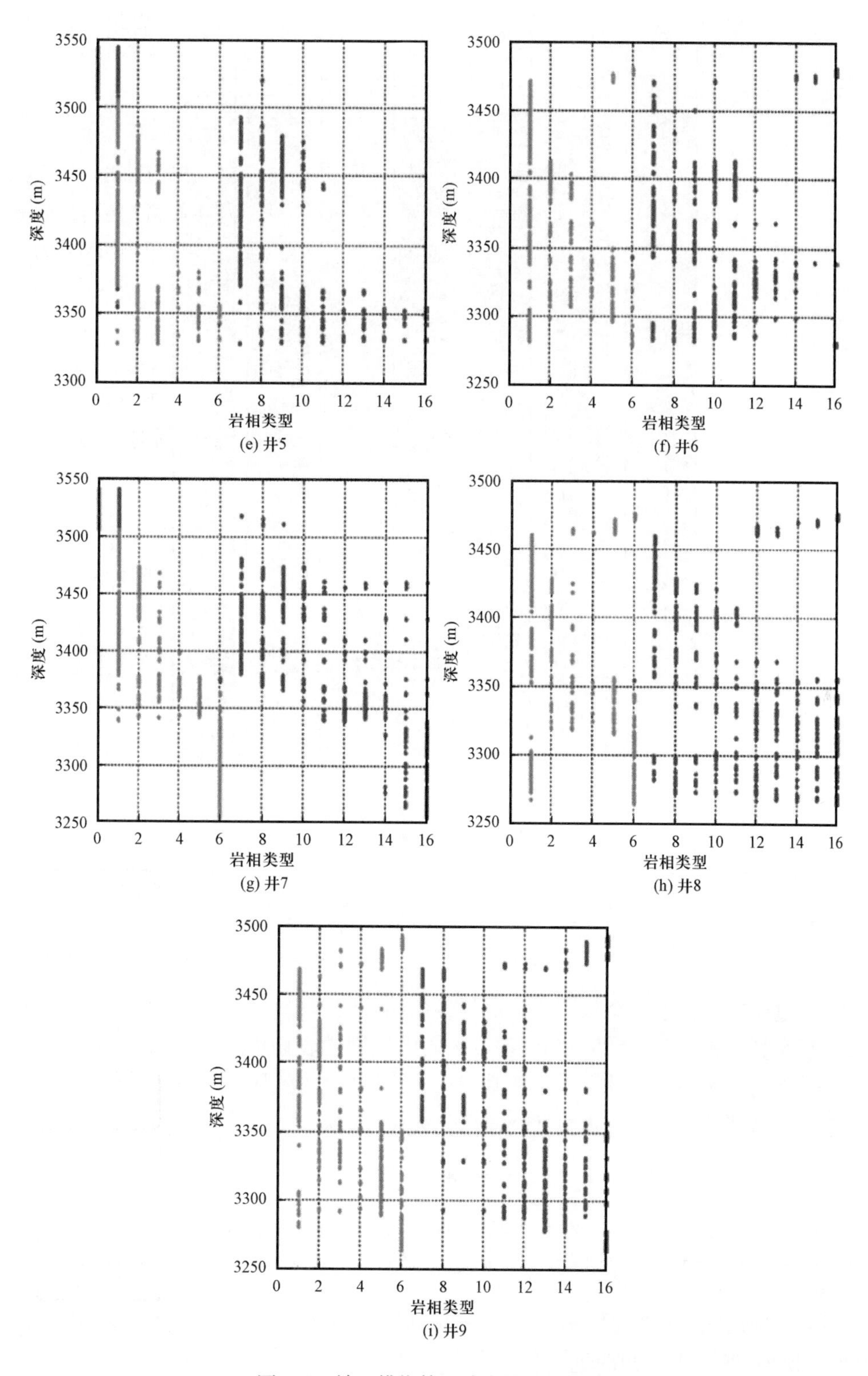

图 7.4 神经模糊算法分类结果(续图)

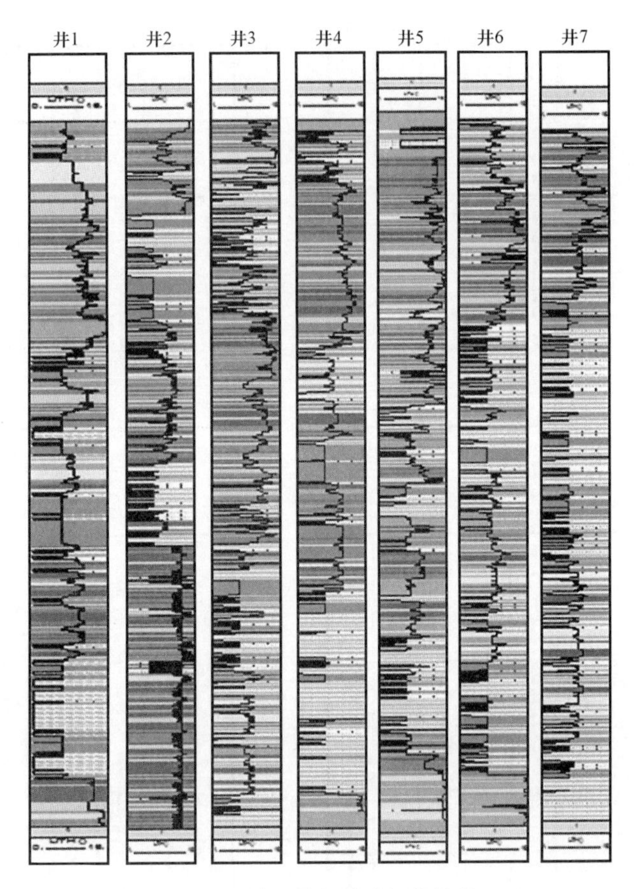

图7.5 神经模糊分类评价结果

7.4 结论

本章通过研究构建了一个更为准确的神经模糊分类器,通过将人工神经网络反向传播算法与模拟聚类算法相结合,能够在相同深度区间内识别主岩相以外的次级岩相。该神经模糊分类器主要以室内实验和测井数据为基础进行构建。推荐应用该神经模糊分类方法对研究区及中东和北非盆地的类似油田进行准确储层分类和评价。

参考文献

Aïfa, T., Baouche, R., and Baddari, K. (2014). Neuro – fuzzy system to predict permeability and porosity from well log data: a case study of Hassi R′Mel gas field, Algeria. *Journal of Petroleum Science and Engineering* 123: 217 – 229.

Bacetti, A. and Doghmane, M. Z. (2020). A practical workflow using seismic attributes to enhance sub seismic geological structures and natural fractures correlation. *Conference Proceedings*, *First EAGE Digitalization Conference and Exhibition*, vol. 2020, Algeria (30 November – 3 December 2020), pp. 1 – 5. http://doi.org/10.3997/2214-4609.202032062.

Bayram, C. L. and Barkana, A. (2010). Speeding up the scaled conjugate gradient algorithm and its application in neuro - fuzzy classifier training. *Soft Computing* 14: 365 - 378.

Cherana, A., Aliouane, L., Doghmane, M. Z. et al. (2022a). Lithofacies discrimination of the Ordovician unconventional gas - bearing tight sandstone reservoirs using a subtractive fuzzy clustering algorithm applied on the well log data: Illizi Basin, the Algerian Sahara. *Journal of African Earth Sciences* 196. https://doi.org/10.1016/j.jafrearsci.2022.104732.

Cherana, A., Aliouane, L., Doghmane, M., and Ouadfeul, S. A. (2022b). Fuzzy clustering algorithm for lithofacies classification of ordovician unconventional tight sand reservoir from well - logs data (Algerian Sahara). *Advances in Geophysics, Tectonics and Petroleum Geosciences. CAJG* 2019. *Advances in Science, Technology & Innovation* (25 - 28 November 2019). Cham: Springer. https://doi.org/10.1007/978 - 3 - 030 - 73026 - 0_64.

Doghmane, M. Z. (2019). Conception de commande décentralisée des systèmes complexes en utilisant les stratégies de décomposition et optimisation par BMI. PhD thesis. University M'hamed Bougara of Boumerdes.

Doghmane, M. Z. and Belahcene, B. (2019). Design of new model (ANNSVM) compensator for saturation calculation based on logging curves for low resistivity phenomenon. *Conference Proceeding, EAGE/ALNAFT Geoscience Workshop* 2019: 1 - 5.

Doghmane, M. Z., Belahcene, B., and Kidouche, M. (2019). Application of improved artificial neural network algorithm in hydrocarbons' reservoir evaluation. *Proceedings of International conference in Artificial Intelligence in Renewable Energetic Systems ICAIRES* 2018: *Renewable Energy for Smart and Sustainable Cities*, Algeria (24 - 26 November 2018), pp. 129 - 138.

Ehsan, M. and Gu, H. (2020). An integrated approach for the identification of lithofacies andclay mineralogy through neuro - fuzzy, cross plot, and statistical analyses, from well log data. *Journal of Earth System Science* 129 (101): 101 - 110. https://doi.org/10.1007/s12040 - 020 - 1365 - 5.

Eladj, S., Lounissi, T. K., and Doghmane, M. Z. (2020). Lithological characterization by simultaneous seismic inversion in algerian south eastern field. *Engineering, Technology & Applied Science Research* 10 (1): 5251 - 5258.

Eladj, S., Doghmane, M. Z., Lounissi, T. K. et al. (2022a). 3D Geomechanical model construction for wellbore stability analysis in algerian southeastern petroleum field. *Energies* 15: 7455. https://doi.org/10.3390/en15207455.

Eladj, S., Lounissi, T. K., Doghmane, M. Z., Djeddi, M. (2022b). Wellbore stability analysis based on 3D geo - mechanical model of an algerian southeastern field. *Advances in Geophysics, Tectonics and Petroleum Geosciences. CAJG* 2019. *Advances in Science, Technology & Innovation* (25 - 28 November 2019). Cham: Springer. https://doi.org/10.1007/978 - 3 - 030 - 73026 - 0_136.

Eladj, S., Doghmane, M. Z., and Belahcene, B. (2022c). Design of new model for water saturation based on neural network for low - resistivity phenomenon (algeria). *Advances in Geophysics, Tectonics and Petroleum Geosciences. CAJG* 2019. *Advances in Science, Technology & Innovation* (25 - 28 November 2019). Cham: Springer. https://doi.org/10.1007/978 - 3 - 030 - 73026 - 0_75.

Imamverdiyev, Y. and Sukhostat, L. (2019). Lithological facies classification using deep convolutional neural network. *Journal of Petroleum Science and Engineering* 174: 216 - 228.

Mendil, C., Kidouche, M., and Doghmane, M. Z. (2019). Automatic control of a heat exchanger in a nuclear power station: the classical and the fuzzy methods. 2019 *International Conference on Advanced Electrical Engineering (ICAEE)* (19 - 21 November 2019), Algiers, Algeria.

Zazoun, S. (2013). Fracture density estimation from core and conventional well logs data using artificial neural networks: the Cambro - Ordovician reservoir of Mesdar oil field, Algeria. *Journal of African Earth Sciences* 83: 55 - 73.

第 8 章　人工神经网络算法岩性识别

Mohamed Zinelabidine Doghmane[1]　Sid – Ali Ouadfeul[2]　Leila Aliouane[3]

(1. Department of Geophysics, FSTGAT, University of Science and Technology Houari Boumediene, Algiers, Algeria; 2. Algerian Petroleum Institute, Sonatrach, Boumerdes, Algeria; 3. LABOPHYT, Faculty of Hydrocarbons and Chemistry, University M'hamed Bougara of Boumerdes, Boumerdes, Algeria)

8.1　引言

测井通常用于采集原始地层数据。基于神经网络的软件已被用于处理分类、特征提取、诊断、函数逼近和优化等问题。受孔隙形状、流体饱和度、岩石颗粒粒度及其他变量影响，测井岩相分类作为非线性地球物理问题一直面临诸多挑战。测井岩相分类物理解和统计解（地球物理数据采集噪声影响）的非线性特征增加了该问题的复杂度。一些学者利用交会图（通用统计方法）研究了岩相分类（Eladj et al.，2020）。为了获取岩性曲线，将两个或多个测井曲线交叉绘制（Gassaway et al.，1989；Mavko et al.，2009）。利用多元统计方法对钻探结果进行了验证。交会图方法需要大量数据，这些半自动化数据获取需要大量经济和人工成本且存在数据采集受限问题。现有测井数据分析技术费时费力，尤其是在处理大量嘈杂和复杂钻井数据时。本研究目标是建立一种基于人工神经网络（ANN）的岩相自动分类算法。利用阿尔及利亚 Sahara Haoud Berkaoui 的 11 口井数据对该人工神经网络岩相自动分类算法进行了测试。将算法输出结果与基于 IP Log 软件人工解释结果进行了对比，并将两类结果根据井深绘制曲线以验证算法可行性（Sung et al.，2001）。勘探发现原油可采储量区是 Sonatrach 石油部门测井的典型应用场景。完整描述钻遇地层能够获取各类地层数据及信息，如含油量及可开采油气量。信号源和传感器可结合探针放置井筒中采集地层数据（电缆测井），或者将信号源和传感器安装在钻头后部钻杆内实现随钻测量。电缆测井中将电子探针和套筒与具有电子信号传输功能的电缆相连接。电阻率、密度、声波、中子、热中子放射性吸收、自然和人工伽马射线、Compton 撒设、井径及核磁共振测井都是通过传感器在电缆上升过程中实现测井数据采集。数据通过电缆传输至地表计算机上实现数据采集。

8.2 测井方法

8.2.1 核磁测井

测量放射性是寻找钾盐、铀盐、黏土或其他放射性层位的必要手段，目的是对钻遇岩石的固有放射性进行测量。这些测量结果有助于识别地层中存在的含铀、钍和铀的放射性矿物。这些元素直接与黏土相关，伽马射线在泥质中反射最强。

伽马测井可根据地层中黏土含量确定沉积地层的边界。考虑到沉积岩反射性主要与黏土中 40K 相关，可利用式(8.1)定量评价黏土含量。

$$V_{sh} = \frac{(GR_{read} - GR_{min})}{(GR_{max} - GR_{min})} \tag{8.1}$$

8.2.2 中子测井

与之前方法类似，该方法通过能量为 662kilo 电子连续轰击地层测量地层密度，这些电子来源于 137 铯元素。该岩性和孔隙度工具利用伽马射线确定热中子数量随源距离函数关系下降速率(Serra，1985)，孔隙度是影响该速率的关键属性。利用中子仪器确定孔隙度时，需要对岩性和孔隙条件进行相应的校正(Haliburton，2003)。方法见式(8.2)。

$$\phi_{Ncorr} = \phi_{Nread} + 4 - V_{sh}\phi_{Nsh} \tag{8.2}$$

8.2.3 声波测井

声波测井是不同深度地层声速的连续记录，研究发现孔隙度是影响声波传播的关键因素。与信号源相比，接收器采集信号为我们提供了声波在介质中的速度量度。声波传播速度直接受介质压实的影响，因此直接和孔隙度相关。信号源发出的声波在振幅和频率上需要进行校准。该设备测量声波在一英尺距离内的通过时间(Schlumberger，2000)。传播时间以 ms/ft 为单位，是指声波穿过一英尺距离所需的时间。四个接收器和两个声波发射器组成了井眼补偿(BHC)工具。测量值和孔隙度存在以下关系：

$$\phi_{Scorr} = \frac{(\Delta t_f - \Delta t_{read})}{(\Delta t_f - \Delta t_{max})} - V_{sh}\frac{(\Delta t_f - \Delta t_{read})}{(\Delta t_f - \Delta t_{max})} \tag{8.3}$$

8.3 人工神经网络方法在油气工业中的应用

神经最大最小网络算法常用于解决自动分类和决策等统计问题。2004 年，Dreyfus 等指出，与其他方法相比，人工神经网络算法的优势在于能够利用较少的实验数据建立精确的等效模型，并从相同数量测试数据中生成更为准确的模型。人工神经网络算法在很多学科中得到有效应用,其中最为著名的是 Rosenberg 和 Sejnowski 在 1987 年提出的算法模型。人工神经网络算法应用案例包括:

(1)地震数据处理(Debotyam et al. ,2014);

(2)岩石特征(Aoun et al. ,2022;Irofti et al. ,2022);

(3)测井解释(Rolon et al. ,2009);

(4)钻具诊断(Mendil et al. ,2021a);

(5)控制过程(Mendil et al. ,2021b);

(6)岩性和岩相分析与识别(Platon et al. ,2003;Doghmane et al. ,2022);

(7)地震属性岩性分类。

图 8.1 给出的反向传播算法(PRA)是一种有监督机器学习算法,其中一个众所周知的用途是 Rosenberg 和 Sejnowski 在 1987 年给出的学习阅读文本。股票市场预测是另一项应用案例(Zarpanis et al. ,1999)。

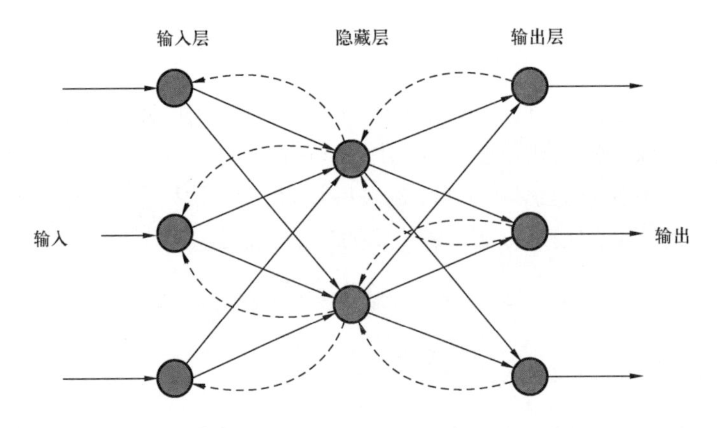

图 8.1 反向传播算法隐藏层和输出层结构

8.4 岩相识别

本章重点聚焦利用人工神经网络算法模型实现岩相识别。基于人工神经网络算法在输入层、一个或多个隐藏层和一个输出层中设置有节点(Cherana et al. ,2022a)。之所以产生叠加效应,是因为相邻层间的节点一一对应。前馈结构式人工神经网络算法常见结构,它常用于模拟复杂相互作用来解决复杂问题。下面给出了算法的开发过程:

第一步:数据标准化。为了修改定义区间并防止神经元饱和,将获取数据映射至[0,1]区间。数据标准化公式(Masters,1993;Eladj et al. ,2022a,2022b,2022c):

$$I_{i+1} = \frac{(I_i - I_{\min})}{(I_{\max} - I_{\min})}(O_{\max} - O_{\min}) + O_{\min} \tag{8.4}$$

式中 $O_{\max}$——数据归一化后的最大值;

$O_{\min}$——数据归一化后的最小值;

I_{new}——归一化后新值；

I_{old}——归一化后旧值；

I_{max}——变量的最大值；

I_{min}——变量的最小值。

第二步:配置神经网络。本研究中设置五个隐藏层以确保计算结果收敛性和准确性。在3300～3500m深度范围内,间隔0.1054m采集一层样本。针对学习速率,过快或过慢的学习速率均会影响网络模型计算结果收敛性(Tabach et al.,2007)。本研究中选择0.1～1.0区间的网络测区间。数值在[0,1]区间内sigmoid函数作为传递函数:

第三步:输入训练数据集示例。利用算法图形用户界面输入相关联的输入和输出值。

第四步:确定神经元输出信号。每个神经元输出为:

$$\mathrm{net}_j = \sum_{i=1}^{l} \omega_{ij} x_i + b_j \tag{8.5}$$

隐藏层中每个神经元都使用sigmoid函数转换信号。输出神经元k对应目标值和每个隐藏层的误差可以用来表示来自输出层的信号(Cherana et al.,2022b):

$$\delta_j^l = \sum_{i=1}^{l} \delta_j^{l+1} \omega_{ji}^l f'(\mathrm{net}_j^l) \tag{8.6}$$

sigmoid函数一阶导数用于确定每个学习迭代步内每个权重的渐进变化。

第五步:确定误差值。重复步骤3～5直至神经网络计算结果收敛(Doghmane et al.,2019;Doghmane et al.,2019)。

8.5 测井解释

8.5.1 人工解释方法

利用IP Log软件对四条测井曲线进行人工解释,包括自然伽马(GR)、密度(RHOB)、中子(NPHI)和光电因子(PE)曲线。测井曲线选取深区间为3300～3500m。测井曲线对应井分别为OKS04、OKS021、OKS023、OKS026、OKS027、OKS047、OKS051、OKS052、OKS053、OKS054和OKS064,提供了目标区域3300～3500m深度区间所有基本数据。人工神经网络模型经学习训练后用于上述11口井进行岩相分类。

利用伽马(GR)测井数据识别所选深度区间地层中黏土层和非黏土层。通过图中计算基质密度和流体密度构建黏性曲线。根据标准人工进行岩相分类。

(1)GR>70API:黏土。

(2)(NPHI－PHID)<1%:石灰岩。

(3)1%<(NPHI－PHID)<7.5%:砂岩。

(4)7.5%<(NPHI－PHID)<13.5%:白云岩。

(5)(15%<(NPHI－PHID)<45%:硬石膏。

(6)(NPHI - PHID) >45% :盐层。

表 8.1 给出了绘制每口井矩阵参数曲线的数值。

表 8.1 不同井计算矩阵参数

井名	基质差量(μs/ft)	基质密度(g/cm³)
井 1	49	2.84
井 2	51	2.86
井 3	52	2.78
井 4	50	2.82
井 5	55	2.80
井 6	54	2.82
井 7	53	2.85
井 8	53	2.86
井 9	54	2.79
井 10	48	2.84
井 11	56	2.85

8.5.2 手动/自动解释结果

本节开发了岩相自动识别的程序源代码。前述利用 IP Log 软件实现的所有功能经 MATLAB 编码,并创建了 GUI 便于技术应用。图 8.2 给出了利用 MATLAB 绘图工具自动识别岩相结果。

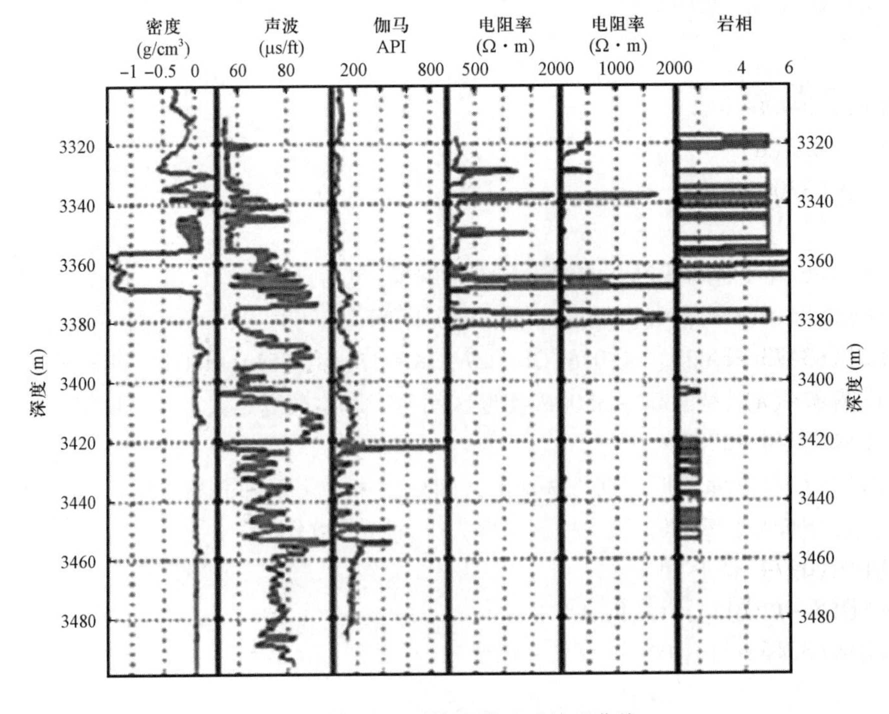

图 8.2 MATLAB 算法学习后处理曲线

鉴于岩性曲线并无明确指示,将 MATLAB 算法处理结果导出到 IP Log 软件中并利用相同人工识别方法绘制岩性曲线。本节中对 IP Log 人工解释结果和基于人工神经网络模型自动识别结果进行了对比以验证该方法的准确性,最后给出了所选井的机器学习分类结果。

图 8.3(a)给出了经最终用户软件处理的结果,显示三个明确区域。

(1)1 区(3328 ~ 3370m):包括硬石膏和砂岩层序,两种岩性交汇位置发育少量石灰岩。

(2)2 区(3370 ~ 3438m):主要由黏土组成,含有少量硬石膏和砂岩。

(3)3 区(3438 ~ 3500m):一层砂岩和一些石灰石被黏土覆盖。

图 8.3(c)存在五个区域:

(1)1 区(3340 ~ 3376m):该区域存在硬石膏和砂岩,以及一些黏土;

(2)2 区(3376 ~ 3427m):经薄砂岩层隔开的第二黏土层;

(3)3 区(3427 ~ 3474m):经黏土层隔开的石灰岩层;

(4)4 区(3474 ~ 3489m):含黏土层砂岩层序;

(5)5 区(3474 ~ 3500m):被黏土层覆盖。

数据观测显示,IP Log 测井软件可根据地质学家标准人工识别岩相,此外还可选择多条测井曲线进行测井解释。尽管该地区盐层无对应地质解释,岩相分类精度影响不同区域数量和每个区域岩相类型。通过以下更准确岩相分类将岩相划分为亚区。另一方面,自动岩相识别还能够识别特有岩相区,进而能够进一步提高分类精度。

井 2[图 8.3(b)]利用推荐方法确定五个不同岩相区域:

(1)1 区(3328 ~ 3352m):观测到厚度约 25m 的深层黏土层。

(2)2 区(3352 ~ 3370m):砂岩是主要岩相,同时还发育硬石膏和黏土。

(3)3 区(3370 ~ 3440m):另一个黏土盖层,终止于远处薄层砂岩。

(4)4 区(3440 ~ 3480m):两层砂岩和石灰岩被一层薄黏土层分隔,石灰岩是主要岩相。

(5)5 区(3480 ~ 3500m):黏土盖层。

井 1[图 8.3(d)],利用推荐方法确定五个不同岩相区域:

(1)1 区(3300 ~ 3340m):单层厚黏土盖层。

(2)2 区(3340 ~ 3377m):砂岩为主要岩相,夹有厚硬石膏层和薄层黏土和砂岩。

(3)3 区(3377 ~ 3426m):薄石灰岩将大块黏土层隔开。

(4)4 区(3426 ~ 3473m):砂岩是含黏土石灰岩层序中的主要岩相。

(5)5 区(3473 ~ 3500m):黏土盖层。

井 3[图 8.4(a)]利用推荐方法确定四个区域:

(1)1 区(3340 ~ 3376m):硬石膏和砂岩层及一些黏土层。

(2)2 区(3376 ~ 3427m):第二个黏土层,由薄砂岩层分隔。

(3)3 区(3427 ~ 3474m):厚黏土层分隔石灰岩层。

(4)4 区(3474 ~ 3500m):黏土盖层。

井 4[图 8.4(c)]利用推荐方法确定六个区域:

(1)1 区(3316 ~ 3356m):硬石膏是主要岩相,尽管可以看到明显的盐层,但没有考虑石灰石和砂岩的存在。

(2)2 区(3356 ~ 3467m):底部一层黏土和一层薄石灰岩。

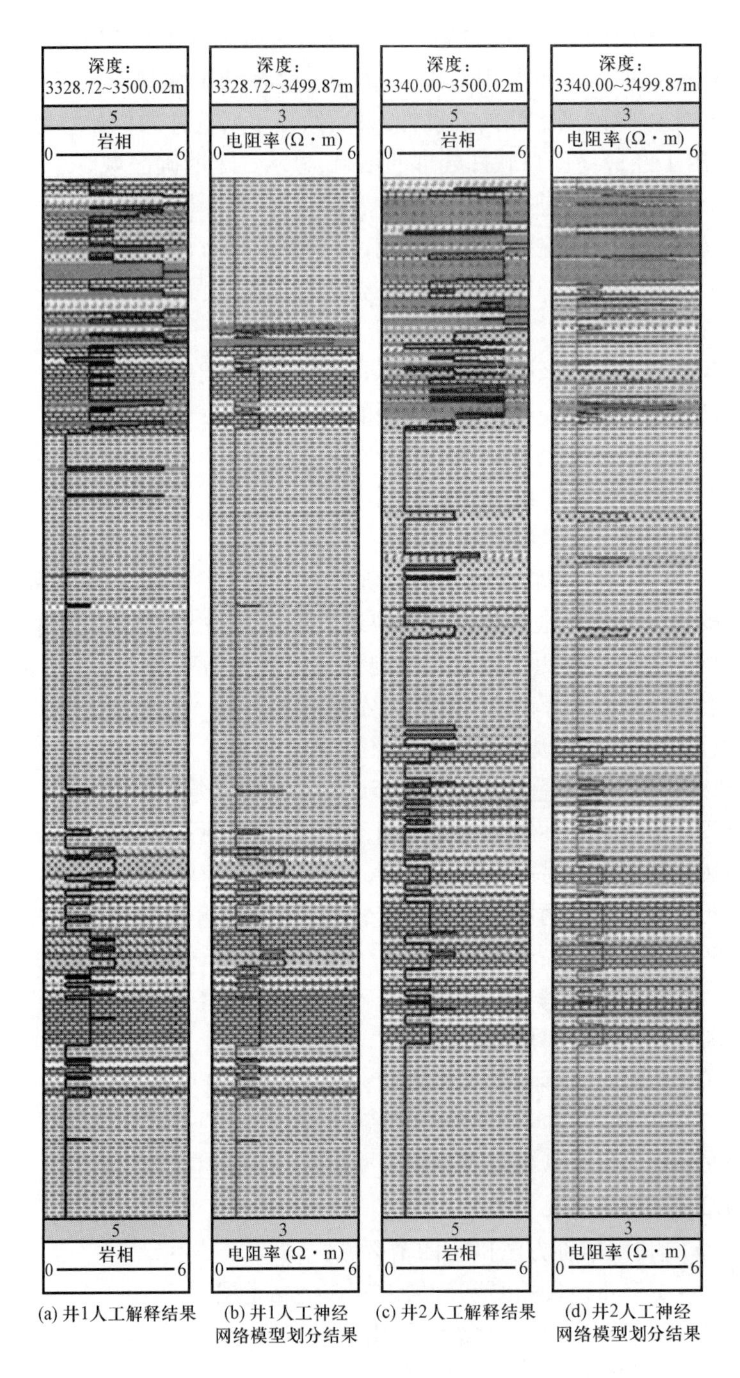

图 8.3 井 1 和井 2 人工解释和自动解释结果对比

(3)3 区(3467～3477m):一层砂岩和薄层石灰岩。

(4)4 区(3477～3392m):黏土盖层。

(5)5 区(3392～3408m):厚砂岩层。

(6)6 区(3408～3450m):两个黏土层夹砂岩层。

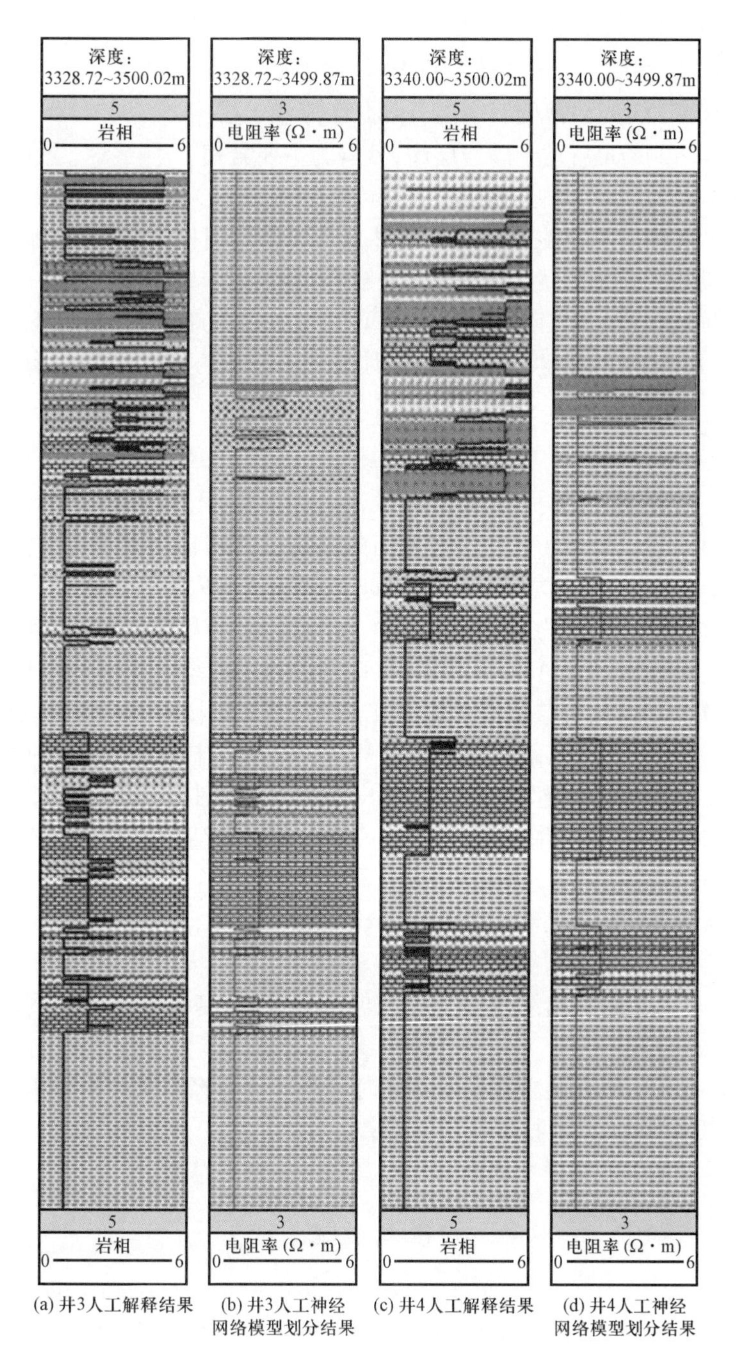

图 8.4　井 3 和井 4 人工解释和自动解释结果对比

井 3[图 8.4(b)]利用推荐方法确定四个区域：

(1)1 区(3340 ~ 3376m)：硬石膏、砂岩及一些黏土。

(2)2 区(3376 ~ 3427m)第二个薄砂岩层分隔的黏土层。

(3)3 区(3427 ~ 3474m)：厚黏土层分隔石灰岩层。

(4)4 区(3474~3500m):黏土盖层。

井 4[图 8.4(d)]利用推荐方法确定三个区域:

(1)1 区(3316~3356m):薄硬石膏层分隔几个厚黏土层。

(2)2 区(3356~3467m):黏土砂岩层序,砂岩为主要岩相。

(3)3 区(3467~3477m):黏土盖层。

图 8.3 和图 8.4 给出了与使用 IP Log 软件人工岩相识别相比,基于人工神经网络模型和 MATLAB 进行自动岩相识别的优势:通过自动解释大幅减少人工解释时间;人工神经网络模型能够获取更准确的解释结果,该算法考虑了 IP Log 软件忽略的区域;鉴于该算法对岩相分类和识别的要求,可降低间隔精度对研究区域地质中不存在的虚拟薄层的影响。

8.6　结论

本章研究旨在创建一种基于人工神经网络的高精度岩相自动识别算法模型,通过模型应用取代传统需要,Sonatrach 地质学家利用 IP Log 软件完成的人工解释工作。为了构建基于人工神经网络模型将该研究划分为几个阶段。第一阶段,利用 IP Log 软件根据可用数据进行人工识别分类。针对阿尔及利亚 Aahara 小镇 11 口井进行了传统人工解释并作为对比样本,以验证人工神经网络模型的分裂结果及精度。第二阶段是利用试验井岩性曲线训练已构建的人工神经网络模型。然后,利用五条测井曲线和 MATLAB 软件中的人工神经网络模型进行自动岩相分类。此外,本研究还创建了 GUI,使用户能够轻松地执行所需步骤,从而简化了 Sonatrach 地质学家对该技术的使用。最后,本研究对人工解释结果和自动岩相识别结果进行了对比分析,获得以下结论:

(1)人工神经网络算法有助于改进 Sonatrach 的岩相分类;

(2)构建人工神经网络模型能够大幅提高 Sonatrach 解释人员工作效率;

(3)IP Log 软件人工解释结果忽略了该区域部分岩相,基于人工神经网络算法模型对忽略岩相实现了有效识别;

(4)IP Log 软件人工解释结果在区间重叠时可能导致解释结果出现偏差。缺失岩相数量或岩性曲线等地质数据时,该项技术应用受限;

(5)可通过尽可能多数据样本提高算法对其他井的解释结果。

参考文献

Aoun, A., Soto, R., Rabiei, M. et al. (2022). Neural network based mechanical earth modelling (MEM): a case study in Hassi Messaoud Field, Algeria. *Journal of Petroleum Science and Engineering* 210. https://doi.org/10.1016/j.petrol.2021.110038.

Cherana, A., Aliouane, L., Doghmane, M.Z. et al. (2022a). Lithofacies discrimination of the Ordovician unconventional gas-bearing tight sandstone reservoirs using a subtractive fuzzy clustering algorithm applied on the well log data: Illizi Basin, the Algerian Sahara. *Journal of African Earth Sciences* 196. https://doi.org/10.1016/j.jafrearsci.2022.104732.

Cherana, A., Aliouane, L., Doghmane, M., and Ouadfeul, S.A. (2022b). Fuzzy clustering algorithm for lithofacies classification of ordovician unconventional tight sand reservoir from well-logs data (algerian sahara). *Ad-*

vances in Geophysics, *Tectonics and Petroleum Geosciences. CAJG* 2019. *Advances in Science*, *Technology & Innovation* (25 – 28 November 2019). Cham: Springer. https://doi. org/10. 1007/978 – 3 – 030 – 73026 – 0_64.

Debotyam, M. , Aminzadeh, F. , and Karrenbach, M. (2014). Novel hybrid artificial neural network based autopicking workflow for passive seismic data. Vertical seismic profiling and microseismicity frontiers. *Geophysical Prospecting* 62 (4): 834 – 847. https://doi. org/10. 1111/1365 – 2478. 12125.

Doghmane, M. Z. and Belahcene, B. (2019). Design of new model (ANNSVM) compensator for saturation calculation based on logging curves for low resistivity phenomenon. *Conference Proceeding*, *EAGE/ALNAFT Geoscience Workshop* 2019: 1 – 5.

Doghmane, M. Z, Belahcene, B. , and Kidouche, M. (2019). Application of improved artificial neural network algorithm in hydrocarbons' reservoir evaluation. *Proceedings of International Conference in Artificial Intelligence in Renewable Energetic Systems ICAIRES* 2018: *Renewable Energy for Smart and Sustainable Cities*, Algeria (24 – 26 November 2018), pp. 129 – 138.

Doghmane, M. Z. , Ouadfeul, S. A. , Benaissa, Z. , and Eladj, S. (2022). Classification of ordovician tight reservoir facies in algeria by using neuro – fuzzy algorithm. In: *Artificial Intelligence and Heuristics for Smart Energy Efficiency in Smart Cities. IC – AIRES* 2021, Lecture Notes in Networks and Systems, vol. 361 (ed. M. Hatti). Cham: Springer. https://doi. org/10. 1007/978 – 3 – 030 – 92038 – 8_91.

Martinez, J. – M. , Samuelides, M. et al. (2004). *Réseaux de neurones*, *Méthodologie et applications.* Editions Eyrolles. Dreyfus et al.

Eladj, S. , Lounissi, T. K. , and Doghmane, M. Z. (2020). Lithological characterization by simultaneous seismic inversion in algerian south eastern field. *Engineering*, *Technology & Applied Science Research* 10 (1): 5251 – 5258.

Eladj, S. , Doghmane, M. Z. , Lounissi, T. K. et al. (2022a). 3D Geomechanical model construction for wellbore stability analysis in algerian southeastern petroleum field. *Energies* 15 (20): 7455. https://doi. org/10. 3390/en15207455.

Eladj, S. , Doghmane, M. Z. , Aliouane, L. , and Ouadfeul, S. A. (2022b). Porosity model construction based on ANN and seismic inversion: a case study of saharan field (Algeria). *Advances in Geophysics*, *Tectonics and Petroleum Geosciences. CAJG* 2019. *Advances in Science*, *Technology & Innovation* (25 – 28 November 2019). Cham: Springer. https://doi. org/10. 1007/978 – 3 – 03073026 – 0_55.

Eladj, S. , Doghmane, M. Z. , and Belahcene, B. (2022c). Design of new model for water saturation based on neural network for low – resistivity phenomenon (algeria). *Advances in Geophysics*, *Tectonics and Petroleum Geosciences. CAJG* 2019. *Advances in Science*, *Technology & Innovation* (25 – 28 November 2019). Cham: Springer. https://doi. org/10. 1007/978 – 3 – 030 – 73026 – 0_75.

Gassaway, G. R. , Miller, D. R. , Benett, L. E. et al. (1989). Amplitude variations with offset: fundamentals and case histories, SEG continuing education course notes.

Haliburton (2003). Logging of Perforating Products and Services, Report.

Masters, T. (1993). *Practical Neural Network Recipes in C + +.* San Diego, CA: Academic Press 1. Professional, Inc.

Irofti, D. , Ifrene, G. E. H. , Pu, H. , and Djemai, S. (2022). *A Multiscale Approach to Investigate Hydraulic Attributes of Natural Fracture Networks in Two Tight Sandstone Fields*, *Ahnet*, *Algeria*, *the* 56*th U. S. Rock Mechanics/Geomechanics Symposium*, Santa Fe, NM, USA (June 2022). https://doi. org/ 10. 56952/ARMA – 2022 – 0450.

Mavko, G. , Mukerji, T. , and Dvorkin, J. (2009). *The Rock Physics Handbook*: *Tools for Seismic Analysis of Porous Media.* New York: Cambridge University Press.

Mendil, C. , Kidouche, M. , Doghmane, M. Z. et al. (2021a). Rock – bit interaction effects on high – frequency stick – slip vibrations severity in rotary drilling systems. *Multidiscipline Modeling in Materials and Structures* 17

(5): 1007 - 1023. https://doi. org/10. 1108/MMMS - 10 - 2020 - 0256.

Mendil, C. , Kidouche, M. , and Doghmane, M. Z. (2021b). Hybrid sliding PID controller for torsionalvibrations mitigation in rotary drilling systems. *Indonesian Journal of Electrical Engineering and Computer Science* 22 (1): 146 - 158. https://doi. org/10. 1159/ijeecs. v22. i1. pp146 - 158.

Platon, E. , Gary, A. , Glenn, J. , (2003). Pattern matching in facies analysis from well log data - a hybrid neural network - based application. *AAPG Conference and Exhibition*, Barcelona, Spain (21 - 24 September 2003).

Rolon, L. , Mohaghegh, S. D. , Ameri, S. et al. (2009). Using artificial neural networks to generate synthetic well logs. *Journal of Natural Gas Science and Engineering* 1 (4 - 5): 118 - 133. https://doi. org/10. 1016/j. jngse. 2009. 08. 003.

Rosenberg, C. R. and Sejnowski, T. J. (1987). The spacing effect on NETtalk, a massively - parallel network. *Proceedings of the Eighth Annual Conference of the Cognitive Science Society* (15 - 17 August 1986). Hillsdale, NJ: Lawrence Erlbaum Associates, pp. 72 - 89.

Schlumberger (2000). Log Interpretation Charts, the 2000 edition.

Serra, O. (1985). *Diagraphies Différés base de l' interprétation*, *Tome*, vol. 2. Montrouge: Etudes et productions Schlumberger.

Sung, H. and Lee, D. S. (2001). Neuro - fuzzy recognition system for detecting wave patterns using wavelet coefficients. *IEICE Transactions on Information and Systems* 84 - D (8): 2001.

Tabach, E. E. , Lancelot, L. , Shahrour, I. , and Najjar, Y. (2007). Use of artificial network simulation metamodelling to assess groundwater contamination in a road project. *Mathematical and Computer Modelling* 45 (7 - 8): 766 - 776.

Zarpanis, A. and Renese, A. P. (1999). *Principles of Neural Model Identification Selection and Adequacy.* London, UK: Centre of Neural Networks, Departement of Mathematics, King's College.

第9章　基于测井曲线的低电阻饱和度计算新模型

Mohamed Zinelabidine Doghmane[1]　Sid – Ali Ouadfeul[2]　Leila Aliouane[3]

(1. Department of Geophysics, FSTGAT, University of Science and Technology Houari Boumediene, Algiers, Algeria; 2. Algerian Petroleum Institute, Sonatrach, Boumerdes, Algeria; 3. LABOPHYT, Faculty of Hydrocarbons and Chemistry, University M'hamed Bougara of Boumerdes, Boumerdes, Algeria)

9.1　引言

全球能源主体为油气能源,油气在阿尔及利亚,油气公司一直致力于石油储量勘探工作(Benedetto,2010)。为了获得更好的开发效果,已经研发了多种开采、开发和生产技术并持续完善和改进。作为油气开发的关键技术之一,测井技术在油气藏勘探和评价过程中发挥重要作用(Bacetti et al. ,2020)。测井技术的主要功能是认识油气藏储层岩石物理特征。在非常规、致密和低电阻率等复杂储层中,测井技术面临诸多挑战(Chakraborty et al. ,1995)。

电阻率测井技术通常给出油气饱和度高值区(Cherana et al. ,2022a)。然而,某些情况下油气开采地层可能具备低电阻率特征(Benedetto,2010;Cherana et al. ,2022b)。该类低电阻率储储层测井显示电阻率为2Ω · m 左右(Dimri,2005)。低电阻率问题是阿尔及利亚黏土砂岩储层评价面临的关键问题(Doghmane et al. ,2019)。储层计算含水饱和度高于60% ,产出原油具备低电阻特征(低于1Ω · m)。针对低电阻特征,引入改进 Archie 方程调整黏土分布在电阻率测井中的影响(Chakraborty et al. ,1995)。Archie 方程最初用来计算纯砂岩储层含水饱和度。后来,Simandoux 方程出现以考虑黏土分布(层状、分散和构造型)的影响(Doghmane et al. ,2019)。然而,早期测井解释模型并未完全考虑基质中导电物质的影响。另一方面,陆续开发了各种测井技术来评价储层含水饱和度,实现无电阻率测井数据时也能够获取储层油气饱和度(Cherana et al. ,2022a;Doghmane et al. ,2022)。阿尔及利亚地区利用 MDT 工具解决含油气储层低电阻问题,储层表征中多数技术问题取决于现场和室内技术和设备的功能和容限(Eladj et al. ,2022a)。

即便能够准确采集储层数据也无法全面推广测井解释方法,尤其是对于不同类别油气储层(Eladj et al. ,2022b)。标准测井解释方法中,束缚水通常会增加电导率(或导致电阻率降低),但也存在特殊情况(Eladj et al. ,2022c)。Archie 方程用于预测纯砂岩地层总电阻率,然而针对含黏土矿物和页岩沉积物地层会存在解释偏差。阿尔及利亚油气资源中低电阻现象带来诸多问题,如高产储层识别和储量评价。低电阻现象带来诸多问题,如低电阻原因、低电阻储层识别和低电阻储层评价等。

本研究旨在解决低电阻问题,具体研究工作包括首先对目标油田进行了简要地质背景描述,给出储层典型矿物学特征(Fangyu et al. ,2018)。第三节提供了测井数据的人工传统解释结果,以便更好认识低电阻储层局限性。第四节对低电阻现象进行了全面解释,并给出了现代测井解释技术。第五节对所提出的 ANNSVM 模型进行了详细描述,并对结果进行了验证。报告最后一节给出了对类似低电阻储层案例研究的结果和建议。

9.2 地质背景

目标油田位于 Sahara 台地北部大型克拉通盆地内,是阿尔及利亚境内高产油气盆地之一,总面积 103259km^2(图 9.1)。该油田是东部向斜高埋深区域,也是 Oriental Erg 的组成部

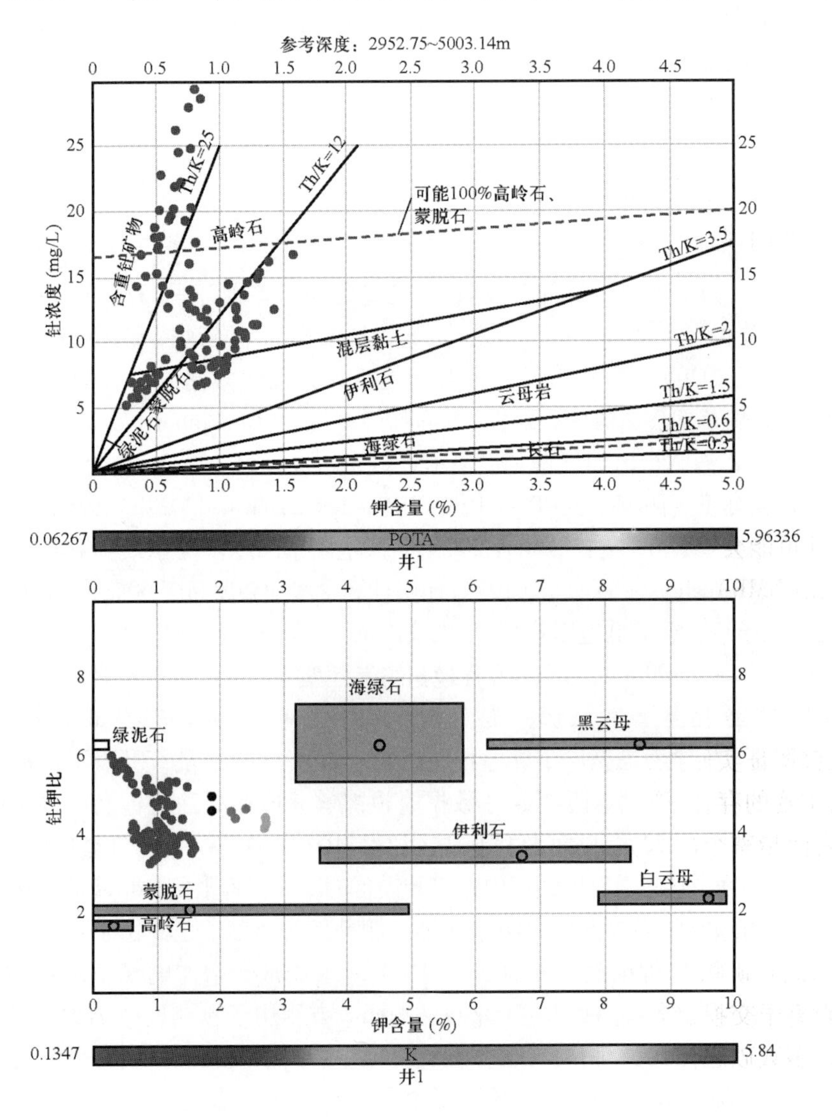

图 9.1 井 1 矿物学交会图

分,盆地中心附近古生代地层厚度超6000m(Doghmane et al. ,2019;Eladj et al. ,2020)。该研究区域覆盖董Sahara大部分区域,并被Oriental Erg沙丘保温,这也增加了实地考察难度及可用地质数据量。

9.2.1 常规解释

测井解释是油气藏评价的重要组成部分可用于识别流体并估算储量(Cheranan et al. ,2022a)。测井解释可根据测井数据获取储层矿物学、岩性和流体特征参数,本节对评价储层岩石物理参数的常规测井方法进行了全面介绍(Foufoula Georgiou et al. ,1994)。

9.2.2 储层矿物学

光电因子与钾浓度函数交会图和光电因子与钍钾比函数交会图均可反映储层矿物学特征,如图9.1(a)和图9.1(b)所示。

交会图显示,绿泥石和蒙脱石是储层中的两种主要矿物。绿泥石是一种由铁和镁组成的硅酸铝矿物。绿泥石家族化学式为$(F_e,M_g,A_l)_6(S_i,A_l)_4O_{10}(OH)_8$,其分子结构和物理化学性质上通常与云母相似。然而,包括黑云母都是由其他矿物反应生成的。研究表明,因井1和井2沉积环境相同,两口井表现出相同的储层矿物学特征。

9.3 低电阻现象

地层水和油气流体电阻率存在显著差异,电阻率测井也因此成为岩石物理解释中的重要标志之一(Chakraborty et al. ,1995)。当储层表现为低电阻特征时,电阻率测井解释无法识别油气储层。尽管实际发育油气储层,但电阻率测井解释将显示为高含水饱和度层位。因此,储层低电阻特征可能会导致勘探过程中遗漏部分油气储层。准确认识低电阻原因和起源至关重要。核磁共振(NMR)和岩性图可用于分析储层中井1的低电阻起源(Doghmane et al. ,2019)。

9.3.1 交会图解释

图9.1中钾—钍交会图表明,储层岩石中含有重矿物、绿泥石、蒙脱石和高岭石。钾—光电因子交会图证实储层岩石富含绿泥石矿物。岩屑和碎片分析进一步揭示了黄铁矿和油气等含铁矿物的存在,也进一步支持了井1重矿物存在(紫色荧光)。绿泥石不再代表单一矿物,而是泛指整个层状硅酸盐矿物类别。绿泥石是铁磁体矿物(包括辉石、角闪石和黑云母在内的蚀变矿物)分解产生物。斜长石通常伴随绿泥石化作用而发生显著变质作用。目标储层中常见绿泥石,绿泥石与高岭石、海绿石(云母)和黄铁矿有关(Fangyu et al. ,2018)。鲕绿泥石矿物尤其富含铁元素。在2~14meq/100g典型区间内,鲕绿泥石包裹孔隙,变现为阳离子交换能力有限。盐水和高温(超过105℃)条件下,亚氯酸盐表现为强导电性。此外,多数砂岩储层为细粒度,具有高比表面积和高表面粗糙度氯晶粒涂层,通常与高束缚水饱和度并存。测井设备的低电阻响应原因为储层高矿化度盐水(Fangyu et al. ,2018;Herrera et al. ,2013)。

9.3.2 核磁共振测井解释

由于核磁共振技术能够区分可动与不可动流体,因此能够为储层评价提供更准确的孔隙度测井方法(Bacetti et al. ,2020)。与中子密度孔隙度不同,核磁共振孔隙度主要受地层连续流体影响,并且不受黏土矿物的影响。如图 9.2 所示,井 1 的孔隙度为 23% ,该值与预测有效

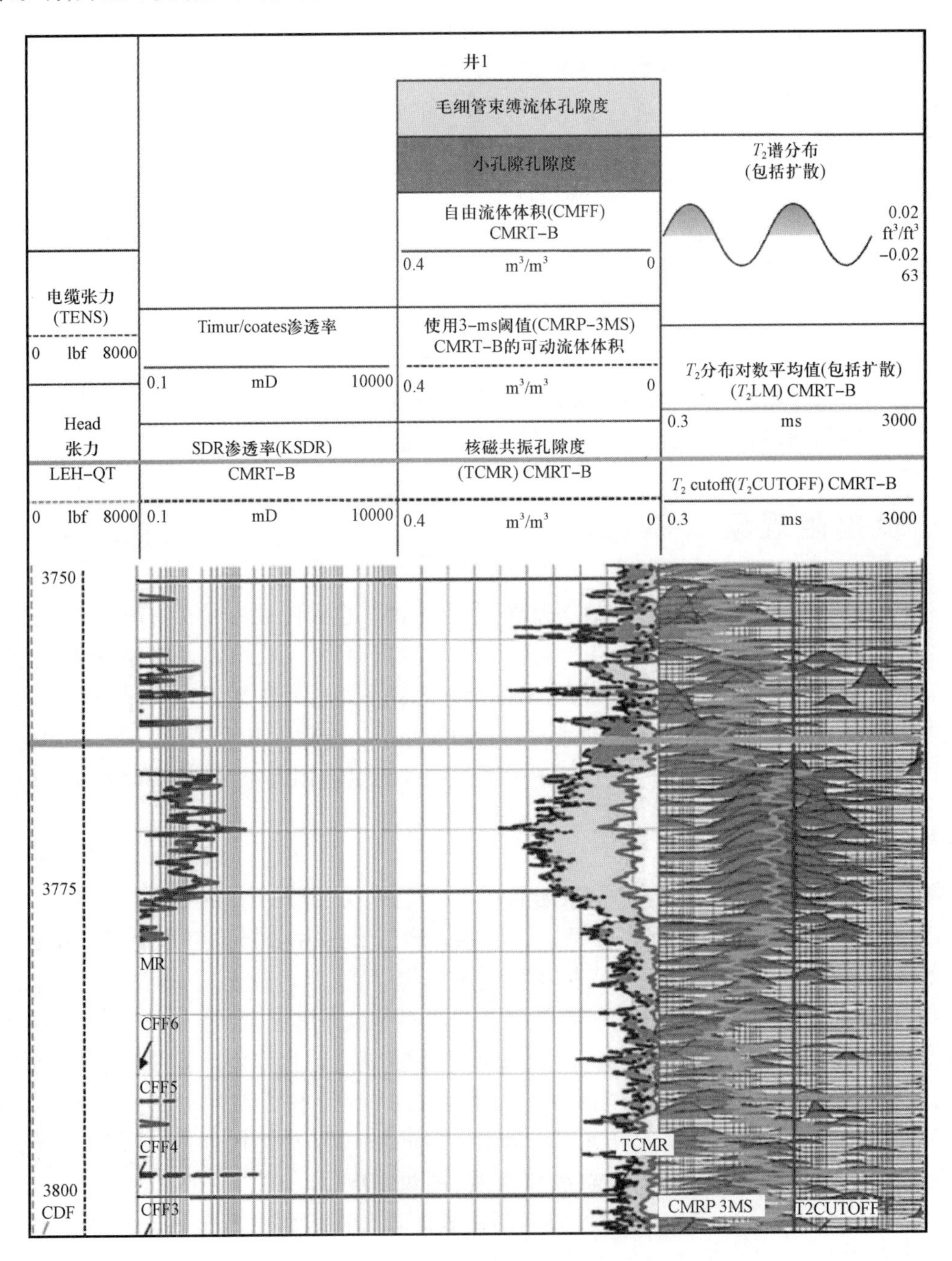

图 9.2 井 1 核磁共振测井成果图

孔隙度相近。此外,井 1 和井 2 核磁共振显示渗透率分别为 6mD 和 10mD,表明存在微孔隙和电阻率下降(Chakraborty et al. ,1995)。测井还揭示了储层大部分孔隙度被不流动水占据,这也降低了储层电阻率并掩盖了烃类信号。除核磁共振测井、岩心数据混和交会图以外,绿泥石、重矿物(黄铁矿、海绿石和含铁矿物)、高含水饱和度(高润湿性)、微孔隙等是低电阻的主要原因。

9.3.3 井 1 与井 2 对比

井 2 位于井 1 东南方向 1.8km 处,在目标油田东部。井 2 钻探目的为确定储层向东部延伸范围。由于临近和相似的测井特征,两口井具备相同的测井特征和地层(图 9.3)。

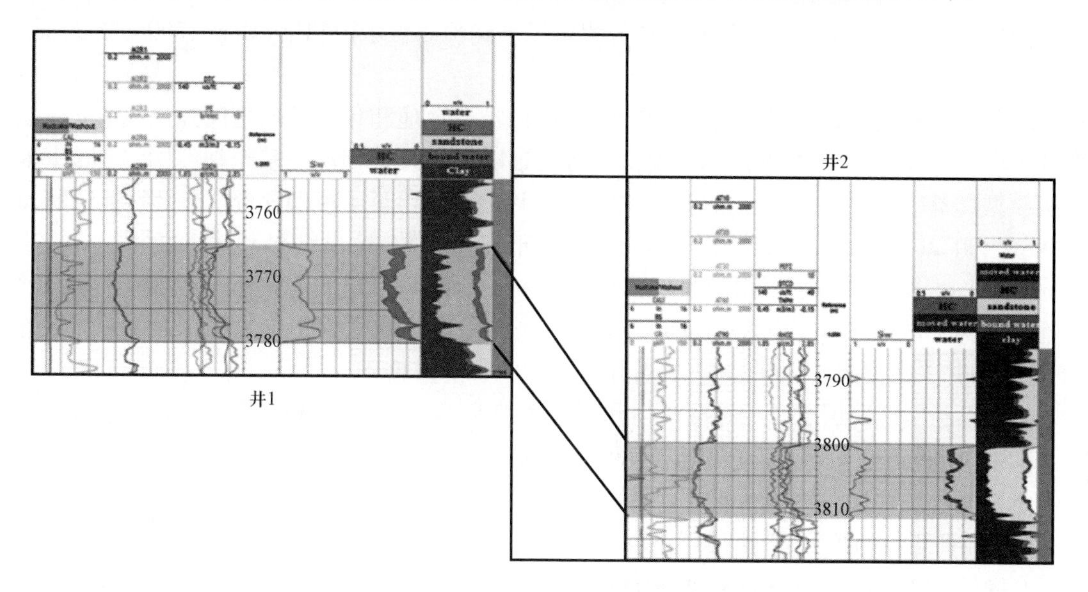

图 9.3 井 1 和井 2 测井解释结果相关性

井 1 开采油气,而井 2 钻遇地层为水层。井 1 电阻率测井显示地层电阻率 $R_t = R_{xt} = 1\Omega \cdot m$。井 2 钻遇地层全部为水层,地层电阻率低于井 1。尽管传统解释未给出结果,但井 1 很可能含有油气资源。

9.3.4 测井工具

最知名和常用的测井方法包括热衰减时间(TDT)、伽马光谱测井(GST)和生态镜。近期开发的新技术和工具在缺失电阻率时可用于计算地层含水饱和度,由于成本过高很少用于阿尔及利亚地区油气勘探。

9.3.5 ANNSVM 算法

式(9.1)改进 Simandoux 方程用于描述黏土分散及基质中导电重矿物的影响(Doghmane et al. ,2019;Huang et al. ,2015)。

$$\frac{1}{R_t} = \frac{\phi_e^m S_n^w}{(1 - V_{cl} - C_1)aR_w} + \left(\frac{V_{cl}^c}{R_{cl}} + C_2\right)S_w^{\frac{n}{2}} \tag{9.1}$$

式中 R_w——水相电阻率,$\Omega \cdot m$;

ϕ——岩石孔隙度;

a——岩石迂曲系数;

m——岩石胶结系数;

n——饱和指数;

c——压实系数;

V_{cl},R_{cl}——ANN 算法获取的黏土体积和电阻率;

C_1,C_2——补偿值。

前期实地考察显示低电阻值和其他方程难以准确预测含水饱和度(Dimri,2005;Doghmane et al.,2019)。

经验常数和实验数据需要在岩石饱和度模型、岩石物理和化学性质之间建立良好的一致性和关联性,因此基于参数约束的传统模型通常难以用于其他领域。基于神经网络和支持向量机模型具备一定的训练学习和智能特征,MDT 评估结果验证了模型评价结果及性能(Cherana et al.,2022b;Liu et al.,2016)。ANN 原理基于权重函数、输出结果和输入数据三个变量(Doghmane et al.,2019)。利用测井数据和 MDT 样本训练后形成的 ANNSVM 模型能够预测含水饱和度(Cherana et al.,2022a;Dimri,2005)。研究中使用的数据集来自阿尔及利亚油田的油井,其中井 1 数据用于训练和测试,而井 2 数据用于模型验证。

目前已经确认薄层、盐水、导电矿物和大量束缚水是导致储层低电阻率的主要原因(Serra,1985;Cherana et al.,2022b)。阿尔及利亚某油田 40 余口井研究显示,表面活性剂、重矿物和大量束缚水是导致油气储层低电阻率的主要原因(Djezzar et al.,2022)。式(9.1)的补偿项 C_1 和 C_2 经训练后的 ANN 算法计算获取(Haliburton,2003;Aoun et al.,2022)。井 1 常规解释储层孔隙度为 23.15%、含水饱和度为 63%。伽马射线、中子密度和 PEF 测井结果归为第一类(主要变量),电阻率和声波测井则被划分为第二类。基于 SSVM 和输入日志数据重要性进行分类。ANN 训练程序采用分类数据作为输入,图 9.4 给出了算法示意图。

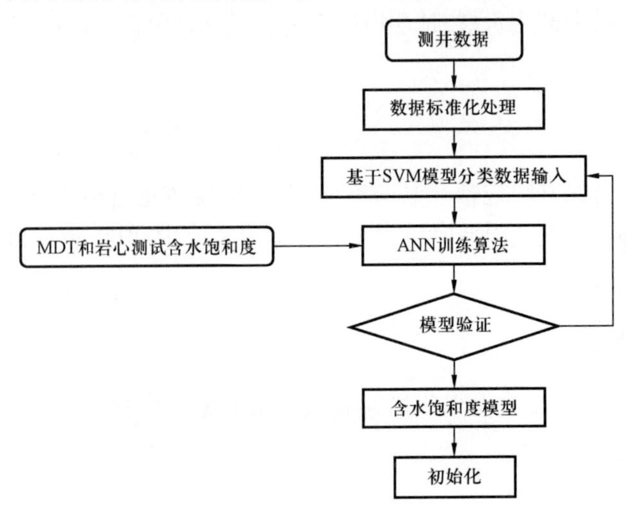

图 9.4 算法流程示意图

利用井 1 数据对 ANN 模型进行训练、验证和测试。图 9.5 给出了 ANN 模型训练、测试和验证结果。选取多种神经网络拓扑和激活函数进行测试,以便为目标储层选择最佳参数结果。当预测结果与井 2 MDT 结果存在相关性,即可获得相关矩阵(图 9.6)。此外,已经使用 ANNSVM 模型预测了井 2 含水饱和度,研究结果如图 9.5(c)所示。

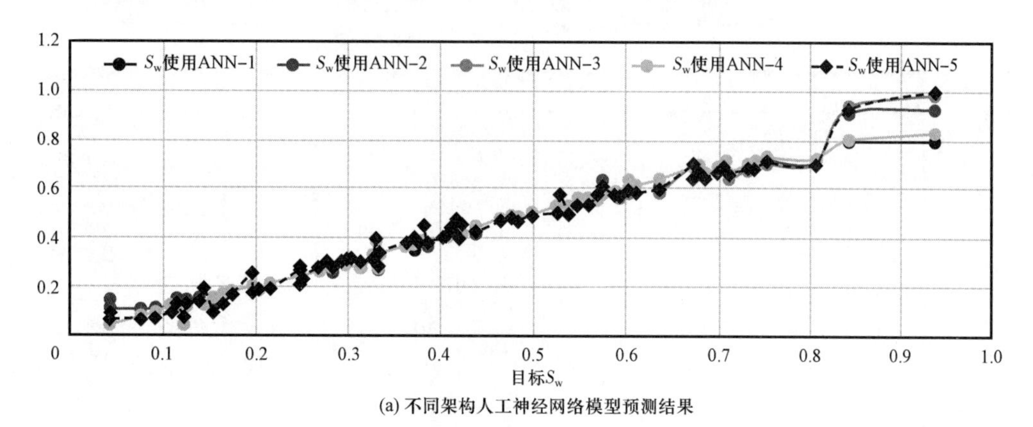

(a) 不同架构人工神经网络模型预测结果

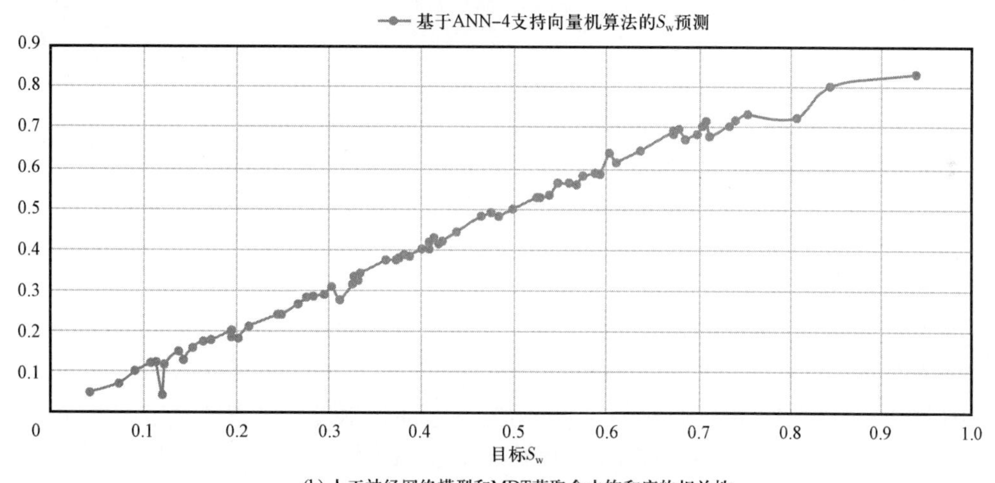

(b) 人工神经网络模型和MDT获取含水饱和度的相关性

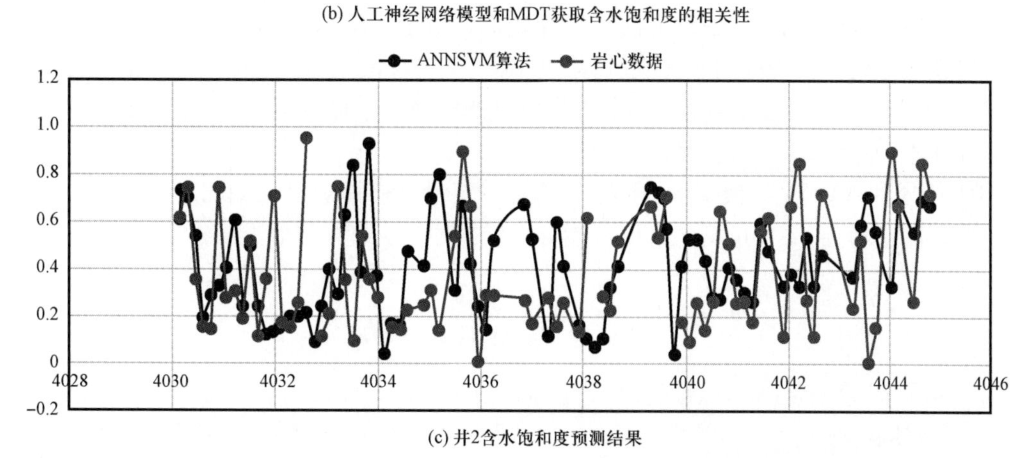

(c) 井2含水饱和度预测结果

图 9.5 推荐人工神经网络算法训练、测试和验证

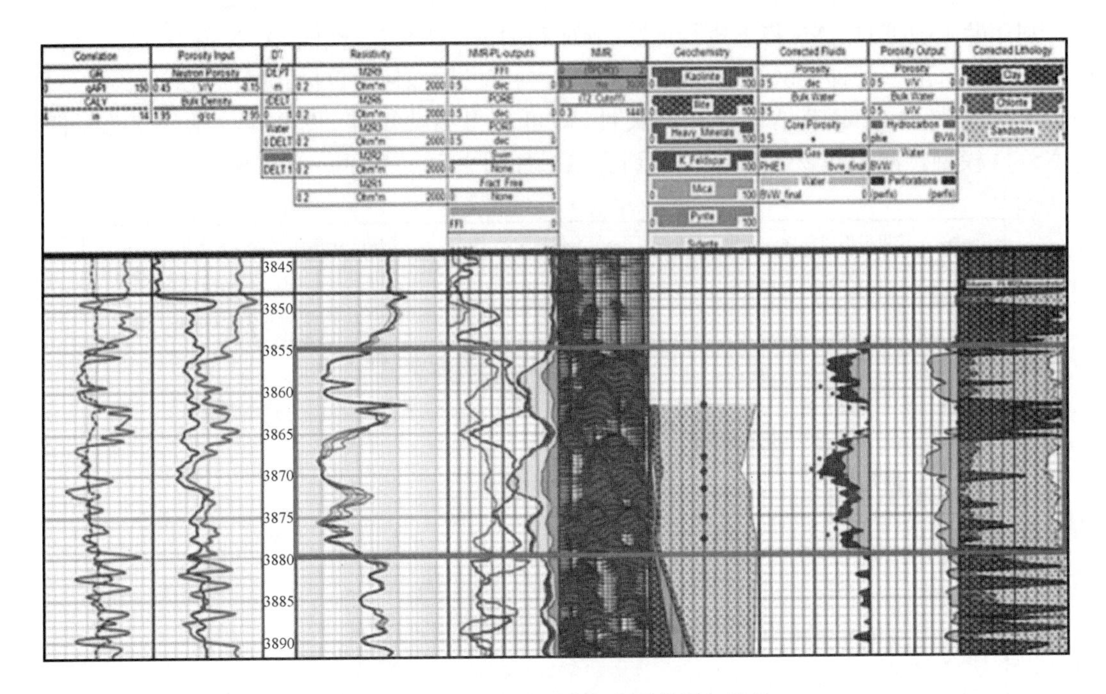

图 9.6 预测含水饱和度与实测数据相关性

9.4 结论

阿尔及利亚油气田中低电阻率现象普遍出现且已成为难点问题。实际上,常规测井解释显示井 1 和井 2 钻遇地层为水层($S_w>60\%$),对应测井电阻率低于 2Ω · m。然而,MDT 压力读数和样本数据显示井 1 可以产油。这种不确定性可通过地层中高束缚水饱和度、微孔隙和导电黏土矿物来解释。改进 Sinmodoux 方程局限性是过度依赖于矿物学工具确定的导电矿物体积及分布,从经济性角度考虑该方法可行性较低。由于成本过高,MDT、GST 和 Ecoscope 工具在所研究领域尚未实现应用。传统解释方法对井 1 岩石物理参数和储层流体的解释结果存在偏差。MDT 工具前期通过测量压力和地层测试的解释结果比较可靠,由于黏土和岩屑矿物学研究存在不确定性,该方法不足以进行推广。

MDT 结果和 ANNSVW 模型最大限度地降低了定量储层评价过程中的不确定性。相比于传统模型,该方法只需要少量测试数据便能够准确描述储层特征。因此,该方法可用于储层定量评价。

参考文献

Aoun, A., Soto, R., Rabiei, M. et al. (2022). Neural network based Mechanical Earth Modelling (MEM): a case study in Hassi Messaoud Field, Algeria. *Journal of Petroleum Science and Engineering* 210. https://doi.org/10.1016/j.petrol.2021.110038.

Bacetti, A. and Doghmane, M.Z. (2020). A practical workflow using seismic attributes to enhance sub seismic geological structures and natural fractures correlation. *Conference Proceedings*, *First EAGE Digitalization Conference and Exhibition*, vol. 2020, Algeria, pp. 1 – 5. http://doi. org/10. 3997/ 2214 – 4609. 202032062.

Benedetto, A. (2010). Water content evaluation in unsaturated soil using GPR signal analysis in the frequency domain. *Journal of Applied Geophysics* 71 (1): 26 – 35. http://doi. org/10. 1016/j. jappgeo. 2010. 03. 001.

Chakraborty, A. and Okaya, D. (1995). Frequency – time decomposition of seismic data using wavelet – based methods. *Geophysics* 60 (6). http://doi. org/10. 1190/1. 1443922.

Cherana, A., Aliouane, L., Doghmane, M., and Ouadfeul, S. A. (2022a). Fuzzy clustering algorithm for lithofacies classification of ordovician unconventional tight sand reservoir from well – logs data (algerian sahara). *Advances in Geophysics*, *Tectonics and Petroleum Geosciences. CAJG* 2019. *Advances in Science*, *Technology & Innovation.* Cham: Springer. https://doi. org/10. 1007/978 – 3030 – 73026 – 0_64.

Cherana, A., Aliouane, L., Doghmane, M. Z. et al. (2022b). Lithofacies discrimination of the Ordovician unconventional gas – bearing tight sandstone reservoirs using a subtractive fuzzy clustering algorithm applied on the well log data: Illizi Basin, the Algerian Sahara. *Journal of African Earth Sciences* 196. https://doi. org/10. 1016/j. jafrearsci. 2022. 104732.

Dimri, V. (2005). Fractals in geophysics and seismology: an introduction. In: *Fractal Behaviour of the Earth System* (ed. V. P. Dimri). Berlin, Heidelberg: Springer. http://doi. org/10. 1007/3 – 540 – 26536 – 8_1.

Djezzar, S., Boualam, A., Ouadi, H. et al. (2022). Geological characterization of lower devonian reservoirs in Reggane Basin, Algeria. *The SPE Annual Technical Conference and Exhibition*, Houston, TX, USA (October 2022). https://doi. org/10. 2118/210162 – MS.

Doghmane, M. Z. and Belahcene, B. (2019). Design of new model (ANNSVM) compensator for saturation calculation based on logging curves for low resistivity phenomenon. *Conference Proceeding*, *EAGE/ALNAFT Geoscience Workshop* 2019: 1 – 5.

Doghmane, M. Z, Belahcene, B., and Kidouche, M. (2019). Application of improved artificial neural network algorithm in hydrocarbons' reservoir evaluation. *Proc. International conference in Artificial Intelligence in Renewable Energetic Systems ICAIRES* 2018: *Renewable Energy for Smart and Sustainable Cities*, Algeria, pp. 129 – 138.

Doghmane, M. Z., Ouadfeul, S. A., Benaissa, Z., and Eladj, S. (2022). Classification of ordovician tight reservoir facies in algeria by using neuro – fuzzy algorithm. In: *Artificial Intelligence and Heuristics for Smart Energy Efficiency in Smart Cities. IC – AIRES* 2021, Lecture Notes in Networks and Systems, vol. 361 (ed. M. Hatti). Cham: Springer. https://doi. org/10. 1007/978 – 3 – 030 – 92038 – 8_91.

Eladj, S., Lounissi, T. K., and Doghmane, M. Z. (2020). Lithological characterization by simultaneous seismic inversion in algerian south eastern field. *Engineering*, *Technology & Applied Science Research* 10 (1): 5251 – 5258.

Eladj, S., Doghmane, M. Z., Aliouane, L., and Ouadfeul, S. A. (2022a). Porosity model construction based on ANN and seismic inversion: a case study of saharan field (algeria). *Advances in Geophysics*, *Tectonics and Petroleum Geosciences. CAJG* 2019. *Advances in Science*, *Technology & Innovation.* Cham: Springer. https://doi. org/10. 1007/978 – 3 – 030 – 73026 – 0_55.

Eladj, S., Doghmane, M. Z., Lounissi, T. K. et al. (2022b). 3D Geomechanical model construction for wellbore stability analysis in algerian southeastern petroleum field. *Energies* 15 (20): 7455. https://doi. org/10. 3390/en15207455.

Eladj, S., Doghmane, M. Z., and Belahcene, B. (2022c). Design of new model for water saturation based on neural network for low – resistivity phenomenon (Algeria). *Advances in Geophysics*, *Tectonics and Petroleum Geosciences. CAJG* 2019. *Advances in Science*, *Technology & Innovation.* Cham: Springer. https://doi. org/10. 1007/978 – 3 – 030 – 73026 – 0_75.

Fangyu, L., Bo, Z., Sumit, V., and Marfurt, K. J. (2018). Seismic signal denoising using thresholded variational mode decomposition. *Exploration Geophysics* 49 (4). https://doi.org/10.1071/EG17004.

Foufoula - Georgiou, E. and Kumar, P. (1994). Wavelet analysis in geophysics: an introduction. *Wavelet Analysis and Its Applications* 4:1 - 43. https://doi.org/10.1016/B978 - 0 - 08 - 052087 - 2.50007 - 4.

Haliburton (2003). Logging of Perforating Products and Services, Report.

Herrera, R. H., Han, J., and van der Baan, M. (2013). Applications of the synchrosqueezing transform in seismic time - frequency analysis. *Geophysics* 79 (3). https://doi.org/10.1190/geo2013 - 0204.1.

Huang, W., Runqiu, W., Yimin, Y. et al. (2015). Signal extraction using randomized - order multichannel singular spectrum analysis. *Geophysics* 82 (2). https://doi.org/10.1190/geo2015 - 0708.1.

Liu, W., Cao, S., and Chen, Y. (2016). Seismic time - frequency analysis via empirical wavelet transform. *IEEE Geoscience and Remote Sensing Letters* 13 (1): 28 - 32. http://doi.org/10.1109/LGRS.2015.2493198.

Serra, O. (1985). *Diagraphies différés base de l' interprétation*, *Tome* 2. Montrouge: Etudes et productions Schlumbeger.

第10章 地震属性改善亚地震构造与天然裂缝相关性工作流

Mohamed Zinelabidine Doghmane[1], Sid－Ali Ouadfeul[2], Leila Aliouane[3]

（1. Department of Geophysics, FSTGAT, University of Science and Technology Houari Boumediene, Algiers, Algeria; 2. Algerian Petroleum Institute, Sonatrach, Boumerdes, Algeria; 3. LABOPHYT, Faculty of Hydrocarbons and Chemistry, University M'hamed Bougara of Boumerdes, Boumerdes, Algeria）

10.1 引言

本章给出了几何地震属性的典型工作流程，以绘制 Ain Ameanas（阿尔及利亚）致密储层构造地质图（Eladj et al.，2020）。引入属性能够绘制落差小于地震垂向分辨率的主要断层、褶皱、弯曲和覆盖在其他地层上的断层图（Satinder et al.，2012；Alridha et al.，2015；Machado et al.，2018）。基于该研究开发了一种用于连续裂缝模型（CFN）的工作流，并成功在数个项目中实现应用（Odling et al.，2001；Doghmane et al.，2019）。本研究中选取的属性包括曲率、方差、混沌、结构平滑属性、边缘增强和蚂蚁跟踪（Satinder et al.，2012；Alridha et al.，2015）。地震属性包括高度、宽度和长度，提供了断裂带范围内合理表征参数（Machado et al.，2018；Doghmane et al.，2022）。尽管地震采集技术进步能够提供更高的分辨率，依然难以识别到储层内部的小断层（Robert et al.，1991；Eladj et al.，2022a；2022b）。此外，原有高分辨率地震勘探实施性受限。地震特性已被广泛用于解决上述问题。

10.2 工作流描述

实践表明基于单一属性的解释结果难以满足要求，需要使用组合属性提高精度（Machado et al.，2018）。目前，地球物理软件平台能够提供大量的属性，工程师需要决策确定组合属性的最佳顺序及最佳参数问题。图10.1描述的工作流可视为地球物理学家从地震数据中寻求最大数量隐藏地质体的实用参考解决方案。

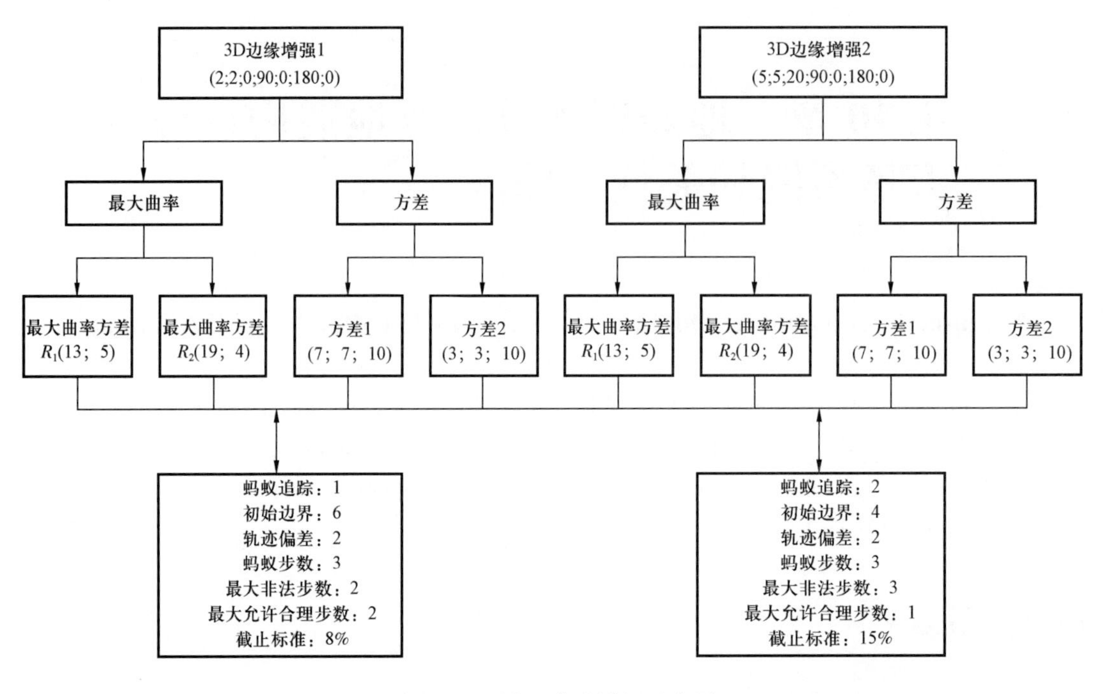

图 10.1　开发工作流详细示意图

10.3　讨论

研究探索了多项属性和不同组合,地层成像测井(FMI)/岩心裂缝密度与井属性值相关(表 10.1 和表 10.2)。储层维度低地震分辨率和采集区域(图 10.2)是造成相关性较差的主要原因(Doghmane et al.,2019)。针对裁剪地震进行处理以降低采集区域的影响(Cacas et al.,2001)。

表 10.1　FMI/岩心数据相关性

FMI/岩心数据 R^2 > 0.2	数值
最大正曲率	0.31
3D 边缘增强	0.29
最大曲率	0.24
极端曲率	0.22

表 10.2　FMI/岩心数据相关性

裂缝模型 R^2 >0.2	数值
混沌	0.98
高斯曲率	0.97
最大曲率	0.91

续表

裂缝模型 $R^2>0.2$	数值
局部平整度	0.84
平均曲率	0.82
倾角	0.75
极端曲率	0.74
振幅对比度	0.52
方差	0.40
局部构造倾角	0.36
最小曲率	0.33
最大负曲率	0.27

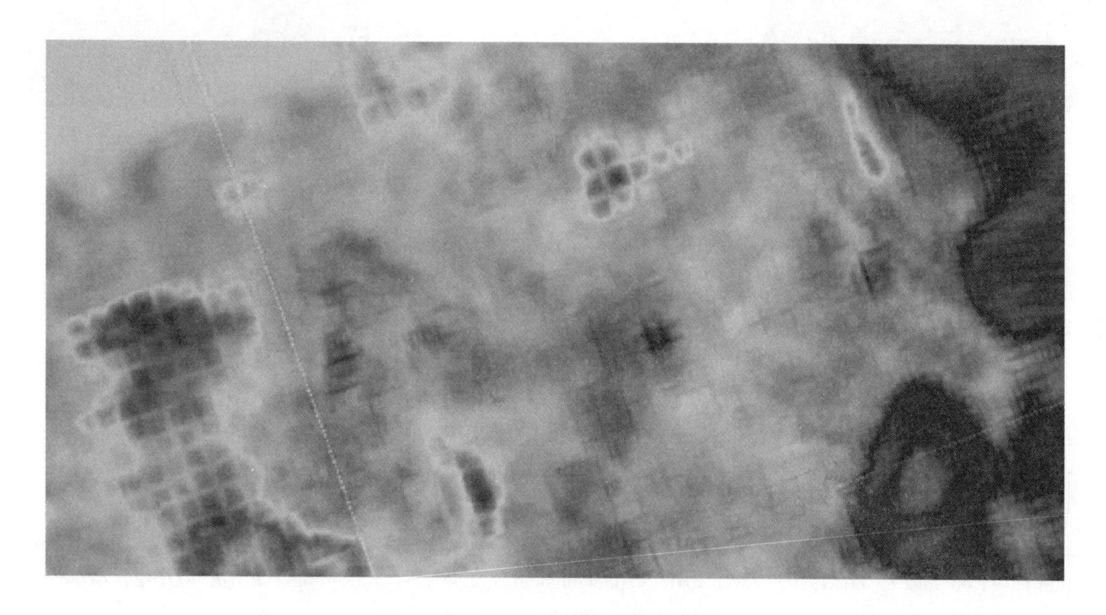

图 10.2　研究区地震采集区域分布

10.4　结论

本文将几何地震属性工作流用于构造地质研究，利用工作流能够识别小断层并获得致密储层天然裂缝模型（图 10.3）。裂缝模型与现场探井成像测井数据建立了关联（Djezzar et al.，2019）。将获取结果与传统地震解释结果进行了对比，显示能够识别其他方法无法识别到的小断层。此外，所构建的裂缝模型与成像测井解释结果一致。最后，提出裂缝密度与所用属性之间的关系，以便能够在生产阶段建立储层模型。

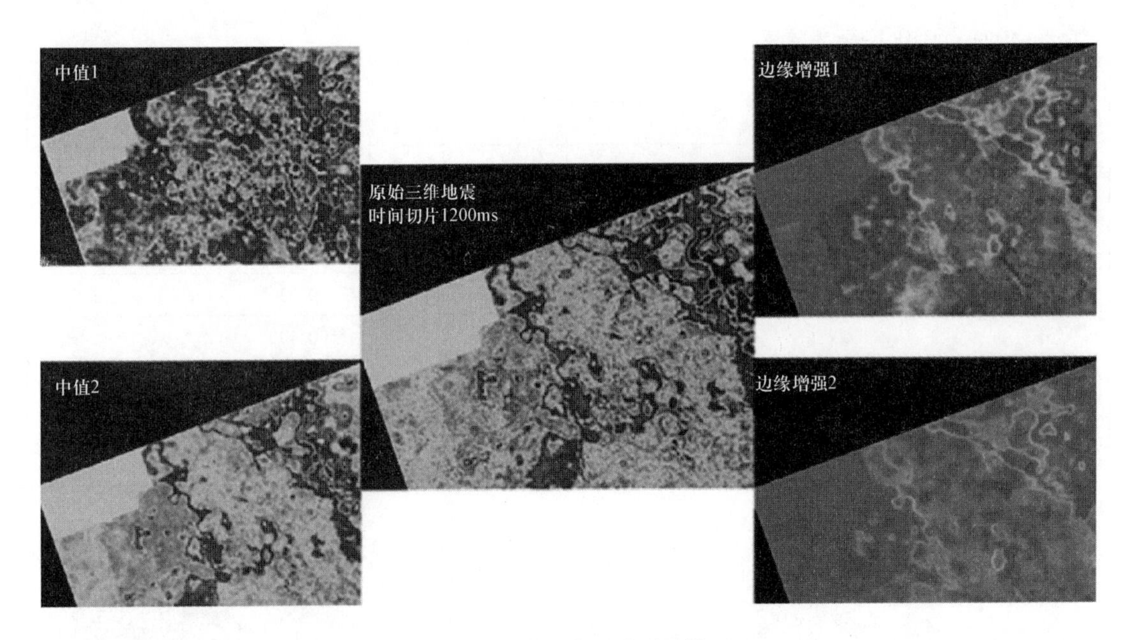

图 10.3 推荐工作流获取的模型

参 考 文 献

Alridha, A. N. and Ubaid, M. S. (2015). 3 – D seismic attributes analysis in Balad Oil Field – center of Iraq. *Arabian Journal of Geosciences* 8: 2785 – 2798.

Cacas, M. C., Daniel, J. M., and Letouzey, J. (2001). Nested geological modelling of naturally fractured reservoirs. *Petroleum Geoscience* 7: S43 – S52.

Djezzar, S., Rasouli, V., Boualam, A., and Minou, R. (2019). Size scaling and spatial clustering of natural fracture networks using fractal analysis. *The 53rd U. S. Rock Mechanics/Geomechanics Symposium*, New York City, USA, June 23rd, 2019.

Doghmane, M. Z. and Belahcene, B. (2019). Design of new model (ANNSVM) compensator for saturation calculation based on logging curves for low resistivity phenomenon, *Conference* Proceedings, *EAGE/ALNAFT Geoscience Workshop*, Algiers, Algeria (January 2019), Vol. 2019, pp. 1 – 5.

Doghmane, M. Z., Belahcene, B., and Kidouche, M. (2019). Application of improved artificial neural network algorithm in hydrocarbons' reservoir evaluation. In: *Renewable Energy for Smart and Sustainable Cities. ICAIRES* 2018, Lecture Notes in Networks and Systems, vol. 62 (ed. M. Hatti). Cham: Springer.

Doghmane, M. Z., Ouadfeul, S. A., Benaissa, Z., and Eladj, S. (2022). Classification of ordovician tight reservoir facies in algeria by using neuro – fuzzy algorithm. In: *Artificial Intelligence and Heuristics for Smart Energy Efficiency in Smart Cities. IC – AIRES* 2021, Lecture Notes in Networks and Systems, vol. 361 (ed. M. Hatti). Cham: Springer https://doi.org/10.1007/978 – 3 – 030 – 92038 – 8_91.

Eladj, S., Lounissi, T. K., Doghmane, M. Z., and Djeddi, M. (2020). Lithological characterization by simultaneous seismic inversion in algerian south eastern field. *Engineering, Technology & Applied Science Research* 10 (01): 5251 – 5258.

Eladj, S., Lounissi, T. K., Doghmane, M. Z., and Djeddi, M. (2022a). Wellbore stability analysis based on 3D geo – mechanical model of an algerian southeastern field. *Advances in Geophysics, Tectonics and Petroleum Geosciences. CAJG* 2019. *Advances in Science, Technology & Innovation* (25 – 28 November 2019). Cham: Springer.

https://doi.org/10.1007/978-3-030-73026-0_136.

Eladj, S., Doghmane, M. Z., Aliouane, L., and Ouadfeul, SA. (2022b). Porosity Model Construction Based on ANN and Seismic Inversion: A Case Study of Saharan Field (Algeria). *Advances in Geophysics, Tectonics and Petroleum Geosciences. CAJG* 2019. *Advances in Science, Technology & Innovation.* Cham: Springer. https://doi.org/10.1007/978-3-030-73026-0_55.

Machado, G., Marfurt, K. J., and Alali, A. (2018). Attribute-assisted footprint suppression using a 2D continuous wavelet transform. *Interpretation* 6 (2): T457-T470.

Odling, N. E., Bour, O., Davy, A. et al. (2001). Scaling of fracture systems in geological media. *Reviews of Geophysics* 39 (3): 347-383.

Robert, E. G., Heloise, B. L., Bates, C. R. et al. (1991). Detection and analysis of naturally fractured gas reservoirs: multiazimuth seismic surveys in the Wind River basin, Wyoming. *Geophysics* 64 (4): 1277-1292.

Satinder, C. and Marfurt, K. (2012). Curvature attribute applications to 3D surface seismic data, Interpreter's Corner SEG, April 2007. *The Leading Edge* 26 (4): 404-414.

第 11 章　非常规储层建模与表征的岩石物理参数计算

Mohamed Zinelabidine Doghmane[1]　Sid – Ali Ouadfeul[2]　Leila Aliouane[3]

(1. Department of Geophysics, FSTGAT, University of Science and Technology Houari Boumediene, Algiers, Algeria; 2. Algerian Petroleum Institute, Sonatrach, Boumerdes, Algeria; 3. LABOPHYT, Faculty of Hydrocarbons and Chemistry, University M'hamed Bougara of Boumerdes, Boumerdes, Algeria)

11.1　引言

Berkine 盆地是石油油气研究的重要区域,地质和地球物理研究主要集中在三叠纪黏土质砂岩(TAGI)、上泥盆纪(石炭系)和下 Siegenian 盐层(Yisheng et al. ,2019)。该地区油井在 TAGI 产层中开采石油和凝析油(Eladj et al. ,2022a;2022b)。该盆地为克拉通盆地,位于撒哈拉地台东北部(Doghmane et al. ,2019;Doghmane et al. ,2019;Eladj et al. ,2020),是以下寒武纪地层为基岩的平坦盆地(图 11.1)。

11.2　推荐方法

推荐方法从测井曲线(GR、中子密度和声波测井)资料获取弯曲度指数 m、指数 a 和饱和度指数 n 制作曲线(Zhao et al. ,2015)。该假设条件对 Archie 方程、Simandoux、改进 Simandoux、Waxman 和 Smith 等方法具有一定的误导性(Mithilesh et al. ,2018)。Archie 方程中,弯曲度指数、指数和饱和度指数在整个储层段设置为常数。对于强非均质性储层,该方法对多种方法都存在一定的误导性。系数 n 还被称为曲折系数、胶结截距或岩性系数,主要反映岩石压实程度、粒度和孔隙结构特征。根据地层研究(Yisheng et al. ,2019),强成岩作用和复杂孔隙结构条件下,曲折系数设置为恒定参数不符合实际条件。

前期很多研究将平均曲折因子取值为 1.8 ~ 2.0,为了提高解释精度有必要获取整个 TAGI 截面参数变化规律。推荐方法根据 P 波和 S 波到达时间与孔隙形状之间的关系确定曲折因子。曲折因子大于 1 表示不规则几何形状,而数值接近 1 便是为规则几何形状和均质储层。根据声波测井速度计算公式和式(11.1)中所述钻井液厚度和井眼形状进行调整(Nordahl et al. ,2005)。

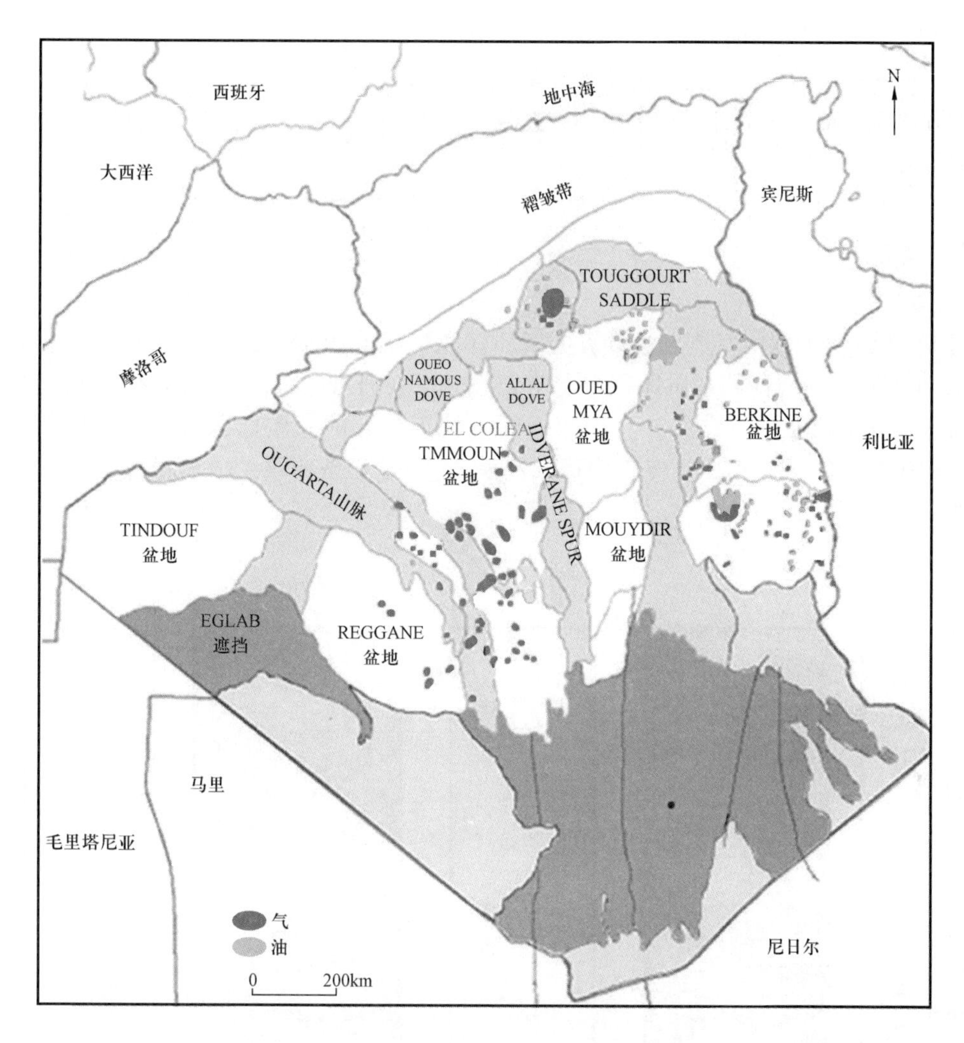

图 11.1　Algeria(包含 Berkine 盆地)沉积图

$$\frac{1}{v}=\frac{\phi}{v_{\mathrm{f}}}+\frac{1-\phi}{v_{\mathrm{mat}}} \tag{11.1}$$

式中　v——通过测量压电发射器到接收器的传播时间计算出的速度,ms/ft;

v_{f}——地层流体速度,ms/ft;

v_{mat}——基质速度,ms/ft;

ϕ——中子密度测井获取的总孔隙度。

式(11.2)给出了用于计算岩石物理参数的数学方程(Huawei et al. ,2015;Zhao et al. ,2015)。

$$m=f(d,\Delta T_{\mathrm{s}},\Delta T_{\mathrm{p}},\phi_{\mathrm{e}}) \tag{11.2}$$

式中　d——深度;

ΔT_{s}——S 波传播时间;

ΔT_p——P 波传播时间;

ϕ_e——根据测井数据计算的有效孔隙度(Alden et al. ,1997)。

该方法在盆地中多口井进行了应用并提供了良好的预测结果,这也证实了推荐方法的有效性和重要性。

11.3　结果和讨论

图 11.2 给出了利用经典方法计算的基质体积(左图)和经过曲折校正后计算得到的基质体积(右图)。利用计算基质体积与实验岩心分析数据对比时,基于曲折因子可变校正能够获取更准确的储层评价结果。利用曲折因子校正计算的基质体积与岩心分析数据获取的基质体积非常接近。相比于传统解释方法模型,通过三条曲线生成的模型更具代表性和实用性。

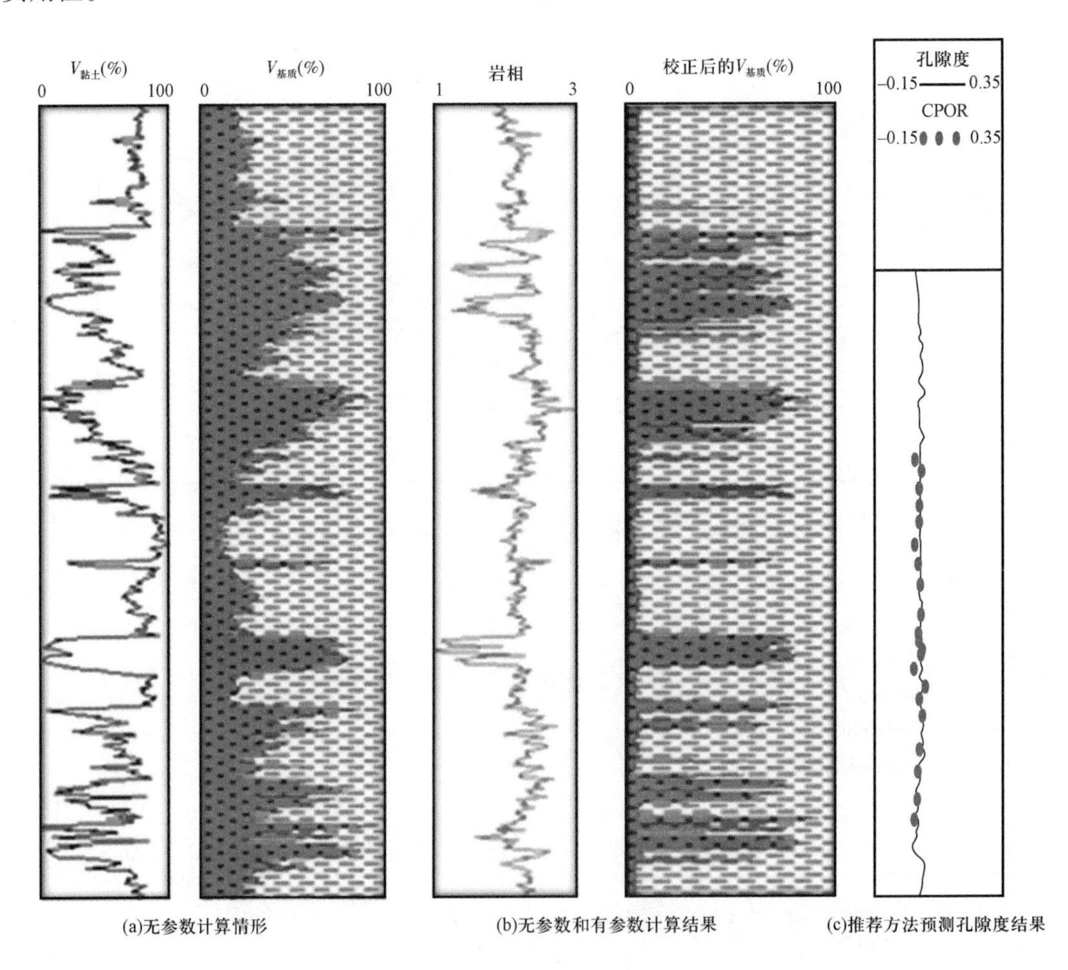

(a)无参数计算情形　(b)无参数和有参数计算结果　(c)推荐方法预测孔隙度结果

图 11.2　基质体积

11.4 结论

本研究的主要目的是建立 Berkine 盆地非均质储层的曲折度、胶结度和饱和度指数。通过提出一种利用测井曲线与孔隙几何形状相关性数学方程实现这一目标。然后,通过提取曲线进一步提高薄异质储层评价精度。此外,将获取的基质体积与岩心分析数据进行对比分析,进一步验证了推荐方法的准确性。根据研究结果,建议将曲折度作为评价阿尔及利亚油气储层和其他类似储层的重要参数。

参考文献

Alden, J. M. , Stephen, T. S. , and Hartmann, D. J. (1997). Characterization of petrophysical flow units in carbonate reservoirs. *AAPG Bulletin* 81 (5): 734 – 759.

Doghmane, M. Z. and Belahcene, B. (2019). Design of new model (ANNSVM) compensator for saturation calculation based on logging curves for low resistivity phenomenon. *Conference proceeding*, *EAGE/ALNAFT Geoscience Workshop* 2019: 1 – 5.

Doghmane, M. Z. , Belahcene, B. , and Kidouche, M. (2019). Application of improved artificial neural network algorithm in hydrocarbons' reservoir evaluation. *Proc. International conference in Artificial Intelligence in Renewable Energetic Systems ICAIRES* 2018: *Renewable Energy for Smart and Sustainable Cities*, 129 – 138, Tipaza, Algeria (26 – 28 November 2018).

Eladj, S. , Lounissi, T. K. , and Doghmane, M. Z. (2020). Lithological characterization by simultaneous seismic inversion in algerian south eastern field. *Engineering*, *Technology & Applied Science Research* 10 (1): 5251 – 5258.

Eladj, S. , Doghmane, M. Z. , Lounissi, T. K. et al. (2022a). 3D geomechanical model construction for wellbore stability analysis in algerian southeastern petroleum field. *Energies* 15: 7455. https://doi.org/10.3390/en15207455.

Eladj, S. , Lounissi, T. K. , Doghmane, M. Z. , and Djeddi, M. (2022b). Wellbore stability analysis based on 3d geo – mechanical model of an algerian southeastern field. *Advances in Geophysics*, *Tectonics and Petroleum Geosciences. CAJG* 2019. *Advances in Science*, *Technology & Innovation* (25 – 28 November 2019). Springer, Cham. https://doi.org/10.1007/978 – 3 – 030 – 73026 – 0_136.

Huawei, Z. , Zhengfu, N. , Qing, W. et al. (2015). Petrophysical characterization of tight oil reservoirs using pressure – controlled porosimetry combined with rate – controlled porosimetry. *Fuel* 154 (15): 233 – 242.

Mithilesh, K. , Dasgupta, R. , Singha, D. K. , and Singh, N. P. (2018). Petrophysical evaluation of well log data and rock physics modeling for characterization of Eocene reservoir in Chandmari oil field of Assam – Arakan basin, India. *Journal of Petroleum Exploration and Production Technology* 8: 323 – 340.

Nordahl, K. , Ringrose, P. S. , and Renjun, W. (2005). Petrophysical characterization of a heterolithic tidal reservoir interval using a process – based modelling tool. *Petroleum Geoscience* 11 (1): 17 – 28.

Yisheng, L. , Yuetian, L. , and Qichen, Z. (2019). Petrophysical static rock typing for carbonate reservoirs based on mercury injection capillary pressure curves using principal component analysis. *Journal of Petroleum Science and Engineering* 181: 106175.

Zhao, L. , De – hua, H. , Qiuliang, Y. et al. (2015). Seismic reflection dispersion due to wave – induced fluid flow in heterogeneous reservoir rocks. *Geophysics* 80 (3): D221 – D235. https://doi.org/10.1190/geo2014 – 0307.1.

第 12 章　模糊逻辑预测页岩气藏孔隙压力

——以 Barnett 页岩气藏为例

Mohamed Zinelabidine Doghmane[1]　Sid – Ali Ouadfeul[2]　Leila Aliouane[3]

(1. Department of Geophysics, FSTGAT, University of Science and Technology Houari Boumediene, Algiers, Algeria; 2. Algerian Petroleum Institute, Sonatrach, Boumerdes, Algeria; 3. LABOPHYT, Faculty of Hydrocarbons and Chemistry, University M'hamed Bougara of Boumerdes, Boumerdes, Algeria)

12.1　引言

页岩气藏储层表征重要任务之一是根据测井数据估算孔隙压力(Doyen,2007;Sayers,2006;Huffman,2002;Doghmane et al. ,2019),前期已经提出了多种模型预测孔隙压力。例如,利用 P 波慢度和恒定梯度慢度曲线的垂向模型预测孔隙压力。Eaton 模型(Bowers,1995;Eaton,1975)是一种常用的孔隙压力预测模型。Eaton(1975)模型根据地震速度求取有效应力垂直分量公式:

$$\sigma = \sigma_{\text{Normal}} \left(\frac{v}{v_{\text{Normal}}}\right)^n \tag{12.1}$$

式中　$\sigma_{\text{Normal}}, v_{\text{Normal}}$——正常沉积条件下垂向有效应力和地震速度;

n——描述速度对有效应力的敏感性指数(Den Boer et al. ,2006)。

气藏孔隙压力计算公式:

$$P = S_V - \frac{(S_V - P_{\text{Normal}})}{\left(\frac{v}{v_{\text{Normal}}}\right)^n} \tag{12.2}$$

Eaton 模型中给出了测试速度与正常压力沉积物速度偏差和深度关系式:

$$v_{\text{Normal}}(z) = v_0 + KZ \tag{12.3}$$

Eaton 模型需要准确连续的 P 波慢度数据(Den Boer et al. ,2006)。在某些情况下,低压缩波慢度数据采集问题将导致孔隙压力估算出现偏差。因此,本文建议利用模糊逻辑模型和测井数据预测气藏孔隙压力(Cherana et al. ,2022a)。

12.2 模糊逻辑算法

现代计算机算法基于传统布尔逻辑的“真或假(1 或 0)”，而模糊逻辑算法是一种基于“真度”的算法。California 大学 Berkeley 分校 Lotfi Zadeh 博士在 20 世纪 60 年代开创了模糊逻辑的概念。Zaden 博士正在研究一个涉及自然语言识别的问题。自然语言和生活中多数其他活动一样，很难解释为类似 1 和 0 的绝对术语。二进制数据能否准确描述所有事物是一个值得探索的哲学问题。实践中，预期输入计算机中的很多数据都处于两者之间的状态，这也是通常计算的结果(Den Boer et al. ,2006)。

模糊逻辑算法不仅包括 0 和 1 的极端情况，还包括介于两者之间的各种状态。因此，两种事物之间的比较结果可以是 0. 38 的高度而不是高或低(Cherana et al. ,2022a)。

模糊逻辑似乎更接近人类大脑的思维方式。大脑通过整合数据形成一些认识，然后还可以进一步整合这些认识形成更高层次的理论和认识。当超过某些阈值时会导致额外结果，如运动反应等(Cherana et al. ,2022a)。类似过程用于人工计算机神经网络和专家系统(Donghmane et al. ,2022)。这可能有助于将模糊逻辑视为推理的本质，将二进制或布尔逻辑视为其自己(Zadeh,1995;1996)。

12.3 Barnett 页岩气藏应用实例

12.3.1 地质背景

晚密西西比时期 Lapetus Ocean 盆地闭合导致海洋入侵，Barnett 页岩在今天的得克萨斯州中北部沉积。Ouachita 冲断带在晚宾夕法尼亚纪时期开始向现代北得克萨斯州地区推进。南美板块下沉至北美板块下部导致冲断带出现。冲断带直接形成了 Ouachita 冲断带前部的前陆盆地。该盆地初期勘查将 Barnett 页岩热成熟归因于其埋藏史及与埋深相关的温度场。图 12. 1 给出了密西西比纪和宾夕法尼亚纪的地层柱状图。Barnett 页岩气藏开发目的层为下 Barnett 页岩，顶部海拔约为 6650ft(Givens et al. ,2004)。

12.3.2 数据处理

利用 Barnett 页岩气藏钻探的两口水平井测井数据(Sayers et al. ,2002)在缺失 P 波速度条件下测试人工智能算法预测孔隙压力的效率和效果。H01 井数据划分为两个深度区间，第一个深度区间为 6650 ~ 7500ft，该区间数据用于模型训练(图 12. 2)，第二个深度区间为 7500 ~ 8180ft，该区间数据用于模型验证(图 12. 3)。通过模糊逻辑模型预测的孔隙压力与 Eaton 模型计算的孔隙压力进行了对比(图 12. 4 和图 12. 5)。对比结果验证了所提出的模糊逻辑模型预测孔隙压力的有效性。

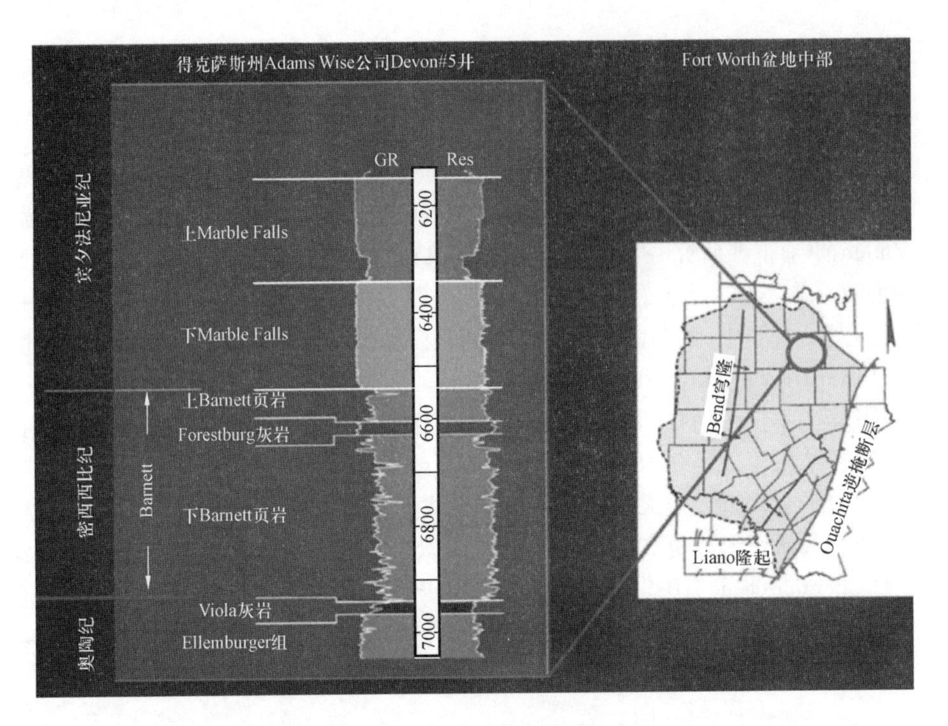

图 12.1 密西西比和宾夕法尼亚时期地层柱状图(Sayers et al.,2006)

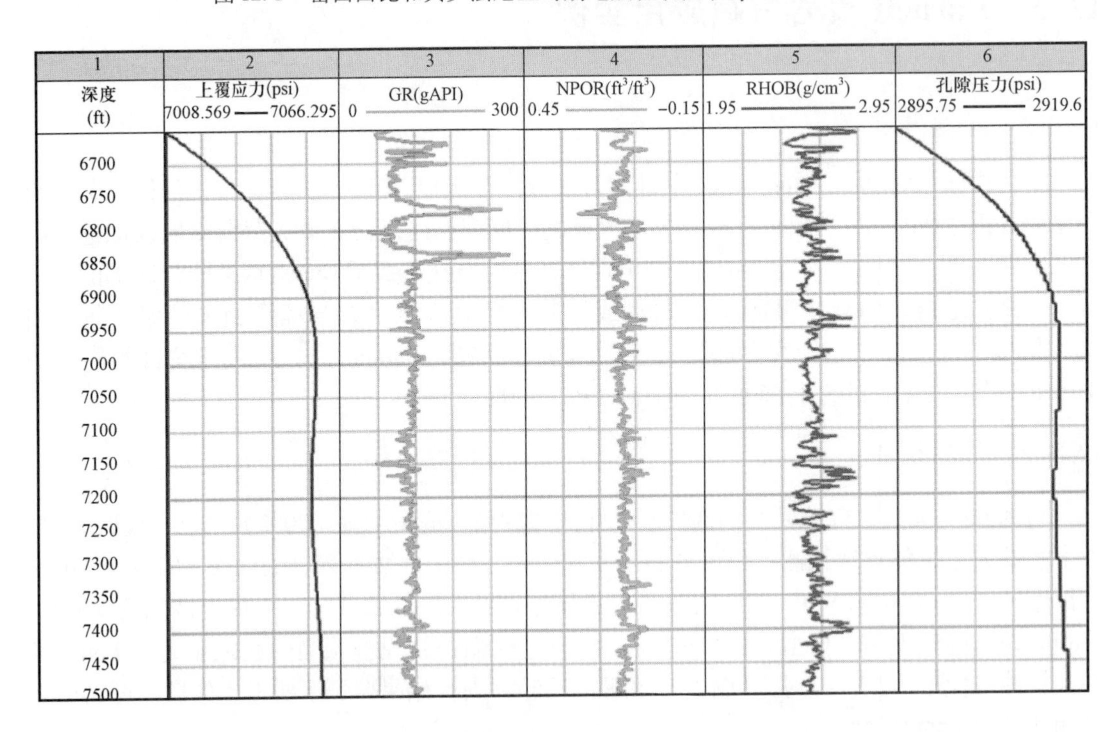

图 12.2 1 号井 6650~7500ft 深度区间测井曲线

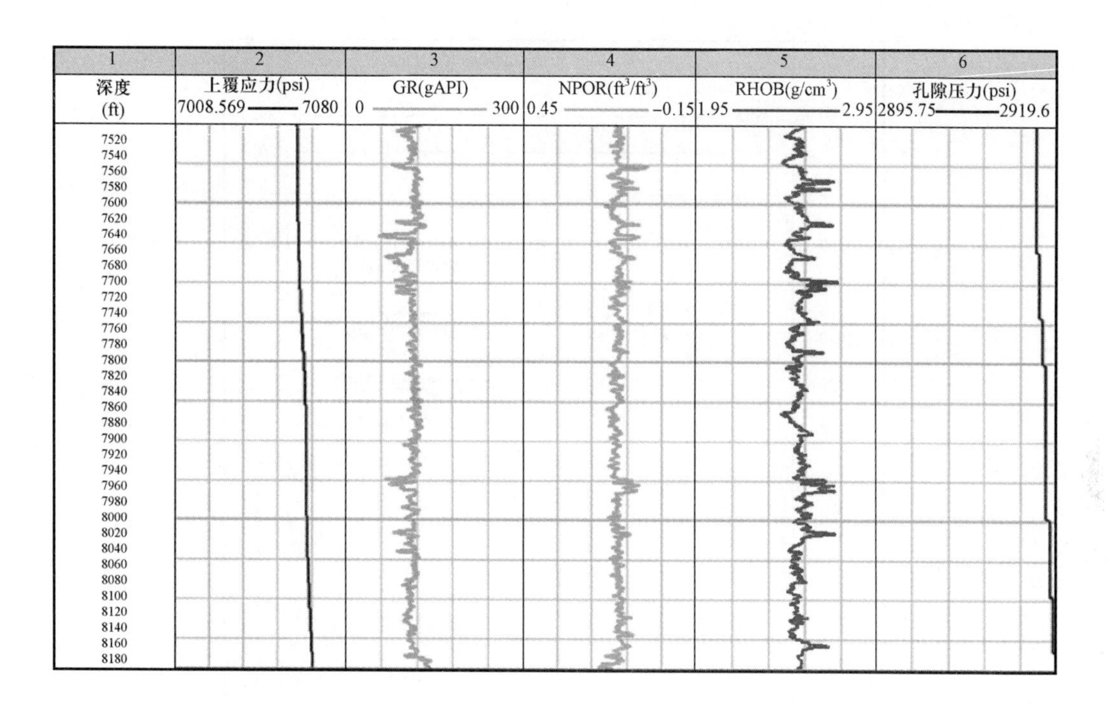

图 12.3　H01 井 7500～8180ft 深度区间测井曲线

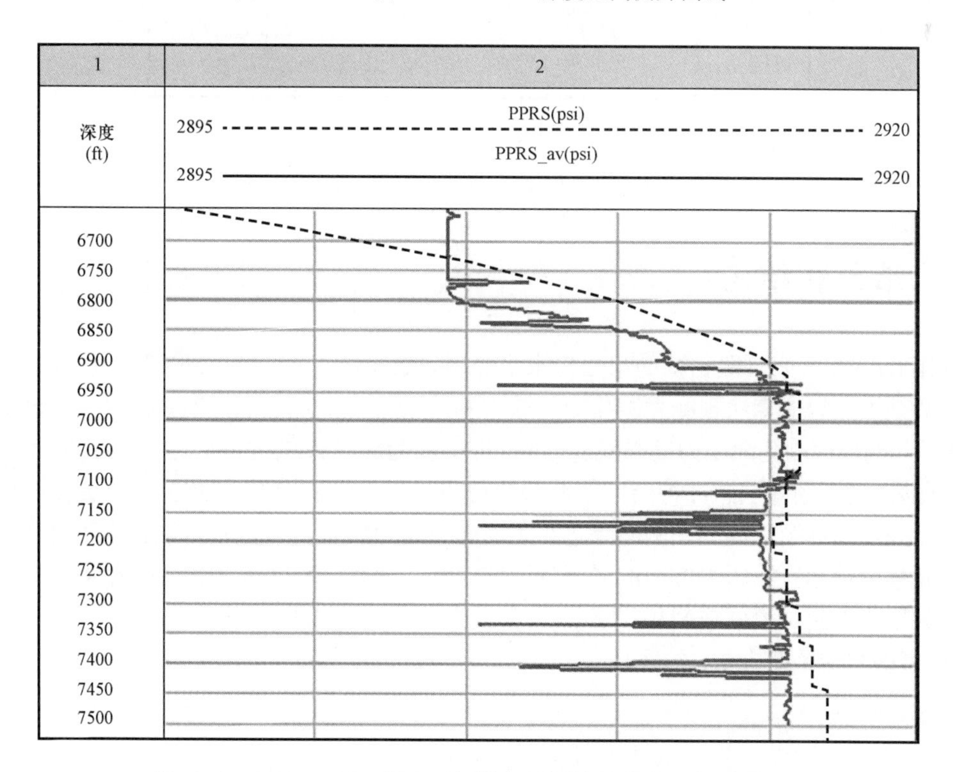

图 12.4　6650～7500ft 深度区间模糊逻辑模型孔隙压力(实线)和 Eaton 模型孔隙压力(虚线)结果对比图

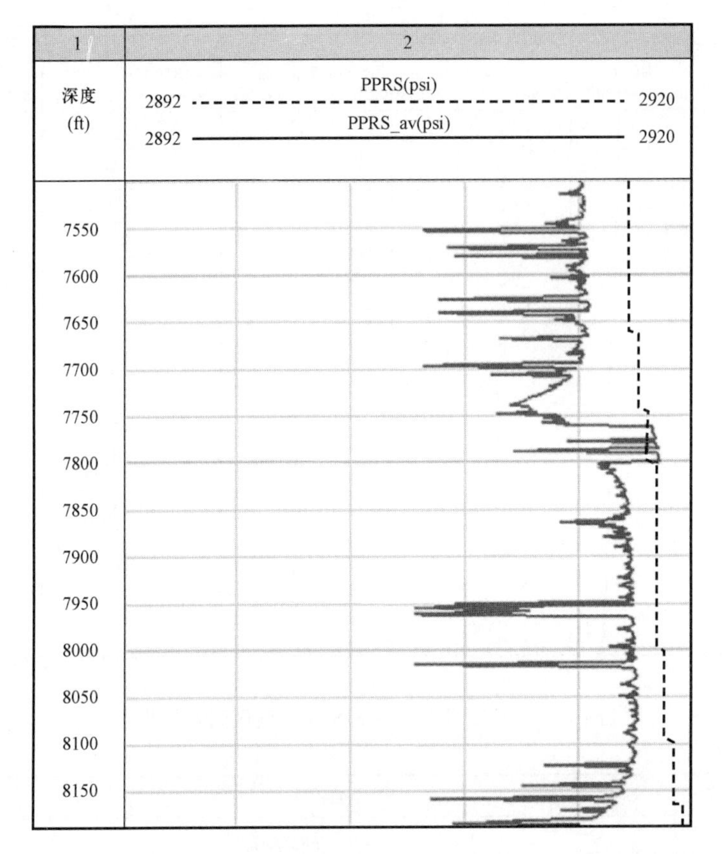

图 12.5 7500~8180ft 深度区间模糊逻辑模型孔隙压力(实线)和 Eaton 模型孔隙压力(虚线)结果对比图

12.4 结果和结论

利用 Barnett 页岩气藏钻探的第二口水平井测井数据(Sayers et al.,2002)在缺失 P 波速度条件下测试人工智能算法预测孔隙压力的效率和效果(图 12.6)。图 12.7 给出了模糊逻辑模型和 Eaton 模型预测孔隙压力结果对比,这也进一步验证了模糊逻辑模型预测孔隙压力的有效性。此外,还利用多层感知神经网络算法执行了相同的预测过程。将基于多层神经网络算法预测结果与模糊逻辑模型预测结果进行了对比分析,也进一步验证了多层神经网络算法在基于测井数据预测孔隙压力方面的局限性(Doghmane et al.,2022)。因此,推荐将整个过程用于大型数据集以测试模糊逻辑模型预测孔隙压力的效率。根据前述工作流可实现一种替代 Eaton 模型的智能预测方法。

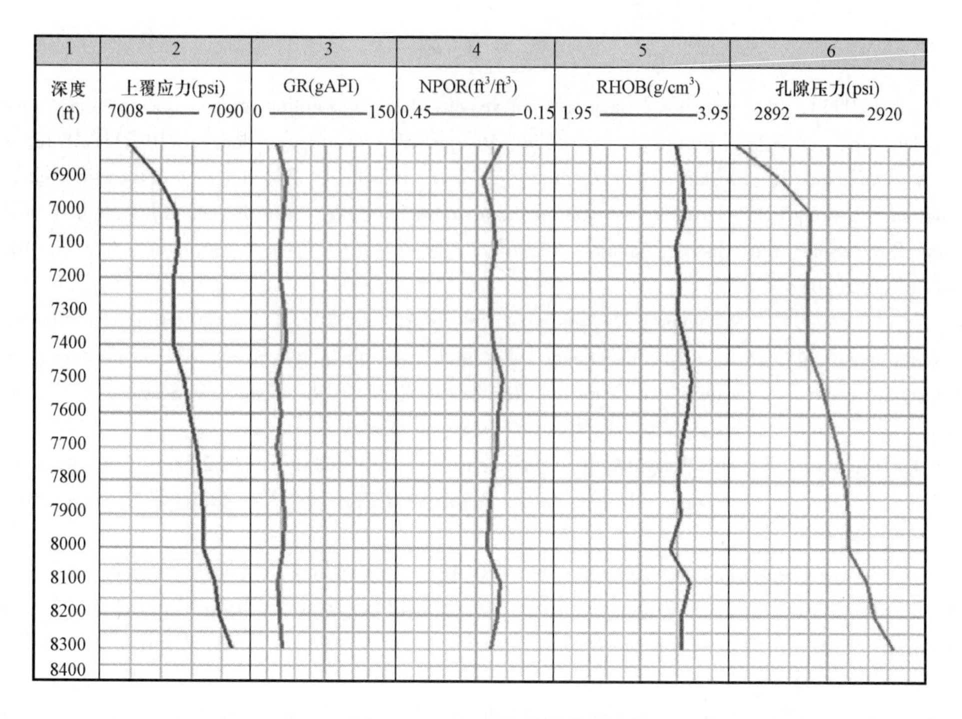

图 12.6　H02 井测井曲线

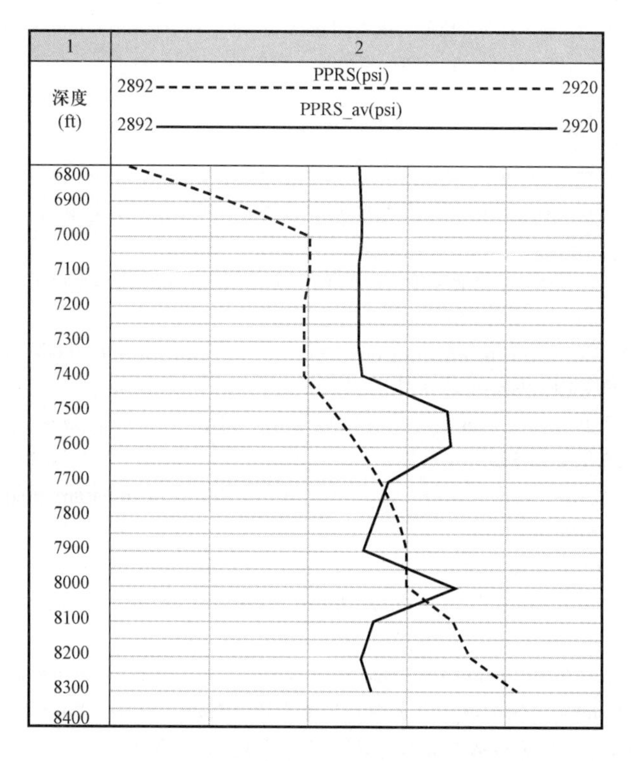

图 12.7　H02 井模糊逻辑模型孔隙压力(实线)和
Eaton 模型孔隙压力(虚线)结果对比

参考文献

Bowers, G. I. (1995). Pore pressure estimation from velocity data: accounting for pore pressure mechanisms besides undercompaction. *SPE Drilling and Completion*, 10, pp. 89 – 95. https://doi. org/10. 2118/27488 – PA.

Cherana, A., Aliouane, L., Doghmane, M. Z. et al. (2022a). Lithofacies discrimination of the Ordovician unconventional gas – bearing tight sandstone reservoirs using a subtractive fuzzy clustering algorithm applied on the well log data: Illizi Basin, the Algerian Sahara. *Journal of African Earth Sciences* 196. https://doi. org/10. 1016/j. jafrearsci. 2022. 104732.

Cherana, A., Aliouane, L., Doghmane, M., and Ouadfeul, S. A. (2022b). Fuzzy Clustering Algorithm for Lithofacies Classification of Ordovician Unconventional Tight Sand Reservoir from Well – Logs Data (Algerian Sahara). In*Advances in Geophysics, Tectonics and Petroleum Geosciences. CAJG* 2019. *Advances in Science, Technology & Innovation.* Cham: Springer. https://doi. org/10. 1007/978 – 3 – 03073026 – 0_64.

Den Boer, L. D.; Sayers, C. M.; Nagy, Z. R.; Hooyman, P. J. & Woodward, J. (2006). Pore pressure prediction using well – conditioned seismic velocities. *EAGE Publications*, 24, pp. 43 – 49. https:// doi. org/10. 3997/1365 – 2397. 2006012.

Doghmane, M. Z, Belahcene, B., and Kidouche, M. (2019). Application of improved artificial neural network algorithm in hydrocarbons' reservoir evaluation. *Proc. International conference in Artificial Intelligence in Renewable Energetic Systems ICAIRES* 2018: *Renewable Energy for Smart and Sustainable Cities*, Algeria (24 – 26 November 2019), pp. 129 – 138.

Doghmane, M. Z., Ouadfeul, S. A., Benaissa, Z., Eladj, S. (2022). Classification ofordovician tight reservoir facies in algeria by using neuro – fuzzy algorithm. In: Hatti, M. (eds) *Artificial Intelligence and Heuristics for Smart Energy Efficiency in Smart Cities. IC – AIRES* 2021. Lecture Notes in Networks and Systems, vol 361. Springer, Cham. https://doi. org/10. 1007/978 – 3 – 030 – 92038 – 8_91.

Doyen, P. M. (2007). Seismic reservoir characterization an earth modelling perspective. *EAGE Publications.* https://doi. org/10. 3997/9789462820234.

Eaton, B. A. (1975). The equation for geopressure prediction from well logs. *Paper presented at the Fall Meeting of the Society of Petroleum Engineers of AIME*, Dallas, Texas (September 1975). https:// doi. org/10. 2118/5544 – MS.

Givens, Z. and Stewardt, D. (2004). The Barnett shale: not so simple after all. *Publications – West Texas Geological Society* 4: 187.

Huffman, A. R. (2002). The future of pressure prediction using geophysical methods, AAPG Special Volumes, AAPG Memoir 76, Chapter 19, Pages 217 – 233.

Sayers, C. (2006). Predrill pore – pressure prediction using seismic data. *Geophysics* 67 (4): 1286 – 1292. https://doi. org/10. 1190/1. 1500391.

Sayers, C. M., Johnson, G. M., and Denyer, G. (2002). Predrill pore pressure prediction using seismic data. *Geophysics* 67: 1286 – 1292.

Colin M. Sayers, Lennert D. den Boer, Zsolt R. Nagy, Patrick J. Hooyman; Well – constrained seismic estimation of pore pressure with uncertainty. *The Leading Edge* 2006; 25 (12): 1524 – 1526. https://doi. org/10. 1190/1. 2405338.

Terzaghi, R. A. D. (1940). Compaction of lime mud as a cause of secondary structure. *Journal of Sedimentary Research* 10 (2): 78 – 90. https://doi. org/10. 1306/D426908F – 2B26 – 11D7 – 8648000102C1865D.

Zadeh, L. A. (1965). Fuzzy sets. *Information and Control* 8 (3): 338 – 353.

Zadeh, L. A. (1996). *Fuzzy Sets, Fuzzy Logic, Fuzzy Systems.* World Scientific Press.

第13章 基于测井和隐权神经网络方法的页岩气藏岩相分类

——以 Barnett 页岩气藏为例

Mohamed Zinelabidine Doghmane[1] Sid – Ali Ouadfeul[2] Leila Aliouane[3]

(1. Department of Geophysics, FSTGAT, University of Science and Technology Houari Boumediene, Algiers, Algeria; 2. Algerian Petroleum Institute, Sonatrach, Boumerdes, Algeria; 3. LABOPHYT, Faculty of Hydrocarbons and Chemistry, University M'hamed Bougara of Boumerdes, Boumerdes, Algeria)

13.1 引言

地质学家和岩石物理学家利用已有知识对测井数据进行岩性解释。尽管测井解释中利用了岩石物理计算公式,但多数解释仍依赖于定性视觉数据。测井解释人员根据曲线形式识别偏转,并根据偏转如何相互影响进行结果解释。新井测井解释时,解释人员以岩性等系列概念模型为参考。然而,该策略通常以识别曲线形状为基础,利用测井曲线的合集来解释新井测井曲线的岩性,通常以定性方式用于地层层序和储层描述。

基于测井数据的解释方法还可用于直径或水平井中页岩储层分类。由于页岩气藏具备低孔隙度和低渗透率等岩石物理特征,地球物理主要目的之一是寻找新的页岩气藏(Aliouane et al. ,2014a;Ouadfoul et al. ,2015)。通常岩石物理学家在页岩地层中寻找甜点去或具有优质地球化学和地质力学特征的层段(Aliouane et al. ,2014a)。在地质力学特征方面寻找具有高杨氏模量和低泊松比的区域。地质学中对岩石基质的描述应含有高含量石英和低含量黏土。钻井施工前进行岩相识别是实现页岩气有限勘探的必要条件,岩性识别能够节约时间并避免在塑性软地层中钻进(Glaser et al. ,2013)。

快速发展的人工智能和模式识别应用包括建立计算机辅助解释系统和模式识别技术应用。模式识别技术包括特征提取、数据聚类和归类等,模式识别技术能够改进页岩储层测井数据的岩相分类解释结果。例如,Ouadfeul 等在 2012 年提出了将多层感知算法和自组织映射神经网络算法相结合用于测井解释。Maiti 等在 2007 年提出利用 Germann KTB 钻井数据进行岩相分类和建模的神经网络模型。Kraipeerapun 等在 2007 年在文章中描述了利用神经网络、区间中性集和不确定性量化对测井数据进行岩相分类。Alabama 州 Escambia 县的 Appleton 油田利用多重自适应共振理论神经网络模型和群体决策专家系统进行岩相分类。Zhao 等(2014)建议采用近端支持向量机算法对 Barnett 页岩进行岩相分类。结果表明,近端支持向量机模型在地震和测井资料解释中都显示出很好的效果。Wang 等(2014)利用支持向量机分类算法对 Appalachian 盆地 Marcellus 富有机质页岩进行了岩相分类,研究结果也验证了近端支持向量机算法在灰岩和页岩中二元分类的可靠性。

本章利用人工神经网络算法预测了下 Barnett 页岩岩相。首先介绍一些多层人工神经网络和隐权优化训练技术。然后给出了 Barnett 页岩岩石物理参数应用的记录,其中包括地质背景等。通过神经网络模型实现岩相分类,并给出了相应的结果分析和结论,也进一步验证了人工智能方法在储层描述中的有效性。

13.2 人工神经网络算法

人工神经网络算法是地球物理学中最为广泛应用的智能算法之一(Aliouane et al. ,2011、2012;Ouadfeul et al. ,2016a,2016b,2017)。人工神经网络算法由相互连接的单元或神经元组成,每对链接的神经元通过连接权重实现相互关联。

模式识别、信号处理、遥感和地球科学仅是多层神经网络算法被广泛应用的几个领域(Aliouane et al. ,2014b;Aliouane et al. ,2013a)。多层神经网络是人工神经网络算法中的重要算法之一,也称为通用逼近器(Sifaoui et al. ,2008)。多层神经网络通常由一个输入层、一个输出层和多个隐藏层组成。目标是找到最佳的学习方法,以产生尽可能接近现实的结果。文献中提供了许多学习算法。

共轭梯度和隐权优化方法归类于学习算法,推荐读者阅读 Riedmiller 的论文以获得关于这些学习算法的更多信息(1994)。

13.3 隐权优化神经网络算法

反向传播技术通常用于多层神经网络模型训练,求解线性方程以确定输出权重,并利用方向传播来确定隐藏权重(输入到隐藏单元的权重)。然而,通过反向传播更新隐藏权重的结果并不理想(Gopalakrishnan et al. ,1993;Chen et al. ,1999)。该研究中改进了通过最小化误差函数确定每个隐藏单元权重的方式,并将该方法成为 HWO 方法(Gopalakrishnan et al. ,1993;Chen et al. ,1999)。HWO 算法效率由于反向传播算法(Sheikhan et al. ,2009)。

13.4 Barnett 页岩气藏地质背景

Fort Worth 盆地发育一套特殊油气储层成为 Barnett 页岩。盆地被 Quachita 冲断带和Llano 前寒武纪隆起环绕,该盆地沿构造板块边缘发育形成(图 13.1a)。Fort Worth 盆地为非对称盆地,冲断带前缘临近轴线为最大埋深区域。盆地周边岛弧系统为 Barnett 页岩形成提供了一些粗粒沉积物。页岩地层内发育大量天然裂缝,尤其在石灰岩夹层中更为发育(Aguilar et al. ,2014)。与 Quachita 造山运动相关的构造运动造就了这些板块(Bruner et al. ,2011)。下覆 Ellenberger 岩溶地层导致 Barnett 页岩局部沉降、发育高角度断层和岩溶烟囱。这些岩溶地层破

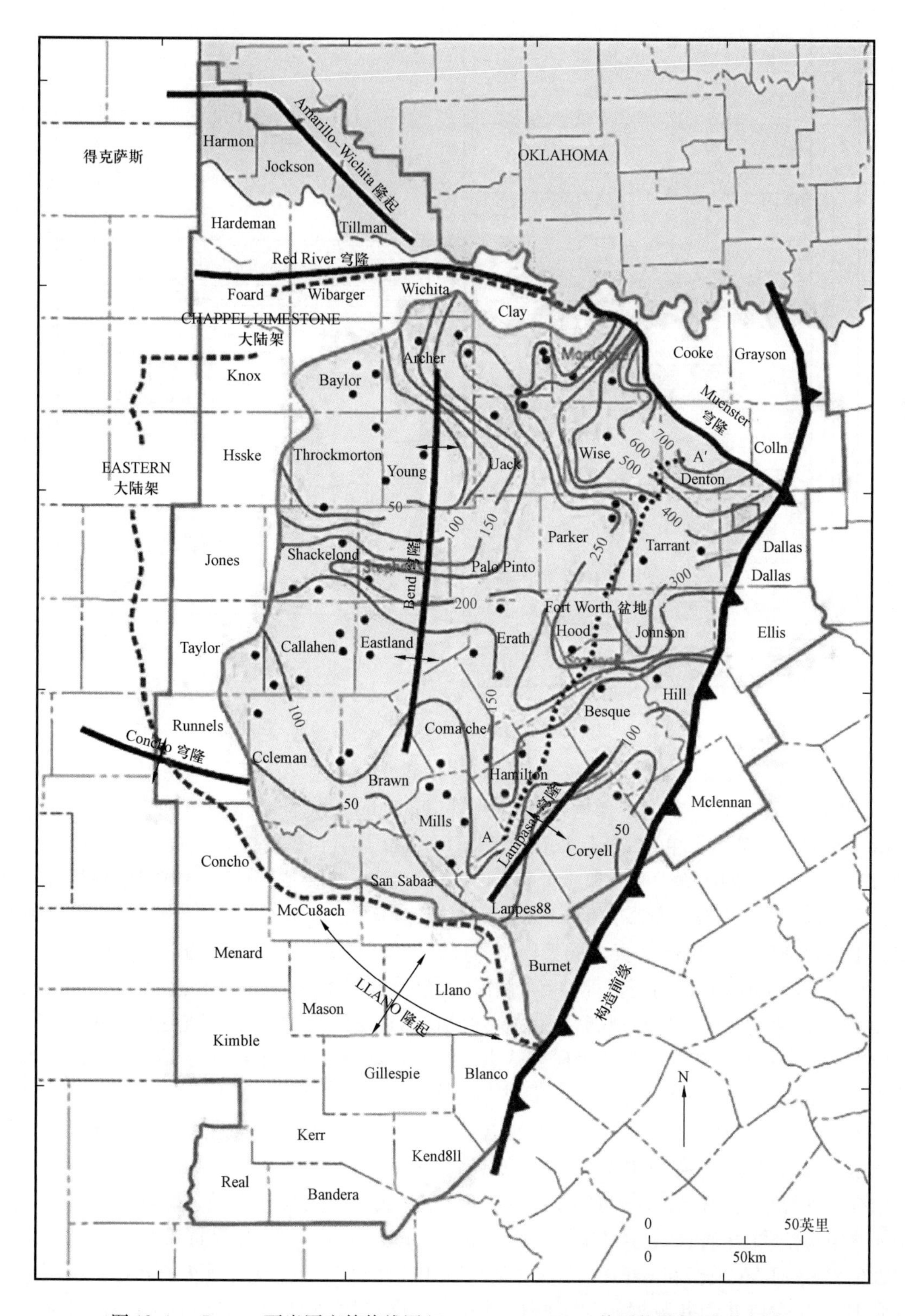

图 13.1a　Barnett 页岩厚度等值线图(Bruner et al. ,2011;美国能源部;公共领域)

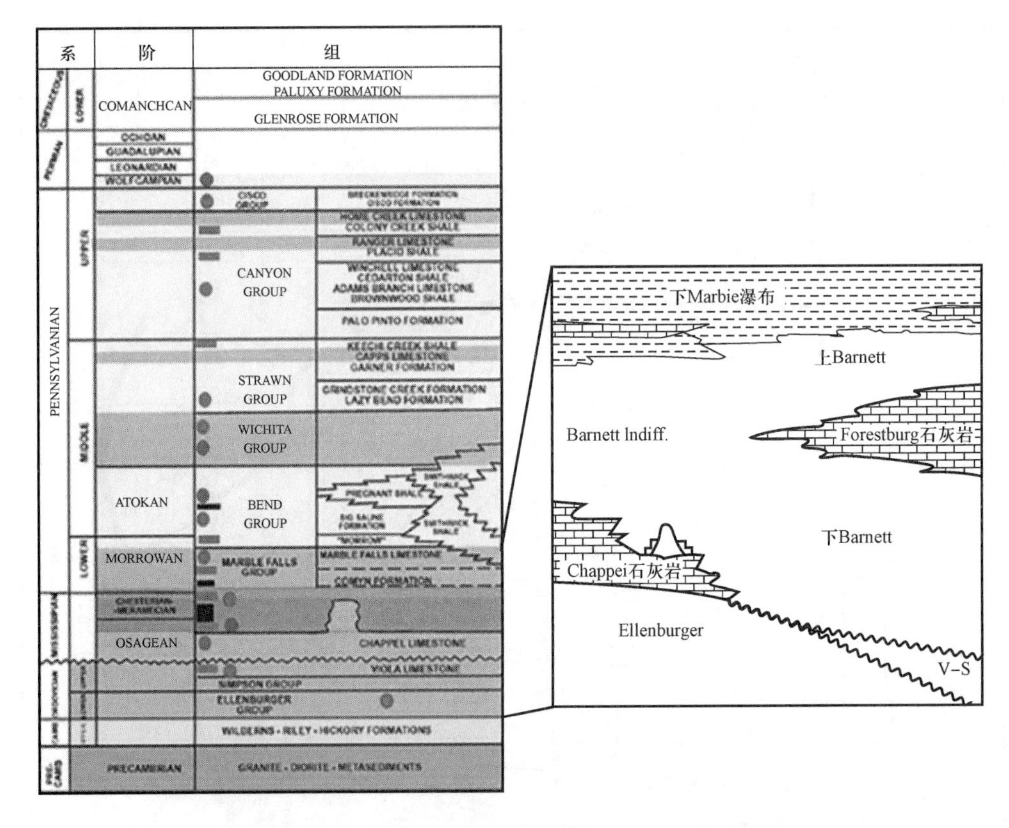

图 13.1b　Barnett 页岩地层图(改自 Loucks et al.,2007)

裂对研究区域内 Barnett 页岩影响较小(Loucks et al.,2007)。由于 Viola 灰岩沿东北方向侵蚀,下 Barnett 页岩沉积在该不整合面上。此外,Forestburg 灰岩向东南方向变薄并尖灭,将 Barnett 页岩划分为两个单元,即上 Barnett 和下 Barnett 页岩(图 13.1b)。根据 Roderick Perez (2013)对图 13.2 的矿物学和有机碳分析,下 Barnett 页岩储层品质较高。根据矿物组分析结果,下 Barnett 页岩石英含量高,有利于水力压裂措施。尽管方解石含量较低,黏土含量保持稳定。上述特征使得下 Barnett 页岩成为典型的页岩气藏(Jarvie et al.,2007)。

Wang 和 Carr(2012)利用多种神经网络分类模型预测了 Appalachian 盆地 Marcellus 页岩岩相,预测结果为基于大量常规测井数据构建沉积盆地三维页岩岩相模型奠定了基础。利用神经网络算法进行岩相分类已成为研究热点。三维页岩岩相模型结合储层压力、成熟度和天然裂缝系统有助于水平井钻井和水力压裂方案设计。

地质学家一直在致力于寻找新式和更有效的方法分析大量油井数据,这也促进了测井解释数学方法的研究。多数测井分析方法难以集成多种解释方法,主要面临的挑战是获取和处理数据。计算机技术持续进步将实现高速处理、交互式视觉效果和大量数据存储。岩性模型中矿物组分含量可通过数学计算获取(Crain et al.,2016)。在该背景条件下,Quirein 等(1986)利用 ELAN 模型和 Barnett 页岩气藏两口井测井岩石物理数据预测了岩相。利用 H01 井和 H02 井两口井测井数据构建了多层感知神经网络模型,其中 H02 井数据用于初始化,H01 井数据模型训练。图 13.3 和图 13.4 给出了两口井的原始测井数据记录。图 13.5 给出了构建的多层感知神经网络模型的三个层，其中输入层有五个神经元，对应五类测井数据，隐藏层和输出层由两个神经元组成，对应 VCL 和 VQUA。多层感知神经网络模型利用 HWO 算法进行训练，通过监督学习输出 VCL 和 VQUA。通过 ELAN 模型计算的 H01 井黏土和石英体积如图 13.6 所示。

连接传播过程中，连接的权重将根据输出结果从训练阶段获取（图 13.7）。图 13.7 给出了预测输出和期望输出的对比图。这张图表可以明显看出训练结果非常理想，输出均方根为 0.025。

图 13.8a 和图 13.8b 给出了基于 ELAN 模型和神经网络模型预测的黏土体积结果对比。两种算法预测的黏土体积结果均方根为 0.075。

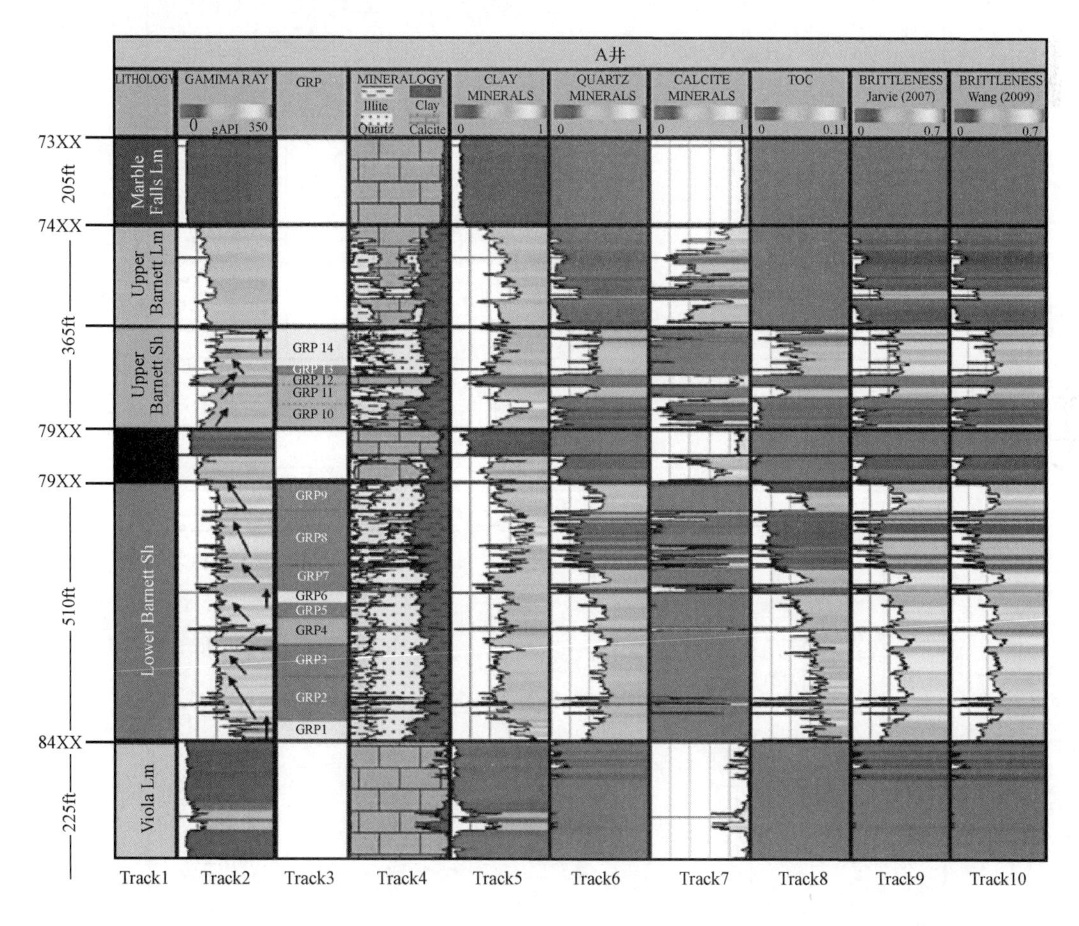

图 13.2 密西西比纪地层柱状图、Barnett 页岩矿物组成及 TOC 含量

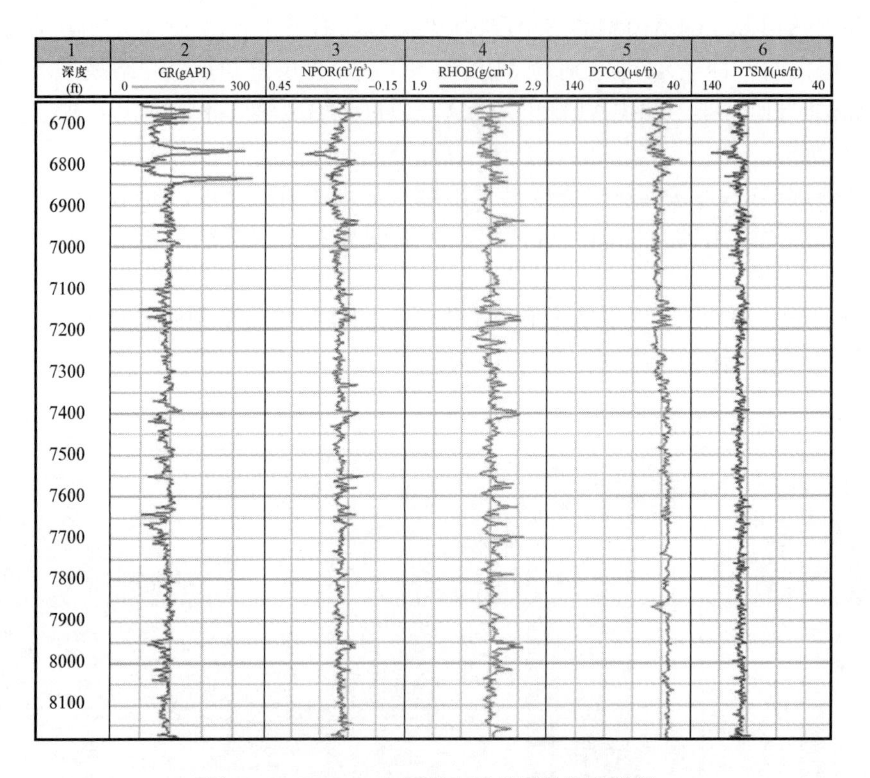

图 13.3　下 Barnett 页岩水平井原始测井数据

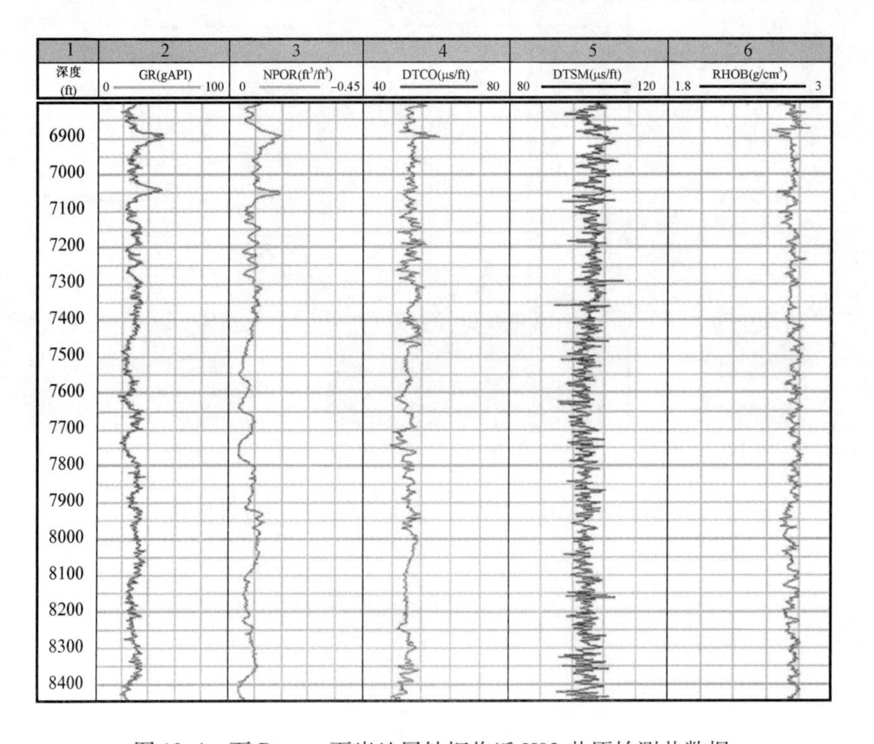

图 13.4　下 Barnett 页岩地层钻探临近 H02 井原始测井数据

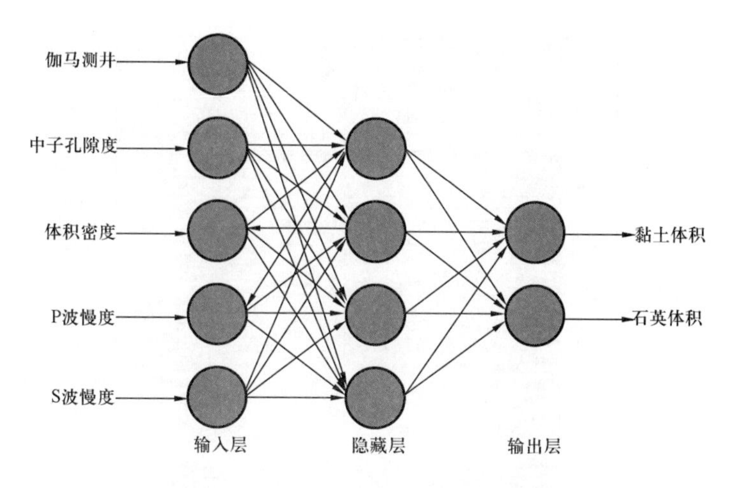

图 13.5　多层神经网络算法结构示意图

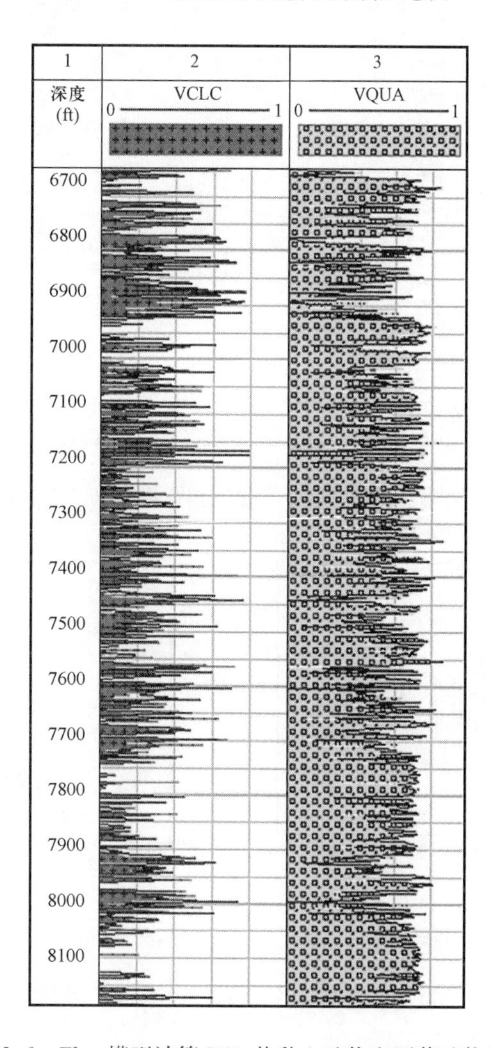

图 13.6　Elan 模型计算 H01 井黏土矿物和石英矿物体积

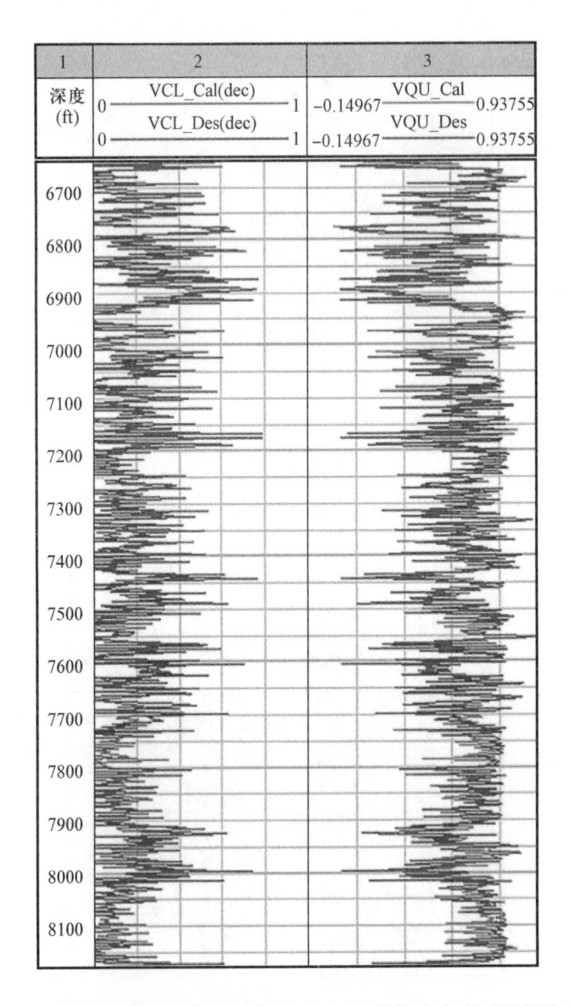

图 13.7 多层神经网络模型计算黏土和石英体积与期望结果对比图

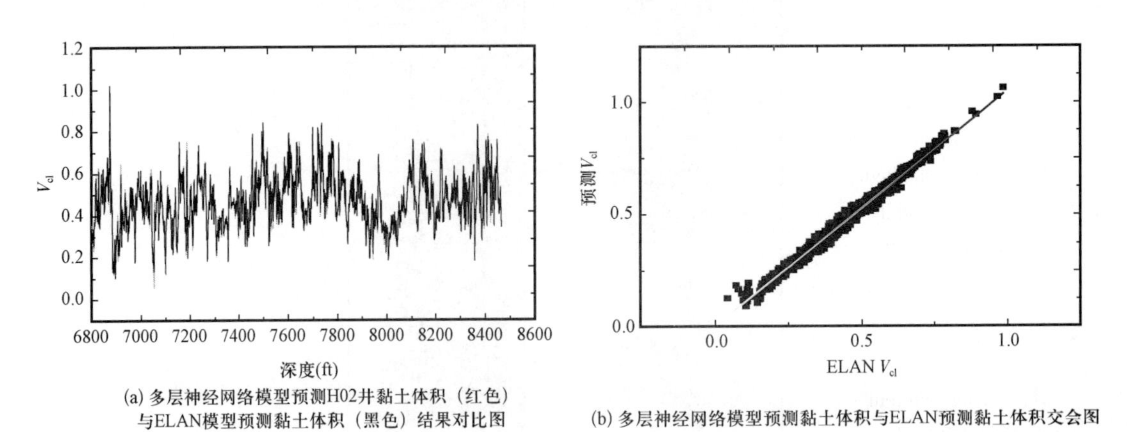

(a) 多层神经网络模型预测H02井黏土体积（红色）与ELAN模型预测黏土体积（黑色）结果对比图

(b) 多层神经网络模型预测黏土体积与ELAN预测黏土体积交会图

图 13.8 ELAN 模型和神经网络模型预测黏土含量结果对比

13.5 结果和结论

图 13.8b 给出了基于 ELAN 模型和神经网络模型预测的黏土体积交会图,表明多层神经网络模型能够准确预测地层黏土含量。两种模型预测黏土体积的相关系数为 0.94。图 13.8 给出了两种模型预测黏土含量结果的对比,预测结果证实了多层感知神经网络预测黏土含量的有效性,黏土含量也是页岩气藏甜点区优选的关键因素。基础分析中,神经网络等人工智能工具能够提供有效的页岩油气田信息。对于同一口井,图 13.9 给出了预测石英体积与深度的关系。

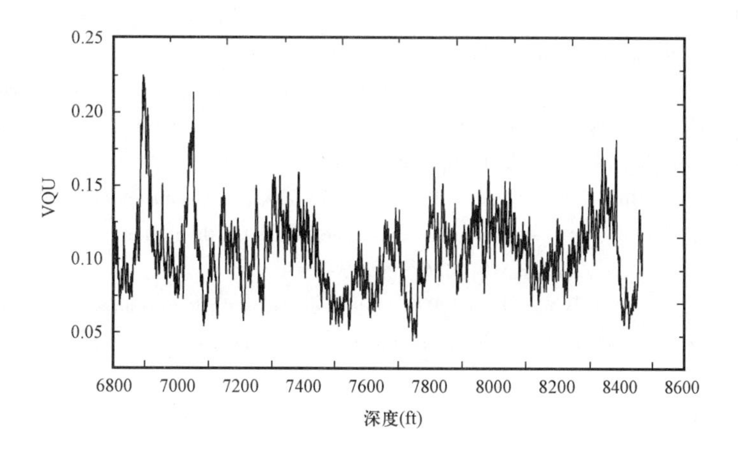

图 13.9 多层神经网络模型预测 H02 井石英体积

预测 V_{cl}和 V_{qua}结果证实了多层感知神经网络与 HWO 方法联合应用的有效性。

参考文献

Aguilar, M. and Verma, S. (2014). TOC and fracture characterization of the Barnett Shale with predicted gamma ray and density porosity volumes. *SEG Technical Program Expanded Abstracts* 2662 - 2666. https://doi.org/10.1190/segam2014 - 1646.1.

Aliouane, L. and Ouadfeul, S. (2014a). Sweet spots discrimination in shale gas reservoirs using seismic and well - logs data. A case study from the Worth basin in the Barnett shale. *Energy Procedia* 59: 22 - 27.

Aliouane, L. and Ouadfeul, S. (2014b). *Permeability Prediction Using Artificial Neural, Network. A Comparative Study Between Back propagation and Levenberg - Marquardt*, Lecture Notes in Earth System Sciences, 653 - 657. Springer.

Aliouane, L. Ouadfeul, S., Djarfour, N., and Boudella, A., fevrier (2013a). Lithofacies prediction from well logs data using different neural network models. *The International Conference on Pattern Recognition: Applications and Methods*, Barcelona, Spain (15 - 18 February 2013).

Aliouane, L., Ouadfeul, S., and Boudella, A. (2013b). A modified hidden weight optimization algorithm based neural network model for permeability prediction from well - logs data. *Lectures Notes on Computer Sciences - Springer* 8226: 498 - 502.

Aliouane, L., Ouadfeul, S., Djarfour, N., Boudella, A., 2012, *Petrophysical Parameters Estimation from Well – Logs Data Using Multilayer Perceptron and Radial Basis Function Neural Networks*, Lecture Notes in Computer Science Volume 7667, pp 730 – 736, Springer. https://doi.org/10.1007/978 – 3642 – 34500 – 5_86.

Aliouane, L., Ouadfeul, S., Boudella, A., 2011, Fractal analysis based on the continuous wavelet transform and lithofacies classification from well – logs data using the self – organizing map neural network, *Arabian Journal of geosciences*. https://doi.org/10.1007/s12517 – 011 – 0459 – 4.

Bruner, K. – R. and Smosna, R. (2011). A Comparative Study of the Mississippian Barnett Shale, Fort Worth Basin, and Devonian Marcellus Shale, Appalachian Basin, DOE/NETL – 2011/1478.

Crain, E. R. and Aharipour, H. (2016). Characterization of Tight and Shale Unconventional Reservoirs from Logs, SPE – 180961 – MS.

Chen, H. H., Manry, M. T., and Chandrasekaran, H. (1999). A neural network training algorithm utilizing multiple sets of linear equations. *Neurocomputing*, Elsevier 25: 55 – 72.

Glaser, K. S., Miller, C. – K., Johnson, G. M., and Toelle, B. – E. (2013). Seeking the sweet spot: reservoir and completion quality in organic shales. *Oilfield Review* 25 (4): 16 – 29.

Gopalakrishnan, A., Jiang, X., Chen, M. – S. et al. (1993) Constructive proof of efficient pattern storage in the multilayer perceptron. *Conf. Record of the 27th Annual Asilomar Conf. on Signals, Systems, and Computers*, Pacific Grove (1 – 3 November 1993), vol. 1, pp. 386 – 390.

Jarvie, D. M., Hill, R. J., Ruble, T. E., and Pollastro, R. M. (2007). Unconventional shale – gas systems: the Mississippian Barnett Shale of north – central Texas as one model for thermogenic shale gas assessment. *AAPG Bulletin* 91: 475 – 499. https://doi.org/10.1306/12190606068.

Kraipeerapun, P., Fung, C., and Wong, K. (2007). Lithofacies classification from well log data using neural networks, interval neutrosophic sets and quantification of uncertainty. *International Journal of Applied Mathematics and Computer Sciences* 3 (1): 28 – 33.

Loucks, R. – G., and. Ruppel, S. – C., 2007, Mississippian Barnett shale: lithofacies and depositional setting of a deep – water shale – gas succession in the Fort Worth Basin, Texas, *AAPG Buletin*, v. 91 no. 4 p. 579 – 601.

Ouadfeul, S. and Aliouane, L. (2017). *Random Noise Attenuation from GPR Data Using Radial Basis Function Neural Network*. SEG Digital library.

Ouadfeul, S. and Aliouane, L. (2016a). Total organic carbon estimation in shale – gas reservoirs using seismic genetic inversion with an example from the Barnett Shale. *The Leading Edge*. https://doi.org/10.1190/tle35090936.1.

Ouadfeul, S. and Aliouane, L. (2016b). Shale gas lithofacies classification and gas content prediction using artificial neural network. 2016, *ECMOR XV – 15th European Conference on the Mathematics of Oil Recovery*, Amsterdam, Netherlands (29 August to 1 September 2016). EAGE Earth doc.

Ouadfeul, S. and Aliouane, L. (2015). Total organic carbon prediction in shale gas reservoirs from well logs data using the multilayer perceptron neural network with Levenberg Marquardt training algorithm: application to Barnett shale. *Arabian Journal for Science and Engineering* 40: 3345 – 3349. springer. https://doi.org/10.1007/s13369 – 015 – 1685 – y.

Ouadfeul, S. and Aliouane, L. (2012). *Lithofacies Classification Using the Multilayer Perceptron and the Self – organizing Neural Networks*, *Neural Information Processing*, Lecture Notes in Computer Science, vol. 7667 of the series, 737 – 744. SpringerVerlag.

Perez, R. (2013). Brittleness estimation from seismic measurements in unconventional reservoirs: Application to the Barnett Shale. Ph. D. Dissertation. The University of Oklahoma.

Quirein, J., Kimminau, S., La Vigne, J. et al. (1986). A coherent framework for developing and applying multiple formation evaluation models. *Trans.* 21*th SPWLA Annual Logging Symposium*, Houston, Texas (9 - 13June 1986).

Riedmiller, M. (1994). Advanced supervised learning in multi - layer perceptrons - from backpropagation to adaptive learning algorithms. *Journal of Computer Standards and Interfaces* 16: 265 - 278.

Sheikhan, M. and Sha'bani, A. A. (2009). Fast neural intrusion detection system based on hidden weight optimization algorithm and feature selection. *World Applied Sciences Journal* 7 (Special Issue of Computer & IT): 45 - 53.

Sifaoui, A., Abdelkrim, A., and Benrejeb, M. (2008). On the use of neural network as universal approximator. *International Journal of Sciences and Techniques of Automatic control & computer engineering*, *IJ - STA* 2 (1): 386 - 399.

Wang G., Carr, T. R., 2012, Marcellus shale lithofacies prediction by multiclass neural network classification in theappalachian basin, *Math Geosci.* https://doi.org/10.1007/s11004 - 012 - 9421 - 6.

Wang, G., Carr, T. R., Ju, Y., and Li, C. (2014). Identifying organic - rich Marcellus Shale lithofacies by support vector machine classifier in the Appalachian basin. *Computers & Geosciences* 64: 52 - 60.

Zhao, T., Marfurt, K. J., Zhou, H., 2014, Lithofacies classification in Barnett Shale using proximal support vector machines, *SEG Technical Program Expanded Abstracts* 2014: pp. 1491 - 1495. https://doi.org/10.1190/segam2014 - 1210.1.

第 14 章　利用孔隙有效压缩性定量评价低电阻层

Mohamed Zinelabidine Doghmane[1]　**Sid – Ali Ouadfeul**[2]　**Leila Aliouane**[3]

(1. Department of Geophysics, FSTGAT, University of Science and Technology Houari Boumediene, Algiers, Algeria; 2. Algerian Petroleum Institute, Sonatrach, Boumerdes, Algeria; 3. LABOPHYT, Faculty of Hydrocarbons and Chemistry, University M'hamed Bougara of Boumerdes, Boumerdes, Algeria)

14.1　引言

油气是多数国家的主要能源来源,应用新技术和新方法提高老油气田采收率和勘探发现新油气田至关重要。本章研究主要目的是增加低电阻储层产量并降低勘探的不确定性(Davudov et al. ,2017),研究成果将直接影响国家石油公司油气开采活动,可在未来提供新的能源资源。

14.2　低电阻层

电阻率测井是常规储层主要记录之一,主要根据油气烃类化合物和水之间明显的电阻差异进行储层识别。如果储层存在低电阻率低对比度区域,测井将无法识别这些区域,同时也无法给出水的流动性(Doghmane et al. ,2018)。近年来,受技术限制忽略了很多具备高束缚水饱和度的潜在油气产区。因此,识别低电阻率和低对比度储层,确定该类储层孔隙度、渗透率和油气饱和度等关键参数(图 14.1),进而计算储量并开采是该类储层评价面临的主要问题,全

图 14.1　微观尺度岩性因子

球很多国家发育该类低电阻储层。阿尔及利亚(Davudov et al. ,2018;Doghmane et al. ,2019) Berkine 盆地同样也发育低电阻率储层,只是近期才实现勘探发现(Eladj et al. ,2020)。前期已有大量研究完善常规测井储量评价,然而多数方法都为经验性的(没有数字基础)难以进行概括。

14.3　含水饱和度评价

为了识别储层中的流体,必须引入新属性,其中之一便是储层有效压缩性(Suyang et al. , 2018)。根据储层有效压缩性能够粗略估算储层中天然气储量(天然气储量随着压缩性的增加而增加)。由于天然气为高压缩性流体,可根据这一属性来区分天然气和油藏(Eladj et al. , 2022a;2022b)。多孔高渗储层和多孔极低渗储层流体压力梯度预测一直是油气勘探的关键问题。油气开采作业前准确预测地层压力梯度能够大量节约钻井成本并降低风险。预测结果直接反映了利用地震反演属性(Zp 和 Zs)和其他属性(如 BIOT 系数、SKEMPTON 系数和胶结系数等)计算的孔隙压力梯度(Zimmerman et al. ,1986)。综合孔隙压力梯度和储层孔隙压缩性能够识别超压区和含生物气超压区。尽管超压区气体含量较低,却依然是钻井设备和作业的高风险点(Suyang et al. ,2018;Yuzheng et al. ,2017)。

14.4　讨论

如图 14.2 所示,根据岩石孔隙压缩性获取的岩石物理参数表明,存在具有潜在油气开采潜力的储层,这与常规测井解释结果相反(Brown et al. ,2012)。储层中重矿物导致低电阻现象。此外,图 14.3 给出的相关性证实了孔隙压力模型的准确性(Alexander,2020;Boualam et al. ,2020)。因此,孔隙度和含水饱和度解释结果更接近实际值,可利用随钻测试孔隙压力作为参考值。

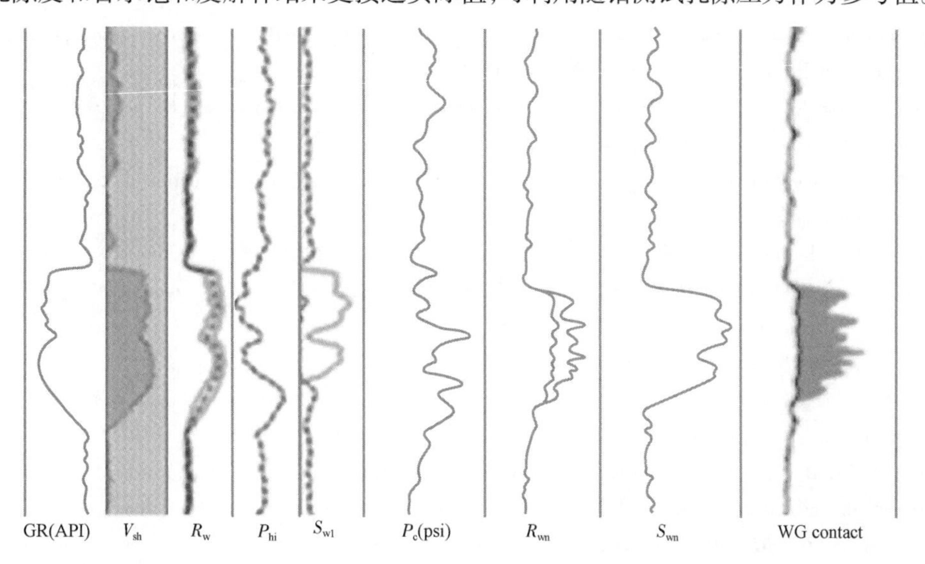

图 14.2　常规测井解释结果与考虑孔隙压缩性方法结果对比图

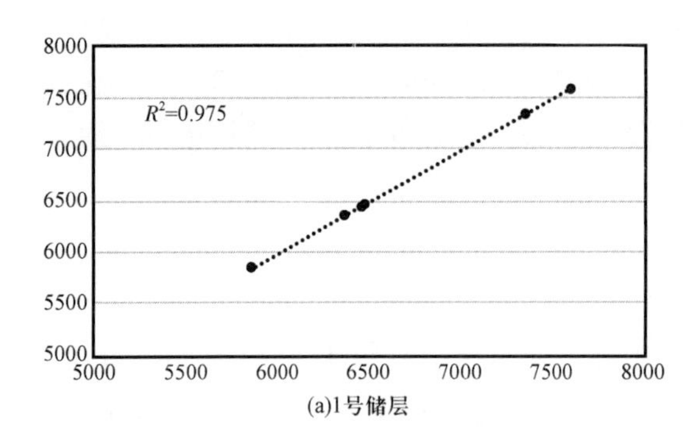

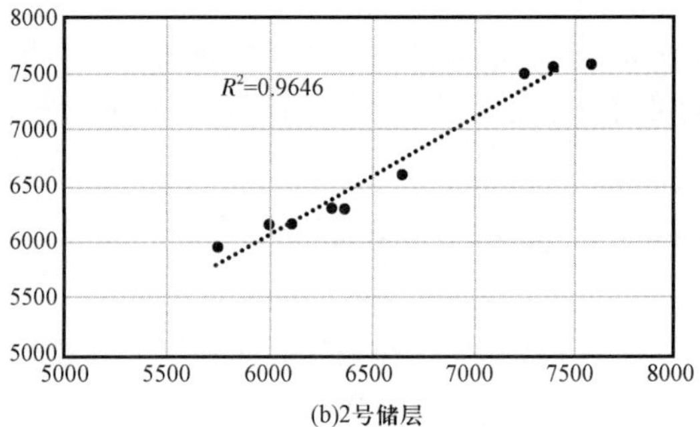

图 14.3 预测孔隙压力与测量孔隙压力相关性曲线

14.5 结论

研究结果表明,利用声波测井提取孔隙压缩性能够有效评价低电阻率低对比度储层,该方法不需要使用电阻率测井数据计算孔隙度和含水饱和度。该方法除声波测井数据外不需要额外的测井工具,具备经济和技术可行性。因此,推荐采用该方法重新评价目标盆地低电阻层以提高产能。

参 考 文 献

Alexander, Y. R. (2020). Effective fluid bulk modulus in the partially saturated rock and the amplitude dispersion effects. *Journal of Geophysical Research – Solid Earth* 125 (3): 1 –21.

Boualam, A., Rasouli, V., Dalkhaa, C., and Djezzar, S. (2020). Advanced petrophysical analysis and water saturation prediction in three forks, Williston basin. *The SPWLA 61st Annual Logging Symposium*, Virtual online Webinar, June 2020. https://doi.org/10.30632/SPWLA –5104.

Brown, R. J. S. and Korringa, J. (2012). On the dependence of the elastic properties of a porous rock on the compressibility of the pore fluid. *Geophysics* 40 (4): 608 –616.

Davudov, D. and Ghanbarnezhad, R. M. (2018). Impact of pore compressibility and connectivity loss on shale permeability. *International Journal of Coal Geology* 178: 98 –113.

Davudov, D., Ghanbarnezhad, R. M., Yuzheng, L., and Dalton, V. (2017). Investigation of shale pore compressibility impact on production with reservoir simulation. *SPE Unconventional Resources Conference* (15 –16 February). Calgary, Alberta, Canada, SPE –185059 –MS.

Doghmane, M. Z. and Belahcene, B. (2019): Design of new model (ANNSVM) compensator for saturation calculation based on logging curves for low resistivity phenomenon. *Conference proceeding*, *EAGE/ALNAFT Geoscience Workshop*, Algiers, Algeria (28 –29 January 2019). vol. 2019, p. 1 –5.

Doghmane, M. Z., Belahcene, B., and Kidouche, M. (2018). Application of improved artificial neural network algorithm in hydrocarbons' reservoir evaluation. *Proc. International conference in Artificial Intelligence in Renewable Energetic Systems ICAIRES* 2018: *Renewable Energy for Smart and Sustainable Cities*, Tipaza, Algeria (26 –28 November 2018), pp. 129 –138.

Eladj, S., Lounissi, T. K., and Doghmane, M. Z. (2020). Lithological characterization by simultaneous seismic inversion in algerian south eastern field. *Engineering, Technology & Applied Science Research* 10 (1): 5251 – 5258.

Eladj, S., Doghmane, M. Z., Lounissi, T. K. et al. (2022a). 3D Geomechanical model construction for wellbore stability analysis in algerian southeastern petroleum field. *Energies* 15: 7455. https://doi. org/10. 3390/en15207455.

Eladj, S., Lounissi, T. K., Doghmane, M. Z., and Djeddi, M. (2022b). Wellbore stability analysis based on 3D geo – mechanical model of an algerian southeastern field. *Advances in Geophysics, Tectonics and Petroleum Geosciences. CAJG* 2019. *Advances in Science, Technology & Innovation.* Cham: Springer. https://doi. org/10. 1007/978 – 3 – 030 – 73026 – 0_136.

Suyang, Z., Zhimin, D., Chuanliang, Y. et al. (2018). An analytical model for pore volume compressibility of reservoir rock. *Fuel* 232: 543 – 549.

Yuzheng, L., Ghanbarnezhad, R. M., and Davudov, D. (2017). Pore compressibility of shale formations. *SPE Journal* 22 (06): 1778 – 1789.

Zimmerman, R. W., Somerton, W. S., and King, M. S. (1986). Compressibility of porous rocks. *Journal of Geophysical Research* 91 (B12): 12765 – 12777.

第15章　利用岩石分类分析孔隙尺度对储层品质的影响

——以阿尔及利亚 El Hamra 石英为例

Mohamed Zinelabidine Doghmane[1]　Sid – Ali Ouadfeul[2]　Leila Aliouane[3]

(1. Department of Geophysics, FSTGAT, University of Science and Technology Houari Boumediene, Algiers, Algeria; 2. Algerian Petroleum Institute, Sonatrach, Boumerdes, Algeria; 3. LABOPHYT, Faculty of Hydrocarbons and Chemistry, University M'hamed Bougara of Boumerdes, Boumerdes, Algeria)

15.1　引言

研究区位于 Quargla 省内 Algiers 以南 650km 和 Hassi Messaoud 以南 44km 处，以北纬 31°和 32°以及东经 6°和 7°的子午线为界。Spmatrach 勘探结果显示，Hassi Tarfa 油田是区块一部分(图 15.1)。区域地层主要由厚度为 3118m 的中生代沉积物组成，地层沉积在厚度为 407m 的古生代地层不整合面上。最后，厚度为 300m 的第三季碎屑岩延伸至中生代不整合面。本研究首次对该地区储层岩石学进行了描述(Eladj et al. ,2022a;2022b)。有必要在微观尺度上对岩心薄片进行详细定量和定性分析(Doghmane et al. ,2019;Eladj et al. ,2020)。本研究涉及 1 号井和 2 号井，并证实了 1 号井的结果。

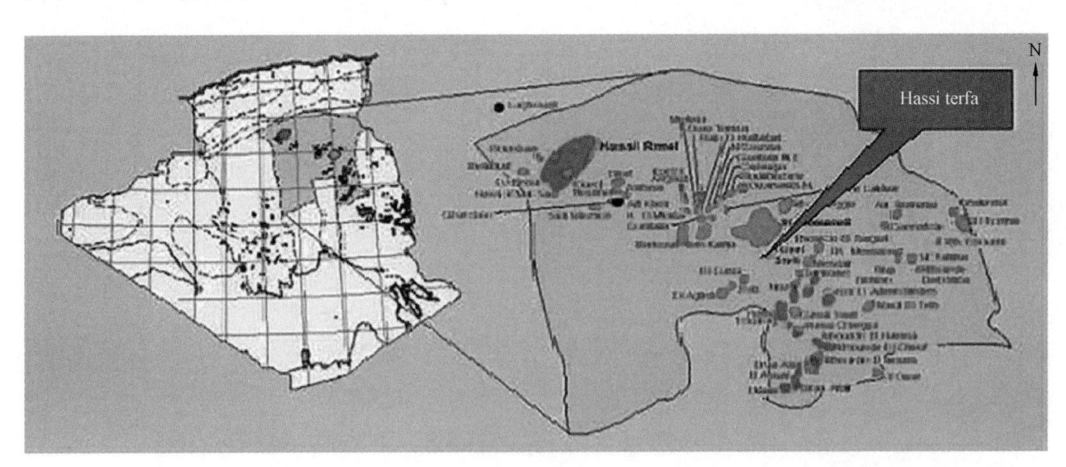

图 15.1　目标油田位置图

15.2 快速扫描方法

本研究根据 Gunter 等 2014 年的研究成果开展了五个阶段的流动单元识别和表征:(1)岩石类型识别描述 Winland 孔渗平面变化特征;(2)通过流动能力百分比(渗透率地层厚度)和存储能力百分比(孔隙度地层厚度)构建地层修正 Lorena 图(SMLP);(3)根据 SMLP 拐点划分流动单元,流动单元划分还需要根据地层格架(35%进汞饱和度对应孔隙半径)和 K/ϕ 进行验证;(4)利用相关性曲线、孔隙度—渗透率(Belhouchet et al.,2019)、R_{35}、流动能力百分比和存储能力百分比构建最终地层流动剖面(SFP);(5)根据流动单元排序构建修正的 Lorenz 曲线(MLP)。计算孔隙间通道半径的 Winland 经验公式为:

$$\text{Winland}\lg(R_{35}) = 0.732 + 0.588\lg K - 0.864\lg\phi \tag{15.1}$$

15.3 结果

图 15.2 给出了 El Hamra 石英岩储层微观矿物成像特征(Rushing et al.,2008)。Winland 方程(R_{35})已取代水力流动单元方法被广泛用于确定储层岩石类型。1 号井中发现了三类储集岩,类型从微孔型到大孔型不等。利用所提出的岩石分类方法在 1 号井确定了 6 个水力流动单元。研究发现约 95% 的流体流动来自埋深 3392~3407.5m 深度区间,储层在最大埋深区域表现为均质特征(Benayad et al.,2014)。由于 HCPV 曲线不平坦,显示不存在水层。最简单的分析方法是利用 RQI 的双对数图作为 Z 的函数进行图形分组,但不足以区分不同的水力流动单元并估算极值。渗透率的计算来自 FZIMOY 截距(Doghmane et al.,2022)。

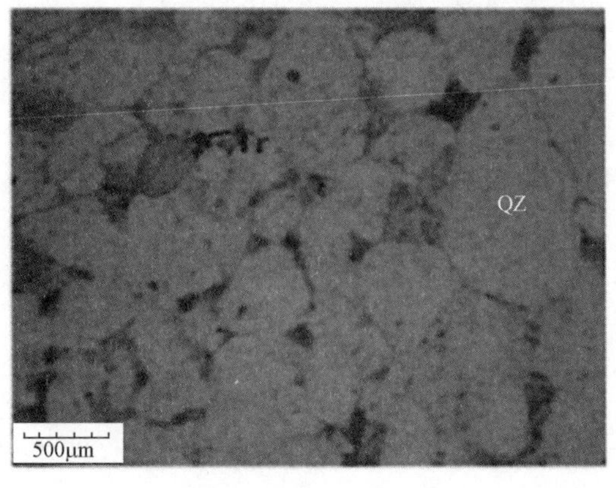

图 15.2 El Hamra 石英岩储层矿物图

15.4 讨论

图 15.3 给出了 R_{35} 和 RQI 之间的线性关系。因此,Winland 方程类似于 FZI 的一般数学形式。为了快速确定岩石物理区域,Winland R_{35}、Pittman、Leverett、ROI 或 FZI 具备相似的预测结果(Sistan et al. ,2013;Bacetti et al. ,2020)。渗透率是决定储层流体流动特性的重要因素。孔隙通道尺寸和几何形状受沉积介质和后续成岩过程的影响,是渗透率的主控因素。

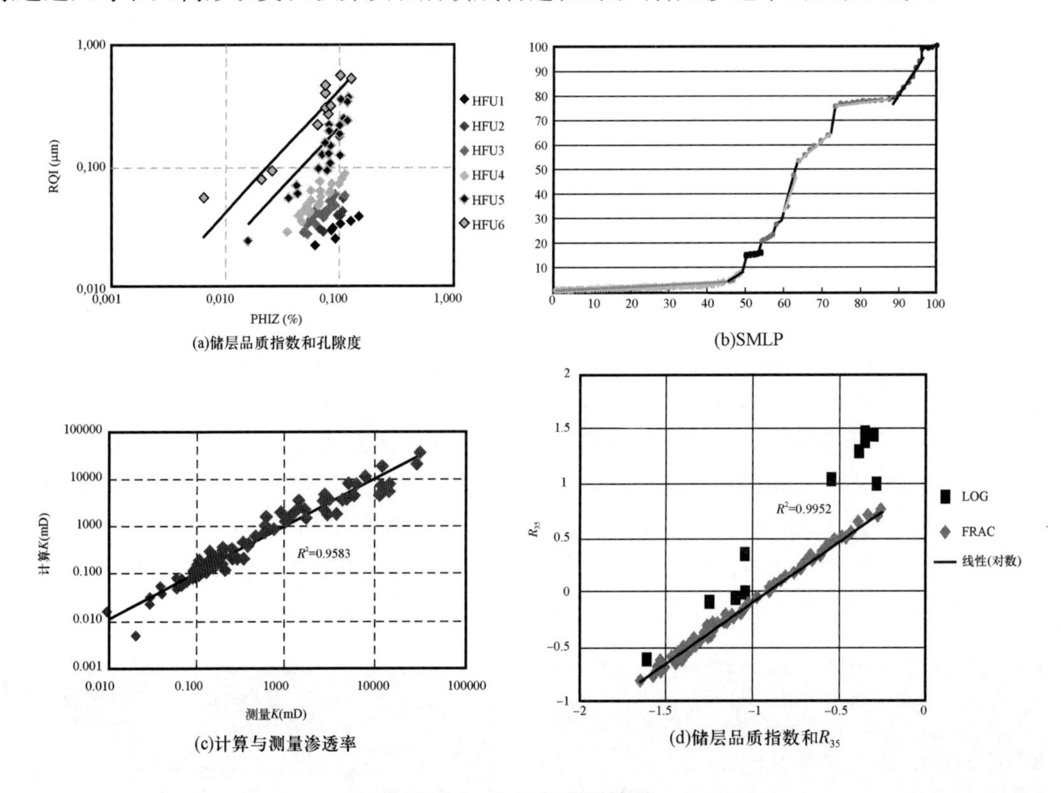

图 15.3 1 号井预测结果

15.5 结论

根据 FZI 和 Winland 方法和测井数据估算了 Quartzites El Hamra 储层绝对渗透率,同时还验证了 6 个水力流动单元。Winland 方法能够准确确定通道半径和孔喉特征。有效(非毛细管)通道直径是流体运动控制中考虑润湿性的重要参数。由 R_{35} 确定的渠道半径直接控制储层含水饱和度。改进 Lorenz 地层学方法为流动单元提供了简单快速的图形区分,并对产层和隔层流体类型和储层均质性进行了描述。为了对比并降低不确定性,推荐在 El Hamra 石英岩储层应用毛细管压力和 J 函数方法。

参考文献

Bacetti, A. and Doghmane, M. Z. (2020). A practical workflow using seismic attributes to enhance sub seismic geological structures and natural fractures correlation. *Conference Proceedings* (30 November – 3 December 2020), Vienna, Austria.

Belhouchet, H. E. and Benzagouta, M. E. (2019). Rock typing: Reservoir permeability calculation using Discrete Rock Typing methods (DRT): Case study from the algerian B – H oil field reservoir. In: *Advances in Petroleum Engineering and Petroleum Geochemistry. CAJG* 2018. *Advances in Science, Technology & Innovation (IEREK Interdisciplinary Series for Sustainable Development)* (ed. S. Banerjee, R. Barati, and S. Patil). Cham: Springer.

Benayad, S., Park, Y., Chaouchi, R. et al. (2014). Parameters controlling the quality of the Hamra Quartzite reservoir, southern Hassi Messaoud, Algeria: insights from a petrographic, geochemical, and provenance study. *Arab. J. Geosci.* 7: 1541 – 1557.

Doghmane, M. Z. and Belahcene, B. (2019). Design of new model (ANNSVM) compensator for saturation calculation based on logging curves for low resistivity phenomenon. *EAGE/ALNAFT Geoscience Workshop* 2019 (1): 1 – 5.

Doghmane, M. Z., Belahcene, B., and Kidouche, M. (2019). Application of improved artificial neural network algorithm in hydrocarbons' reservoir evaluation. In: *Renewable Energy for Smart and Sustainable Cities*, ICAIRES 2018. Lecture Notes in Networks and Systems, vol. 62 (ed. M. Hatti). Cham: Springer.

Doghmane, M. Z., Ouadfeul, S. A., Benaissa, Z., and Eladj, S. (2022). Classification of ordovician tight reservoir facies in algeria by using neuro – fuzzy algorithm. In: *Artificial Intelligence and Heuristics for Smart Energy Efficiency in Smart Cities*, IC – AIRES 2021. Lecture Notes in Networks and Systems, vol. 361 (ed. M. Hatti). Cham: Springer.

Eladj, S., Lounissi, T. K., Doghmane, M. Z., and Djeddi, M. (2020). Lithological characterization by simultaneous seismic inversion in algerian south eastern field. *Eng. Technol. Appl. Sci. Res.* 10 (1): 5251 – 5258.

Eladj, S., Doghmane, M. Z., Lounissi, T. K. et al. (2022a). 3D Geomechanical model construction for wellbore stability analysis in algerian southeastern petroleum field. *Energies* 15 (20): 7455.

Eladj, S., Doghmane, M. Z., Aliouane, L., & Ouadfeul, S. A. (2022b). Porosity model construction based on ANN and seismic inversion: A case study of saharan field (algeria). *Conference of the Arabian Journal of Geosciences Advances in Geophysics, Tectonics and Petroleum Geosciences. CAJG* 2019. *Advances in Science, Technology & Innovation.* Springer, Cham.

Gunter, G. W., Spain, D. R., Viro, E. J., et al. (2014). Winland pore throat prediction method – a proper retrospect: New examples from carbonates and complex systems. *SPWLA 55th Annual Logging Symposium* (18 – 22 May), Abu Dhabi, United Arab Emirates.

Rushing, J. A., Newsham, K. E., and Blasingame, T. A. (2008). Rock typing: keys to understanding productivity in tight gas sands. *SPE Unconventional Reservoirs Conference* (10 – 12 February), Keystone, Colorado, USA.

Sistan, M., Jamshidi, S., and Salehi, S. (2013). Investigation of capability of FZI and Winland methods for rock typing using pore network modeling. *International Journal of Petroleum Engineering* 1 (2): 1 – 12.

第 16 章　利用流动单元区分流体流动路径

——以阿尔及利亚 Sahara 密闭砂岩气藏为例

Abdellah Sokhal[1], Sid – Ali Ouadfeul[2]　Mohamed Zinelabidine Doghmane[1]
Leila Aliouane[3]

(1. Department of Geophysics, FSTGAT, University of Science and Technology Houari Boumediene, Algiers, Algeria; 2. Algerian Petroleum Institute, Sonatrach, Boumerdes, Algeria; 3. LABOPHYT, Faculty of Hydrocarbons and Chemistry, University M'hamed Bougara of Boumerdes, Boumerdes, Algeria)

16.1　引言

储层表征能够准确描述储层流体流动和存储能力。根据岩相、电相和流动单元能够区分储层类型。流动单元通常定义为单一控制流体流动地质特征范围内储层对应的总体积,因地质特征差异不同岩石表现出不同的流动单元特征(Ebanks,1987)。

另一方面,Amaefule 及其同事在 1993 年将流动单元描述为储层的一个组成部分,即影响储层流体流动的水力特性或特征。如果将储层划分为几个流动单元,能够进一步准确计算储层渗透率。与流动单元类似,流动区域指标(FZI)是储层品质指标(RQI)、孔隙度和 Z 函数(Al – Ajmi et al. ,2000)。

在进行流体类型、流体数量和流体流速研究前,深入认识这两个特性至关重要,以便能够更准确地获取采收率值。在油气行业内,前期已经有大量评价孔隙度和渗透率的研究。测井分析和测试数据是建模、计算和评价的关键环节之一。受取心数量和数据限制,需要充分应用其他数据估算储层岩石渗透率。

部分学者尝试利用测井数据评价储层岩石渗透率(Sota et al. ,2001)。能够准确预测储层岩石渗透率至关重要。通过输入和输出数据之间的数学模型能够计算储层流动区域指标。研究中利用模糊逻辑模型确定未取心经储层流动区域指标。本章介绍了基于流动区域指标和水力流动单元的认识,并给出在阿尔及利亚 Sahara Hassi Terfa 油田致密砂岩储层的应用实例。

16.2　区域地质背景

研究目标区为高开发潜力油田,目的储层(Hamra 石英岩)在 Hercynian 不整合面下被侵蚀候形成了 Hassi Messaoud 环(图 16.1)。

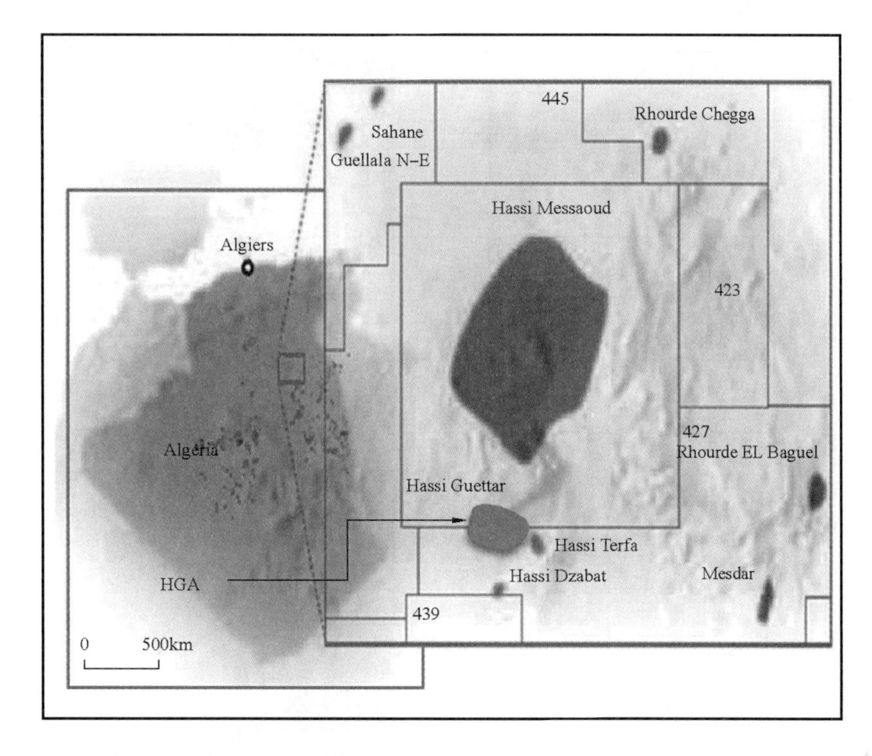

图 16.1 Hassi Messaoud 和 Hassi Terfafields 区域位置图(Tawadros,2011)

Hassi Messaoud 油田的寒武—奥陶纪地层由不规则沉积在变质岩基底之上的硅质碎屑岩组成。图 16.2 给出了地层柱状图。尽管该砂岩在 Arenig 时期浅海环境沉积形成,但对其局部具体沉积和层序特征研究较少(KRACHA. N Sonatrach,2011)。

砂岩沉积环境存在较强的生物扰动,同时在埋藏过程中经历了显著的石英胶结作用,两者也改变了砂岩的力学特征和孔隙度。Hamra 石英岩下奥陶纪储层由黏土夹层石英岩和石英砂岩组成。鉴于石英质砂砾石是主要组分成分,由此判断为成熟阶段。影响储层品质的主要成岩作用变量包括石英过度生长、自生黏土发育和碳酸盐岩胶结沉淀等。成岩过程中,沉积物多数情况下经历强胶结和硅化。

浅层海洋沉积地质单元为 Hamra 石英岩地层。根据沉积环境确定两个平行地层层序。下部单元由沿海平原、后岸和潮汐河道沉积物组成。上部单元由岸边和护堤沉积物组成,经历较强成岩胶结和硅质碎屑胶结作用,因此储层品质较差。

16.3 问题描述

本研究的主要目标是确定 Hassi Tarfa 油田 Hamra 石英岩致密砂岩气藏的流动单元。现有岩心分析数据和常规测井数据是流动单元划分的基础。

16.3.1 流动单元定义

根据 Amaefule 等(1993)的研究,岩心数据揭示了不同沉积和成岩作用对孔隙几何形状

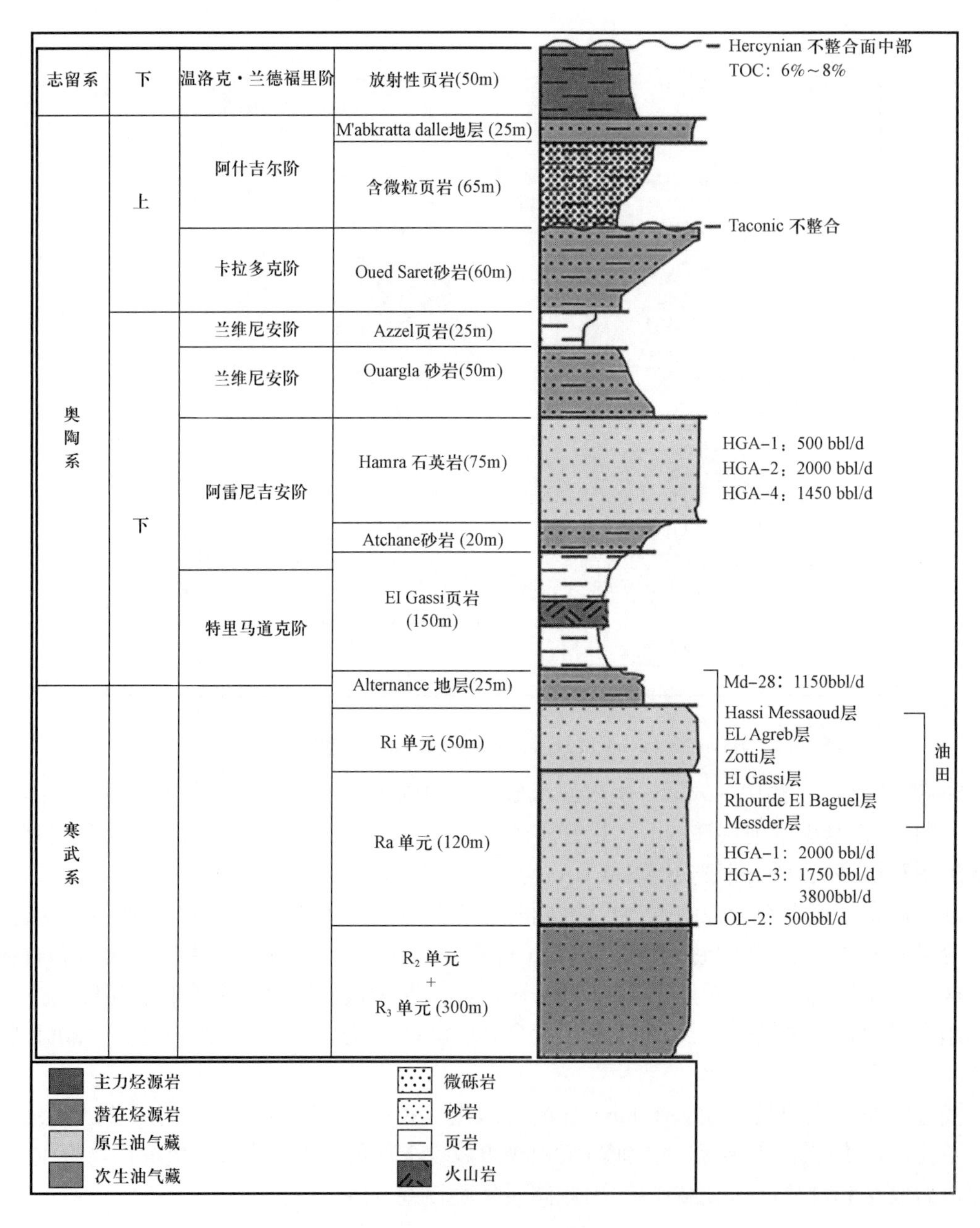

图 16.2 Hassi Messaoud 油田典型地层柱状图(改自 Tawadros,2011)

的影响,孔隙几何特征差异导致具备不同流动参数特征的流动单元。整个储层岩石体积定义为流动单元,给定流动单元内具备统一和特有的控制流体流动的地质特征参数(Ebanks,1987)。

然而,Amaefule 等(1993)给出了三个参数,可通过下述公式确定水力流动单元:

$$RQI = 0.0314 \sqrt{\frac{K}{\phi_e}} \tag{16.1}$$

$$\Phi_z = \frac{\phi_e}{1-\phi_e} \tag{16.2}$$

$$\text{FZI} = \frac{1}{\sqrt{F_S}\tau S_{gv}} = \frac{\text{RQI}}{\phi_z} \tag{16.3}$$

式中 ϕ_e——有效孔隙；

K——渗透率，mD；

RQI——储层质量指数，μm；

ϕ_z——归一化孔隙度指数；

FZI——流动单元指标，μm；

F_S——形状因子；

τ——迂曲度；

S_{gv}——单位颗粒表面积，μm。

式(16.4)可用于计算 FZI 渗透率和 ϕ_e对应渗透率：

$$K = 1014\text{FZI}_{moy}^2 \frac{\phi_e^3}{(1-\phi_e)^2} \tag{16.4}$$

RQI 和 FZI 主要用于水力流动单元分类，后续文中将给出详细介绍。

16.3.2 流动单元划分

针对流动单元划分存在多种方法，每种方法具备不同的优势和局限性，本研究选取广泛使用的方法进行流动单元划分。改进 Lorenz 地层学方法(SMLP)、Winland R_{35}和流动指数(FZI)是地层流动单元划分常用的方法。

通过去除诱导裂缝作用的岩心数据可计算储层品质指数和流动区域指数，然后根据流动区域指数对样品进行分类，根据流动区域指数划分水力流动单元。利用流动区域指数进行水力流动单元划分时，可使用多种聚类方法，主要可分为三大类：

(1)储层品质指数(RQI)和归一化孔隙度指数(ϕ_z)双对数曲线；

(2)流动区域指数直方图分析；

(3)流动区域指数概率分布图。

本章通过多种技术方法综合确定水力流动单元数量。此外，Ward 方法能够确定水力流动单元的准确数量。

16.4 结果和讨论

本章基础数据来自 HT-2 井实际标准测井和岩心分析数据。数据处理之前对发育裂缝样品进行了分类。将取心诱发裂缝的样品去除，保留裂缝为有机质缝的样品数据。

16.4.1 FZI 方法

利用 HT-2 岩心数据计算获取归一化孔隙度指数(ϕ_z)、储层品质指数(RQI)和流动区域指数(FZI)。利用常规储层品质指数(RQI)和归一化孔隙度指数(ϕ_z)双对数曲线、直方图分析和概率分布图三种聚类方法计算水力流动单元数量,并对不同方法计算结果进行了对比分析。理论上三种方法能够准确区分水力流动单元,然而,由于数据重叠,直方图无法进行水力流动单元划分。累积概率分布图至少能够确定 4 个水力流动单元的流动区域指数(FZI)边界(图 16.3)。

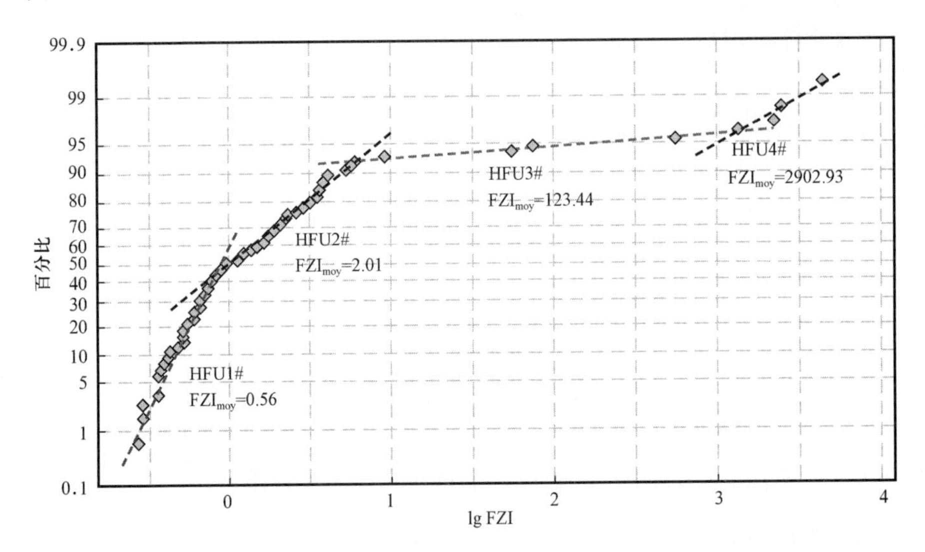

图 16.3　HT－2 井流动区域指数概率分布图

最后,采用 Ward 方法确定最终水力流动单元数量。图 16.4 给出了平方和误差与水力流动单元数量。

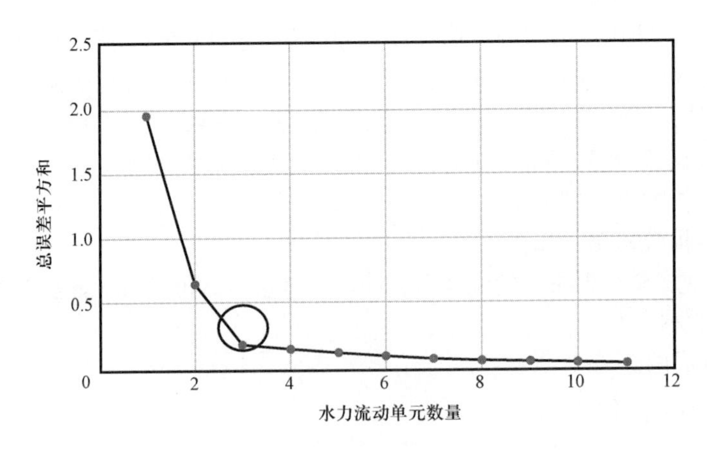

图 16.4　HT－2 井最佳水力流动单元数量确定

由图可知,该区域储层发育三类不同类型的岩石。根据流动区域指数(FZI)截距计算储层渗透率。图 16.5 给出了计算渗透率和测试渗透率交会图及计算精度。

该方法对数据进行有效数值分类,每组样品数据对应深度呈离散化分布(图 16.6)。

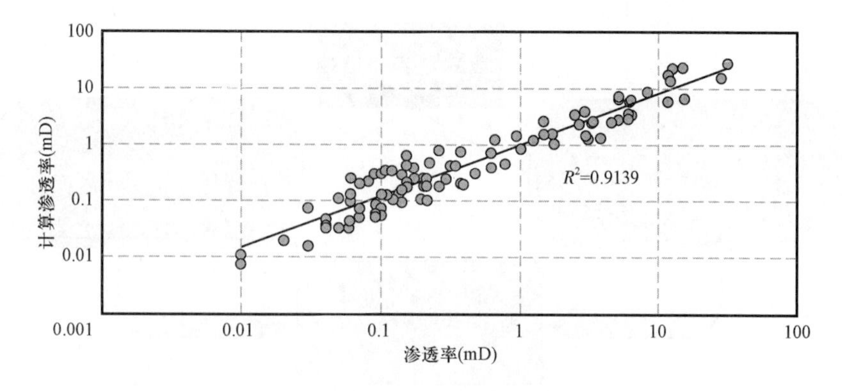

图 16.5 HT-2 井三个水力流动单元计算渗透率与测试渗透率交会图

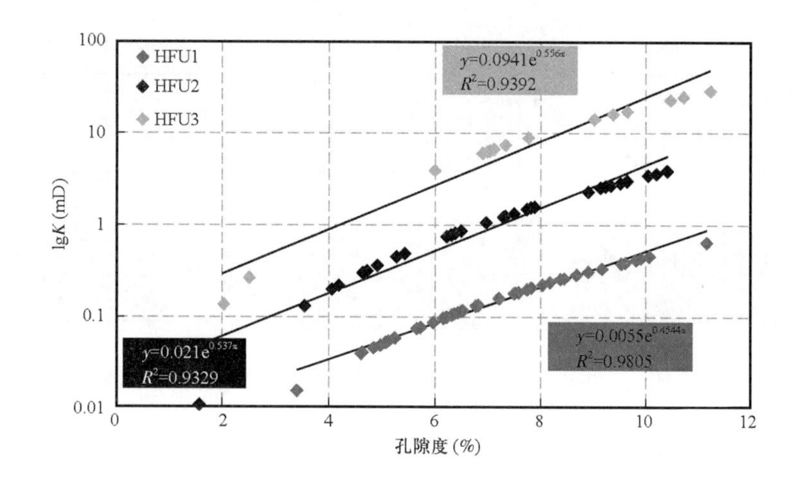

图 16.6 HT-2 井渗透率和孔隙度交会图

16.4.2 FZI 方法

针对给定研究区域,该技术探索在测井数据和岩心数据之间实现直接映射。模糊逻辑方法是解决该类问题的最佳方法。第一步是为取心井测井数据和流动区域指数选择合适的模型。然后将该方法扩展到未取心进行和区域,以便从更多测井数据中获取流动区域指数。技术流程如图 16.7 所示。

将基础数据分成两个子集,一个用于模型训练,另一个子集数据用于验证。模糊逻辑输入数据包括中子孔隙度、密度测井、有效孔隙度和伽马测井数据。将原始数据平均值与每一项数据差值除以标准差,以实现数据归一化处理。系统输出数据为流动区域指数。如图 16.8 所示,将模糊逻辑预测流动区域指数与基于有效孔隙度和渗透率获取的流动区域指数进行对比分析,两者相关性系数 $R^2=0.976$。

由于测井数据利用相同深度岩心数据进行了校正,基于岩心数据计算流动区域指数与式(16.5)计算结果一致:

$$FZI_{core} = 0.9503 FZIlg^{0.9507} \tag{16.5}$$

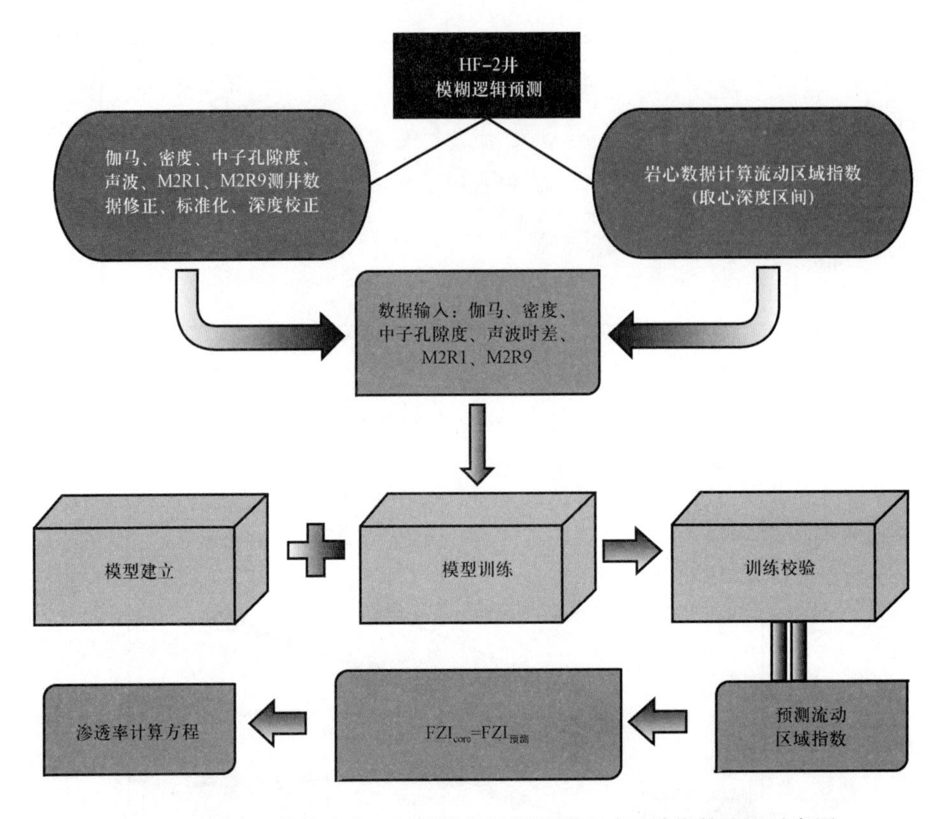

图 16.7 HF-2 井缺失取心区域模糊逻辑预测流动区域指数流程示意图

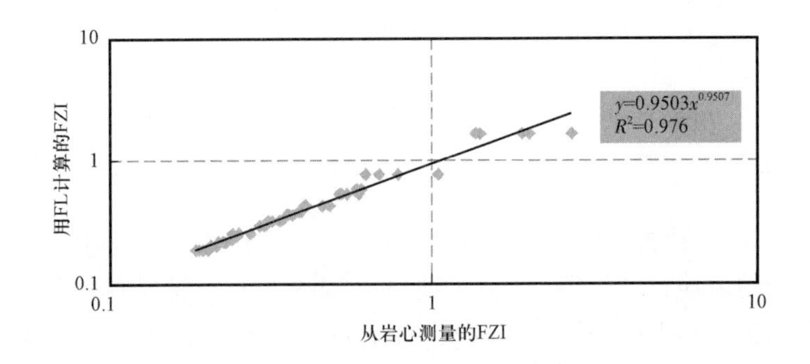

图 16.8 HT-2 井测量的 FZI(岩心)与计算的 FZI(FL)

16.5 结论

水力流动单元评价方法在 Hassi Tarfa 油田应用后确定了三个水力流动单元,评价结果可用于储层划分。该方法详细给出了如何利用流动区域指数方法划分岩石类型并构建油藏地质模型所需的渗透率模型。孔喉半径和多孔介质几何形状是不同类型岩石的主要差异,流动单元指数是计算水力流动单元的有效方法。此外,根据 Ward 方法计算水力流动单元数量,降低了直方图视觉误差和正态概率分布误差。模糊逻辑算法在未取心井中的应用实际上是构建了测井数据和岩心数据的相关性，通过预测流动单元指数可实现渗透率预测。研究表明，模糊逻辑方法能够在缺失岩心数据时准确预测水力流动单元的有效方法。

参考文献

Amaefule, J. O. , Mehmet, A. , Djebbar, T. et al. (1993). Enhanced reservoir description: using core and log data to identify hydraulic (flow) units and predict permeability in uncored intervals/wells, SPE 26436.

Ebanks W. J (1987). Flow unit concept – integrated approach for engineering projects. Abstract presented June 8, during the roundtable sessions at the 1987 American Association of Petroleum Geologists.

Kracha, N. (2011) (Doctorat, UNIV DE LILLE France, IFP, SONATRACH 2011). Relation entre sédimentologie, fracturation naturelle et diagenèse d'un réservoir a faible perméabilité application aux réservoirs de l'ordovicien bassin de l'Ahnet, Sahara Central, Algerie. Doctorat 2011.

Soto, B. R. , Torres, F. , Arango, S. , and Cobaleda, G. (2001). Improved reservoir permeability models from flow units and soft computing techniques: a case study, Suria and Reforma – Libertad fields, Colombia, SPE 69625.

Tawadros, E. E. (2011). *xGeology of North Africa.* Boca Raton, NW: CRC Press, Taylor and Francis Group, A Balkema Book. ISBN – 13:978 – 0 – 203 – 13061 – 2.

第17章　集成岩石类型和流动单元进行储层评价

——以美国北达科他州三岔地层为例

Aldjia Boualam　Sofiane Djezzar

(University of North Dakota, Grand Forks, ND, USA)

17.1　引言

储层结构研究是储层表征和建模的基础。此外,岩石类型识别是三维静态模型中储层属性空间分布的基础。孔隙度和渗透率常用于描述储层质量和岩石类型。储层质量由油气储量和流动能力进行描述,两者直接和孔隙度和渗透率相关。Saneifer 等(2015)指出,基于地质和岩石物理特征的岩石分类能够提高碳酸盐岩储层表征精度。然而,储层描述中地质和岩石物理性质对比与集成非常复杂。水力流动单元的概念已将地质非均质性和岩石物理特征整合至储层表征中。

水力流动单元存在多种定义,均和沉积环境和成岩过程相关。水力流动单元是指具有相似地质特征和岩石物理性质的连续地层区间,水力流动单元和岩相特征不完全重合。目前已经有多重经验方程和技术来定义水力流动单元和岩石类型。

如前文所述,除岩石类型识别和分布外,储层条件下孔隙度和渗透率等参数是储层建模和长期产量预测的关键参数,也是改善和预测储层的关键环节。本研究在数据库中选择了21口井,在2500~3000psi静应力范围内测量的储层渗透率和孔隙度。在给定静应力范围内,渗透率下降率可达初始渗透率的98%。不同围压下测量的孔隙度和渗透率未用于识别岩石物理类型(PRT),主要目的是确保数据差异来自岩石类型划分而不是围压差异。储层原始条件下孔隙度和渗透率同时受压实作用、胶结作用、矿物成分和成岩作用的控制。

本章利用集成工作流根据测井和常规岩心分析数据定义三岔组储层内岩石类型和水力流动单元分布。第一步,利用基于指数化和概率自组织映射(IPSOM)的神经网络技术对三岔油藏岩石类型进行分类和预测,将碳酸盐岩储层非均质性和地质特征纳入岩石类型表征。该技术方法的优势在于能够将岩心和测井数据与神经网络算法集成用于测井解释和储层表征。第二步,采用确定性方法定义岩石类型,包括基于Winland技术(R_{35})孔喉分布的岩石类型分类。该方法利用孔隙度和渗透率与等尺寸孔喉线识别岩石类型。最后,根据储层品质指数和流动区域指数定义水力流动单元。该工作流将三岔地层岩石物理特征和地质特征相关联用于评价储层质量并预测岩石类型,预测结果用于构建静态模型的储层属性分布。

17.2 岩石类型预测

通常利用确定性方法结合聚类方法、神经网络或多元统计工具在对数坐标系上进行岩石物理类型分类。本研究利用伽马测井、体积密度、中子孔隙度、压缩慢度、元素俘获光谱、核磁共振和深感应电阻率等数据集对不同岩石类型进行表征。第4章中通过主成分分析(PCA)确定了将数据集划分为预期岩石类型的最佳曲线。岩石类型预测存在多种方法(Isleyen et al.,2019)。此外,深度机器学习算法在岩石类型预测中的应用已得到多种证实(Wang et al.,2018a;2018b;Yu et al.,2012)。预测模型精度主要取决于输入数据和所使用的机器学习算法。本章对自组织映射(SOM)方法预测碳酸盐岩石类型的性能进行了评价。Milijkovic(2017)证明了自组织映射(SOM)方法预测岩石类型的有效性,并指出在无监督条件下能够检测到相似模式的聚类。

如自组织映射等聚类方法是一种无监督数据分析技术。自组织映射方法通过利用神经网络算法将高维数据映射到一维或二维映射中。图17.1给出了自组织映射神经网络算法的两层结构示意图。该自组织映射神经网络算法模型由一个完全连接到输出层的输入层组成,并且没有隐藏的神经元。

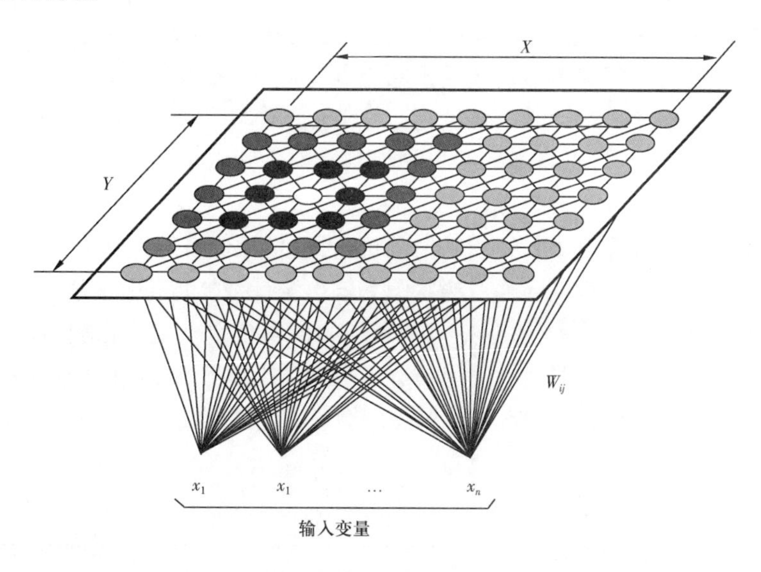

图17.1 定义了输入空间至二维映射的自组织映射图(SOM)

自组织映射与常规网格关联,该网格划分为多个单元,每个网格单元表示一组特定的聚类或节点。自组织映射利用输入变量来识别数据模式,根据相邻数据点相似性将数据点分类为聚类。

无监督分层聚类技术结合树状图对岩石进行分类,本算法对相似的测井数据进行分组。此外,在聚类分析中Ward索引技术方法。Ward索引技术方法中试图最小化类内方差,通过每个节点中深度点数和节点与数据点之间的距离进行索引。树状图用于定义要实现的最佳岩石类型数量。图17.2显示组合在一起的变量高度很低,数据点之间表现出高度相似性。输出结果以不同颜色进行表示。根据分层聚类分析结果确定六种岩石类型为最佳数量。

图 17.2 确定六种最佳岩石类型的二维树形图

如前所述,自组织映射使用无监督神经网络学习算法。最初,自组织映射节点包含在无组织映射中显示的随机值,并且每个变量的权重也是随机分配。模型训练过程中,节点数值根据数据集中检测到的模式及相邻节点影响而不断更新。此外,每次迭代过程中都会更新节点的权重。权重值反映了输入变量对数据传输至每个节点的影响程度。自组织映射开始在空间上组织数据集。学习完成后,节点将更新并自动编制索引。索引是基于 Ward 技术实现,该技术为自组织映射的每个节点分配分类数值。

研究对几个类别编号重复了自组织映射分析,目的是评价自组织映射分析一致性,并明确对岩石类型分类精度的影响程度。通过树状图和输出统计数据评价岩石类型数量的影响。据观察,第 2 ~5 个聚类几乎保持不变,其中每个聚类的样本含量在更改聚类编号时没有显著变化。表 17.1 和表 17.2 给出了具有 5 个和 6 个类别的两个模型的输出统计数据。表 17.2 显示,当分类数量由 5 类到 6 类时,第 1 个聚类细分为两个亚类,每个亚类中含有 18 个样本数据。

表 17.1 五种类型岩石输出统计表

簇数	节点数	R_t		DT		NPHI		RHOB		GR	
		平均值	方差	平均值	方差	平均值	方差	平均值	方差	平均值	方差
1	31	9.72	7.96	67.62	5.71	0.16	0.00033	2.67	0.00058	86.12	92.36
2	22	17.95	13.63	66.05	17.088	0.11	0.00046	2.71	0.00198	65.90	59.97
3	17	9.24	4.63	57.48	10.39	0.17	0.00021	2.66	0.00034	90.17	32.92
4	25	5.84	2.25	65.48	4.83	0.20	0.00047	2.63	0.00058	104.25	135.55
5	5	22.57	13.7	62.32	19.97	0.04	0.00019	2.85	0.00054	40.84	45.51

表 17.2 六中岩石类型输出统计表

簇数	节点数	R_t		DT		NPHI		RHOB		GR	
		平均值	方差	平均值	方差	平均值	方差	平均值	方差	平均值	方差
1	18	18.23	17.54	67.22	11.92	0.10	0.00047	2.72	0.00211	64.59	61.79
2	21	6.81	3.16	67.03	8.91	0.18	0.00023	2.66	0.00037	93.30	52.93
3	18	11.97	20.36	57.80	9.29	0.16	0.00062	2.66	0.00019	86.13	97.59
4	20	5.47	2.70	65.45	7.45	0.21	0.00017	2.62	0.00029	109.17	102.26
5	5	22.48	13.40	62.53	21.24	0.04	0.00015	2.85	0.00056	39.96	37.33
6	18	10.90	4.15	67.55	6.20	0.15	0.00012	2.68	0.00066	79.72	57.08

图 17.3 给出了基于对数模式的一致性，自组织映射细分为六个聚类。玫瑰图给出了每个节点归一化测井数据。索引结果中不同颜色是分配给节点的岩石类型。图 17.4 给出了岩石类型与深度分布，给出了三岔地层原始测井数据，包括纵向地层包含上段、中段和下段、核磁共振和伽马测井曲线、岩石物理分析模型、根据测井数据识别出来的岩石类型、测井相模型，以及 Charlie Sorenson 17－8－3THF 井中预测岩石类型的岩心图像。利用测井和自组织映射算法对三岔组地层岩石类型进行了分类给出比多矿物模型更准确的硬石膏分布。岩石类型、岩心和自组织映射预测的岩石类型具有良好的一致性。

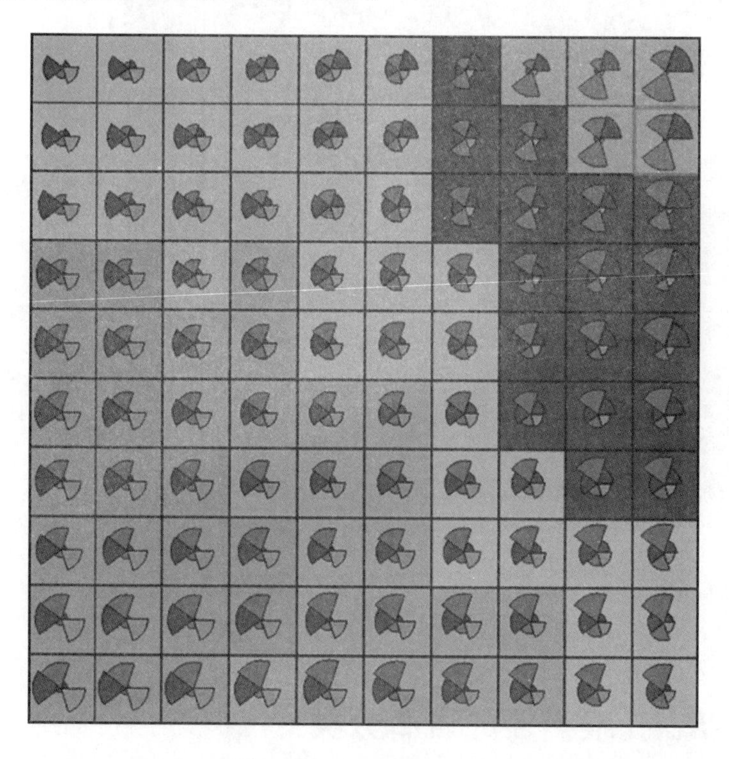

图 17.3 分类和自组织映射细分六种岩石类型

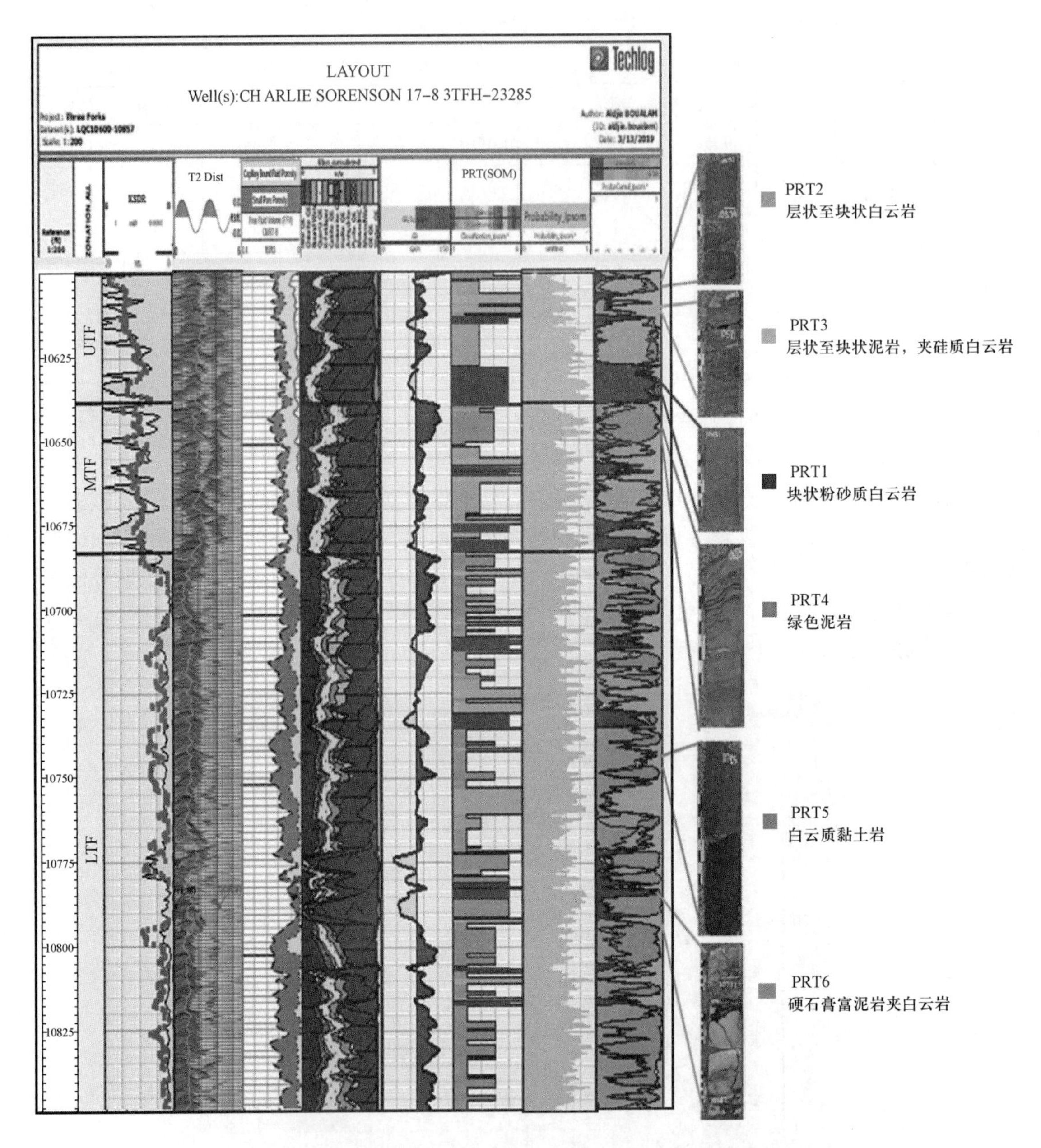

图 17.4　Charlie Sorenson 17-8-3TFH 井多矿物岩石物理模型和岩石类型分类结果

由左到右依次为感应电阻率(AT90)、纵波时差(DTCO)、中子孔隙度(NPHI)、岩石物理岩性模型、伽马测井、自组织映射算法识别 6 种岩石类型、岩石类型深度分布。

17.3　基于 R_{35} 孔喉半径的岩石分类

根据 21 口井岩心分析数据、孔隙度和渗透率,利用 Winland 方法进行岩石分类。Gunter

等(1997)指出,岩石类型是储层表征单位,其特征是具备相似的成岩和沉积条件,从而形成典型孔隙度—渗透率关系和孔喉尺寸分布特征。

Winland 提出了一种根据压汞毛细管压力曲线计算孔径尺寸的经验关系公式(Pittman,1992)。低渗透砂岩和碳酸盐岩样品分析结果显示,控制流体流动的有效孔隙与 35% 进汞饱和度对应孔径尺寸直接相关。R_{35}是进汞毛细管压力(MICP)曲线中非润湿相饱和度 35% 对应的孔喉半径尺寸(图 17.5)。换而言之,R_{35}被视为岩石孔隙网络相互连通的标准。Spindle 油田所有生产井 R_{35}值均超过 0.5μm,因此该油田将 0.5μm 对应的 Winland R_{35}值作为净储层分类标准,Winland 方程中 R_{35}计算公式为:

$$\lg R_{35} = 0.732 + 0.588\lg K - 0.864\lg\phi \tag{17.1}$$

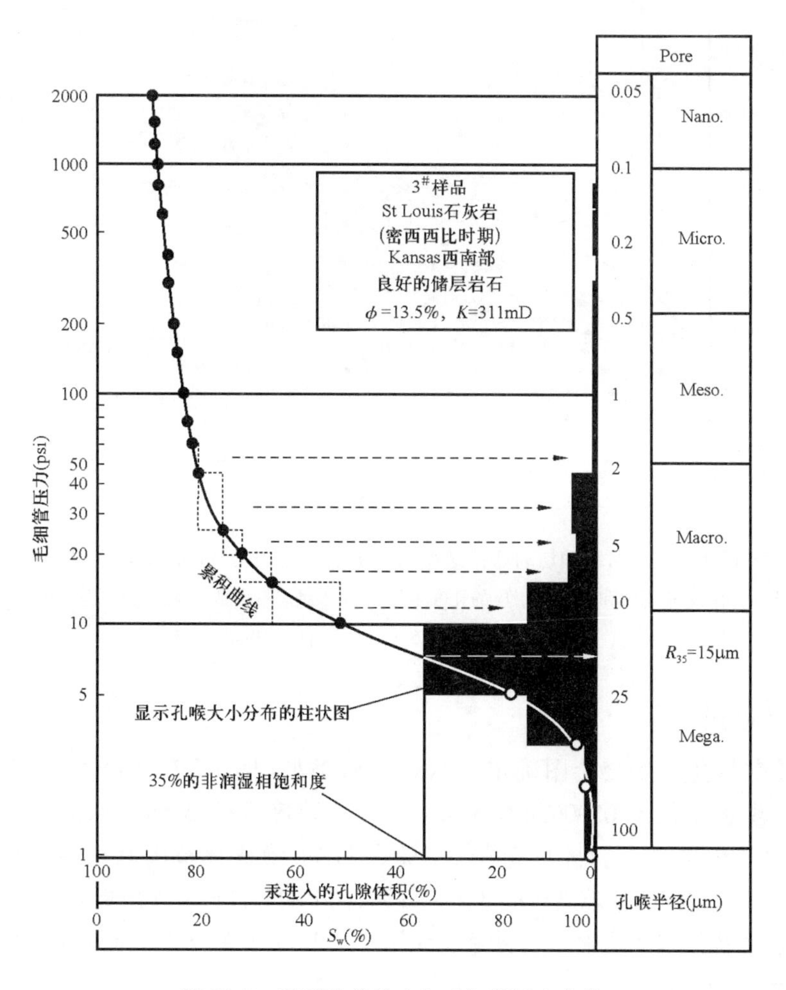

图 17.5 压汞孔喉尺寸和毛细管压力曲线

Winland 曲线与压汞毛细管压力曲线可集成用于确定孔喉进汞压力、控制流体流动的孔喉直径、碳氢化合物不会进入现有孔隙的压力,最终获取束缚水饱和度。该方法根据储层中的孔喉分布提供了准确的岩石类型分类。

17.3.1 上三岔组

图17.6给出了基于1100个样品绘制的Winland R_{35}等尺寸孔喉线、孔隙度和渗透率分布。根据对数渗透率与孔隙度交会图确定了六种岩石类型。PRT6为交叉储层段,孔隙度范围1%~10%、渗透率小于0.006mD。相比而言,PRT1渗透率1~10mD,孔隙度2.5%~11%。PRT6计算R_{35}为0.02~0.05μm、PRT5计算R_{35}为0.05~0.1μm、PRT4计算R_{35}为0.1~0.2μm、PRT3计算R_{35}为0.2~0.5μm、PRT2计算R_{35}为0.5~1.5μm、PRT1计算R_{35}为1.5~4.5μm。

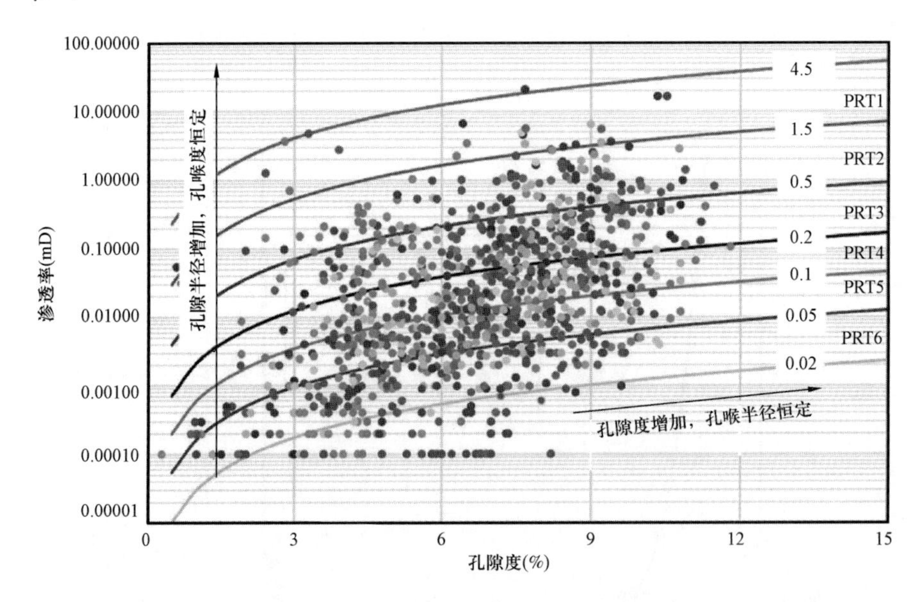

图17.6 上三岔组地层岩心渗透率与孔隙度交会图及Winland R_{35}等孔喉线

Winland R_{35}为压汞进汞饱和度35%对应的孔喉半径,定义六种岩石类型,孔喉半径范围0.02~4.5μm,孔隙度1%~11.5%,渗透率低于10mD

17.3.2 中三岔组

对数渗透率与孔隙度交会图确定了六种岩石类型(图17.7)。PRT6岩石孔隙度范围1.5%~10%,渗透率低于0.006mD。PRT5岩石孔隙度范围2.5%~10.7%,渗透率范围0.02~0.02mD。PRT4岩石孔隙度范围2.7%~11%,渗透率范围0.03~0.09mD。PRT1、PRT2和PRT3具备相同的孔隙度区间3%~11%,而PRT1岩石表现出更高的渗透率范围2~10mD。高渗透率特征与地层中天然裂缝发育相关。PRT6计算R_{35}范围0.02~0.05μm,PRT1的R_{35}范围1.5~4.5μm。

17.3.3 下三岔组

图17.8给出了6个孔隙度从0.2%~11%不等的六个PRT类型。然而,PRT6的渗透率低于0.004mD,相同孔隙度区间内PRT1岩石具备更高的渗透率(0.2~10mD)。

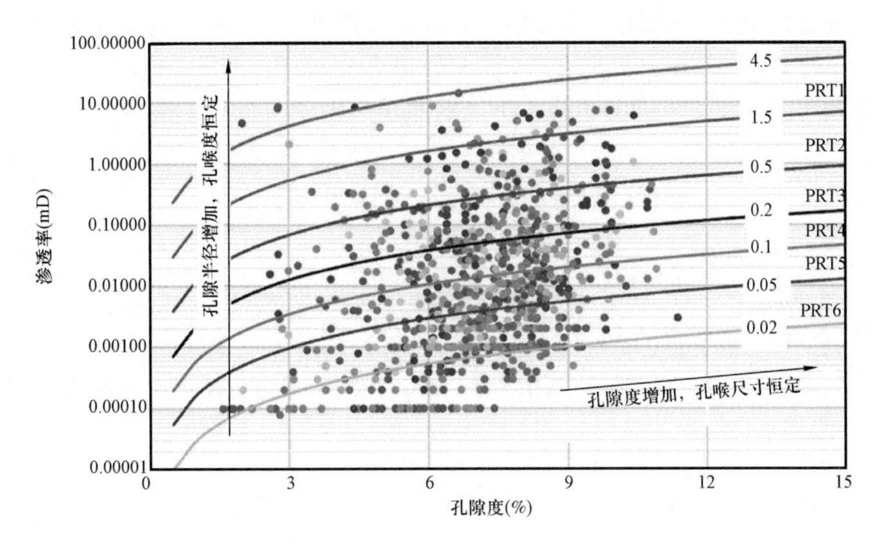

图 17.7 中三岔组地层岩心渗透率与孔隙度交会图及 Winland R_{35} 等孔喉线

Winland R_{35} 为压汞进汞饱和度 35% 对应的孔喉半径，定义六种岩石类型，孔喉半径范围 0.02～4.5μm，孔隙度 2%～11%，渗透率低于 10mD

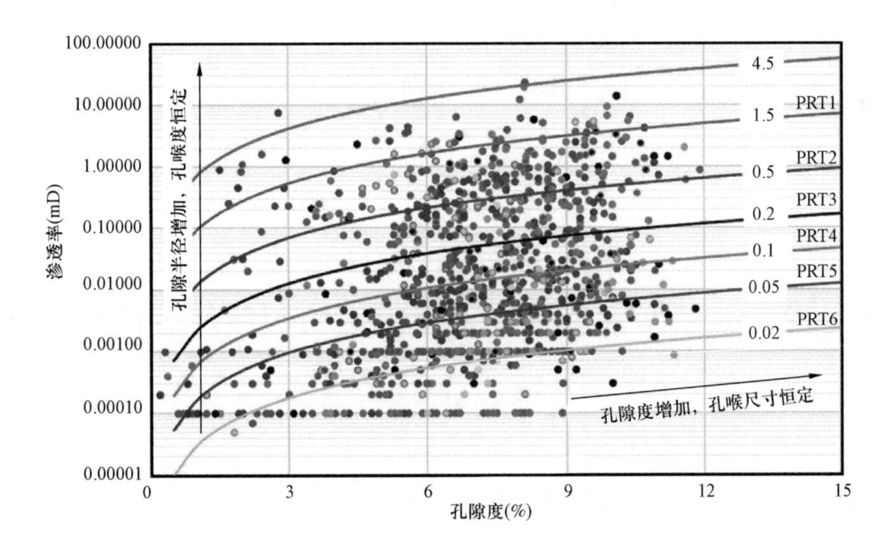

图 17.8 下三岔组地层岩心渗透率与孔隙度交会图及 Winland R_{35} 等孔喉线

Winland R_{35} 为压汞进汞饱和度 35% 对应的孔喉半径，定义六种岩石类型，孔喉半径范围 0.02～4.5μm，孔隙度低于 11%，渗透率低于 10mD

17.4 流动单元测定

非常规储层复杂性要求对储层进行更好的描述并区分影响流体流动的地质和岩石物理参数特征。非常规储层描述面临的挑战之一是如何区分具有一致岩石物理特征的单元。因此，基于静态模型和储层模型的储层划分是高效开发的关键。

储层品质指数和流动区域指数基于应力条件下孔隙度和渗透率识别水力流动单元。该方法已成功用于碎屑岩和碳酸盐岩储存罐,基于 Kozeny - Carmen 方程和平均水力半径理论,其中式(17.2)给出了 Kozeny - Carmen 方程的一般形式:

$$K = \frac{\phi_e^3}{(1-\phi_e)^2}\frac{1}{F_S\tau^2 S_{gv}^2} \tag{17.2}$$

式中 F_S——孔喉形状因子;

τ——迂曲度;

S_{gv}——颗粒比表面积;

$F_S\tau^2$——Kozeny 常数,实际储层中为 5 ~ 100,在同一水力流动单元内保持恒定;

K——渗透率;

ϕ_e——有效孔隙度。

将式(17.2)除以有效孔隙度:

$$\sqrt{\frac{K}{\phi_e}} = \frac{\phi_e}{1-\phi_e}\frac{1}{\sqrt{F_S}\tau S_{gv}} \tag{17.3}$$

渗透率单位为 mD 时,储层品质指数(RQI)定义为:

$$\mathrm{RQI} = 0.0314\sqrt{\frac{K}{\phi_e}} \tag{17.4}$$

归一化孔隙度指数定义为:

$$\phi_z = \frac{\phi_e}{1-\phi_e} \tag{17.5}$$

储层品质指数与归一化孔隙度指数呈线性关系,截距 $\phi_z = 1$,单位为 μm,流动区域指数计算公式为:

$$\mathrm{FZI} = \frac{1}{\sqrt{F_S}\tau S_{gv}} = \frac{\mathrm{RQI}}{\phi_z} \tag{17.6}$$

将式(17.6)带入式(17.3)中,两侧同取对数可得:

$$\lg\mathrm{RQI} = \lg\phi_z + \lg\mathrm{FZI} \tag{17.7}$$

流动区域指数计算前,首先要根据式(17.4)和式(17.5)计算储层品质指数和归一化孔隙度指数,然后利用两者绘制双对数曲线。储层品质指数和归一化孔隙度数据呈线性关系。$\phi_z = 1$ 时线性关系截距决定了可用于确定流动区域指数。位于同一区间内的样品具备相似孔喉特征,可划分为一个水力流动单元。储层品质指数和流动区域指数直接和有效孔喉半径相关,可用于深入认识储层流体流动特征。

17.4.1 上三岔组

图 17.9 给出了上三岔地层岩心样品储层品质指数与归一化孔隙度指数交会图,图中还根

据流动区域指数0.025～2定义了水力流动单元。储层品质指数和归一化孔隙度指数交会图上水力流动单元之间存在高重合度，这直接与渗透率差异相关，并且在整个区间内岩石孔隙度基本保持一致。此外，数据样本在单个水力流动单元内分散性也非常重要。上三岔组地层划分为六个不同的水力流动单元，特点是平均流动区域指数范围0.05～2。

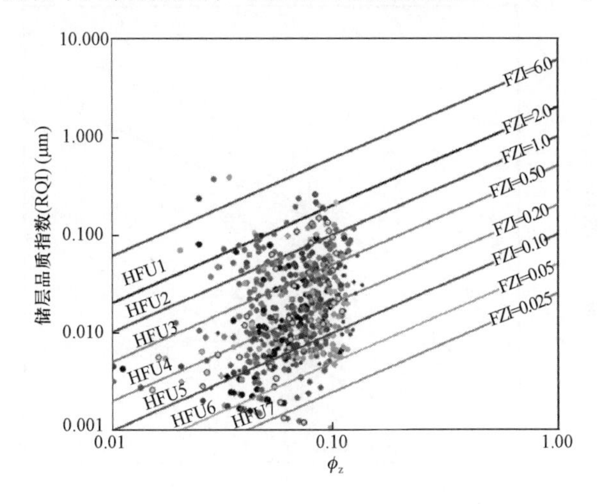

图17.9　上三岔组储层品质指数与归一化孔隙度双对数交会图结合流动区域指数

根据流动区域指数0.025～2定义了六个水力流动单元

图17.10给出了Winland孔喉半径R_{35}和储层品质指数(RQI)计算结果。上三岔组地层中储层品质指数和Winland孔喉半径R_{35}之间存在强相关性，两种方法评价结果保持一致。

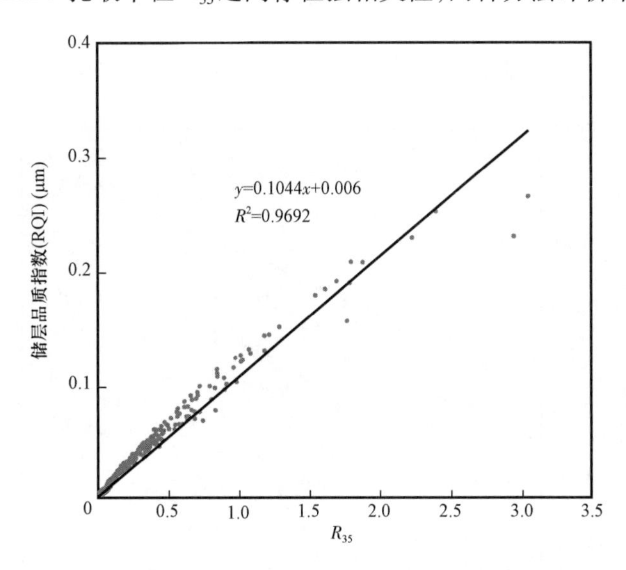

图17.10　上三岔组储层品质指数与Winland R_{35}关系曲线

17.4.2　中三岔组

图17.11给出了中三岔组地层岩心样品储层品质指数和流动区域指数评价结果。中三岔组

储层划分为六个主要水力流动单元。HFU7 单元特点为储层整体品质较低,矿物学组成和黏土含量较高,平均流动区域指数仅为 0.025。该流动单元可作为遮挡层,直接影响储层内流体流动。HTU3 ~ HTU6 单元内样本数据点相对较多,HTU1 和 HTU2 具备更高的流动区域指数。

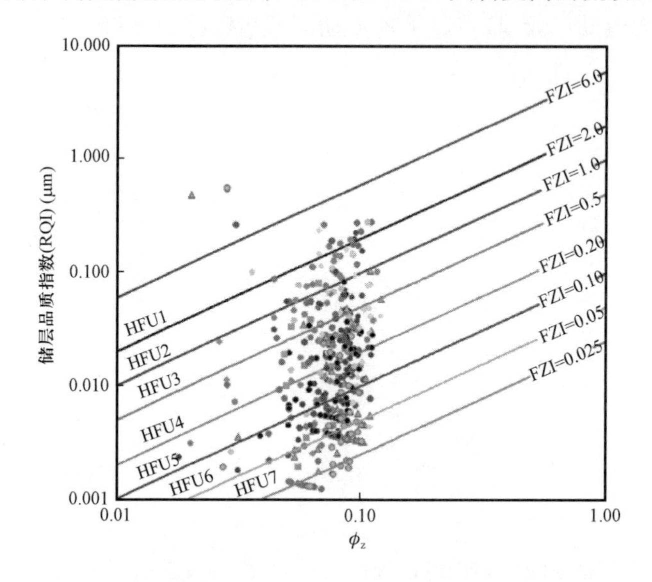

图 17.11 中三岔组储层品质指数与归一化孔隙度双对数交会图结合流动区域指数
根据流动区域指数 0.025 ~ 2 定义了六个水力流动单元

17.4.3 下三岔组

图 17.2 给出了下三岔组地层储层品质指数/流动区域指数评价结果,下三岔组储层可划

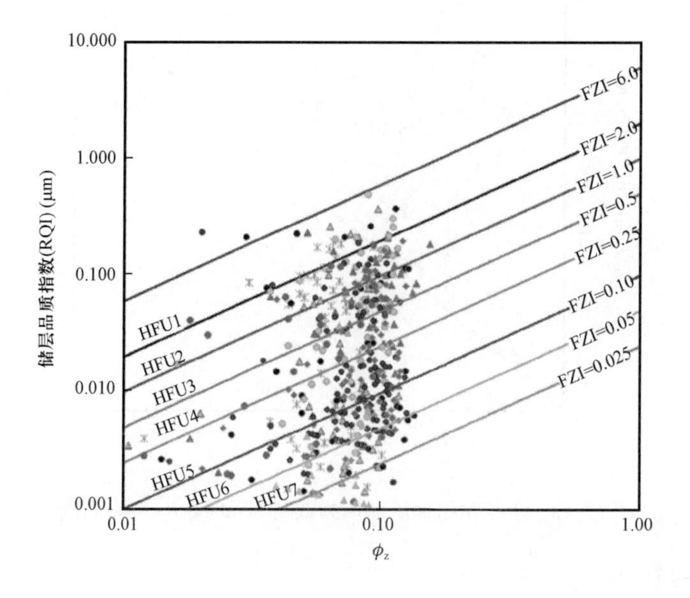

图 17.12 下三岔组储层品质指数与归一化孔隙度双对数交会图结合流动区域指数
根据流动区域指数 0.025 ~ 2 定义了七个水力流动单元

分为七个水力流动单元。大量数据样本集中在纳米孔喉区域，平均流动区域指数范围为 0.025 ~0.25。下三岔组地层流动区域指数主要受矿物组成控制。流动区域指数随黏土矿物体积和硬石膏含量增加而逐渐下降。

17.5 结论

利用三种不同评价技术对三岔组地层岩石进行了分类研究。首先应用无监督聚类分析技术探索了自组织映射算法性能。实际井样品分析结果显示，有监督自组织映射算法能够准确划分岩石类型并给出纵向上的分布。图 17.4 给出了实际测井解释的岩石类型分布。

根据输出结果统计、岩石物理模型和岩心对岩石类型预测结果进行了整体验证。确定六种岩石类型，PRT1 为低伽马、高钙量(DWCA)、低铝含量(DWAL)和高白云石含量的块状粉砂质白云岩。PRT2 为层状至块状白云石，与 PRT1 相比具备更高的伽马值。PRT1 和 PRT2 两种岩石类型在上三岔组和中三岔组广泛发育。

PRT3 为层状至块状泥岩，含有粉砂质白云岩夹层。PRT4 至 PRT6 不是储层，具备低 T2 谱值特征，表明该单元内不发育孔洞和微孔(图 17.4 中轨道 4 和轨道 5)。PRT4 至 PRT6 岩石分别对应绿泥岩、白云质黏土岩和富含硬石膏泥岩，同时伴有白云岩夹层。后者具备低伽马值，高电阻率和高体积密度特征。

为了研究孔喉尺寸对流体流动的影响，利用 Winland R_{35}、储层品质指数(RQI)和流动区域指数(FZI)评价方法分析了来自 21 口井的样品孔隙度和渗透率。由于无法获取储层压汞毛细管压力曲线，无法实现岩石水力流动特征研究。

利用 Winland R_{35} 方程计算孔喉半径并作为划分六种岩石类型的主要依据。三岔组地层岩石主要孔喉直径范围 0.025 ~1.5μm。

储层品质指数和归一化孔隙度指数交会图表明，不同水力流动单元具备相似归一化孔隙度范围，渗透率范围存在显著差异。上三岔组、中三岔组和下三岔组地层存在特征差异，其中上三岔组地层岩石流动区域指数范围 0.05 ~2，中三岔组和下三岔组地层岩石流动区域指数范围 0.025 ~2，这与中三岔组和下三岔组地层岩石纳米孔和微孔大量发育认识保持一致。此外，Winland R_{35} 和储层品质指数/流动区域指数之间存在良好的相关性。最大基质 R_{35} 范围为 0.5 ~2μm。结果表明，大量样品归类为图 17.5 中的纳米孔(小于 0.1μm)和微孔($0.1 < R_{35} < 0.5$)岩石类型，图中只能观察到少部分样品 R_{35} 值高于 2μm。孔喉尺寸低于 0.5μm 阈值的岩石将会直接影响流体流动。

此外，PRT1 和 PRT2 是三岔组地层中最好的储层，具备高白云岩含量、较高渗透率、高 R_{35}、高介孔和大孔岩石类型占比等特征。两种岩石类型主要在上三岔组和中三岔组地层中发育。

参考文献

Gunter, G. W., Finneran, J. M., Hartmann, D. J., and Miller, J. D. (1997). Early determination of reservoir flow units using an integrated petrophysical method: Society of Petroleum Engineers. *SPE – 38679 – MSpresented at the SPEA nnual Technical Conference and Exhibition*, San Antonio, TX (5 – 8 October 1997), pp. 373 – 380. https://doi. org/10. 2118/38679 – MS.

Isleyen, E. , Demirkan, D. C. , Duzgun, H. S. , Rostami, J. , 2019. Lithological classification of limestone with self – organizing maps. 53*rd U. S. Rock Mechanics/Geomechanics – Symposium*, New York, NY, USA (23 – 26 June 2019). Paper Number: ARMA – 2019 – 1791.

Milijkovic, D. (2017). Brief review of self – organizing maps. *40th International Convention on Information and Communication Technology, Electronics and Microelectronics (MIPRO)*, Opatija, pp. 1061 – 1066.

Pittman, E. D. (1992). Relationship of porosity and permeability to various parameters derived from mercuryinjection – capillary pressure curves for sandstone. *AAPGBulletin*, 76: 191 – 198.

Saneifar, M. , Skalinski, M. , Theologou, P. et al. (2015). Integrated petrophysical rock classification in the McElroy field, West Texas, USA. *Petrophysics*56 (5): 493 – 510.

Wang, W. , Ren, X. , Zhang, Y. , and Li, M. (2018a). Deep learning based lithology classification using dual – frequency Pol – SAR data. *Applied Sciences* 8: 1513.

Wang, X. , Yang, S. , Zhao, Y. , and Wang, Y. (2018b). Lithology identification using an optimized KNN clustering method based on entropy – weighed cosine distance in Mesozoic strata of gaoqing field, jiyang depression. *Journal of Petroleum Science and Engineering*166: 157 – 174.

Yu, L. , Porwal, A. , Holden, E. , and Dentith, M. C. (2012). Towards automatic lithological classification from remote sensing data using support vector machines. *Computers & Geosciences* 45: 229 – 239.

第18章 渗透率、孔隙度和迟滞应力敏感性

——以美国 North Dakota 三岔地层为例

Aldjia Boualam Sofiane Djezzar

(University of North Dakota, Grand Forks, ND, USA)

18.1 引言

油气藏进入开采阶段,储层孔隙压力逐渐下降,有效静应力或施加在岩石颗粒间的接触应力逐渐增加。油气井产量递减表现为井底流动压力的快速下降(Kurtogglu et al.,2013;Anderson et al.,2010)。由于流体从储层产出,储层性质随着孔隙内静压力变化而发生变化。Yildirim 和 Ers(2007)对循环载荷下岩石破损和变形进行了研究,给出了岩石渗透率和孔隙度随应力变化特征。储层岩性、岩石结构、黏土颗粒含量和位置、颗粒接触类型、孔隙压缩性、岩石微观结构等多种因素随应力改变而发生变化,这一系列变化最终导致不同的储层岩石渗透率和孔隙度下降规律。由循环应力卸载导致的岩石永久变形量成为迟滞(Teklu et al.,2017)。Dong 等(2010)指出造成岩石迟滞现象的主要原因是岩石压实作用的不可逆。致密地层中渗透率应力敏感性突出,应力变化导致渗透率损失量最大高达99%,直接影响内部立体的流动机理(Teklu et al.,2017)。

Terzaghi(1943)将净有效应力定义为导致岩石变形的总应力的组成部分,建立了净有效应力、孔隙压力和外部总应力的关系:

$$\sigma_{\mathrm{eff}} = \sigma - \alpha p \tag{18.1}$$

式中 α——多孔介质弹性系数或 Biot 系数;

p——孔隙压力;

σ_{eff}——净有效应力;

σ——总应力。

Warpinskin 和 Teufel(1992)提出了一个广义有效应力定律,该定律描述了储层孔隙度和渗透率等岩石性质变化规律,其数学表达式为:

$$p = Q(\sigma - \alpha p) \tag{18.2}$$

式中 p——岩石性质;

$Q(\sigma - \alpha p)$——描述了有效应力对岩石性质的影响。

该广义方程被大量学者应用,并对砂岩地层渗透率和孔隙度应力敏感性进行了大量研究

(Wang et al. ,2014a;Dong et al. ,2010;Ghabezloo et al. ,2009;Davy et al. ,2007;Klein et al. ,2003;Dana et al. ,1999;Davies et al. ,1999;Davies et al. ,1998;David et al. ,1994;Luffel,1991;Morrow et al. ,1986;Zoback et al. ,1975;Brace et al. ,1968)。

Jones 和 Owens(1980)根据致密砂岩渗透率实验测试结果,发现归一化渗透率立方根与净应力存在以下关系:

$$\left(\frac{K}{K_o}\right)^{\frac{1}{3}} = Q(\sigma - \alpha p) \tag{18.3}$$

式中 K——给定净有效应力下渗透率;

K_o——最小或原始净有效应力条件下的渗透率。

Dong 等(2010)基于砂岩样品渗透率和孔隙度测试结果分析指出,渗透率与围压相关。

Klinkenberg(1941)通过测试多孔介质渗透率指出,气体渗透性取决于影响平均自由程的因素,如压力、温度和气体性质等。

Dana 和 Skoczylas(1999)利用脉冲渗透率法测试了三种砂岩的相对渗透率,测试结果显示气测渗透率与孔隙结构参数密切相关,如孔隙尺寸、孔喉半径和形状。

Morrow 等(1986)利用液体介质对 Westerly 花岗岩在循环应力加载条件下的渗透率,发现循环应力加载显著影响渗透率,在不同围压条件下渗透率均随着应力的加载而下降。

David 等(1994)对五类高孔隙度砂岩样品进行了室内测试研究,孔隙度范围为 14% ~ 35%。研究结果表明,地孔隙度样品渗透率呈现相对较强渗透率应力敏感性。

渗透率为一个物理量,主要取决于净有效应力状态和孔隙结构参数,如孔隙度和孔喉半径等(Pape et al. ,2000;David et al. ,2001)。目前没有特定的渗透率和孔隙度关系用于描述多孔介质特征(Bernabe et al. ,2003)。基于不同类型岩石室内测试结果(Wang et al. ,2014a;David et al. ,1994;Hoholick et al. ,1984;Schmoke et al. ,1982)建立了一种描述渗透率和净围压之间关系的指数关系式。另一方面,Dong 等(2010)针对砂岩样品的实验测试结果显示,幂律模型比指数函数更适合描述渗透率与围压的关系。

目前针对致密碳酸盐岩地层渗透率和孔隙度应力敏感性的研究有限,尤其是对 Williston 盆地三岔地层组的应力敏感性研究。本章探讨了渗透率和孔隙度迟滞作用和净有效应力的关系及影响因素。该研究重点是上三岔碳酸盐岩储层,目前针对该套储层还没有类似的研究。针对上三岔碳酸盐岩地层的研究主要包括室内测试数据分析,并利用指数和幂律函数关系式描述渗透率和孔隙度应力敏感性特征。利用来自 Charlie Sorenson 17 - 8 - 3TFH 井样品循环应力加载和卸载数据集更新描述不同围压条件下渗透率和孔隙度应力敏感性关系。本章研究内容有助于认识应力对储层特征的影响及迟滞效应对三岔致密储层开发策略的影响。

18.2 数据库

本项研究数据库包括来自 Charlie Sorenson 17 - 8 - 3TFH 井的实验分析数据和从 NDIC 网站收集的大量数据。研究使用了 48 口井有效应力循环加载下的渗透率和孔隙度数据。所有渗透率值均使用非稳态方法测量，并针对 Klinkenberg 效应进行了校正。孔隙率和渗透率是不同实验室使用不同测量仪器和围压条件下的测试数据（图 18.1 和图 18.2）。渗透率和孔隙度测量净有效应力条件通常为 500psi 或 800psi。数据集中主体数据测试条件为初始净应力 500psi 和 4000psi。关键是至少有一个一致的应力条件用于渗透率应力敏感性分析和数据对比。因此，在给定净应力范围内选取 6 口井，每口井选取不同数量的样品（上三岔地层 120 个样品、中三岔组地层 165 个样品、下三岔组地层 308 个样品）。研究对 Charlie Sorenson 17 – 8 – 3TFH 井上三岔组四个选定样品进行了循环应力卸载条件下的渗透率和孔隙度测量。

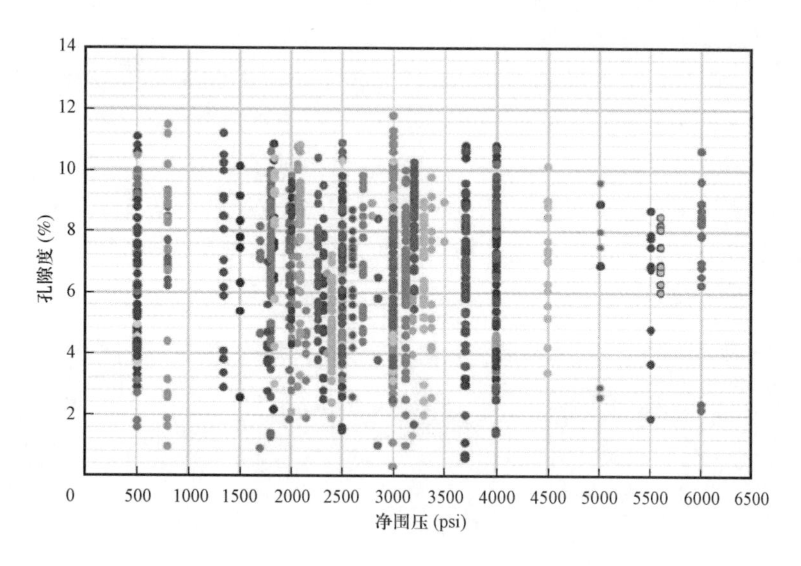

图 18.1　上三岔组地层岩心样品不同净围压条件下孔隙度分布

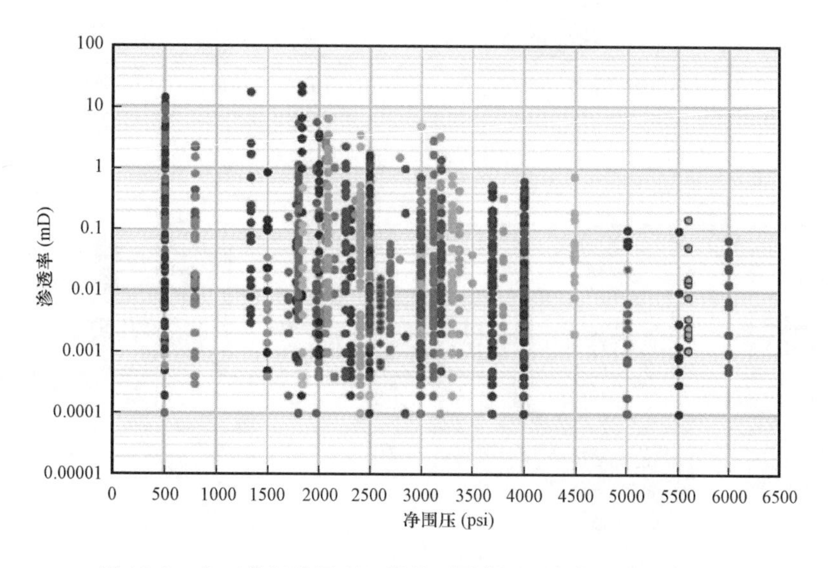

图 18.2　上三岔组地层岩心样品不同净围压条件下渗透率分布

18.3 测试流程

从 Charlie Sorenson 17 - 8 - 3TFH、Jane Federal 11X - 20、Mariana Trust 12X - 20G2、Fort Berthold 150 - 94 - 3B - 10 - 2H 和 Anderson Federal 152 - 96 - 9 - 4 - 11H 五口井中选取岩心并进行样品初筛。泥质白云岩渗透率在有效应力条件下通常出现大幅度下降,目的是确定泥质白云岩相在正常应力下充当渗透率遮挡层,还是由于储层能量衰竭有效应力增加而成为渗透率隔挡层。由于需要特殊设备钻探这些未胶结地层,因此难以直接获取这些岩相的样品。本次研究聚焦对储层带进行建模。

图 18.3 给出了五个岩心样品照片,样品直径 1.5in(3.9cm)、长度约为 2.75in(4.9 ~ 6.69cm),样品取自三岔组地层 Charlie Sorenson 17 - 8 - 3TFH 井水平方向。这些岩心样品根据岩相和岩石物理模型进行选取,岩心钻取后放入修边锯机器中将两端处理平滑(图 18.4)。岩心端部切片的薄片用于进行 X 射线衍射测试。样品处理严格遵循 API PR40 样品处理和制备流程。样品中含有大量液体碳氢化合物。根据 API 指南,利用溶剂萃取方法去除样品内部液态烃、游离水和矿物质,然后将样品置入烘干箱完成烘干处理。

(a) 上三岔组地层Charlie Sorenson 17-8-3TFH井岩心样品

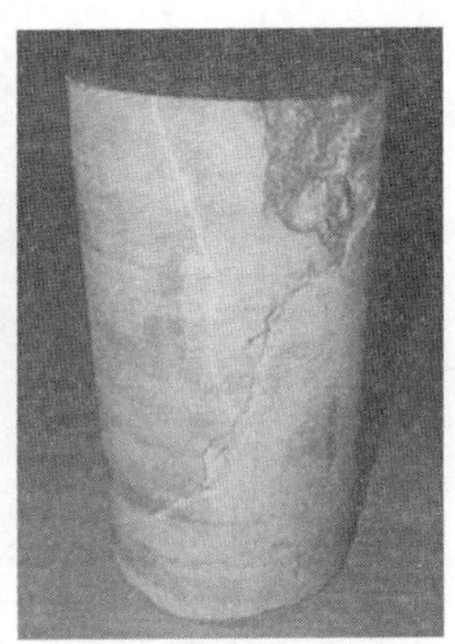

(b) 4A岩心样品天然裂缝显示(水平方向岩心)

图 18.3 岩心样品照片

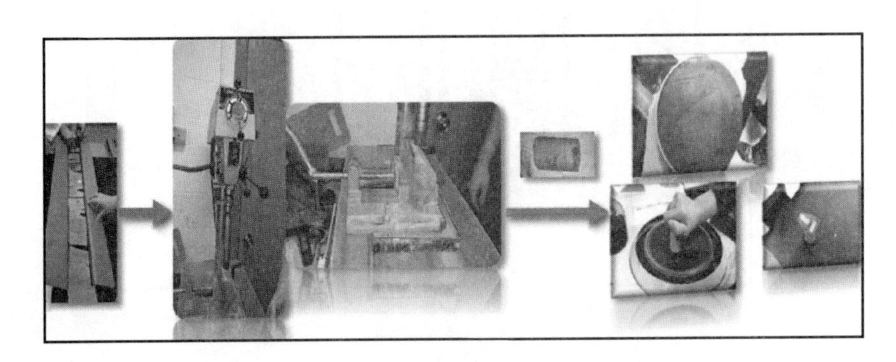

图 18.4 岩心样品制备过程

按照 API 流程和指南

18.3.1 样品清洗和干燥

使用 Dean - Stark 和 Soxhlet 装置清洁样品。选取甲苯(2/3)和乙醇(1/3)的混合物作为溶剂流体。将溶剂放入容量瓶中并置于加热罩上。岩心样品末端经平滑处理后放入萃取试管(43mm×123mm)中,然后放入回流室中,样品暴露于沸腾溶剂中。回流室上方循环的冷水将溶剂蒸气冷凝成不混溶液体,这些液体滴落在岩心样品上,然后甲苯浸泡岩心样品并溶解孔隙中的烃类液体。4 周后,当容量瓶中溶剂目测透明时,提取过程终止,然后与 CoreLab 溶剂颜色标准图进行比较[图 18.5(a)]。从图 18.5(b)可以看出,样品溶剂介于标准品 1 和标准品 2 之间,表明岩心样品达到了清洁要求。

图 18.5 (a)Corelab 标准溶剂;(b)上三岔组地层 Charlie Sorenson 17 - 8 - 3TFH 井样品样品清洁后与 Corelab 标准 1 和标准 2 对比照片,溶剂非常干净

岩心样品干燥的目的是在保持样品完整性的条件下去除孔隙空间内水分。样品清洁完成后,将上三岔组地层岩心样品放入烘干箱中保持 140℉(60℃)温度条件烘干 10 天。推荐使用该温度条件进行岩心样品干燥,同时还能够暴露吸附在黏土矿物表面上的水分。样品烘干过程完成的标志是样品重量保持恒定,此时表明孔隙中的游离水已经全部去除。此外,测量孔隙度和渗透率应力敏感性前利用 Corelab 方法对样品状态进行了核验。Bush 和 Jenkins(1970)指出,黏土矿物内含有两种类型结合水,包括黏土晶格水和吸附水。黏土晶格水是黏土矿物晶体结构的一部分,吸附水是指在储层条件下吸附在黏土层间的水分。研究指出,以 175℉(80℃)温度条件进行烘干处理既可以去除样品内游离水,还可以去除黏土矿物中的吸附水。同时还提出在实验室干燥过程中,吸附水去除会增加样品孔隙空间,最终导致孔隙度测试结果偏高。

18.3.2 渗透率和孔隙度测试

非稳态法(CMS-300 岩心测试系统)和稳态法(CPMS 岩心测试系统)是测量渗透率、孔隙度和迟滞应力敏感性的两种方法。CPMS 岩心测试系统为手动操作仪器,CMS-300 岩心测试系统为自动化装置。两个测试系统主要差异在于 CPMS 测试仪注入恒定流速气体直到建立稳定的压降,然后确定样品渗透率。然而,CMS-300 在给定气体压力(氦气和氮气)下有三个一直统计的岩心罐。根据样品渗透率选取气体,将气体和岩心样品混合。监测混合罐内压力随时间的变化数据,进而确定给定时间通过岩心样品的气体流速和压降(Teklu et al.,2017)。然后,根据压力和时间曲线推导得到样品渗透率。CCMS-300 为一种非稳态渗透率测试设备,而 CPMS 为一种稳态渗透率测试装备。此外,CMS-300 还集成了孔隙度和渗透率测试方法,在测试过程中对样品施加径向和轴向上相同的围压。最终输出文件包括孔隙体积、Klinkenberg 渗透率、等效气测渗透率、Klinkenberg 滑脱系数、Forchheimer 惯性系数(α 和β),并对每个岩心样品不同围压条件自动计算孔隙度。然而,CPMS 为手动测试无法给出 Klinkenberg 渗透率。CPMS 可以测量孔隙体积、孔隙度和等效气测渗透率。

孔隙度测试方法为膨胀法,氦气从已知腔室进入常压条件下充满氦气的样品中(Teklu et al.,2018)。然后,应用 Boyle 定律结合测试条件下颗粒体积和净围压条件下孔隙体积确定孔隙度。

所有样品(1A、2A、3A 和 5A)均使用 CPMS 仪器(稳态法)进行分析。岩心样品直径为 1.5in (3.9cm),长度为 2.75in(6.69cm),但样本 1A 长度为 2in(4.9cm)。然而,非稳态方法仅对 CPMS 测量之后的三个样品进行了测试。由于存在裂缝,样品 3A 被排除在外(图 18.6)。此外,所有样品中 3A 样品孔隙度最低(1000psi 时小于 2%),表明该类岩石存储能力微不足道。

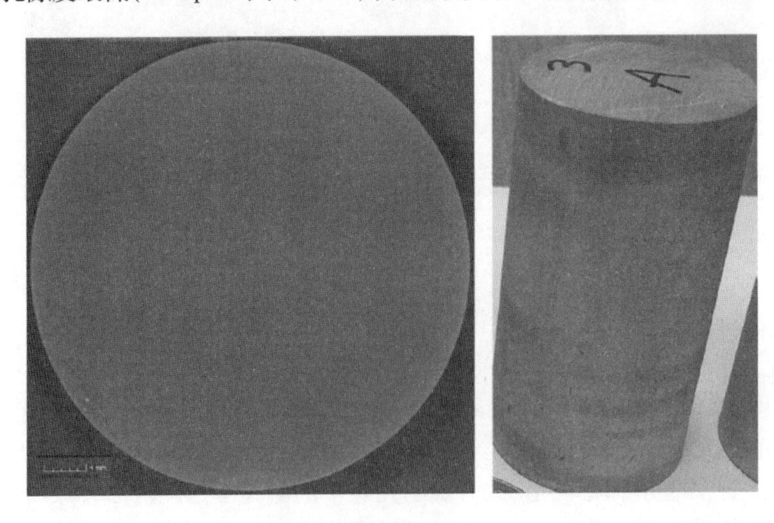

图 18.6 3A 岩心样品
蓝色箭头显示 CT 扫描图像上的裂缝

在使用 CMS-300 进行实验之前,将原始样品处理为直径约 1in 和长度约为 1.8in 柱塞样,并再次检查干燥样品稳定性。Ghanizadeh 等(2014)研究指出,非稳态方法可以更好地评价致密地层岩石渗透率,并且还考虑了滑脱的影响(Klinkenberg 渗透率)。在 CMS-300 测试仪上首先将净围压从 1psi、2.5psi、4psi、5psi 逐渐增加到 6000psi,然后逐渐将围压降低至 5psi、4psi、2.5psi 和 1100psi,测试过程中保持岩心两端应力,其中每一个围压点都测量孔隙度和渗透率。另一方面,CPMS 实验是将围压从 1psi、2.5psi、4psi 逐渐增加到 5000psi,然后将其降低到 1000psi 来进行孔隙度和渗透率测试。在所有实验净有效应力计算中都假设了 Biot 系数保持不变。此外,还将选取的岩心样品进行 CT 扫描和 X 射线衍射分析。

图 18.7 给出了 1000psi 初始有效应力条件下结合 Winland R_{35}测量的 4 个岩心样品的孔隙度和渗透率值。从图中可以看出,样品落在 R_{35}等于 0.1μm 和 1.5μm(不同的流量单位)之间,存储能力分别从样品 1A 减小到 3A。样品 3A 表现为低孔隙度特征(小于 2%),渗透率小于 0.1mD。如图 18.6 所示,该样品渗透率值可能受裂缝影响。

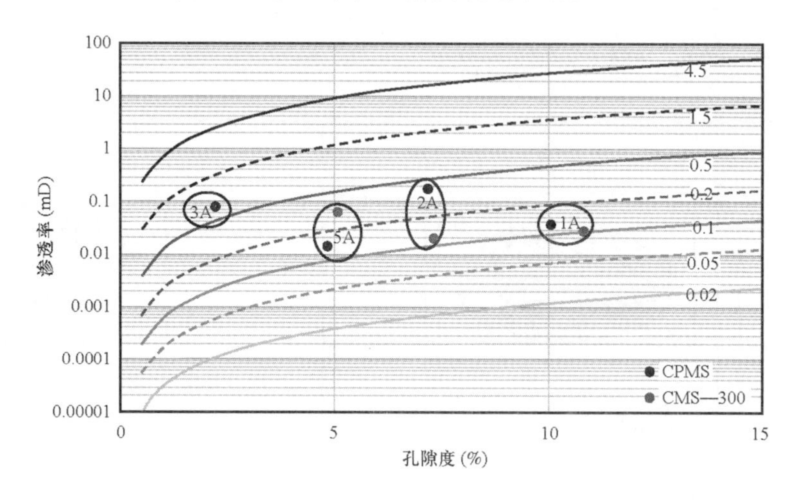

图 18.7 1000psi 的岩心渗透率与孔隙度的关系结合 Winland R_{35}

Winland R_{35}对应于压汞测试中 35% 汞饱和度时的孔喉半径,渗透率和孔隙度分别为 0.014~0.18mD 和 2.25%~10.05%

18.3.3 矿物成分分析

柱塞样品端部去除样品用于分析矿物组分和黏土矿物的体积。利用 McCrone 粉碎机和 SPEX 磨样机将样品粉碎成粉状样品(图 18.8)。将粉末状样品放入铝制样品容器中,然后利用 X 射线衍射仪进行矿物分析。利用峰形拟合处理原始数据确定每个样品的矿物学特征。

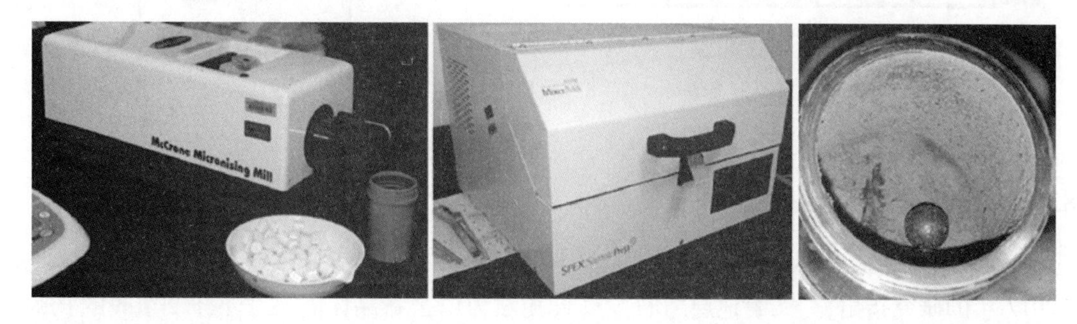

图 18.8 McCrone 粉碎机(左)和 SPEX 磨样机(中间)用于将样品粉碎成粉状

附录中表1给出了5个样品的XRD结果。结果显示,所有样品中白云石是主要矿物,含量范围45% ~68%。石英体积含量稳定在10% ~12.5%。伊利石是所有样品中主要黏土矿物,含量范围9% ~14%。

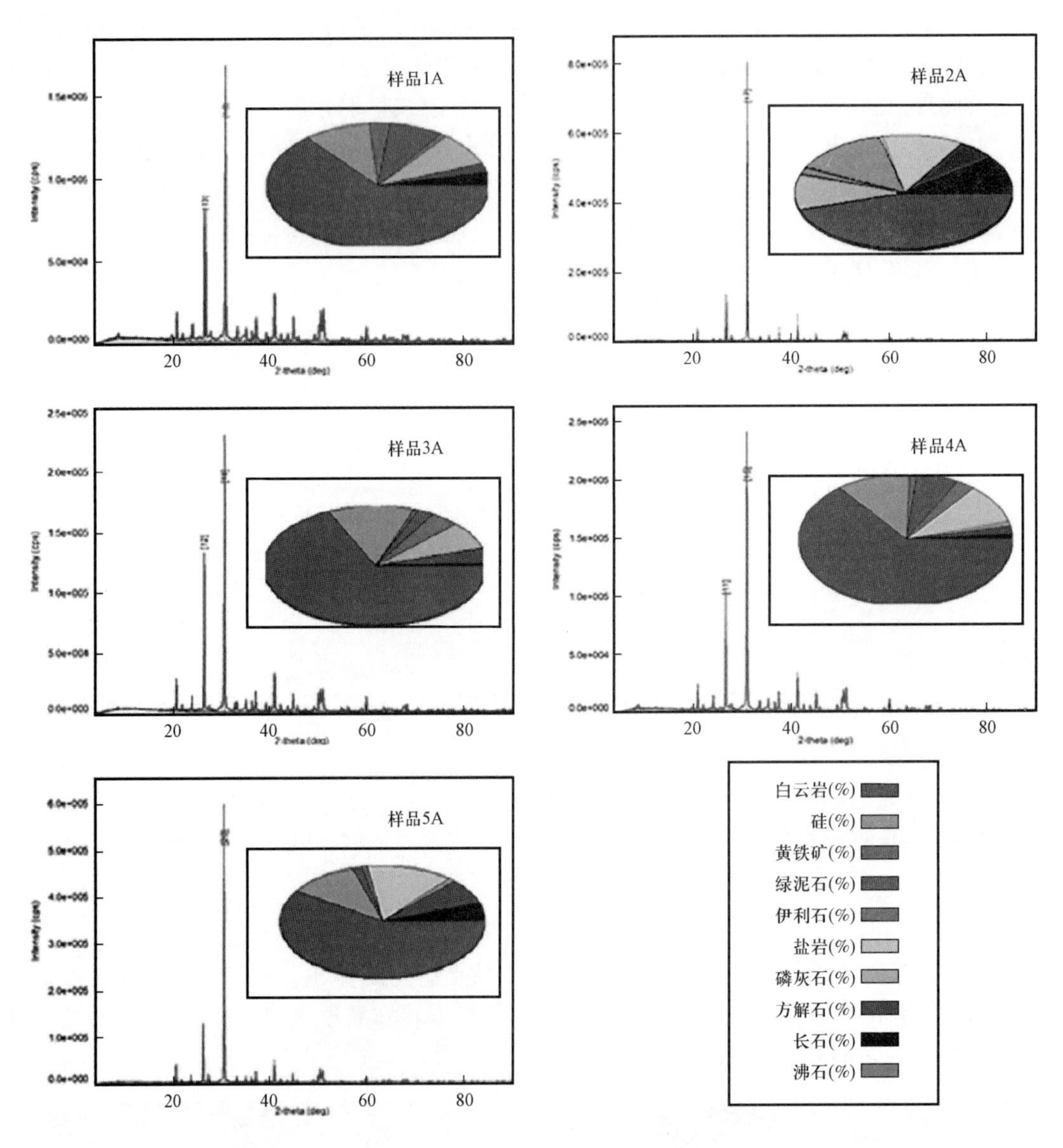

图18.9　Charlie Sorensen17－8－3TFH井样品矿物学XRD分析结果

18.3.4　扫描电子显微镜

扫描电子显微镜(SEM)测试目的是表征上三叉组地层岩石孔隙形状和尺寸。Johnson等在2017年的研究指出,三叉组地层岩石中最大孔隙为白云石晶体间尺寸小于20μm的孔隙。为了利用扫描电子显微镜(SEM)揭示这些孔隙类型,Loucks等(2009)(Johnson et al.,2017)

利用氩离子铣削抛光样品后测试分析描述这些孔隙。在放大倍率大于1000倍的扫描电子显微镜(SEM)下,可清晰分辨4个样品的孔隙,同时看到不规则分布孔隙。白云石晶体之间主要存在小孔隙或微晶间孔隙,这些孔隙存在于填充白云石晶体之间的晶间孔隙黏土中。图18.10分别给出了5000倍、4000倍和2000倍下拍摄的氩离子铣削表面照片,显示了上三岔组地层岩石层状性质,以及白云质岩层与页岩互层,样品内孔隙呈三角形特征。白云石具有相对较大的晶间孔,尺寸从小于1μm到23μm不等。

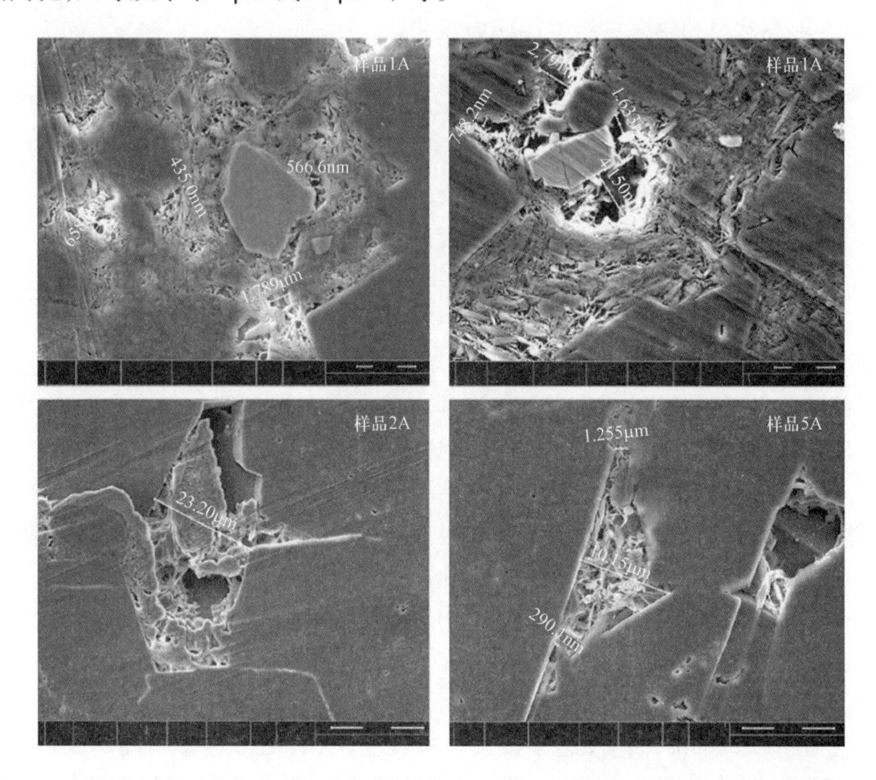

图18.10 Charlie Sorenson 17-8-3TFH井上三岔组地层样品扫描电子显微镜照片

18.4 结果和讨论

渗透率是储层描述和建模的关键参数之一。渗透率随净压力变化直接影响产量和采收率评价。认识渗透率属性应力敏感性是生产动态分析的基础(Teklu et al.,2016b)。另一方面,渗透率和孔隙度迟滞是认识储层在整个开发周期内特征演变的基础。储层衰竭开采期间,通过保持储层压力高于阈值压力降低渗透率和孔隙度的不可逆损失,从而提高产量和动态预测准确性。此外,循环加载和卸载对应的渗透率迟滞有助于认识压裂设计中有效渗透率,进而在未来重复压裂作业中针对不同类型岩石实施针对性措施。

Cui等(2013)指出,储层非均质性和非常规储层特征导致原始应力条件下的渗透率成为最具挑战性的室内测试参数之一。此外,由于测井性质及多孔介质中流动关系,难以通过测井获取准确储层渗透率参数(Dennis,2008;Roland et al.,2007)。如前所述,测试数据中主体为净围压500psi和4000psi条件下的渗透率和孔隙度,选取该应力条件下孔渗数据用于进一步分析。第一步中,建立渗透率和有效应力图版前,通过给定有效应力下的渗透率除以初始(500psi)有效应力下渗透率得到归一化渗透率数值。Charlie Sorenson 17－8－3TFH井样品孔隙度与渗透率除以1000psi围压条件下孔隙度和渗透率值得到归一化数据。归一化渗透率和孔隙度数据去除了初始值影响,可直接用于评价净应力对孔隙度和渗透率的作用。本章针对三岔组地层岩石渗透率和孔隙度进行了研究,并讨论了4个样品的渗透率和孔隙度迟滞效应。此外,还给出了上三岔组和中三岔组地层应力规律。

18.4.1　渗透率和迟滞应力敏感性

选取上三岔组和中三岔组地层6口井中的120块和165块样品分析给定净应力范围内渗透率、孔隙度和净围压之间的关系。由于下三岔组地层发育含水层,本研究不包括下三岔组地层,分别给出了上部地层和中部地层的研究结果。

18.4.1.1　上三岔地层

附录中图1给出了上三岔组地层6口井的渗透率与有效应力函数关系。可以看出,所有样品渗透率都随着净围压的增加而降低,但渗透率损失率存在显著差异。净围压2500psi时,样品渗透率出现峰值损失率,几乎所有样品渗透率都急剧下降。渗透率损失时初始渗透率50%～98%。Charlotte1－22H井除外,该井样品渗透率下降幅度最大,从70%到99%不等,可能与微裂纹闭合有关。总体而言,最终净应力条件下,所研究井样品渗透率损失为初始渗透率65%～98%。Charlotte 1－22H井样品渗透率损失范围为85%～98%。

在Debrecen1－3H井和Hawkinson 14－22H2井中也存在差异,每口井两个样品在循环加载期间表现出渗透率线性降低。在2500psi有效应力条件下渗透率损失率为28%～45%,在4000psi有效应力条件下损失率为42%～72%。

当有效应力超过2500psi时,渗透率损失率保持稳定,表明渗透率已经达到最大损失率。另一方面,在2500psi(小于50%)条件下渗透率损失率较低样品是在最终净应力4000psi条件下的损失率为44%～73%。

图18.11给出了6口井100个样品在初始应力500psi条件下测试Klinkenberg渗透率与最终净应力条件下Klinkenberg渗透率。结果对比显示,渗透率高于0.05mD区间数据呈零散分布特征,最佳拟合关系为幂律函数。

$$\lg K_{CNS} = 0.0581\ (\lg K_{500psi})^{0.7563} \tag{18.4}$$

附录中表2和表3分别给出了Charlie Sorenson 17－8－3TFH井上三岔组地层岩石在循环应力卸载过程中稳态和非稳态渗透率和孔隙度测试结果。渗透率测试围压条件为1000～6000psi,渗透率随着有效应力的增加呈下降趋势。样品在初始围压1000psi条件下初始渗透率存在差异。由于未考虑气体滑脱影响,稳态法测试渗透率相对较高。

利用两种方法进行样品分析,并对应力加载和卸载过程中的渗透率进行归一化处理和成图。图18.12(b)给出了非稳态渗透率测试结果,在5000psi净应力条件下,样品1A和样品2A仅保留了21%和28%的初始渗透率。样品5A渗透率保留了初始渗透率的50%以上。

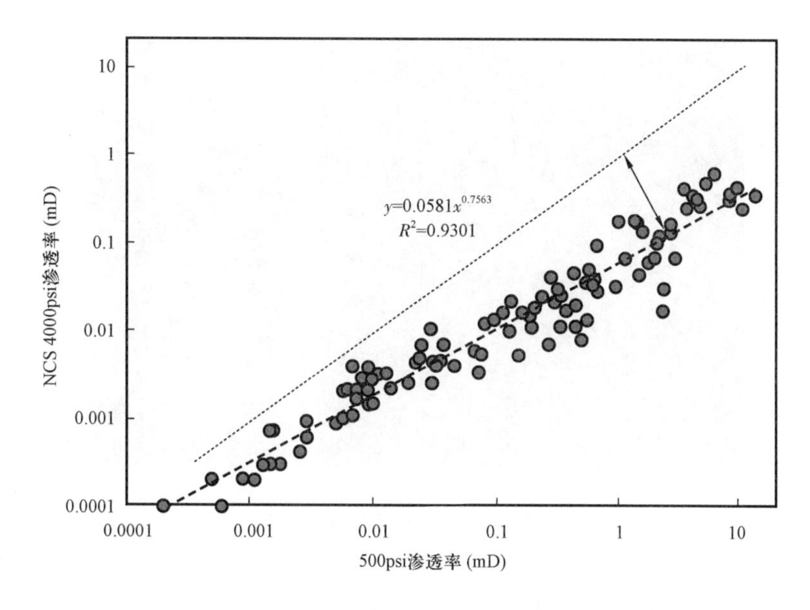

图 18.11 上三岔组地层岩心样品渗透率结果对比

初始净围压 500psi，最终围压 4000psi，样品表现出强渗透率应力敏感性

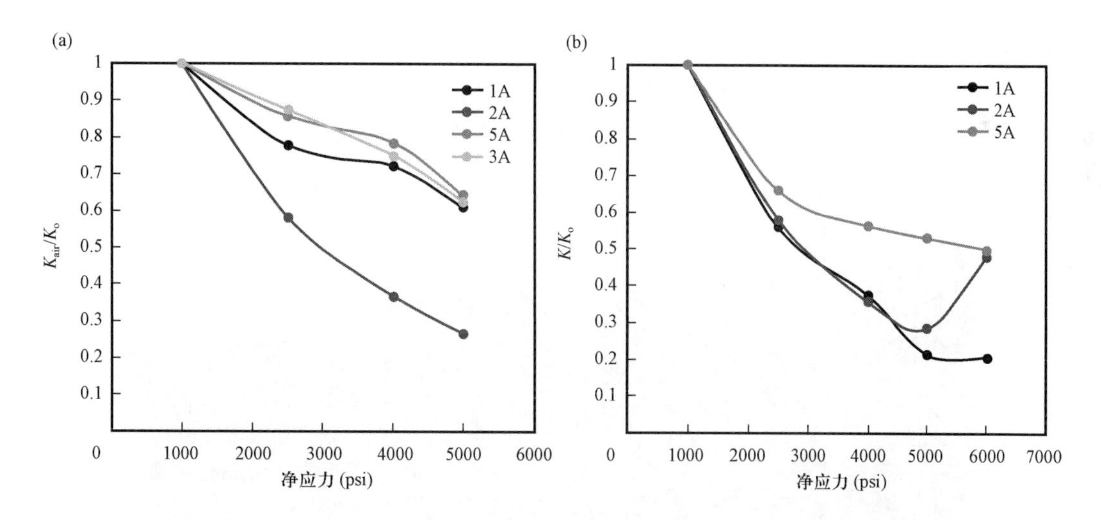

图 18.12 (a)归一化渗透率(CPMS，稳态法)与净应力关系(除样品 2A 外三个样品渗透率损失率基本相当)；(b)三个样品归一化渗透率(CMSS－300，非稳态)与净应力关系(样品 1A 和样品 2A 在 5000psi 条件下渗透率保持率为 21%～28%；相反在 6000psi 时，样品 2A 渗透率增加了 20%)

循环载荷条件下稳态和非稳态测试结果对比显示，两种方法有效应力从 1000psi 增加至 5000psi 时，样品 2A 呈现出基本相同的渗透率变化路径[图 18.12(a)和图 18.12(b)]，在 5000psi 有效应力条件下出现峰值渗透率损失率(超 70%)。高渗透率损失率可通过图 18.13 中微裂缝描述结果进行解释。高应力条件下，样品微裂缝保持闭合状态导致渗透率较低。此外，XRD 矿物分析(附录表 1)显示该样品含有 14% 的伊利石。储层中黏土矿物丰度至关重要。随着应力的增加，黏土矿物会压实和堵塞孔隙空间，最终导致渗透率下降。

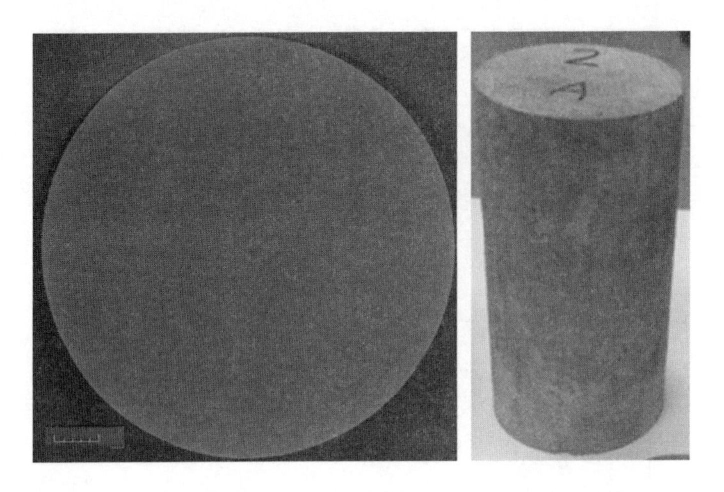

图 18.13 样品 2A 的 CT 扫描图像显示发育大量微裂缝

净应力为 6000psi 条件下,非稳态法测试中样品 2A 的渗透率增加了 20%。可能的原因是高应力重新开启或产生的微裂缝,进而提高了样品渗透率[图 18.12(b)]。此外,附录中 XRD 结果显示样品长石含量为 10%,长石含量可有助于增加岩石脆性和断裂能力(Davies et al. ,2001)。

稳态法中样品 1A 保留了 40% 的初始渗透率(图 18.12)。推测非稳态法中渗透率损失可能与反复应力加载/卸载过程、连通孔隙网络的非弹性行为和微裂缝闭合有关。此外,样品分析显示 UTF 具有角状孔隙的特征(图 18.14)。在应力加载和卸载过程中,该类型孔隙几何形状及孔喉可能会坍塌并导致渗透率损失,这可能也是样品渗透率与应力密切相关的原因。

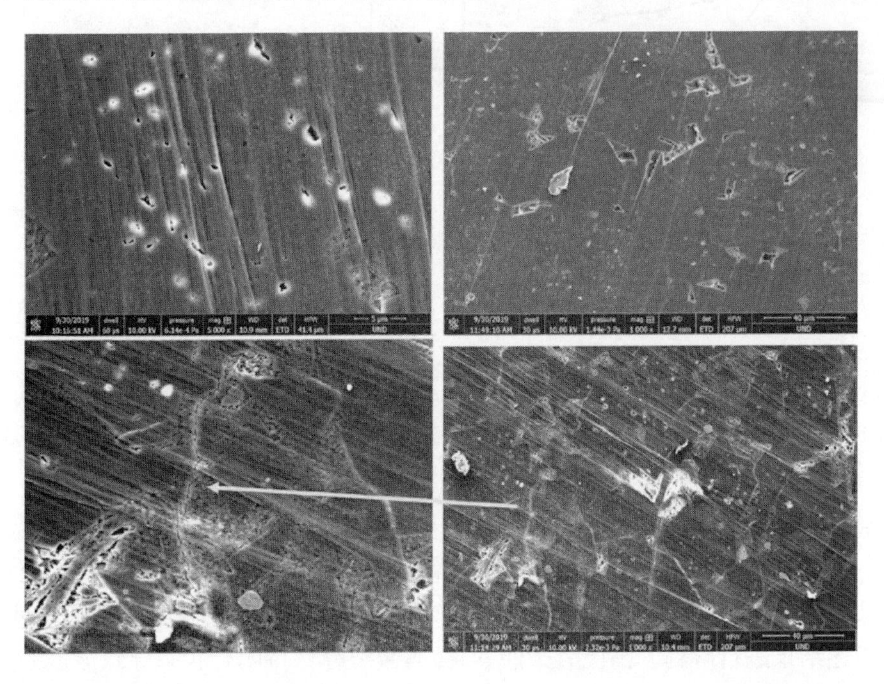

图 18.14 上三叉组地层 Charlie Sorenson 17 - 8 - 3TFH 井 1A 样品扫描电镜照片
岩心样品发育角形孔隙和裂缝

归一化渗透率立方根与围压半对数曲线呈较弱线性关系。图 18.15 中岩心样品 1A 半对数曲线上呈现双线性段特征。双线性段交汇点为围压 4000psi 屈服抗压强度(临界压力)处。第二段线性关系斜率高于第一线性段,表明净围压对样品渗透率影响较大。

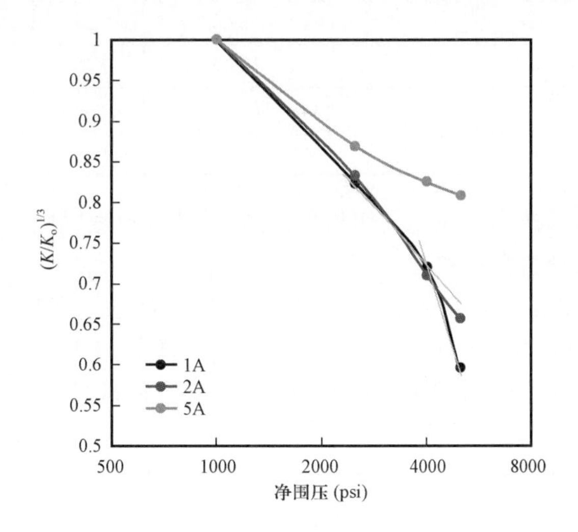

图 18.15 归一化渗透率 K/K_o立方根与净围压半对数坐标系呈非线性关系

样品 1A 表现出双线性段特征

在循环应力卸载过程中(稳态),所有样品都表现出显著的迟滞现象(图 18.16 和表 18.1)。数据统计显示 7% ~32% 原始渗透率无法恢复。样品 2A 出现最大渗透率损失率,其次为样品 3A,渗透率损失率 25%。净围压加载过程中,高围压会导致微裂缝和微裂纹闭合,围压卸载过程中这些微裂纹无法重新开启或只能部分开启。此外,样品 3A 孔隙度低于 2%,围压加载和卸载过程中出现显著迟滞现象。

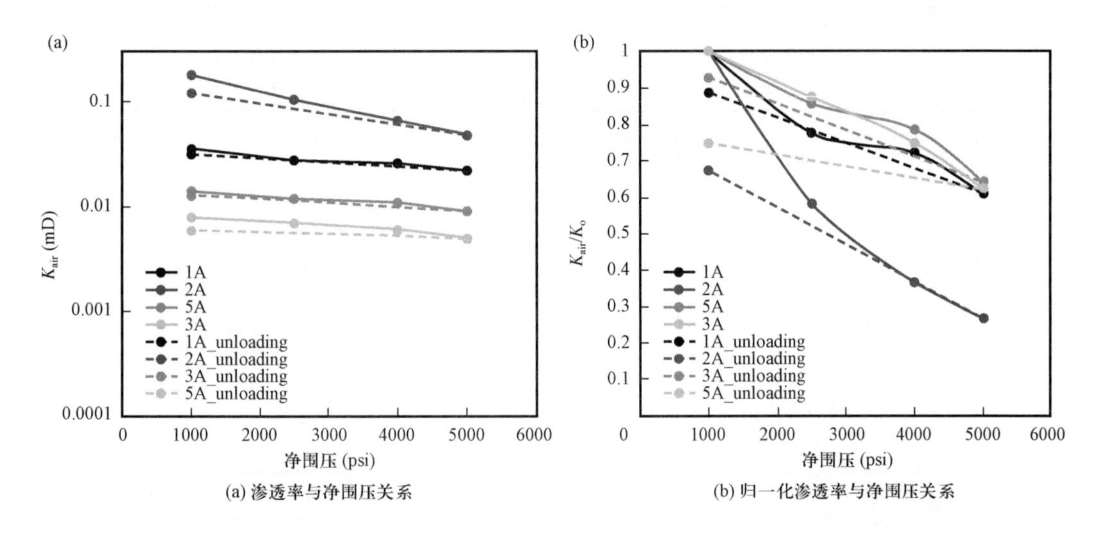

图 18.16 CPMS 稳态法测试结果

显示每个样品在循环应力加载期间渗透率(实线)和应力卸载过程中迟滞(虚线)应力敏感性

表 18.1 应力卸载过程中渗透率迟滞

样品编号	稳态(%)				非稳态(%)			
	5000psi	4000psi	2500psi	1000psi	5000psi	4000psi	2500psi	1000psi
1A	—	—	—	11.11	0.09	14.43	30.0	47.21
2A	—	—	—	32.22	2.52	7.77	8.03	渗透率增加
3A	—	—	—	25	—	—	—	—
4A	—	—	—	7.14	2.92	渗透率增加(无迟滞)		

样品分析结果表明渗透率与应力密切相关,不同样品应力敏感性、渗透率恢复率以及应力加载和卸载过程中迟滞现象存在差异。

图 18.17(a)和图 18.17(b)所示,非稳态法测试应力卸载过程中出现不同的应力路径。尽管样品发育图指示存在微裂缝(图 18.18),但仅 1A 样品表现出永久性迟滞(1000psi 时 47%),初始 Klinkenberg 渗透率从 0.0126~0.0067mD[图 18.17(b)]。

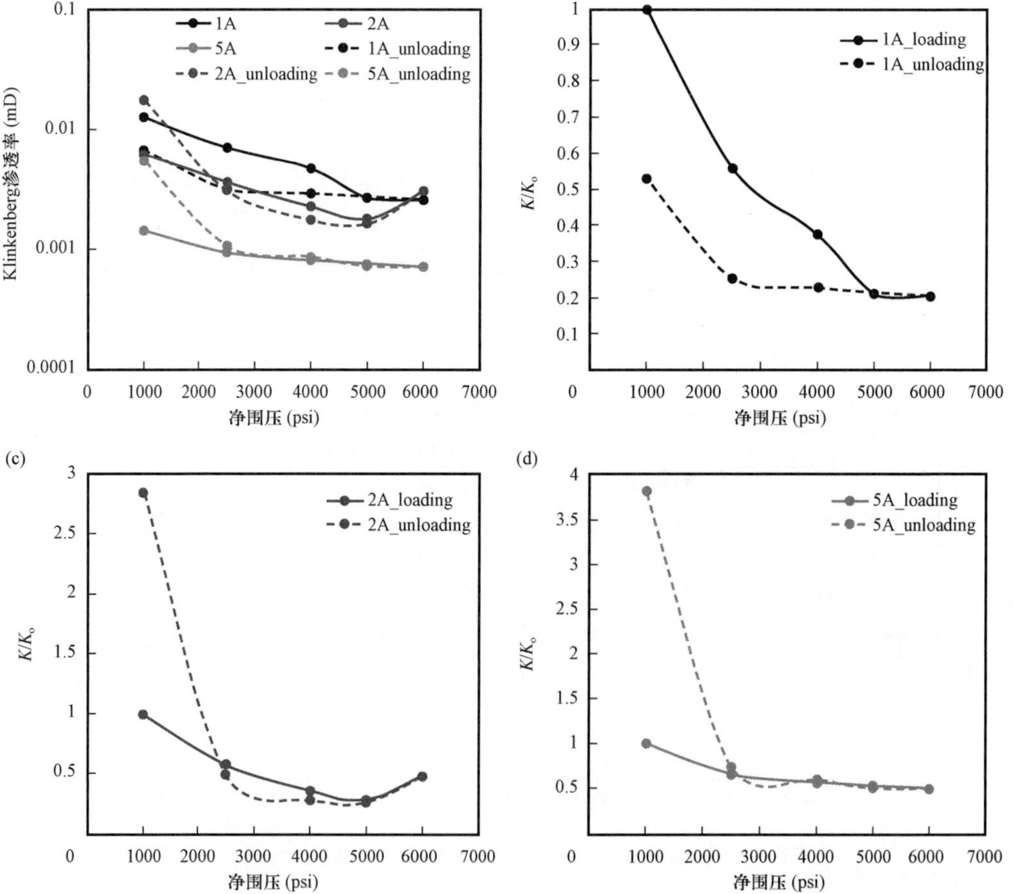

图 18.17 CMS-300 非稳态测试归一化渗透率与净围压关系曲线,上三叉组地层岩心样品循环应力加载(实线)和卸载(虚线)渗透率和迟滞损失

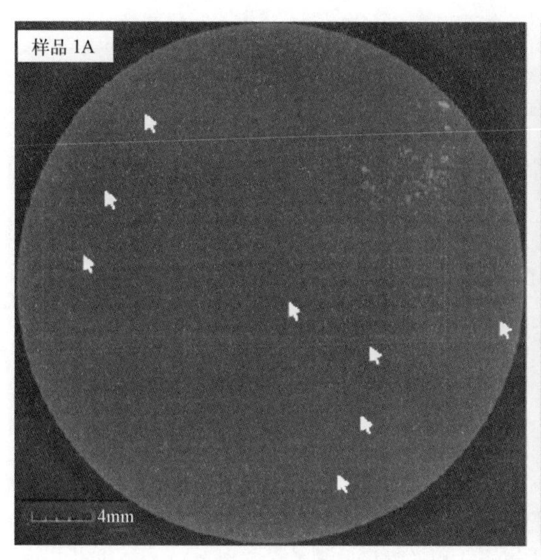

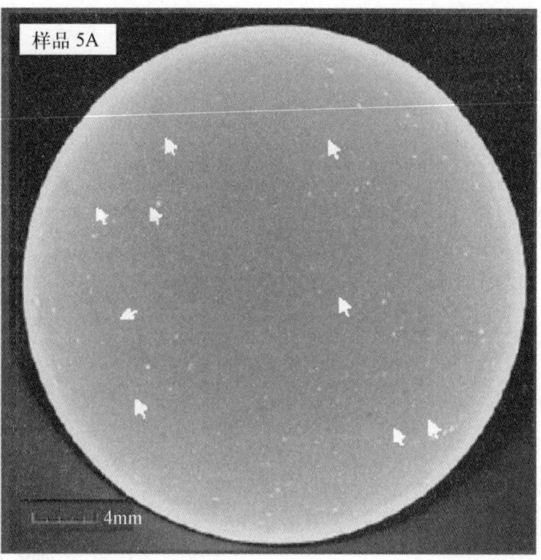

图 18.18　样品 1A 和样品 5A 的 CT 扫描图像

与样品 2A 扫描结果相比，样品 1A 和样品 5A 微裂缝密度较低，图像为循环应力加载和卸载实验前 CT 扫描结果

Nelson 和 Handin(1977)对致密砂岩样品循环应力加载和卸载过程中基质和裂缝渗透率迟滞现象进行了研究。循环应力卸载过程中，随着基质渗透率的增加，裂缝渗透率有时会随着有效应力的下降而降低，这可能是样品 1A 测试结果的原因。

样品 2A 和样品 5A 显示出不同的应力卸载路径[图 18.17(c)和图 18.17(d)]。预期应力卸载过程中渗透率应力敏感性低于应力加载过程中应力敏感性，主要是由于循环应力加载过程中样品存在永久变形(迟滞)。然而，应力卸载过程中，几乎不存在渗透率迟滞现象(表 18.2)。围压从 5000psi 降低至 4000psi 和 2500psi 时，样品 5A 渗透率略高于循环应力加载期间的渗透率。这可能是由于循环应力诱发了微裂缝导致渗透率高于预期。循环应力卸载结束时(1000psi)，样品 2A 和样品 5A 渗透率显著增加。渗透率增加幅度是初始渗透率的 2.5 倍以上[图 18.17(d)和图 18.17(d)]。可能的原因是低应力条件下，微裂缝重新开启并与高应力诱发裂缝相连通增加了渗透率(图 18.19 和图 18.20)。Teklu 等(2016)研究指出，反复应力加载和卸载能够提高有效渗透率，可能导致主裂缝和微裂缝相连通产生新的流动通道。该研究可用于解释三岔组地层油井重新开井、枯竭或注入作业期间产量上的变化。

表 18.2　应力加载过程渗透率测试结果与 1000psi 围压渗透率测试结果对比

样品编号	稳态(%)				非稳态(%)			
	5000psi	4000psi	2500psi	1000psi	5000psi	4000psi	2500psi	1000psi
1A	22.2	27.8	38.9	—	44.1	62.5	78.7	79.5
2A	41.7	63.3	73.3	—	42.5	64.2	71.5	52.0
3A	12.5	25.0	37.5	—	—	—	—	—
4A	14.3	21.4	35.7	—	34.2	43.7	47.0	50.3

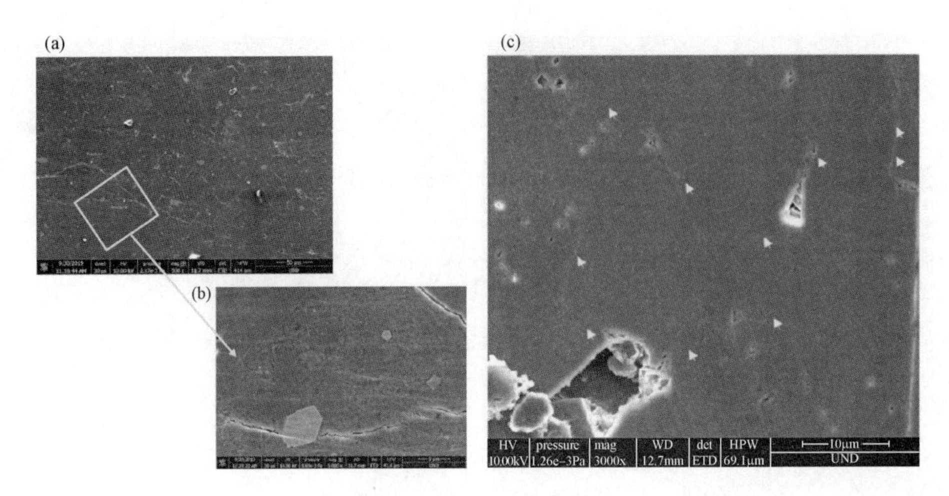

图 18.19 (a)样品 2A 和 5A 扫描电镜照片;(b)样品 2A 放大 5000 倍氩离子抛光表面断裂和微裂纹;(c)样品 5A 放大 3000 倍氩离子抛光表面微裂缝

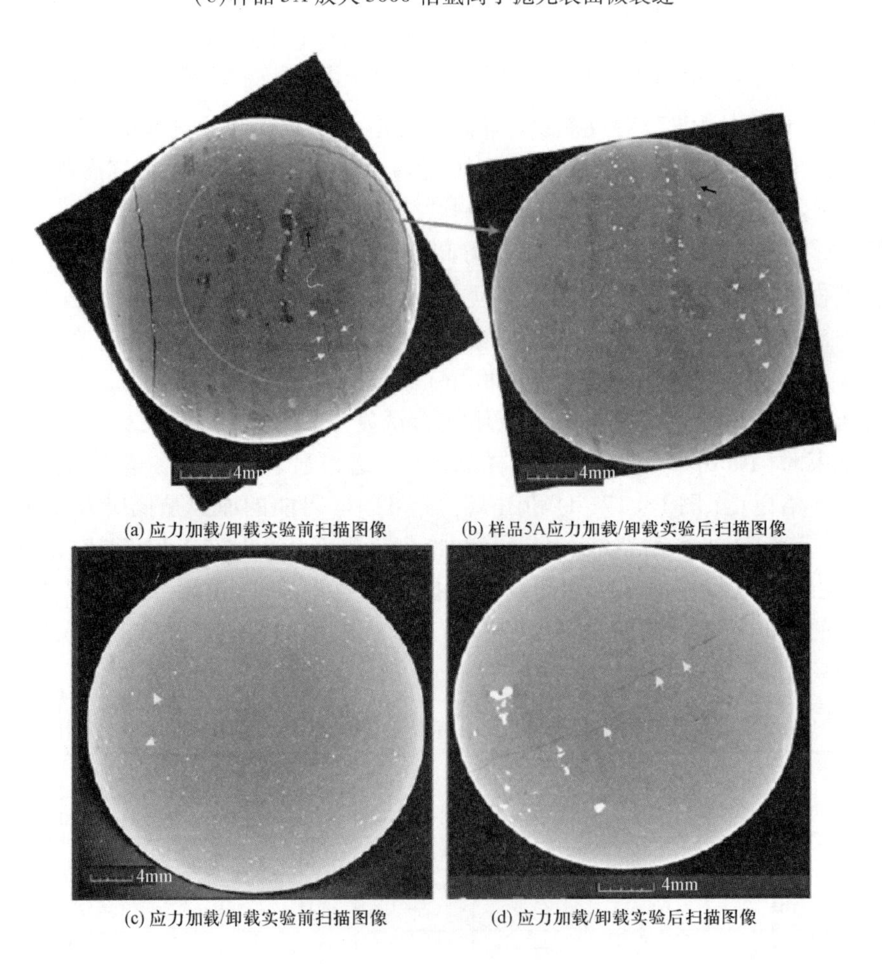

图 18.20 样品 2A 的 CT 扫描图像

18.4.1.2 中三岔地层

按照上三岔组地层研究流程,分析循环载荷对中三岔组地层岩心样品渗透率的影响,具体测试结果见附录中图 3 和图 4。渗透率测试过程中,有效应力周期性增加由 500psi 增加至 4000psi。最大围压条件下,渗透率损失率高达 99%。在围压为 500 ~2500psi 的低有效应力范围内,岩心样品渗透率损失率范围为 30% ~99%。测试结果表明,渗透率应力敏感性呈非线性变化趋势。所有样品中,渗透率均与围压密切相关。不同岩心样品渗透率应力敏感性存在差异,占比 2% 的岩心样品渗透率随着围压的增加而线性下降,最终围压条件下渗透率损失率范围为 48% ~80%。

图 18.21 绘制了取自 6 口井 165 块岩心样品在初始围压条件下 Klinkenberg 渗透率与在最终围压条件下 Klinkenberg 渗透率。结果表明,渗透率分散程度远高于上三岔组地层样品测试结果,渗透率应力敏感性在相似范围内。渗透率与围压呈幂律函数规律:

$$\lg K_{\mathrm{NCS}} = 0.0833\,(\lg K_{\mathrm{initial}})^{0.825} \tag{18.5}$$

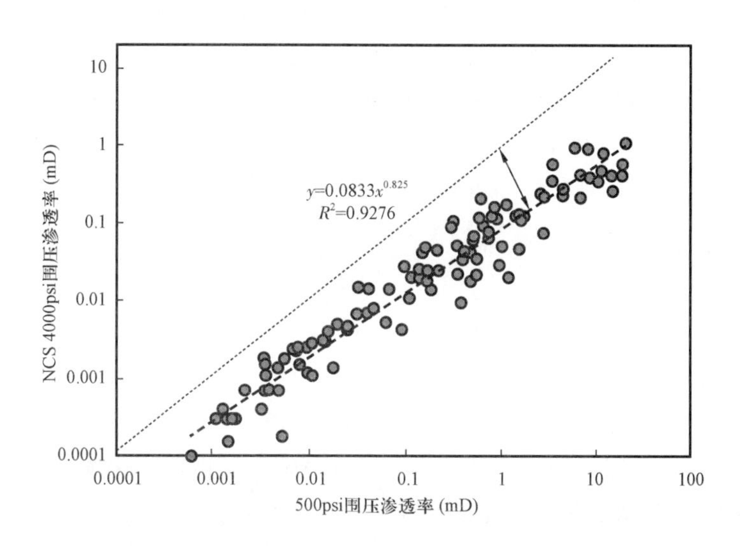

图 18.21 中三岔组地层(165 个岩心样品)NCS4000psi 围压渗透率与 500psi 围压渗透率交会图表现出强渗透率应力敏感性(诱导裂缝提高渗透率样品已排除)

18.4.2 净应力渗透率演化

前述章节测试及分析结果显示,渗透率与净应力呈复杂变化关系,根据净应力可预测渗透率。根据附录中图 2 和图 4,上三岔和中三岔组地层归一化渗透率立方根与净应力对数关系表明,围压在 500 ~4000psi 净应力范围内,渗透率与净应力呈非线性关系。此外,Charlie Sorenson 17 -8 -3TFH 井样品分析结果显示,渗透率随净应力增加呈非线性下降趋势(图 18.22)。

Hoholick 等(1984)和 David 等(1994)提出了一个指数关系模型用于描述应力与渗透率关系:

$$K = K_{\mathrm{o}} e^{[-\gamma(P_{\mathrm{eff}} - P_{\mathrm{o}})]} \tag{18.6}$$

式中 K——净围压条件下渗透率;

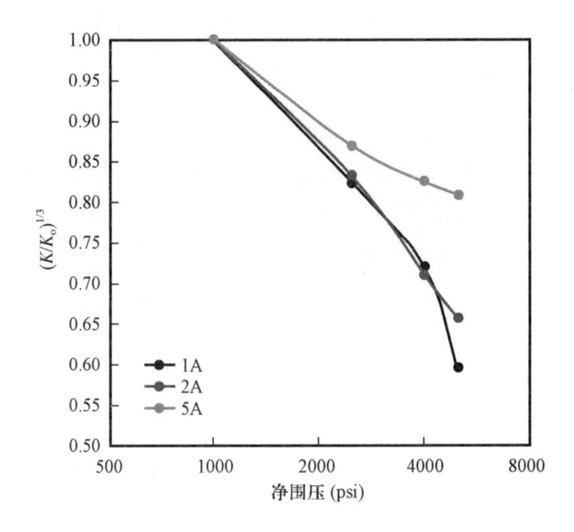

图 18.22 归一化渗透率立方根与围压对数关系曲线(非稳态)

K_o——大气压(0.1MPa,14.5psi)条件下初始渗透率;

γ——压力敏感系数(材料常数),随着压力敏感系数的增加渗透率呈快速下降规律(Davis et al. ,1994)。

除此之外,渗透率应力敏感性还可以描述为幂律关系式:

$$K = K_o \left(\frac{P_{eff}}{P_o}\right)^{-P} \tag{18.7}$$

式中 P——材料常数。

附录中目标井岩心样品渗透率在给定应力区间(500~4000psi)随着应力的增加呈指数规律下降趋势。Charlie Sorenson 井上三岔组地层样品渗透率与净应力同样呈指数变化规律。图 18.23 给出了应力 1000~5000psi 范围内渗透率与净应力呈指数变化规律。K_o和 γ 参数由拟合方程确定,表 18.3 给出了相应拟合参数值。

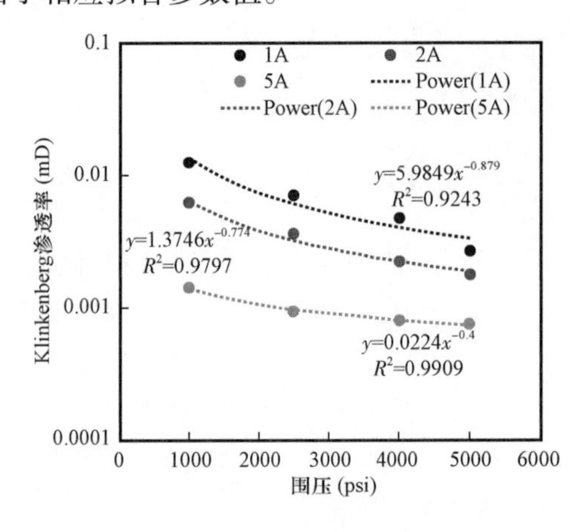

图 18.23 Sorenson 17-8-3TFH 井循环应力加载渗透率应力敏感曲线

渗透率与围压呈指数关系

表 18.3 基于渗透率测试数据曲线拟合应力敏感参数表

渗透率								
样品编号	循环应力加载				循环应力卸载			
	指数关系		幂律关系		指数关系		幂律关系	
	K_o	γ	K_o	P	K_o	γ	K_o	P
1A	0.018	4×10^{-4}	5.9849	0.879	0.0071	2×10^{-4}	0.3232	0.570
2A	0.0083	3×10^{-4}	1.3746	0.774	0.0225	6×10^{-4}	30.658	1.542
3A	0.0016	2×10^{-4}	0.022	0.400	0.0061	5×10^{-4}	676.99	1.270

与 David 等(1994)报道的砂岩参数相比,本研究中获得的在循环加载下在 γ 值较上三叉组地层样品低。对于幂律模型,三个样品在循环加载下的参数 P 值从 0.4 变化到 0.879。从图 18.24 可以看出,幂律函数关系拟合的结果比样本 5A 的指数函数拟合的结果好。

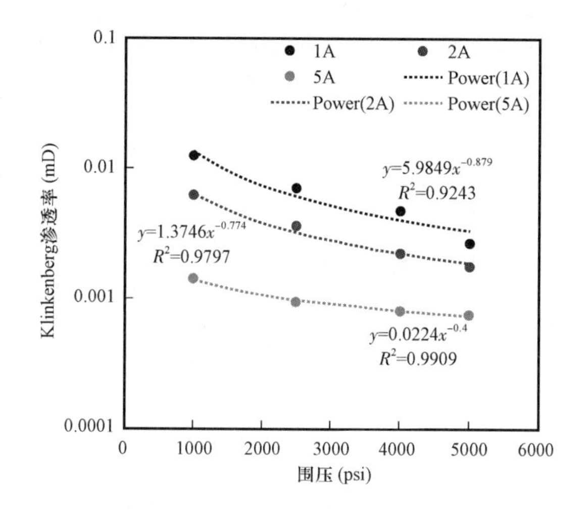

图 18.24 Sorenson 17-8-3TFH 井循环应力加载渗透率应力敏感渗透率与围压呈幂律关系

图 18.25 和图 18.26 给出了循环应力卸载过程中渗透率应力敏感性测试结果。幂律函数关系拟合结果显示,样品 2A 和样品 5A 拟合 P 值远高于样品 1A,表明两块样品渗透率应力敏感性远高于样品 1A,并且 K_o 数值区间更大。幂律函数能够更准确地描述循环应力卸载渗透率与净应力关系,拟合相关系数高于 0.93。

18.4.3 孔隙度和迟滞应力敏感性

本节重点研究循环应力加载过程中上三岔组和中三岔组地层岩心样品孔隙度应力敏感性特征。

18.4.3.1 上三岔地层

选取与上节相同取心井,针对 120 个岩心样品测试上三岔组地层在循环应力加载条件下孔隙度的应力敏感性。相同净应力范围(500~4000psi)测试样品孔隙度并做归一化数据

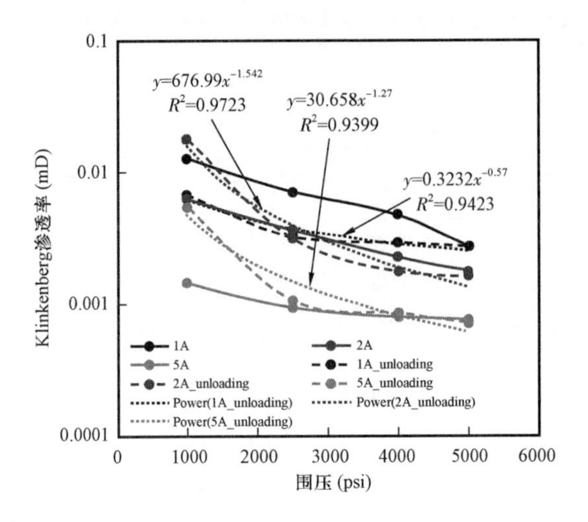

图 18.25 Sorenson 17－8－3TFH 井循环应力卸载渗透率应力敏感曲线
渗透率与围压呈幂律关系

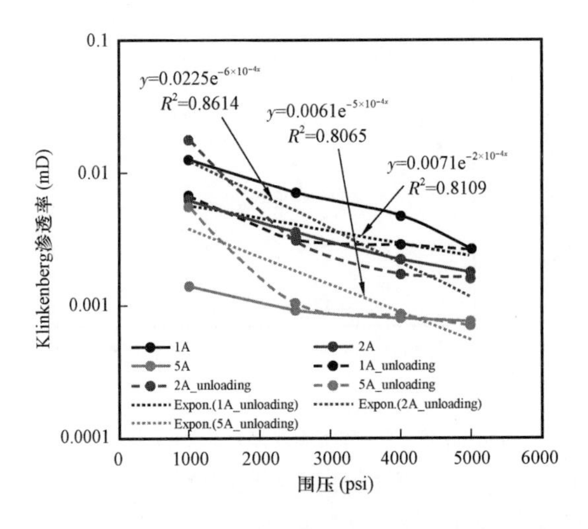

图 18.26 Sorenson 17－8－3TFH 井循环应力卸载渗透率应力敏感曲线
渗透率和净应力呈指数关系

处理。Charlie Sorenson 井岩心样品数据集包含 1000～6000psi 应力变化区间循环应力加载和卸载过程中的孔隙度测试数据。孔隙度测试结果与前期收集孔隙度测试数据基本相似。

测试数据及分析结果表明,孔隙度随净应力增加而逐渐下降,孔隙度损失率相对低于渗透率应力敏感性损失率(附录中图 5)。在 500～2500psi 低应力区间内,孔隙度损失率为 2%～6%。有效应力在 2500～4000psi 应力区间内,孔隙度损失率为 1%～3.5%。Pojorlie 21－2－1H 井除外,该井样品在 500～2500psi 低应力区间内孔隙度损失率为 2%～12%。有效应力在 2500～4000psi 应力区间内,孔隙度损失率为 1%～5%。

图 18.27 给出了同一口井中最终净应力条件下孔隙度与初始应力孔隙度结果对比。与渗

透率应力敏感性相比,孔隙度应力敏感性相对较弱,孔隙度和应力呈线性拟合关系:

$$\phi_{CNS} = 1.0014\phi_{500\ psi} - 0.2962 \tag{18.8}$$

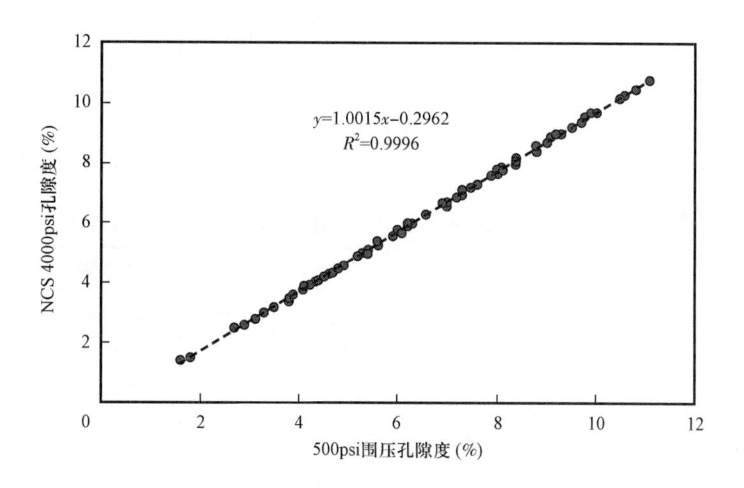

图 18.27　上三岔组地层 120 块样品 4000psi 围压孔隙度与 500psi 围压孔隙度
孔隙度应力敏感性低于渗透率应力敏感性

Charlie Sorenson 17 - 8 - 3TFH 井孔隙度测试结果显示,孔隙度随着应力增加的下降幅度与其他研究井相似,图 18.27 给出了测试结果。非稳态和稳态两种方法测试的孔隙度均随着应力呈非线性下降趋势,应力变化范围为 1000 ~ 4000psi。4000psi 围压条件下,多数样品孔隙度保持率超 92%,两种测试方法孔隙度损失率范围为 1.7% ~ 7.9%,其中样品 3A 的孔隙度损失率较大(表 18.4)。测试结果表明在此净应力范围内,孔隙度应力敏感性相对较低。在循环载荷最终净应力条件下,样品 1A 净应力由 4000psi 增加到 5000psi 和 5000psi 增加到 6000psi 时,孔隙度损失率分别为 13.7% 和 9.5%,如图 18.28 和表 18.5 所示。该类孔隙度大幅降低特征证实了孔隙塑性特征(样品 1A)。此外,非稳态和稳态测试结果都表现出显著的孔隙度迟滞现象(图 18.29)。

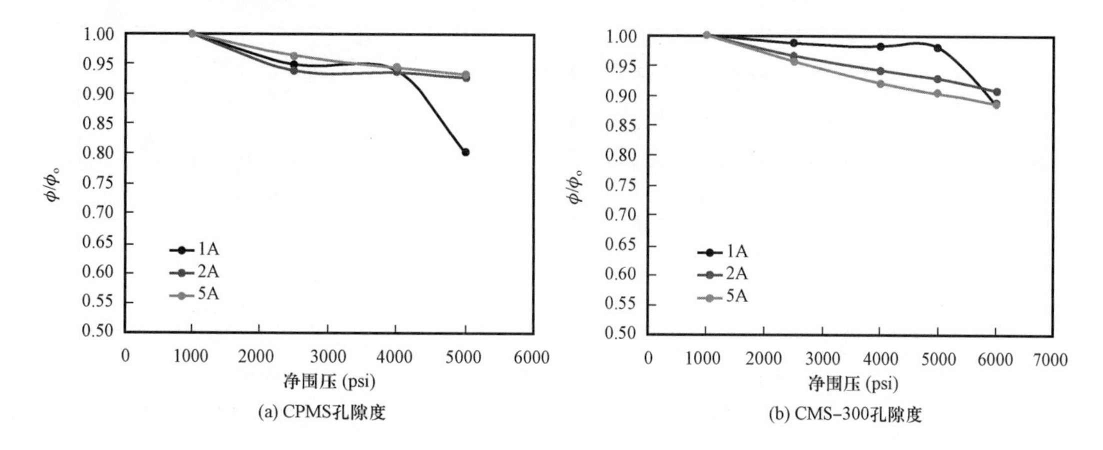

图 18.28　Charlie Sorenson 17 - 8 - 3TFH 井归一化孔隙度与净围压曲线

表 18.4 循环应力加载条件下，以 1000psi 围压孔隙度为基准的不同围压条件下孔隙度损失率

样品编号	稳态孔隙度损失率(%)				非稳态孔隙度损失率(%)			
	2500psi	4000psi	5000psi	6000psi	2500psi	4000psi	5000psi	6000psi
1A	5.1	6.1	19.8	—	1.3	1.7	1.9	11.2
2A	6.0	6.3	7.2	—	3.3	5.7	7.0	9.2
3A	8.7	12.8	22.6	—	—	—	—	—
5A	3.6	5.5	6.7	—	4.3	7.9	9.6	11.3

表 18.5 循环应力加载条件下，以 1000psi 围压孔隙度为基准的不同围压条件下孔隙度损失率

样品编号	稳态孔隙度损失率(%)				非稳态孔隙度损失率(%)			
	5000psi	4000psi	2500psi	1000psi	5000psi	4000psi	2500psi	1000psi
1A	—	—	—	3.2	8.9	9.0	8.7	8.14
2A	—	—	—	4.6	1.8	2.2	2.8	3.9
3A	—	—	—	11.9	—	—	—	—
5A	—	—	—	4.3	1.6	2.8	2.9	小幅增加

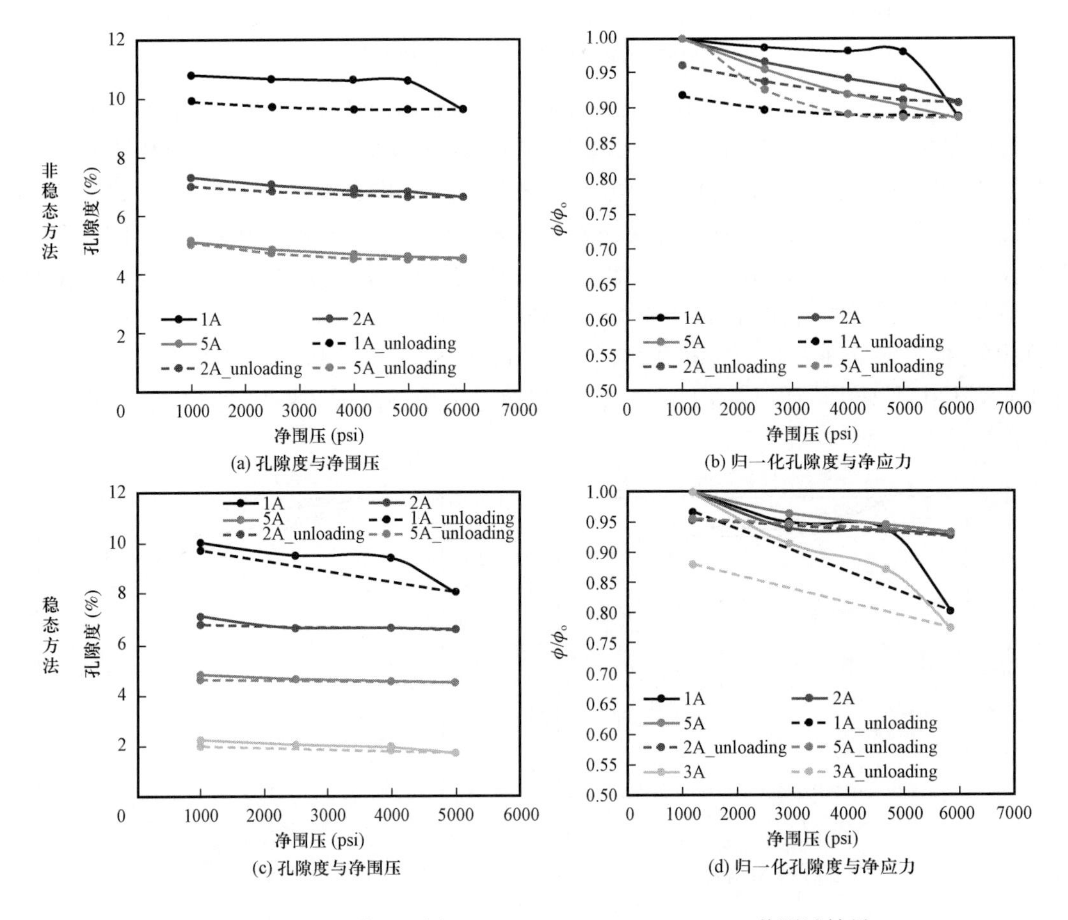

图 18.29 上三岔组地层 Charlie Sorenson 17－8－3TFH 井测试结果

给出了每块样品循环应力加载过程应力敏感性(实线)和循环卸载过程(虚线)

非稳态方法测试结果中,样品 1A 和样品 2A 的孔隙度损失率分别为 9% 和 4%[图 18.30(a)和图 18.30(b)]。孔隙度迟滞现象能够更好地认识渗透率迟滞特征。孔隙度微小损失(8%)直接大幅影响渗透率(损失率 47%)。然而,样品 5A 测试结果中出现渗透率增加特征[图 18.30(c)]。

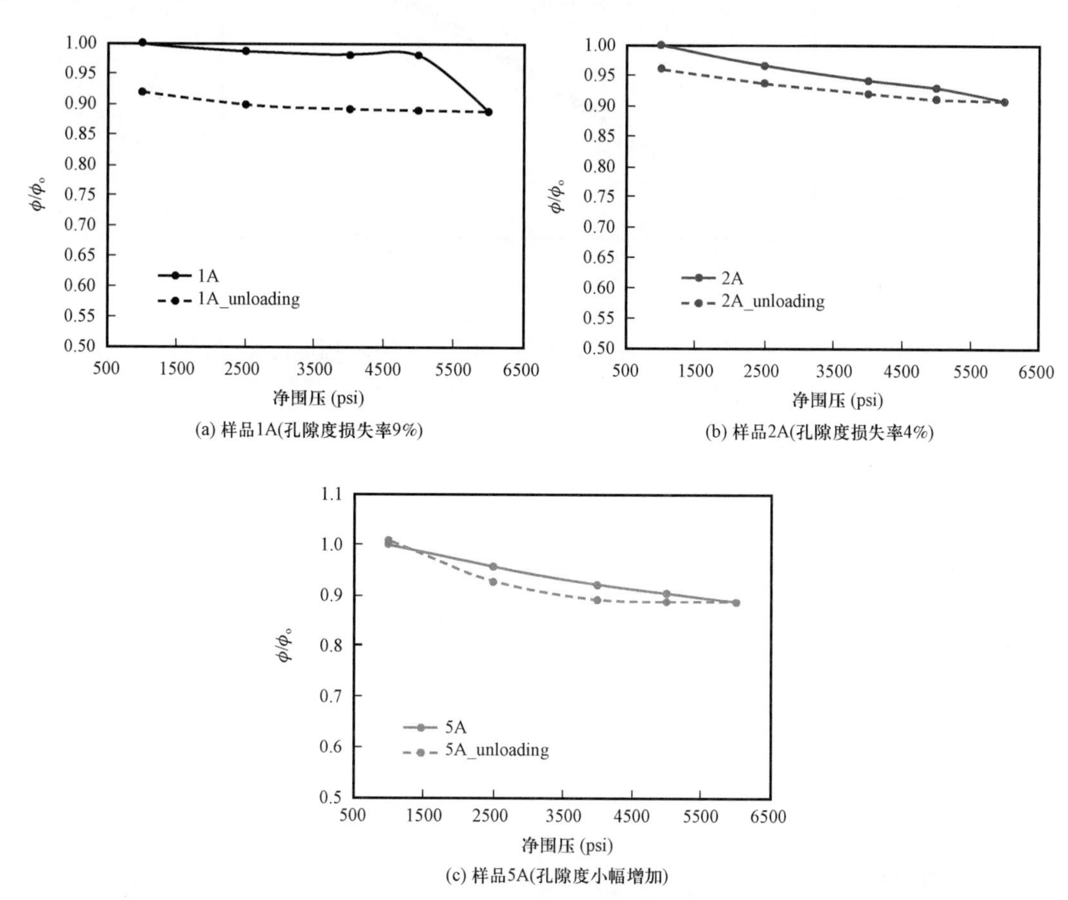

(a) 样品1A(孔隙度损失率9%)

(b) 样品2A(孔隙度损失率4%)

(c) 样品5A(孔隙度小幅增加)

图 18.30 Charlie Sorenson 17-8-3TFH 井非稳态方法测试归一化孔隙度与净有效应力变化关系循环应力加载过程(实线)孔隙度应力敏感及迟滞现象(虚线)

18.4.3.2 中三岔地层

附录中图 7 给出了中三岔组地层岩心样品 500~4000psi 应力范围内孔隙度损失率。测试结果显示,6 口井(165 块样品)在最终应力条件下孔隙度保持率超 93%。所有样品中仅占比 3% 的样品在 4000psi 围压条件下孔隙度保持率低于 90%。在低净应力 500~2500psi 范围内,孔隙度损失率 1%~10%。

结果表明,所有样品孔隙度应力敏感性均低于渗透率应力敏感性,图 18.31 给出了测试结果,孔隙度与净应力呈线性变化关系。

$$\phi_{CNS} = 1.0015\phi_{500psi} - 0.2992 \quad (18.9)$$

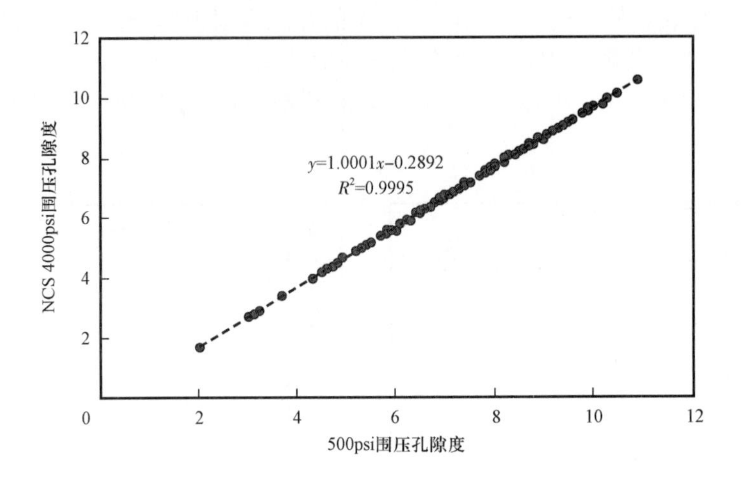

图 18.31　中三岔组地层 165 块样品 500psi 围压和 4000psi 围压孔隙度交会图

测试结果表现出较弱孔隙度应力敏感性,数据已去除含裂缝样品

18.4.4　净应力孔隙度

许多学者利用经验公式表征有效孔隙度、渗透率和净应力变化规律。Schmoker 和 Halley (1982)针对碳酸盐岩储层给出了孔隙度与净应力指数关系:

$$\phi = \phi_o e^{[-\beta(p_e - p_o)]} \quad (18.10)$$

式中　β——材料常数。

Dong 等(2010)给出了孔隙度和净应力的幂律关系:

$$\phi = \phi_o \left(\frac{p_e}{p_o}\right)^{-P} \quad (18.11)$$

式中　P——材料常数。

利用经验公式对 6 口井(附录)孔隙度数据和 Charlie Sorenson 17－8－3TFH 井 3 块岩心样品孔隙度数据进行拟合。

图 18.32 中归一化孔隙度立方根与净应力对数呈非线性变化规律。样品 1A 和样品 2A 测试结果符合幂律函数关系,样品 5A 数据更符合指数函数关系(图 18.33 和图 18.34)。表 18.6 给出了 ϕ_o、β 和 P 的拟合参数值。样品 1A、样品 2A 和样品 5A 拟合结果显示,循环应力加载过程拟合参数 P 值范围为 0.012～0.062,循环应力卸载过程中拟合参数 P 值范围为 0.019～0.076。循环应力加载和卸载条件下,幂律拟合模型 ϕ_o值高于指数函数 ϕ_o值。

18.4.5　渗透率随孔隙度演化规律

图 18.35 给出了渗透率随孔隙度变化双对数曲线,通过相同围压下数据确定孔隙度和渗透率与净围压增加之间的相关关系。数据分析结果显示,指数拟合规律符合上三岔组地层 3 块岩心样品的数据测试结果。

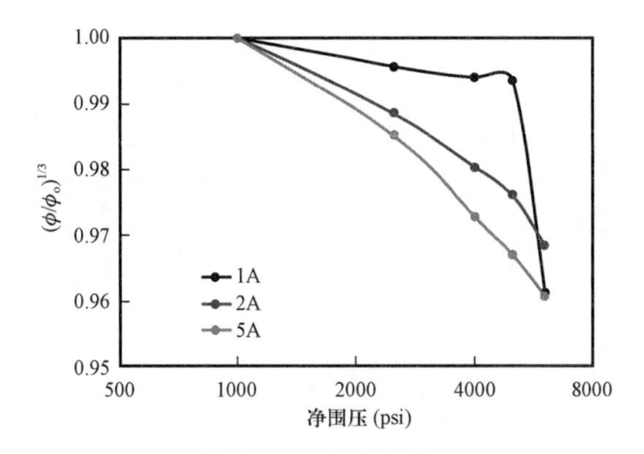

图 18.32 Charlie Sorenson 17－8－3TFH 井归一化孔隙度立方根与净围压对数值关系曲线(非稳态)孔隙度和净围压呈非线性关系

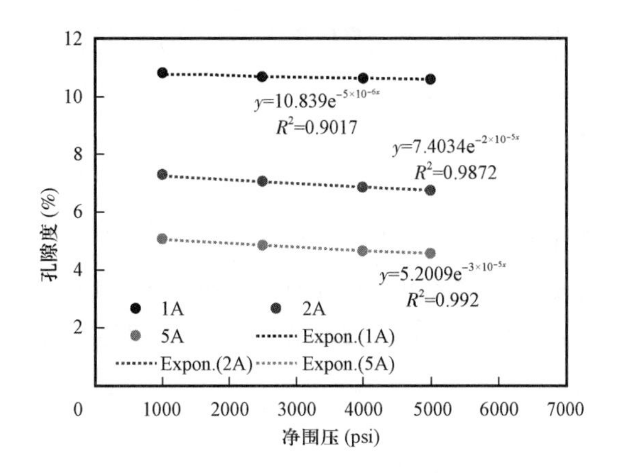

图 18.33 Charlie Sorenson 17－8－3TFH 井岩心样品循环应力加载条件下孔隙度应力敏感曲线孔隙度和净围压呈指数关系

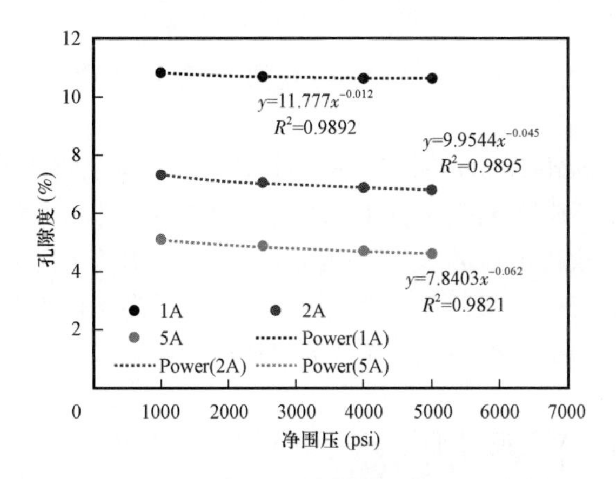

图 18.34 Charlie Sorenson 17－8－3TFH 井岩心样品循环应力加载条件下孔隙度应力敏感曲线孔隙度和净围压呈幂律关系

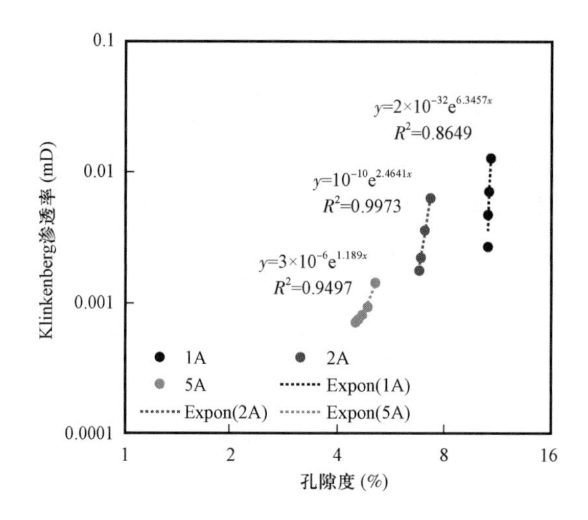

图 18.35 上三岔组地层 Sorenson 17 -8 -3TFH 井净围压上升条件下渗透率和孔隙度双对数曲线

18.5 结论

本章针对三岔组上部和中部一组岩心样品渗透率和孔隙度应力敏感性进行了研究,测试条件为围压从初始净应力变化至储层净有效应力。系统分析了 Charlie Sorenson 17 -8 -3TFH 井上三岔组 4 个样品在应力卸载条件下的测试结果,给出了渗透率、孔隙度和净围压之间的关系,得到如下结论。

(1)渗透率和孔隙率随净围压增加而降低。实验测试结果表明,循环应力加载条件下,95% 岩心样品初始渗透率损失率为 50% ~98%。与渗透率敏感性程度相比,上三岔组和中三岔组地层岩心样品孔隙度应力敏感性程度较低。

(2)500 ~2500 psi 低净应力条件下,部分样品初始渗透率损失率高达 98%,岩心样品中微裂纹显著影响渗透率值。

(3)仅 5% 样品表现出不同的应力敏感性规律,在最终净应力条件下渗透率损失率低于 50%。

(4)上三岔组地层 Charlie Sorenson 17 -8 -3TFH 井岩心样品观测到大量为裂缝。利用稳态和非稳态方法测试循环应力加载条件下渗透率,5000psi 围压条件下表现出渗透率下降,6000psi 最终围压条件下表现出渗透率上升,可能是由于高围压条件下诱发了微裂缝。

(5)循环应力卸载条件下,渗透率出现不可逆损失,样品 1A 渗透率不可逆损失率高达 47%。迟滞现象是孔隙几何形状的函数,循环应力加载和卸载过程可能导致孔隙和微裂缝塌陷,直接影响渗透率。

(6)样品 2A 和样品 5A 上观测到应力卸载过程中渗透率增加现象,渗透率增加幅度是初始渗透率的 2.5 倍以上。低应力条件下,微裂缝可能重启开启并与微裂纹联通,直接导致渗透率增加,为流体提供新的流动路径。此外,循环应力加载过程会剪切微裂缝,低应力条件下可能会诱发裂缝会开启及孔隙尺寸增加,该认识可以解释三岔组地层生产井重新开井或枯竭注入作业期间产量变化特征。

(7)样品 3A 为孔隙度最小值(低于 2%),在循环应力加载和卸载条件下渗透率出现大幅下降。

(8)孔隙度迟滞现象远低于渗透率迟滞现象。孔隙度不可逆损失分别为 11.9%(样品 3A)和 8.14%(样品 1A)。孔隙度应力敏感性基本保持一致。

(9)多数样品归一化渗透率立方根与净有效应力对数呈非线性关系。归一化孔隙度立方根与净有效应力对数同样呈非线性关系。

(10)样品 5A 测试结果存在一定差异,然而总体渗透率与净应力呈指数函数变化规律,孔隙度与净应力呈幂律函数变化关系。

(11)上三岔组地层 Charlie Sorenson 17 – 8 – 3TFH 井样品测试结果显示,渗透率随着净应力的增加表现出快速和显著的下降。稳态和非稳态方法中仅有一个样品测试结果出现高迟滞(47%)。因此,有必要对上三岔组和中三岔组地层样品渗透率迟滞进行实验分析,以便获取具备重复性的测试结果。

(12)原始条件下渗透率是储层表征的关键参数,忽略应力作用会导致渗透率评价偏差,从而直接影响油气藏长期产量预测结果。

(13)围压 2500psi 时渗透率出现急剧下降,选取净应力范围 2500 ~ 3000psi 的渗透率和孔隙度测试结果用于岩石类型表征。

参考文献

Adams, J. A. and Weaver, C. E. (1958). Thorium – uranium ratios as indicators of sedimentary processes: example of concepts of geochemical facies. *Bell. Am. Assoc. Petrol. Geol.* 42 (2): 387 – 430.

Adeniran, A., Elshafei, M., and Hamada, G. (2009). Functional network soft sensor for formation porosity and water saturation in oil wells. 2009 *IEEE Instrumentation and Measurement Technology Conference*. Singapore, pp. 1138 – 1143. https://doi.org/10.1109/IMTC.2009.5168625.

Aguilera, R. (1990). A new approach for analysis of the nuclear magnetic log – resistivity log combination. *Journal of Canadian Petroleum Technology* 29 (1): 67 – 71.

Aguilera, R. (2002). Incorporating capillary pressure, pore aperture radii, height above free watertable, and Winland r 35 values on Pickett plots. *AAPG Bulletin* 86 (4): 605 – 624.

Aguilera, R. (2003). Determination of matrix flow units in naturally fractured reservoirs. *Journal of Canadian Petroleum Technology* 42 (12): 54 – 61.

Aguilera, R. and Aguilera, M. S. (2002). The integration of capillary pressures and Pickett plots for determination of flow units and reservoir containers. *Society of Petroleum Engineers Reservoir Evaluation and Engineering* 5 (6): 465 – 471.

AI Duhailan, M. (2014). Petroleum – expulsion fracturing in organic – rich shales: genesis and impact on unconventional pervasive petroleum systems. Ph. D dissertation. Colorado School of Mines, 206p.

Allen, D., Crary, S., Freedman, S. et al. (1997). How to use borehole nuclear magnetic resonance. *Oilfield Review* 9 (3): 34 – 57.

Allen, D. C., Flaum, T. S., Ramakrishnan, J. et al. (2008). Trends in NMR logging. *Oilfield Review* 12 (3): 2 – 19.

Allen, D., Flaum, C., Ramakrishnan, T. S. et al. (2000). Trends in NMR logging. *Oilfield Review* 12(3): 2 – 19.

Al - Bulushi, N. , King, P. R. , Blunt, M. J. , and Kraaijveld, M. (2009). Development of artificial neural network models for predicting water saturation and fluid distribution. *J. Pet. Sci. Eng.* 68 (3 - 4): 197 - 208.

Alexeyev, A. , Ostadhassan, M. , Bubach, B. et al. (2017). Integrated reservoir characterization of the Middle Bakken in the Blue Buttes field, Williston Basin, North Dakota. *Society of Petroleum Engineers* https://doi.org/10.2118/185664 - MS.

Allwein, E. L. , Schapire, R. E. , and Singer, Y. (2000). Reducing multiclass to binary: a unifying approach for margin classifiers. *J. Mach. Learn. Res.* 1: 113 - 141.

Al - Wardy, W. (2002). Measurement of the Poroelastic Parameters of Reservoir Sandstones. Ph. D. thesis. Imperial College, London.

Bateman, R. M. (1940). Open hole log analysis and formation evaluation. Bell, J. S. and Gough, D. I. (1979). Northeast - southwest compressive stress in Alberta - evidence from oil wells. *Earth and planetary science letters* 45: 475 - 482.

Bernabé, Y. (1991). Pore geometry and pressure dependence of the transport properties in sandstone. *Geophysics* 56: 436 - 446.

Bernabé, Y. , Mok, U. , and Evans, B. (2003). Permeability - porosity relationships in rocks subjected to various evolution processes. *Pure Appl. Geophys.* 160: 937 - 960.

Bernabe, Y. , Brace, W. F. , and Evans, B. (1982). Permeability, porosity and pore geometry of hot - pressed calcite. *Mech. Maters.* 1982 (1): 173 - 183.

Berwick, B. R. (2008). Depositional environment, mineralogy, and sequence stratigraphy of the Late Devonian Sanish Member (upper Three Forks Formation), Williston Basin, North Dakota. Master' s thesis. Colorado School of Mines, Golden, Colorado, 262p.

Bottjer, R. , Sterling, R. , Grau, A. , and Dea, P. (2011). Stratigraphic relationships and reservoir quality at the Three Forks - Bakken unconformity, Williston basin, North Dakota. In: *The Bakken - Three Forks Petroleum System in the Williston Basin* (ed. J. W. Robinson, J. A. LeFever, and S. B. Gaswirth), 173 - 228. Rocky Mountain Association of Geologists.

Boualam, A. (2019). Impact of stress on the characterization of the flow units in the complex three forks reservoir, williston basin. Theses and Dissertations. 2839. https://commons.und.edu/theses/2839.

Boualam, A. , Rasouli, V. , Dalkhaa, C. , and Djezzar, S. (2020a). Advanced petrophysical analysis and water saturation prediction in three forks, Williston basin. *SPWLA 61st Annual Logging Symposium.* Virtual Online Webinar (June 2020). https://doi.org/10.30632/SPWLA - 5104.

Boualam, A. , Rasouli, V. , Dalkhaa, C. , and Djezzar, S. (2020b). Stress - Dependent Permeability and Porosity in Three Forks Carbonate Reservoir, Williston Basin. *54th U. S. Rock Mechanics/ Geomechanics Symposium.*

Bush, D. C. and Jenkins, R. E. (1970). Proper hydration of clays for rock property determinations. *J. Pel. Tech.* 22: 800 - 804.

Chen, S. , Ostroff, G. , and Georgi, D. T. (1998). Improving estimation of NMR log T2 cutoff value with core NMR and capillary pressure measurements. *SCA - 9822, International Symposium of the Society of Core Analysts*, The Hague (14 September 1998), 12p.

Coalson, E. B. , Hartmann, D. J. , and Thomas, J. B. (1985). Productive characteristics of common reservoir porosity types. *Bulletin of the South Texas Geological Society* 25 (6): 35 - 51.

Cristianini, C. and Shawe - Taylor, J. (2000). *An Introduction to Support Vector Machine and Other Kernel - based Learning Methods*, 1e, 189. New York, NY: Cambridge University Press.

Cui, A. , Wust, R. , Nassichuk, B. e al. (2013). A nearly complete characterization of permeability to hydrocarbon gas and liquid for unconventional reservoirs: a challenge to conventional thinking. *SPE Paper* 168730 *Presented at the SPE Unconventional Resources Technology Conference.* Denver (12 - 14 August 2013).

Davies, J. P. and Davies, D. K. (1999). Stress – dependent permeability: Characterization and modeling. *SPE Annual Technical Conference and Exhibition.* Houston. SPE 56813.

Dennis, D. (2008). Measuring porosity and permeability from drill cuttings. *Journal of Petroleum Technology* 60 (8): https://doi.org/10.2118/0808 – 0051 – JPT.

Dong, J. J., Hsu, J. Y., Wu, W. J. et al. (2010). Stress – dependence of the permeability and porosity of sandstone and shale from TCDP Hola – A. *Int. J. Rock Mech. Min.* 47: 1141 – 1156.

Dorfman, M. H. (1984). Discussion of reservoir description using well logs. *Journal of Petroleum Technology* 36: 2196 – 2197.

Doveton, J. H., Guy, W., Watney, L. W. et al. (1996). Log analysis of petrofacies and flow units with microcomputer spreadsheet software: Kansas Geological Survey, University of Kansas 66047, 10p.

Basak, D., Pal, S., and Patranabis, D. C. (2007). Support vector regression. *Neural Information Processing – Letters and Reviews.* 11 (10): 203 – 224.

Berryman, J. G. (1992). Effective stress for transport properties of inhomogeneous porous rock. *J. Geophys. Res.* 97 (17): 409 – 424.

David, C. and Darot, M. (1989). Permeability and conductivity of sandstones. In: *Rock at Great Depth* (ed. V. Maury and D. Fourmaintraux), 203 – 209. Balkema.

Djebbar, T. and Donaldson, E. C. (2012). *Petrophysics: Theory and Practice of Measuring Reservoir Rock and Fluid Transport Properties*, 3e. Elsevier.

Drucker, H., Burges, C. J., Kaufman, L. et al. (1997). Support Vector Regression Machines. ARPA contract number N00014 – 94 – C – 1086.

Droege, L. A. (2014). Sedimentology, facies architecture and diagenesis of the middle Three Forks Formation – North Dakota, U. S. A. Master's thesis. Colorado State University, Fort Collins, CO, 14p.

Dumonceaux, G. M. (1984). Stratigraphy and depositional environments of the Three Forks formation (upper Devonian), Williston basin, North Dakota. Master thesis.

Dunham, R. J. (1962). Classification of carbonate rocks according to depositional texture. In: *Classification of Carbonate Rocks* (ed. W. E. Ham), 108 – 121. AAPG Memoir.

Dunn, K. J., Bergman, D. J., and Lattoraca, G. A. (2002). *Nuclear Magnetic Resonance Petrophysical and Logging Applications (Handbook of Geophysical Exploration, Seismic Exploration, v. 32).* Amsterdam: Pergamon an Imprint of Elsevier Science. 293p.

Ebanks, W. J. Jr. (1987). Flow unit concept – Integrated approach to reservoir description for engineering projects. *AAPG Bulletin* 71 (5): 551 – 552.

Efron, B. and Tibshirani, R. (1994). *An Introduction to the Bootstrap.* New York: Chapman & Hall.

Egbe, S. J., Omole, O., Diedjomahor, J., and Crowe, J. (2007). Calibration of the elemental capture spectroscopy tool using the Niger Delta formation. 31*st Nigeria Annual International Conference and Exhibition held in Abuja.* SPE 111910.

El – sebakhy, E. A., Asparouhov, O., Abdulraheem, A. et al. (2010). Data mining in identifying carbonate litho – facies from well logs based from extreme learning and support vector machines. *AAPG GEO, Middle East Geoscience Conference & Exhibition.*

Farber, D. L., Bonner, B. P., Balooch, M. et al. (2001). Observations of water induced transition from brittle to viscoelastic behavior in nano – crystalline swelling clay. *EOS* 82: 1189.

Focke, J. W. and Munn, D. (1987). *Cementation Exponents in Middle Eastern Carbonate Reservoirs.* SPE Formation Evaluation. SPE, Qatar General Petroleum Corp.

Franklin, A. (2017). Deposition, Stratigraphy, Provenance, and reservoir characterization of carbonate mudstone: The Three Forks Formation, Williston Basin. Ph. D thesis. Colorado School of Mines.

Galford, J. , Quirein, J. , Shannon, S. et al. (2009). Field test results of a new neutron induced gamma - ray spectroscopy geochemical logging tool. *SPE Annual Techinical and Exibition Held in New Orleans*. SPE 123992.

Ganpule, S. V. , Srinivasan, K. , Izykowski, T. et al. (2015). Impact of geomechanics on well completion and asset development in the Bakken Formation. *Society of Petroleum Engineers*. https://doi. org/10. 2118/173329 - MS.

Gerhard, L. C. , Anderson, S. B. , and Fischer, D. W. (1990). Petroleum geology of the Williston Basin. *American Association of Petroleum Geologists Memoir* 51: 507 - 559.

Ghanizadeh, A. , Amann - Hildenbrand, A. , and Gasparik, M. (2014). Experimental study of fluid transport processes in the matrix system of the European organic rich shales: II Posidonia Shale (Lower Toarcian, Noerthern Germany). *International J. Coal Geology* 123: 20 - 33. https://doi. org/10. 1016/j. coal. 2013. 06. 009.

Gottlib Zeh, S. , Briqueu, L. , and Veillerette, A. (1999). Indexed Self - Organizing Map: a new calibration system for a geological interpretation of logs. *Proc IAMG*, pp. 183 - 188.

Gunn, S. R. (1998). Support vector machine for classification and regression. Tech. Rep. , Univ. Southampton, Southampton, U. K.

Gunter, G. W. , Finneran, J. M. , Hartmann, D. J. , and Miller, J. D. (1997). Early determination of reservoir flow units using an integrated petrophysical method: Society of Petroleum Engineers. *Paper* 38679 *Presented at the SPE Annual Technical Conference and Exhibition*, San Antonio, TX, pp. 373 - 380.

Hashem, S. (1997). Optimal linear combinations of neural networks. *Neural Net - works* 10 (4): 599 - 614.

He, J. , Ling, K. , Wu, X. et al. (2019). Static and dynamic elastic moduli of bakken formation. *International Petroleum Technology Conference*. https://doi. org/10. 2523/IPTC - 19416 - MS.

Heck, T. J. , LeFever, R. D. , Fischer, D. W. , and LeFever, J. A. (2002). Overview of the petroleum geology of the North Dakota Williston Basin: North Dakota Geological Survey. https://www. dmr. nd. gov/ndgs/ Resources/ (accessed June 2016).

Herron, S. , Herron, M. , Pirie, I. et al. (2014). Application and quality control of core data for the development and validation of elemental spectroscopy log interpretation. *Petrophysics* 55 (5): 392 - 414.

Hassan, M. , Selo, M. , and Combaz, A. (1975). Uranium distribution and geochemistry as criteria of diagenesis in carbonate rocks. 9*th International Sedimentological Congress*, Nice, France, 7p.

Hassan, M. , Hossin, A. , and Combaz, A. (1976). Fundamentals of the differential gamma - ray log. In terpretation technique. SPWLA. 17*th Ann. Log. Sym. Trans.* , *Paper H.*

Havens, J. B. and Batzle, M. L. , 2011. Minimum horizontal stress in the bakken formation. 45*th U. S. Rock Mechanics/Geomechanics Symposium*, San Francisco, CA (June 2011). Paper Number: ARMA - 11 - 322.

Hizem, M. , Budan, H. , Devillé, B. et al. (2008). Dielectric dispersion: a new wireline petrophysical measurement. *Paper SPE* - 116130 *presented at the SPE Annual Technical Conference and Exhibition*, Denver, CO, USA (21 - 24 September).

Holubnyak, Y. I. , Bremer, J. M. , Mibeck, B. A. F. et al. (2011). *Understanding the Sourcing at Bakken Oil Reservoirs*. Woodlands, TX, USA: Society of Petroleum Engineers. http://doi. org/10. 2118/141434 - MS.

Isleyen, E. , Demirkan, D. C. , Duzgun, H. S. , and Rostami, J. (2019). Lithological classification of limestone with self - organizing maps. 53*rd U. S. Rock Mechanics/Geomechanics Symposium*, New York, NY, USA (23 - 26 June 2019). Paper Number: ARMA - 2019 - 1791.

Jin, H. , Sonnenberg, S. A. , and Sarg, J. F. (2015). Source rock potential and sequence stratigraphy of bakken shales in the Williston Basin. *Unconventional Resources Technology Conference*. https://doi. org/10. 15530/URTEC - 2015 - 2169797.

Johnson, R. , Longman, M. , and Ruskin, B. (2017). Petrographic and petrophysical characteristics of the upper Devonian Three Forks Formation, southern Nesson anticline, North Dakota. *The Mountain Geologist*. 54 (3): 181 - 201.

Jones, S. C. (1988). Two - point determinations of permeability and PV vs Net confining stress. SPEFE 235.

Jones, F. O. and Owens, W. W. (1980). A laboratory study of low – permeability gas sand. SPE Kamalyar, K., Sheikhi, Y., and Jamialahmadi, M. (2012). Using an artificial neural network for predicting water saturation in an Iranian oil reservoir. *Pet. Sci. Technol.* 30 (1): 35 – 45.

Kausik, R., Fellah, K., Feng, L. et al. (2016). High and low field NMR relaxometry and diffusometry of the Bakken petroleum system: SPWLA – 2016 – SSS, Society of Petrophysicists and Well – Log Analysts. *SPWLA 57th Annual Logging Symposium* (25 – 29 June), 7p. https://www.onepetro.org/conferencepaper/SPWLA – 2016 – SSS (accessed 12 April 2017).

Kerans, C., Lucia, F. J., and Senger, R. K. (1994). Integrated characterization of carbonate ramp reservoirs using Permian San Andres Formation outcrop analogs. *AAPG Bulletin* 78: 181 – 216.

Kenyon, W., Day, P., Straley, C., and Willemsen, J. (1988). A three – part study of NMR longitudinal relaxation properties of water – saturated sandstones. *SPE Formation Evaluation* 3 (3): 622 – 636.

Kingma, D. P. and Lei Ba, J. (2015). *Adam: A method for stochastic optimization.* ICLR.

Klenner, R., Braunberger, J., Sorensen, J. et al. (2014). A formation evaluation of the middle Bakken member using multimineral petrophysical analysis approach. *Unconventional Resources Technology Conference*, URTeC:1922735.

Kwon, O., Kronenberg, A. K., Gangi, A. F., and Johnson, B. (2001). Permeability of Wilcox shale and its effective pressure law. *J. Geophys. Res.* 106 (19): 339 – 353.

LeFever, J. A., Le Fever, R. D., and Nordeng, S. H. (2011). Revised nomenclature for the Bakken Formation (Mississippian – Devonian), North Dakota. The Bakken – Three Forks petroleum system in the Williston basin. Chapter 1. pp. 11 – 26.

LeFever, J. A. and Nordeng, S. H. (2009). The three forks formation – north dakota to Sinclair field. Manitoba. North Dakota Geological Survey Geological Investigations – GI – 76. *One postor.*

LeFever, R. D., LeFever, J. A., and Nordeng, S. H. (2008). Correlation cross – sections for the Three Forks Formation, North Dakota. North Dakota Geological Survey Geologic Investigations No. 65. 1p.

LeFever, J. A., LeFever, R. D., and Nordeng, S. H. (2014). Reservoirs of the Bakken Petroleum System: A Core – based Perspective: North Dakota Geological Survey Geologic Investigations, no. 171. https://www.dmr.nd.gov/ndgs/Publication_List/gi.asp (accessed June 2016).

Leon, M., Lafournere, A. N., Bourge, J. P. et al. (2015). Rock typing mapping methodology based on indexed and probabilistic self – organized map in shushufindi field. *Society of Petroleum Engineers.* https://doi.org/10.2118/177086 – MS.

Loucks, R. G., Reed, R. M., Ruppel, S. M., and Jarvie, D. M. (2009). Morphology, genesis, and distribution of nanometer – scale pores in siliceous mudstones of the Mississippian Barnett Shale. *Journal of Sedimentary Research* 79: 848 – 861.

Loucks, S. G. R., Zhang, T., and Peng, S. (2017). Origin and characterization of eagle ford pore networks in the south Texas upper cretaceous shelf. *AAPG Bulletin* 101 (3): 387 – 418.

Loucks, R. G., Reed, R. M., Ruppel, S. C., and Hammes, U. (2012). Spectrum of pore types and networks in mud – rocks and a descriptive classification for matrix – related mud – rock pores. *AAPG Bulletin* 96: 1071 – 1098.

Lucia, F. J. (1995). Rock fabric and petrophysical classification of carbonate pore space for reservoir characterization. *AAPG Bulletin* 79 (9): 1275 – 1300.

Lucia, F. J., Kerans, C., and Senger, R. K. (1992). Defining flow units in dolomitized carbonate – ramp reservoirs. *Proceedings, Society of Petroleum Engineers, paper SPE* 24702: 399 – 406.

Lucia, F. J. (1983). Petrophysical parameters estimated from visual description of carbonate rocks: a field classification of carbonate pore space. *Journal of Petroleum Technology* 35 (3): 629 – 637.

Martin, A. J., Solomon, S. T., and Hartmann, D. T. (1997). Characterization of petrophysical flow units in carbonate reservoirs. *AAPG Bulletin* 81: 734 – 759.

Mardi, M., Nurozi, H., and Edalatkhah, S. (2012). A water saturation prediction using artificial neural networks and an investigation on cementation factors and saturation exponent variations in an Iranian oil well. *Pet. Sci. Technol.* 30 (4): 425 – 434.

Mayergoyz, I. D. (1986). Mathematical models of hysteresis and their application. *IEEE Trans. Magnet.* 22. https://doi.org/10.1109/TMAG.1986.1064347.

Merkel, R., Machesney, J., and Tompkins, K. (2018). Calculated determination of variable wettability in the middle Bakken and Three Forks, Williston basin, USA. *SPWLA 59th Annual Logging Symposium*, London, UK (June 2018).

McKenon, D., Cao Minh, C., Freedman, R. et al. (1999). An improved NMR tool design for faster logging, Paper CC, transactions. *SPWLA 40th Annual Logging Symposium*, Oslo, Norway (30 May – 3 June 1999).

Millard, M. and Brinkerhoff, R. (2016). The integration of geochemical, stratigraphic, and production data to improve geological models in the bakken – three forks petroleum system, Williston Basin, North Dakota. In: *Hydrocarbon Source Rocks in Unconventional Plays* (ed. M. P. Dolan, D. K. Higley, and P. G. Lillis), 190 – 211. Denver: Rocky Mountain Region: RMAG.

Milijkovic, D. (2017). Brief review of self – organizing maps. *40th International Convention on Information and Communication Technology, Electronics and Microelectronics (MIPRO)*, Opatija, pp. 1061 – 1066.

Mitchell, R. (2013). Sedimentology and reservoir properties of the Three Forks dolomite, Bakken Petroleum System, Williston Basin, U. S. A: AAPG. Search and Discovery Articles, no. 120079.

Mitra, P. P., Sen, P. N., and Schwartz, L. M. (1993). Short – time behavior of the diffusion coefficient as a geometrical probe of porous media. *Phys. Rev. B* 47: 8565 – 8574.

Mohaghegh, S., Arefi, R., Ameri, S. et al. (1996). Petroleum reservoir characterization with the aid of artificial neural networks. *J. Petrol. Sci. Eng.* 16 (1996): 263 – 274.

Mollajan, A., Memarian, H., and Jalali, M. R. (2013). Prediction of reservoir water saturation using support vector regression in an Iranian carbonate reservoir. *ARMA* 13 – 311.

Moss, A. K. and Jing, X. D. (2001). An investigation into the effect of clay type, volume and distribution on NMR measurements in sandstones. *SCA* 2001 – 29, *Society of Core Analysts Symposium*, Edinburgh. http://www.jgmaas.com/SCA/2001/ SCA2001 – 29.pdf (accessed 13 April 2017).

Newman, J., Edman, J., Howe, J., and LeFever, J. (2013). The bakken at parshall field: inferences from new data regarding hydrocarbon generation and migration. *Unconventional Resources Technology Conference*. https://doi.org/10.15530/URTEC – 1578764 – MS.

Nordeng, S. H. and LeFever, J. A. (2009). *Three Forks Formation Log to Core Correlation.* North Dakota Geological Survey Geologic Investigations No. 75. 1p.

Passey, Q. R., Dahlberg, K. E., Sullivan, K. B. et al. (2004). A systematic approach to evaluate hydrocarbons in thinly bedded reservoirs.

Peterson, K. J. (2017). Pore – size distributions from nuclear magnetic resonance and corresponding hydrocarbon saturations in the Devonian Three Forks Formation, Williston Basin, North Dakota (abstract): RMS – AAPG Regional Meeting, Billings.

Peters, K. E., Walters, C., and Moldowan, J. M. (2005). *The Biomarker Guide*, vol. 2. Cambridge, UK: Cambridge University Press. 490p.

Petty, D. (2014). Mineralogy and petrology controls on hydrocarbon saturation in the Three Forks reservoir, North Dakota. AAPG Search and Discovery Article – 10623.

Pittman, E. D. (1992). Relationship of porosity and permeability to various parameters derived from mercury injection – capillary pressure curves for sandstone. *AAPG Bulletin* 76: 191 – 198.

Prammer, M. G. , Drack, E. D. , Bouton, J. C. et - al. (1996). Measurements of clay - bound water and total porosity by magnetic resonance logging: SPE - 36522 - MS. *Presented at the SPE Annual Technical Conference and Exhibition*, Denver, pp. 311 - 320. http://dx. doi. org/10. 2118/36522 - MS (accessed 14 April 2017).

Price, L. C. (2000). Origins and characteristics of the basin - centered continuous reservoir unconventional oil - resource base of the Bakken source system, Williston Basin, paper. Available at: http://www. unddeerc. org/Price/.

Qi, L. and Carr, T. R. (2006). Neural network prediction of carbonate lithofacies from well logs, big bow and sand arroyo creek fields, South west Kansas. *Comput. Geosci.* 32 (7): 947 - 964.

Ramakrishna, S. , Balliet, B. , Miller, D, and Sarvotham, S. , 2010. Formation evaluation in the Bakken Complex using laboratory core data and advanced logging technologies. *SPWLA 51st Annual Logging Symposium*, Perth, Australia (19 - 23 June 2010).

Rezaee, M. , Ilkhchi, A. , and Alizadeh, P. (2008). Intelligent approaches for the synthesis of petrophysical logs. *Journal of Geophysics and Engineering* 5: 12 - 26.

Rider, M. and Kennedy, M. (2011). *The Geological Interpretation of Well Logs*, 3e.

Roland, L. and Olivier, F. (2007). Advances in measuring porosity and permeability from drill cuttings. *SPE/EAGE Reservoir Characterization and Simulation Conference*, Abu Dhabi, UAE (3 - 28 October). https://doi. org/10. 2118/111286 - MS.

Rosepiler, M. J. , 1981. Calculation and significance of water saturation in low porosity shaly gas sands. *SPWLA 22nd Annual Symposium*, Mexico City, Mexico (June 1981).

Saffarrzadeh, S. and Shadizadeh, S. R. (2012). Reservoir rock permeability prediction using support vector regression in an Iranian Oil Field. *Journal of Geophysics and Engineering* 9 (3): 336 - 344.

Sandberg, C. A. and Hammond, C. R. (1958). Devonian system in Williston basin and central Montana. *AAPG Bulletin* 42: 2293 - 2334.

Saneifar, M. , Skalinski, M. , Theologou, P. et al. (2015). Integrated petrophysical rock classification in the McElroy Field, West Texas, USA. *Petrophysics* 56 (5): 493 - 510.

Schmoker, J. W. and Halley, R. B. (1982). Carbonate porosity versus depth: a predictable relation for south Florida. *AAPG Bull* 1982 (66): 2561 - 2570.

Serra, O. (1984). *Fundamentals of well - Log Interpretation. Developments in Petroleum Science* 15A. Elsevier.

Simpson, G. , Hohman, J. , Pirie I. , and Horkowitz, J. (2015). Using advanced logging measurements to develop a robust petrophysical model for the Bakken petroleum system. *SPWLA 56th Annual Logging Symposium*, Long Beach, CA, USA (18 - 22 July 2015).

Sloss, L. L. (1984). Comparative anatomy of cratonic unconformities. In: *Interregional Unconformities and Hydrocarbon Accumulation* (ed. J. S. Schlee), 7 - 36. American Association of Petroleum Geologist Memoir 36.

Smola, A. J. and Schölkopf, B. (1998). A Tutorial on Support Vector Regression, NeuroCOLT. Technical Report NC - TR - 98 - 030, Royal Holloway College, University of London, UK.

Soeder, D. L. and Doherty, M. G. (1983). The effects of laboratory drying techniques on the permeability of tight sandstone core. *SPE* 11622 *presented at the SPEIDOE*, Denver (13 - 16 March 1983).

Soeder, D. L. (1986). Laboratory drying procedures and the permeability of tight sandstone core. *SPE*, *Inst. of Gas Technology.*

Sonnenberg, S. A. (2017). Sequence stratigraphy of the Bakken and Three Forks Formations, Williston basin, USA. *AAPG Rocky Mountain Section Annual Meeting*, Billings, Montana.

Sonnenberg, S. A. , Gantyno, A. , and Sarg, R. (2011). Petroleum potential of the upper Three Forks Formation, Williston Basin, USA. *AAPG Annual Convention and Exhibition*, Houston, TX.

Sonnenberg, S. A. (2015). Keys to production, Three Forks, Williston Basin. SPE - 178510 - MS/URTeC:2148989.

Sørland, G. H. , Djurhuus, K. , Widerøe, H. C. et al. (2007). Absolute pore size distributions from NMR. *Diffusion Fundamentals* 5: 4. 1 –4. 15.

Gaswirth, S. B. and Marra, K. R. (2015). *U. S. Geological Survey* 2013 *Assessment of Undiscovered Resources in the Bakken and Three Forks Formations of the U. S.* Williston Basin Province.

Swanson, V. E. (1960). Oil yield and Uranium Content of black shales. Geol. Survey, Prof. Paper 356 – A.

Teklu, T. , Zhou, Z. , Li, X. , and Abass, H. (2016a). Cyclic Permeability and Porosity Hysteresis in Mudrocks – Experimental Study. 50*th US Rock Mechanics/Geomechanics Symposium*, vol. 1, pp. 1 – 12.

Teklu, T. , Zhou, Z. , Li, X. , and Abass, H. (2016b). Experimental investigation on permeability and porosity hysteresis in low – permeability formations. *The SPE Low Perm Symposium held in Denver*, CO, USA. https:/doi. org/10. 2118/180226 – MS.

Terzaghi, K. 1943. *Theoretical Soil Mechanics.*

Thrasher, L. (1987). Macrofossils and stratigraphic subdivisions of the Bakken Formation (Devonian – Mississippian). In: *Williston Basin, North Dakota, in D* (ed. W. Fischer), 53 – 67. Fifth International Williston Basin Symposium.

Vapnik, V. N. and Lerner, A. (1963). Pattern recognition using generalized portrait method. *Automation and Remote Control* 24: 774 –780.

Vapnik, V. N. and Chervonenkis, A. (1964). A note on one class of perceptron. *Automation and Remote Control* 25.

Vapnik, V. N. (1995). *The Nature of Statistical Learning Theory.* Springer – Verlag New York, Inc. 99 –39803.

Walstrom, J. E. , Mueller, T. D. , and McFarlane, R. C. (1967). Evaluating uncertainty in engineering calculations. *Journal of Petroleum Technology* 19: 1595 – 1599.

Walls, J. and Nur, A. (1979). Pore pressure and confining pressure dependence of permeability in sandstone. 7*th Form. Eval. Symp. Can. Well Logging Soc.* , Calgary.

Wang, W. , Ren, X. , Zhang, Y. , and Li, M. (2018a). Deep learning based lithology classification using dual – frequency Pol – SAR data. *Applied Sciences.* 8: 1513.

Wang, X. , Yang, S. , Zhao, Y. , and Wang, Y. (2018b). Lithology identification using an optimized KNN clustering method based on entropy – weighed cosine distance in Mesozoic strata of gaoqing field, jiyang depression. *Journal of Petroleum Science and Engineering.* 166: 157 – 174.

White, F. M. (1974). *Viscous Fluid Flow.* New York: McGraw – Hill.

Xu, C. and Torres – Verdin, C. (2013). Quantifying fluid distribution and phase connectivity with a simple 3D cubic pore network model constrained by NMR and MICP data. *Computers and Geosciences* 61: 94 – 103.

Xu, J. and Sonnenberg, S. A. (2017). An SEM study of porosity in the organic – rich lower Bakken lower Member and Pronghorn member, Bakken Formation, Williston Basin. *Unconventional Resources Technology Conference*, Austin, TX, USA. https://doi. org/10. 15530/URTEC – 2017 – 2697215.

Yu, L. , Porwal, A. , Holden, E. , and Dentith, M. C. (2012). Towards automatic lithological classification from remote sensing data using support vector machines. *Computers & Geosciences* 45: 229 – 239.

Zoback, M. D. and Byerlee, J. D. (1975). Permeability and effective stress. *Amer. Assoc. Pet. Geol. Bull.* 154 – 158.

Zoback, M. D. (1975). High pressure deformation and fluid flow in sandstone, granite, and granular materials. Ph. D. thesis. Stanford Univ. , Stanford, Calif.

Zoback, M. D. and Byerlee, J. D. (1976). Effect of high – pressure deformation on permeability of Ottawa sand. *Amer. Assoc. Pet. Geol. Bull.* 1976 (60): 153 – 142.

第19章　岩石物性分析

——以美国北达科他州三岔地层为例

Aldjia Boualam, Sofiane Djezzar

(University of North Dakota, Grand Forks, ND, USA)

19.1　引言

水平井钻完井和多级水力压裂技术的成功应用,以及对关键储层和烃源岩特征的进一步认识,促进了 Williston 盆地 Bakken 组和三岔组(Three Forks)的成功开发。前人对 Bakken 组开展了地层评价(Simpson et al.,2015;Klenner et al.,2014;Ramakrishna et al.,2010)、沉积学(Sonnenberg,2017;Alexeyev et al.,2017;Bottjer et al.,2011;Dumonceaux,1984)、地球化学(Xu et al.,2017;Jin et al.,2015;Newman et al.,2013;Holubnyak et al.,2011)、地质力学(He et al.,2019;Ganpule et al.,2015;Havens,2011)等方面的研究。然而,迄今为止,对三岔地层的研究较少。随着对三岔地层的勘探成为钻井和生产的新目标,需要对三岔地层进行表征。为充分表征地层,需要进行详细的岩石物理分析。值得注意的是,三岔地层是一个比 Bakken 中部更复杂的区块。白云质泥岩薄层和黏土层与白云质粉砂岩交互层的存在,加之其复杂的岩性,使得岩石物理分析更具挑战性。由于储层中含有大量的矿物成分,使用伽马射线(GR)、深部电阻率(R_t)、浅部电阻率(R_{xo})、中子孔隙度(NPHI)、体积密度(RHOB)和压缩慢度(DTCO)等常规测井数据会导致使用多矿物解算器建立的模型不确定。因此,为了更好地认识储层特征,研究可替代的含水饱和度(S_w)计算方法非常重要。本章将介绍薄层岩石物理分析的两种替代方法。第一种方法是将元素测井(ECS)、核磁共振(NMR)、多频阵列介电测量(DL)、三轴感应电阻率($R_V - R_H$)和岩心分析等先进的测井方法集成到岩石物理评价中。第二种方法是通过介电色散测量来计算含水饱和度。

此外,利用核磁共振测井曲线通过 T_2 对数谱的几何平均值及其与含水饱和度的关系来表征孔径分布。使用 SLB 软件 Techlog 进行岩石物理分析。在岩石物理分析工作的初始阶段,将数字测井和岩心数据输入到 Quanti. Elan 程序中。

19.2　岩石物理数据库

根据北达科他州工业委员会(NDIC)网站上岩心分析和数字测井的可用性,研究人员检查了大约 2000 口井,选择了 120 口采用数字测井的井。然而,这些数字文件中有许多是不完整的,或者是由非常有限的日志套件组成的。通过对扫描日志的曲线数据进行额外的数字化,对数字文件进行了补充。第一步是选择与储层复杂程度相关的数据进行具体评价,选取了具有三重组合、元素测井、核磁共振等全套资料的直井 52 口,并对其中 2 口井进行了多频阵列介电测量和三轴感应电阻率测量。最丰富的数据是常规测井(GR、NPHI、RHOB、R_t 和 DTCO)。包括 Weatherford、TerraTek 和 CoreLab 在内的公司,对 10 口井进行了净围压下的孔隙度和渗透率测试,对 11 口井进行了 500 ~ 5000psi 多重净围压下的孔隙度测试和渗透率测试。将岩心孔隙度、渗透率和含水饱和度数据从井文件中提取、编译并导入到 Techlog SLB 软件的 Quanti. Elan 程序中。最大限度上从图像中恢复井口信息。此外,还获得了 16 口井的 X 射线衍射(XRD)数据,其中 2 口井的 XRD 数据由能源与环境研究中心(EERC)提供。非常可惜,所有的井都不能进行毛细管压力分析。然而,有 2 口井(Rasmussen 1 - 21 - 16H 井和 Muller 1 - 21 - 16H 井)的薄片数据和 1 口井(Trigger 1 - 31H 井)的岩石学数据可用。所有这些数据都被用来评价三岔地层的质量。

19.2.1 曲线编辑和环境校正

导入数据后,对每口井的测井数据进行处理,为导出和分析阶段做准备。本阶段研究的目的是尽可能生成一套完整的连续测井曲线和岩心数据曲线。为了在将数字测井曲线和岩心数据上传 Quanti. Elan 程序后生成一组连续曲线,需要进行曲线编辑与环境校正。部分井的测井曲线被拼接成一条连续的曲线。在生成连续测井曲线后,所有随深度变化的曲线都显示在自然伽马测井曲线中,如图 19.1 所示。

为保持数据完整性,对岩心数据进行分块移位(图 19.2)。在一些井中,岩心的自然伽马测井能谱是可用的,这些信息对岩心与测井曲线的高度匹配至关重要。此外,在这一阶段,还消除了测井曲线上由声波时差导致周期跳跃的错误数据。然后在需要的地方对 GR、RHOB 和 NPHI 等井测量值进行环境校正。工具校准检查作为测井质量控制措施的一部分,可以确保井下工具测量的有效性。

在现场对所有传感器测量结果进行了环境校正。在所有测井图的底部列出了应用于每个传感器测量的校正,具体的校正如下:

(1)根据井眼环境(钻井液性质和井眼剖面)对电阻率工具进行了校正,得到真实地层电阻率(R_t);

(2)根据井眼尺寸和钻井液质量对体积密度测量(RHOB)进行了校正;

(3)根据温度、压力、井眼尺寸、矿化度和钻井液质量对中子测井(NPHI)进行了校正,并在灰岩单元中呈现。

即使在储层岩性相同的地方从不同测井服务公司获得的测井测量数据也是不一致的,因此,对于任何岩石物理分析,必须对测井进行归一化处理,以确保研究区域内各井测井分析结果的一致性。例如,未经归一化处理的自然伽马测井计算的页岩体积与归一化自然伽马测井计算的页岩体积会有较大差异。遗憾的是,由于没有标准化模块许可证,本研究没有进行测井标准化处理。

19.2.2 预分析处理

预分析处理包括识别三岔地层上区域、中区域、下区域，并根据井眼粗糙度和密度校正曲线生成不良井标志。在密度校正曲线超过 ±0.15% 的区域生成曲线。可以使用密度校正曲线或井径校正曲线或者同时使用两种校正曲线生成不良井标志。几乎所有井的井眼形状都很好，在井径测井曲线上没有观察到任何褶皱，因此，只在部分井中使用了不良井眼标志。

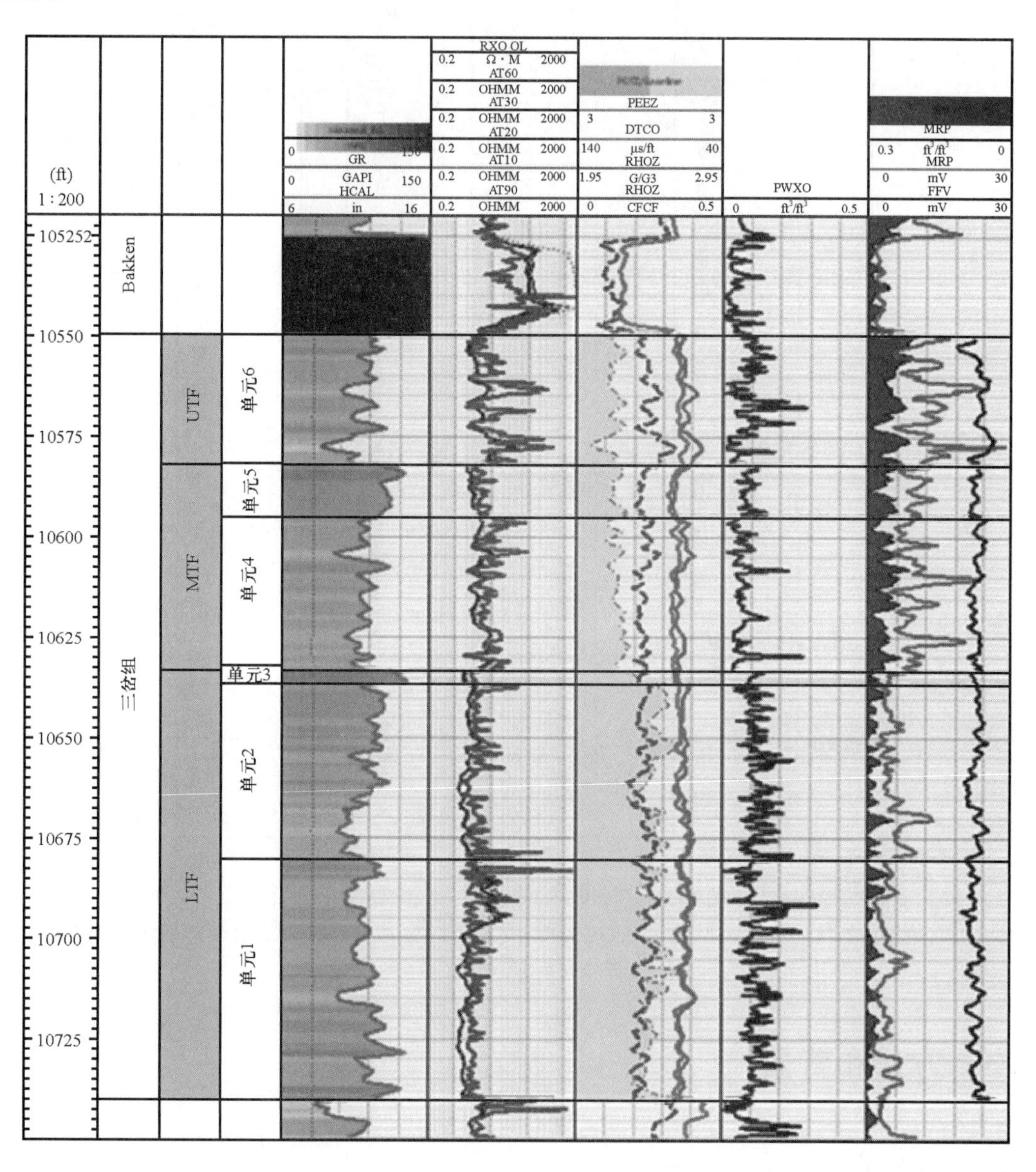

图 19.1 Anderson Federal 152-96-9-4-11H 井三岔组地层测井曲线

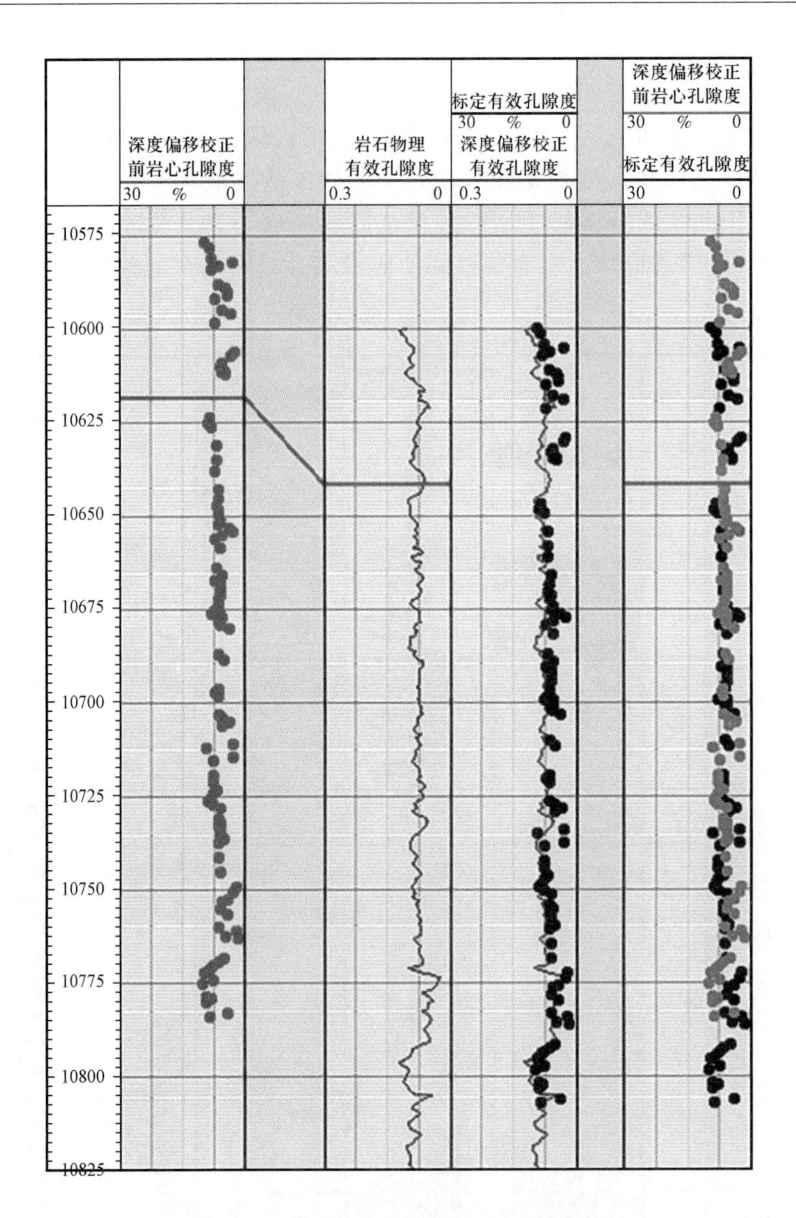

图 19.2 Charlie Sorenson17 - 8 - 3TFH 井

曲线 1,深度偏移前的岩心孔隙度。曲线 2,岩石物理分析的有效孔隙度。曲线 3,岩心孔隙度分块转移到有效孔隙度。曲线 4,转移时间间隔。

19.3 方法和背景

19.3.1 电缆测井

测井仪器测量的是地下储层的物理性质,这些物理性质是随着深度的变化连续绘制的。

开发这些工具除了用于确定钻井液的类型,还可以应对储层的复杂性。记录的数据可用于油藏描述、油藏管理和决策策略。本文将简要介绍与本研究相关的测井工具原理和应用,包括在地层分析的每个步骤中每种仪器的重要性。

19.3.1.1 井径测井

电缆测径器可测量井眼尺寸,并给出详细的井眼形状。井径测井是对井径随着深度的变化的连续测量。该工具的几何形状可多达 6 个臂,也有一些工具包含定向设备来确定方位。在本研究中,测径器的一个极其重要的用途是在存在不良井况和崩落时控制测井曲线的质量,此外,它还用于识别由钻孔直径减小和泥块堆积所指示的透水层,以及检测由钻孔周围的钻孔诱导应力(Bell et al.,1979)引起的破裂(剪切破坏)。

19.3.1.2 全谱和自然伽马能谱测井

自然伽马测井是一种天然地层放射性随深度变化的测量方法。自然伽马射线是不稳定原子核在衰变过程中发射的电磁辐射(Serra,1984),这些辐射来自地层(Adams et al.,1958)中天然存在的铀(^{238}U)、钍(^{232}Th)和钾(^{40}K)。全能自然伽马测井测量三种放射性元素(U、K、Th)产生的放射性,而自然伽马能谱测井有助于识别对地层放射性有贡献的放射性元素类型及其在储层中的丰度。这能更好地计算储层中页岩的体积,这是由钍或钾或两者的总和(CGR)得出的。自然伽马测井是记录最多的测井方式,也是在钻井过程中选择地层顶部、进行井间对比,以及射孔和层间测试深度控制方面磁场有用的工具。此外,它随着深度的演化可以更好地确定矿物学和粒度的垂直分布(Hassan et al.,1976)。一般来说,高自然伽马值通常用来表示储层的泥质含量,也可能是由于富海绿石的砂中钾含量高,或在含有大量钾的地层中(蒸发环境)。此外,高自然伽马值还可能是由于地层中的铀含量较高,这些铀可以通过化学沉淀产生,也可以通过有机质或磷酸盐在黏土颗粒中的吸附产生(Hassan et al.,1977;Swanson,1961)。此外,这些放射性元素的比值(Th/U、U/K、Th/K)可用于确定沉积环境、烃源岩潜力,以及不同相带岩石类型的识别(Adams,1958)。例如,海绿石—白云母—伊利石—混层黏土—高岭石—绿泥石—铝土矿,Th / K 值逐渐增大。在定量方面,自然伽马测井最重要的用途是计算地层中黏土的体积分数。自然伽马指数定义为自然伽马对数在伽马射线最小值(GR_{min})和伽马射线最大值(GR_{max})之间的线性标度。

$$V_{clay} = GR_{index} = \frac{GR - GR_{min}}{GR_{max} - GR_{min}} \tag{19.1}$$

式中 GR——给定时间间隔内可测量的伽马总辐射量;

GR_{min}——干净区间内可测量的伽马总辐射量;

GR_{max}——一个阴影区间内可测量的伽马总辐射量;

V_{clay}——黏土的体积。

更重要的是,在三岔地层中,高伽马特征可能是与一些井中高含量的钾长石有关。因此,通过全能自然伽马计算的黏土体积可能高于从使用其他方法或者工具计算体积。相比之下,三岔地层下部的磷酸钙对自然伽马测井读数贡献很低。

19.3.1.3 电阻率测井

电阻率测井是对岩石基质和孔隙内部流体综合电阻率的测量。发射器向地层中发射电流,距离发射器一定距离的接收器测量地层阻挡电流通过的能力(Serra,1984)。有两种测量地下电阻率的工具。第一种测量工具是需要在井眼中使用水基钻井液的电阻率工具,其中低频的交变电流从电极流向地层,地层的电阻率由接收器测量。而第二种工具需要使用油基钻井液,油基钻井液会在地层中产生电磁场,并通过接收器检测总场。电阻率测井通常用于定量给定储层的含水饱和度。在一定的情况下,电阻率测井可以作为岩性识别的工具,例如盐、长石、煤或具有高电阻率特征的致密储层。另一方面,低电阻率可能是黏土或导电矿物的标志。在三岔地层,油基钻井液用于钻井的直井段。因此,记录了感应电阻率。对于薄层而言,相对于仪器的分辨率,电阻率测井曲线特征取决于地层的厚度。薄层会导致上三岔地层和中三岔地层电阻率出现较大的各向异性。此外,在下三岔地层还有电阻率增大的现象,说明存在长石。

19.3.1.4 中字测井

地层受到来自化学源快中子(4MeV 和 6MeV)的连续轰击,中子工具记录地层对中子轰击的反应(Serra,1984)。它主要是测量存在于地层孔隙流体中氢原子的表观浓度,然后将氢气浓度转换为孔隙度。中子测井与其他测井(如 RHOB、PEF 和元素测井)结合使用来确定岩性。此外,地层体积密度与中子孔隙度的交汇图是识别地下岩性、计算储层黏土体积和中子密度孔隙度的非常有用的工具。一般来说,中子测井测量的是地层孔隙度。

19.3.1.5 密度测井

体积密度测井测量的是地层对高能伽马射线轰击的响应。地层中的电子通过康普顿散射使伽马射线发生散射,由接收器测量散射或衰减的程度。电子密度与体积密度密切相关,常用来直接表示密度(Serra,1984)。密度工具还测量了包括基质和孔隙流体在内的地层组分的密度。此外,岩性密度仪测量的是光电因子,是地层岩性的直接指示。庆幸的是,许多矿物在体积密度上有明显的差异,特别是与光电或中子孔隙度交会时。体积密度测井的主要目的是利用式(19.2)计算孔隙度,此外用于分析地球物理特征(声阻抗)和岩石强度。

$$\phi_D = \frac{\rho_{ma} - \rho_b}{\rho_{ma} - \rho_f} \tag{19.2}$$

式中 ϕ_D——密度孔隙度,g/cm^3;

ρ_{ma}——基质密度,g/cm^3;

ρ_f——流体密度,g/cm^3;

ρ_b——容重,g/cm^3。

19.3.1.6 声波测井

声波测井测量的是地层传输声波的能力,实质上是通过测量声波脉冲在地层中传播一段距离的时间来完成的(Serra,1984)。这种能力通常随着岩性、岩石结构,特别是孔隙度的变化而变化。通常使用三种类型的声源。单极子源和偶极子源用于慢地层中的横波探测,因此,可以检测到三种类型的声波:压缩 P、剪切 S 及斯通利波 St。P 波为纵波,它们的传播方向是沿着粒子运动方向的,接收器第一时间检测到纵波。另一方面,剪切波是横波,它们的传播方向垂直于粒子运动方向,传播速度小于纵波。由于流体的黏性和刚性较低,横波无法在其中传播。斯通利波是一种表面运动,它形成于圆柱形环境中的井壁表面。在低频段,斯通利波对地层渗透率和井眼尺寸较为敏感(Serra,1984)。因此,高渗透率和井眼尺寸会造成能量损失(Serra,1984)。声波测井主要测量基质孔隙度,它们可以用来识别岩性。声波测井被广泛用于对比、识别烃源岩正常压实和超压,以及地层的地质力学性质和合成地震记录的构建。测得的压缩慢度是基质中的声波时差和孔隙(流体)声波时差之和(Wyllie et al.,1956)。因此,从式(19.3)中计算孔隙率如下:

$$\phi_S = \frac{DT - DT_{ma}}{DT_f - DT_{ma}} \tag{19.3}$$

式中 ϕ_S——声波孔隙率;

DT——工具测量压缩慢度,μs/ft;

DT_f——孔隙流体压缩慢度,μs/ft;

DT_{ma}——基质压缩慢度,μs/ft。

声波扫描仪工具广泛应用于非常规储层。在考虑三岔地层的代表性速度时,应该考虑到层状长石和碳酸盐的存在对穿过该层段的平均速度的影响。

19.3.1.7 元素测井

该地层受到高能中子的轰击,这些中子与原子核相互作用,并在散射时损失主要由氢产生的能量。地球化学元素测量包括探测地层中中子反应产生的伽马射线辐射,并对其进行处理,以确定参与反应的化学元素及其浓度(Galford et al.,2009)。元素测井量化了沉积岩中常见的元素,即铝(Al)、硅(Si)、钙(Ca)、铁(Fe)、硫(S)、钆(Gd)、氯(Ci)、钡(Ba)、氢(H)和钛(Ti)。这些相对元素产率被转换为元素 Si、Al、Mg、Fe、Ca、S、Ti 和 Gd 的干重元素浓度对数(Egbe et al.,2007)。然后使用 SpectroLith 定量计算干重岩性,SpectroLith 是这些元素与常见的沉积矿物(如黏土、碳酸盐和石英)之间的经验关系。在 SpectroLith 中,黏土通过 Al 计算;碳酸盐(方解石 + 白云石)来自 Ca 和 Mg,长石来自 S 和 Ca;而砂岩(假定由石英、长石和云母组成)是由 100% 减去黏土和碳酸盐及其他矿物组分得到的(Egbe et al.,2007)。

19.3.1.8 核磁测井

利用核磁共振(NMR)提供与矿物学无关的总孔隙度,并测量孔隙尺寸分布(Allen et al.,2000;McKenon et al.,1999)。孔隙被划分为不同的孔径范围,大孔隙中主要是自由流体,小孔隙中主要为毛细管束缚态流体,微孔中主要是黏土束缚态流体(Dunn et al.,2002;Dunn et al.,2022;Johnson et al.,2017)总结了核磁共振仪的原理与应用。核磁共振仪产生一个外部磁场 Bo,使用射频脉冲打破外部磁场平衡。主要是由于改变了磁场中分子磁偶极子的排列,氢原子核的质子(孔隙中的盐水、油和气相相关的质子)在该磁场中重新排列(弛豫)。每种流体的核磁共振(NMR)信号强度与其体积分数和氢指数有关(Allen et al.,2008)。

随着时间的推移,频率随流体类型和地层孔隙大小呈指数衰减(Bloembergen et al.,

1948)。质子跟随磁场 Bo 排列的速率由衰变时间常数 T_1(纵向弛豫时间)定义。横向弛豫时间 T_2是指当给定一个固定频率的电磁脉冲作用于极化的质子,氢原子核偏离平衡态又恢复到平衡态的过程(Moss et al. ,2001)。脉冲的能量在施加时被质子吸收,但在脉冲结束时,质子再次被磁场辐射回来(Rider et al. ,2011)。T_2分布指不同孔径中氢原子产生不同信号振幅的连续弛豫时间(Moss et al. ,2001)。Allen 等发现:控制孔隙中碳氢化合物和水的 T_2分布的主要流体—岩石相互作用有三种:流体中相邻氢原子核的自旋—自旋相互作用、流体类型的扩散梯度以及自旋质子因布朗运动而与颗粒表面接触的相互作用,T_2分布随流体黏度的增大而减小(Allen et al. ,2008)。表面弛豫系数(ρ)和孔隙比表面积(S)量化了分子与岩石基质的相互作用,它们与单一流体的 T_2有如下关系(Simpsonet et al. ,2015;Mitra et al. ,1993):

$$T_2 \approx \frac{V}{\rho S} \tag{19.4}$$

Xu 等认为,孔隙大小的分布不是 T_2分布的唯一控制因素,但在某些岩石中,T_2频率的变化也会反映孔隙形状、表面弛豫率和流体类型。T_2与 3 种孔径类型的流体体积有关。自由流体指数(FFI)的 T_2 截止时间固定为 33ms(Prammer et al. ,1996)。T_2小于 3ms,与黏土结合水(CBW)及黏性碳氢化合物有关,T_2大于 3ms 小于 33ms 的流体与毛细管结合水(BFV)有关(Chen et al. ,1998)。

19. 3. 1. 9 多频阵列点测井

介电测井仪测量发射到地层中的电磁波速度(Bateman,1940)。Hizem 等认为材料的介电常数影响着电磁波通过它的方式。介电常数是物质中带电粒子被电场(介电常数)极化的相对能力的量度。它测量的是介电频散和地层介电特性随频率的变化(Hizem et al. ,2008)。介电频散测量可以传递岩石性质和流体分布的信息,用于高级岩石物理分析,并通过与电阻率无关的基质结构、水测孔隙度和含水饱和度来更好地表征储层(Simpson et al. ,2015)。

介电测井仪向地层中发射特定频率的电磁波,电磁波与流体和基质相互作用导致振幅衰减,波速—相移发生变化。波的振幅和相移的变化是初始频率、地层介电常数和电导率以及收发信号间距的函数(Hizem et al. ,2008),这些变化在接收器处测量,然后反演输出介电常数、电导率及水测孔隙度(图 19.3)。表 19.1 给出了地质构造中一些矿物和流体的介电常数。

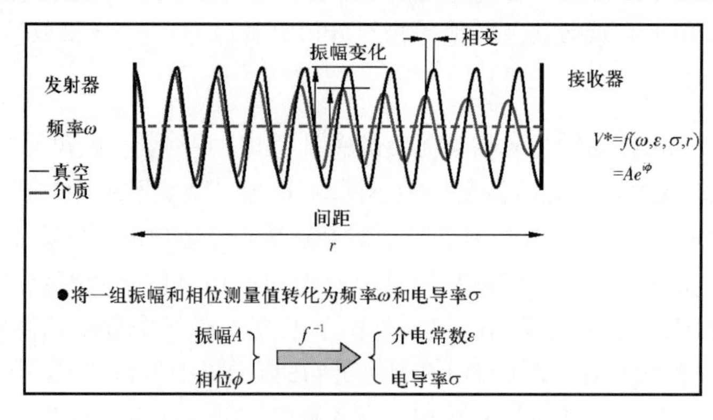

图 19.3 相移与衰减图[资料来源于斯伦贝谢(2011)]

表 19.1 部分矿物的介电常数

矿物或流体	相对介电常数
砂岩	4.65
白云石	6.8
石灰石	7.5~9.2
石油	2~2.2
天然气	1

19.3.2 岩石物理分析面临的挑战

在三岔交叉混合储层中，对储层认识程度要求较高。在岩石物理分析的初始阶段，主要从矿物学、孔径分布和含水饱和度(S_w)计算等方面评估储层特征。三岔储层岩石物理分析的复杂性主要是薄层的存在，这导致电阻率各向异性大，含水饱和度高。此外，三岔储层矿物学复杂，含有不同组分，井间体积也不同。本章描述了薄层分析的两种替代方法。首先，在 Quanti 中应用了鲁棒性解决方案，通过将先进测井与常规测井结合起来集成到工作流中解决常规测井中的模糊度问题。采用概率性和确定性两种方法来量化流体和矿物体积。薄层分析的第二种方法是从介电频散测量中计算含水饱和度，它可以更好地计算不依赖于电阻率和阿奇参数(m 和 n)的含水饱和度(Hizem et al.,2008)。阵列介电测量的总孔隙度和水测孔隙度之间的差异提供了对侵入区含水饱和度(S_w)的直接计算(Simpson et al.,2015)。

岩石物理评价是在每口井上逐一进行的，对每口井都进行评价。进行岩石物理评价工作的总体目标首先是在有先进测井和岩心数据的地区建立详细的岩石物理模型并量化储层参数。在建立了几个广泛分布井的数据库后，确定了每个地区每个储层的典型岩石物理参数，然后将这些参数用于分析远离所有先进测井和岩心测量的井。在所有井中选择 52 口井进行岩石物理分析，采用相同的方法对所有解释井的产出组分和流体体积进行表征。本章选取了 2 口井(Anderson Federal152-96-9-4-11H 和 Pumpkin148-93-14C-13H-TF)作为实例井，对三岔储层进行了详细的描述。两口井的测井系列均包括三重组合和岩心分析，其中，第一口井还进行了元素测井(ECS)、核磁共振(NMR)和阵列介电测量。

19.3.2.1 地层组成和体积

三岔储层岩石物理分析的难点之一是储层的复杂性，如图 19.4 所示，储层由伊利石、绿泥石、石英、白云石、方解石、钾长石、斜长石、黄铁矿、赤铁矿、铁白云石、岩盐和长石组成。多矿物求解器作为一种概率方法，用于建立基于输入成分的岩性模型，并在模型中使用不同方程的联立优化，结果见图 19.5。

首先，根据如图 19.6 所示的交会图(体积密度与中子孔隙度、钍与钾，以及体积密度与 GR 指示颜色的光电因子)和 16 口井(图 19.17、图 19.20 和图 19.22)的 XRD 分析的矿物学，建立了概念岩性模型。然后，通过元素测井计算的元素干重分数来量化矿物体积，并将其与中子孔隙度、容重和光电因子相结合，建立详细的多矿物模型(伊利石、绿泥石、石英、白云石、方解石、钾长石、黄铁矿、硬石膏)，并量化各种基质组分的含量。将输出的矿物体积与 XRD 分析结果进行对比。使用常规测井(如总 GR)来计算总黏土体积会得到不准确的结果。这是因

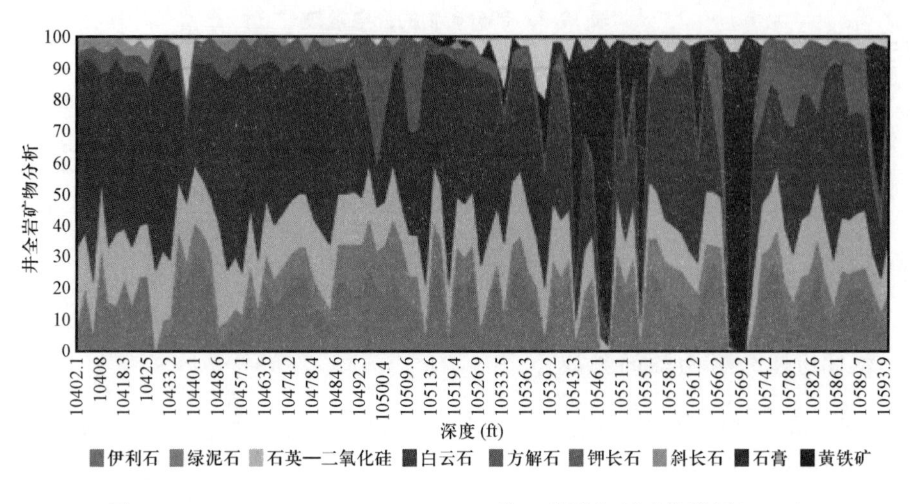

图 19.4 Hognose 152 - 94 - 18B - 19H 井 X 射线衍射矿物学图(XRD)

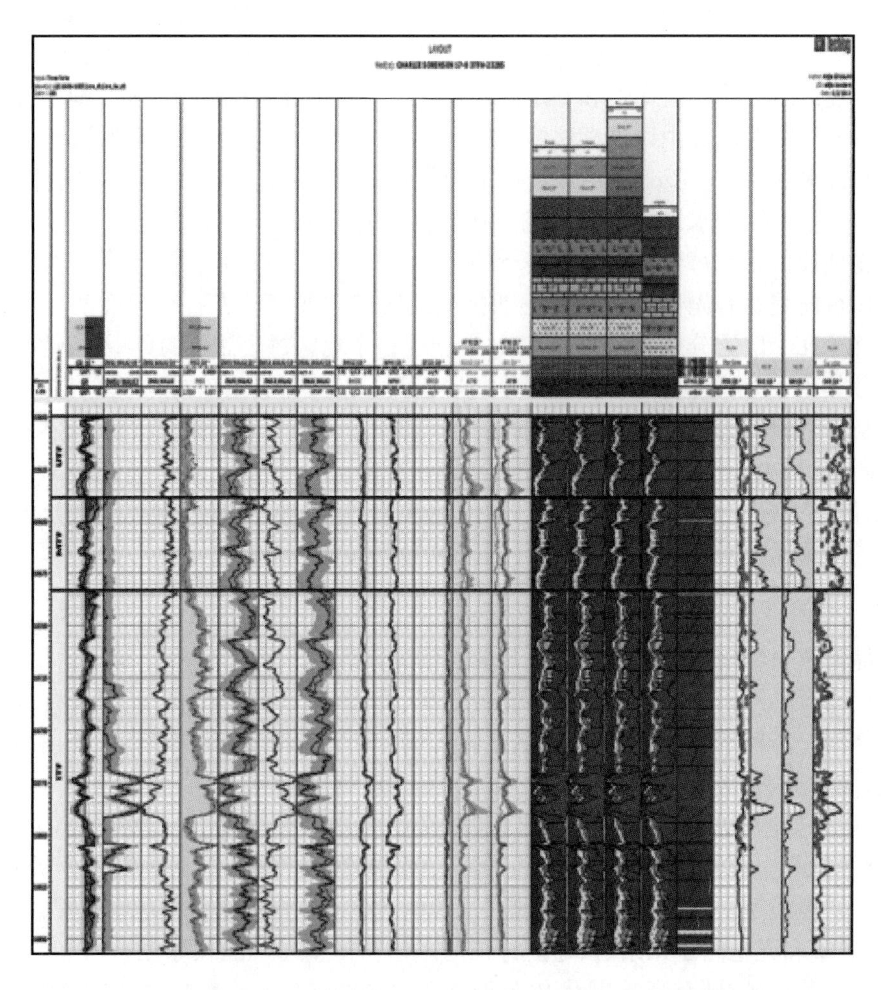

图 19.5 Charlie Sorenson17 - 8 - 3TFH 井 Montage 仿真处理图版

为储层中钾长石丰度较高,导致了 GR 活性较高。对元素测井的元素干重质量分数的整合可以使矿物学的测定和计算更加准确。通过将元素测井结果与中子孔隙度、体积密度及光电因子相结合,计算包括黏土体积在内的岩石物理特性。第二步,将阵列介电测量的介电常数(1in 垂直分辨率)输入集成到模型中。

在后处理阶段,在工作流程中加入流体组分(油和水)后,针对黏土矿物的影响对有效孔隙度进行校正,计算含水饱和度,并与岩心分析数据进行对比。采用中子孔隙度和体积密度相结合的方法计算总孔隙度和有效孔隙度。在冲蚀影响密度读数准确性的情况下,声波测井结合中子孔隙度来确定有效孔隙度。最终的测井孔隙度被校准为岩心孔隙度。此外,真实地层电阻率由校正后的侵入深层电阻率数据获得。

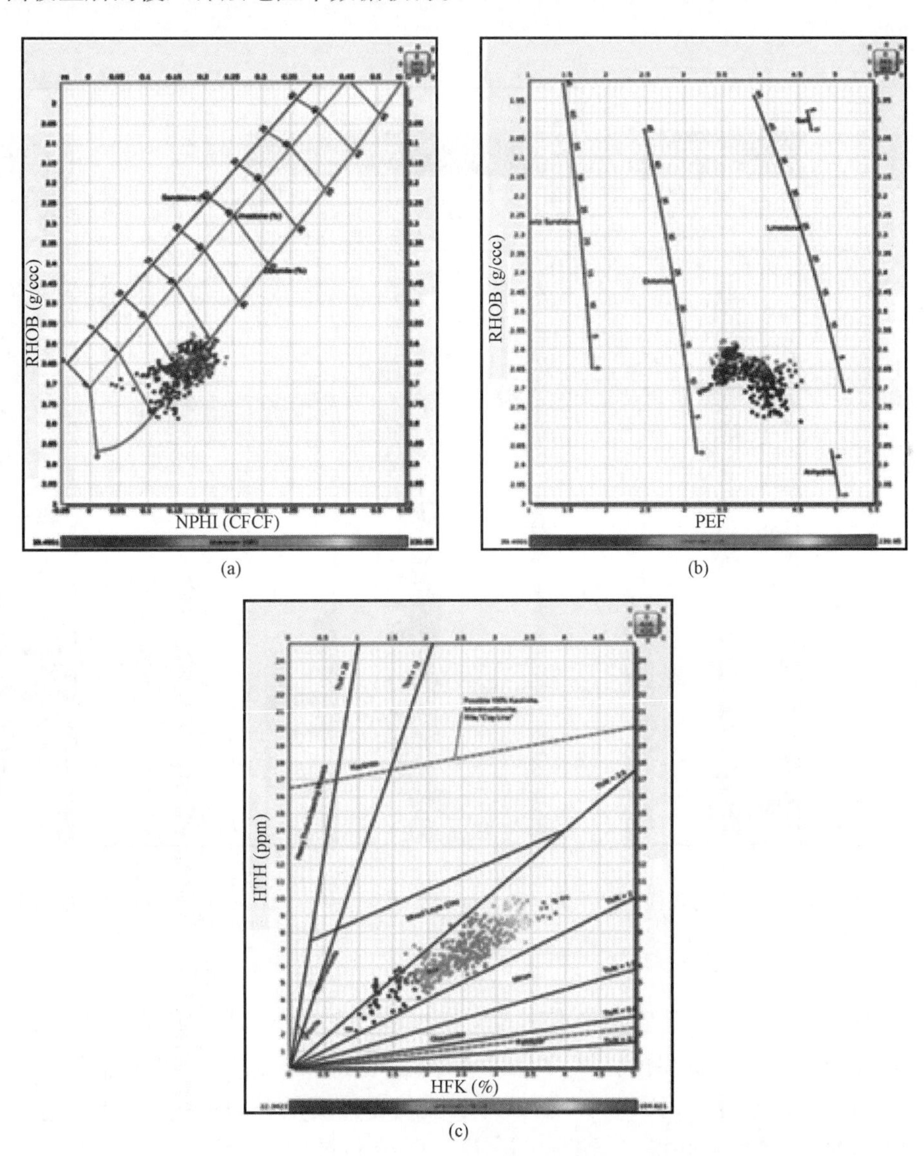

图 19.6 Anderson Federal 152 - 96 - 9 - 4 - 11H 井交会图

另一方面,利用修正后的西门杜(Simandoux)方程进行含水饱和度计算,阿尔奇参数 m 和 n 分别取1.7和2。可以看出,与 Dean - Stark 含水饱和度相比,修正的西门杜(Simandoux)方程模型比 Archie 方程模型或其他复杂模型(Dual Water 或 Waxman - Smits)具有更好的结果。这一步较好地识别了与多孔白云岩—粉砂交互层的非储层相,因此,所得到的岩石物理模型被外推应用到具有有限数据集(常规测井)的井中。然而,考虑到最小分量不能超过所用方程的总数,将输入分量重新标定为待解的最小分量。在这个阶段,黏土矿物被重新标定为伊利石,石英、钾长石和斜长石被重新标定为石英和钾长石,碳酸盐群被重新标定为白云石,含黄铁矿和岩盐的长石被重新标定为长石,如图19.7所示。为每个方程设置合适的不确定度、矩阵参数和权重乘子。此外,为了给模型提供更多的信息,还需要在XRD分析的基础上增加额外的约束条件。

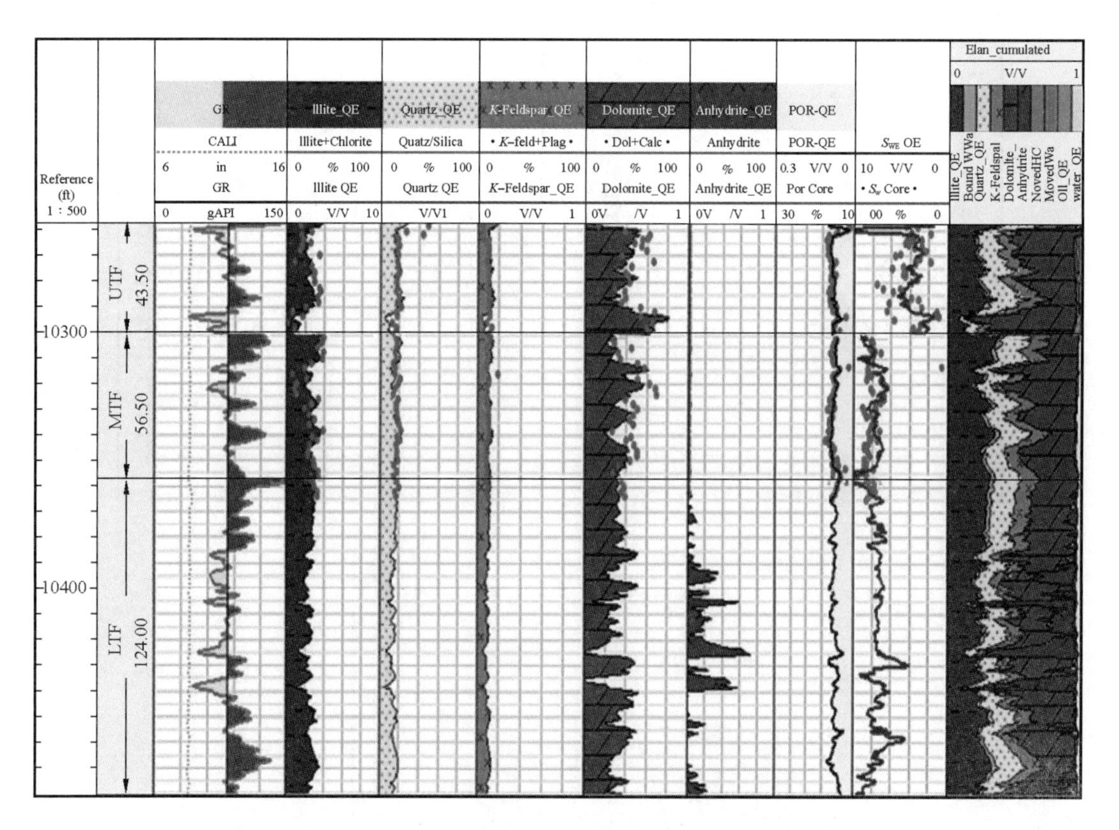

图19.7　将改进的岩石物理模型外推到 Pumpkin 148 - 93 - 14C - 13H - TF 井三重组合数据集上

19.3.2.2　含水饱和度模型

三岔地层描述的另一个挑战是含水饱和度(S_w)模型的发展,其关键在于阿尔奇参数[胶结系数(m)和饱和度指数(n)]的估算,这两个参数在碳酸盐岩储层中由于碳酸盐岩结构的高度变化而具有高度的变异性(Focke et al.,1987)。值得注意的是,许多作者对含水饱和度方程模型的误差进行了检验,并得出了不同的结论。Rosepiler(1981)指出,含水饱和度的误差本质上是由于计算孔隙度的不确定性造成的,而 Dorfman(1984)和 Walstrom(1967)则认为误差与饱和度指数(n)和胶结作用因子(m)的取值有关。在三岔储层,通过岩石物理分析,有效孔隙度在整个储层中一致,岩心孔隙度与核磁共振孔隙度吻合较好。另一方面,在实验室的样品中阿尔奇参数 m 和 n 进行了较好的量化,但实验室数据在本研究中是不可获得的。然而,Johnson 等(2017)基于三岔地层的能量色散谱图发现,伊利石充填的孔隙中含有烃类残余,尽管如此,他们并未在白云石晶面上观察到碳峰,表明上三岔地层(UTF)为水湿地层。因此,在修正的 Simandoux 含水饱和度(S_w)计算中,饱和指数(n)取为 2。值得注意的是,在研究区,直井段采用了油基泥浆系统,避免了使用自然电位测量,而自然电位测量是计算地层电阻率的另一种方法。图 19.8 展示了三岔地层 Anderson Federal 152 -96 -9 -4 -11H 井的 Pickett 图。采用三轴电阻率测量的垂直电阻率代替深部电阻率。含水饱和度(S_w)等于 100% 线的斜率与阿尔奇胶结因子(m)成反比,接近 1.7,阿尔奇指数(n)和弯曲系数(a)分别取等效值 2 和 1,地层水电阻率等于 0.012Ω · m。

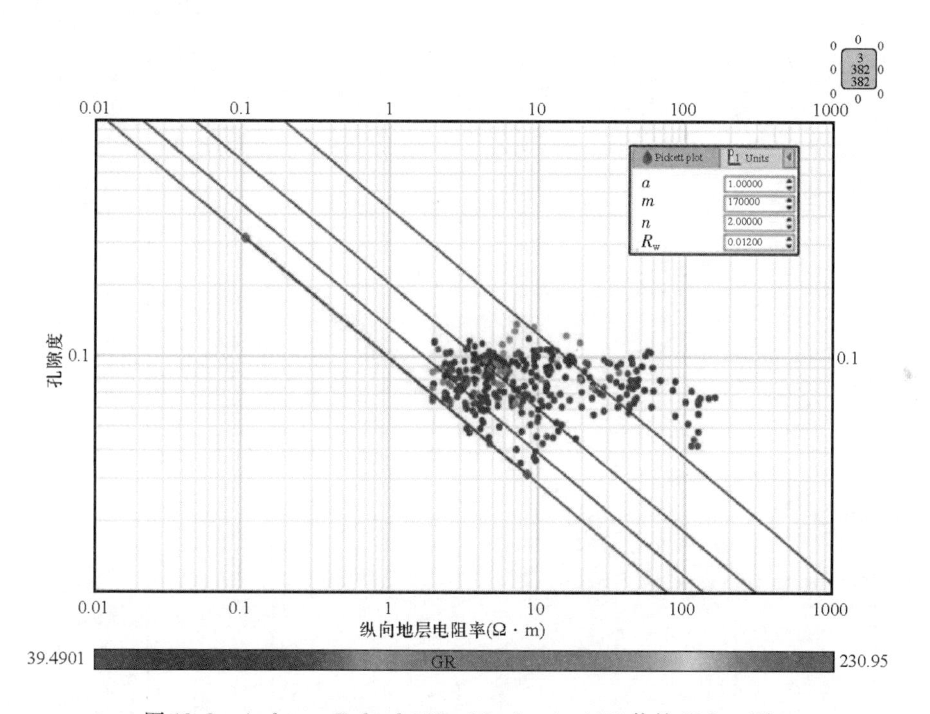

图 19.8　Anderson Federal 152 -96 -9 -4 -11H 井的 Pickett 图

还可以使用多井 Pickett 图来确定水电阻率的形成。然而,由于储层薄深层三岔地层电阻率值较低,研究结果意义不大。Pickett 图产生的地层水电阻率不仅受到薄层低电阻率的影响,还受到下三岔地层长石膏含量的影响。因此,利用矿化度和温度剖面计算了地层水电阻率。三岔地层矿化度很高,平均为 240×10^3mg/L NaCl。XRD 分析证实了这一点,在下三岔地层 Short - Fee 31 -3 井中,岩盐的重量体积可以达到 3%,这就证实了 Anderson Federal 152 -96 -9 -4 -11H 井 Pickett 图的结果。Nordeng(2010)发现 Bakken 地层中的水接近氯化钠的饱和度,因此,可以假设地层水电阻率接近于饱和盐水的电阻率(在 75°F 时为 0.04Ω · m)。将饱和盐水电阻率绘制在 Gen -9 的斯伦贝谢图上,并将矿化度线外推至三岔地层油藏温度(研究井的温度为 180 ~250°F),可以看到地层水电阻率范围为 0.012 ~0.016Ω · m(图 19.9)。此外,Warren

(2006)指出三岔地层中的蒸发物通常是在由蒸发浓缩的流体形成的矿物系列中的碳酸盐沉淀之后形成的,这表明盐度很高。

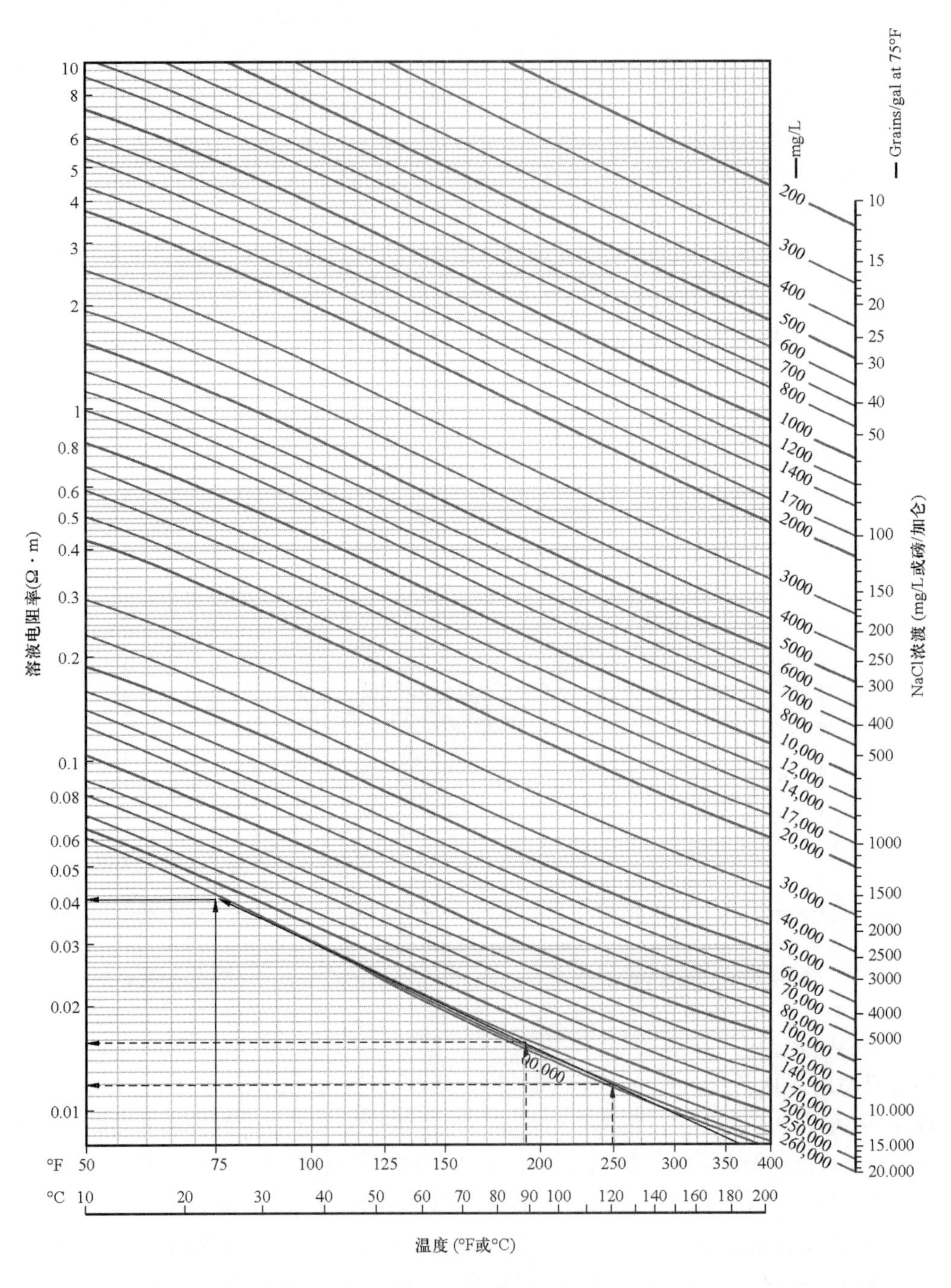

图 19.9 GEN 9 斯伦贝谢图

然后利用修正后的 Simandoux 方程计算含水饱和度。m 值要么由 Pickett 图分析得到,要么为所考虑水库类型的标准值,n 和 a 始终分别为 2 和 1。在一组初始测井曲线产生后,结果以绘制的测井曲线图形式展示。含水饱和度的方程为：

$$\frac{1}{R_t} = \frac{\phi^m S_w^n}{aR_w(1 - V_{cl})} + \frac{V_{cl}/S_w}{R_{cl}} \tag{19.5}$$

式中　R_t——深层电阻率；

ϕ——有效孔隙度；

S_w——含水饱和度；

V_{cl}——黏土体积；

R_{cl}——页岩层段电阻率；

m——阿尔奇胶结系数；

n——阿尔奇指数；

A——迂曲度因子。

19.3.2.3　核磁共振

大多数选择的井记录了核磁共振(NMR)，并用于提供矿物学独立的总孔隙度和测量孔径分布(Allen et al.,2000；McKenon et al.,1999)。孔隙度分为不同的孔径范围，大孔隙中主要是自由流体，小孔隙中主要为毛细管束缚态流体，微孔中主要是黏土束缚态流体(Dunn et al.,2002)。许多学者使用测得的岩心 T_2 谱划定孔径分布(Allen et al.,2000；Johnson et al.,2017；Sørland et al.,2007；Peterson,2017；Xu et al.,2013)。孔径越大，弛豫时间 T_2 越大。利用本研究的41条核磁共振测井曲线展示了 T_2 曲线随深度的变化及孔径的分布。此外，还研究了 T_2、BVI、FFI 和 CBW 之间的相关性。首先，计算每口井的 T_2 平均值、方差及标准差。然后，将每口井的 T_2 算术平均值与所有井的 Dean - Stark Sw 进行对比。采用 Schlumberger - Doll - Research(SDR)和 Timur - Coates 两种方法计算渗透率，并将计算结果与岩心渗透率进行比较。

19.4　岩石物理分析结果及讨论

三岔地层岩性具有显著的垂向变化特征，对储层质量具有重要的影响。从不同井(图19.17、图19.20和图19.22)的XRD分析可以看出，岩性组成以白云岩为主。总的来说，与研究井的XRD分析相比，详细的多矿物模型表明对矿物体积的准确预测。图19.10给出了 Anderson Federal 152 -96 -9 -4 -11H 井的XRD分析结果，XRD分析发现了一些散点，认为这是由于储层的层间行为造成的。此外，计算的孔隙度、岩心孔隙度和NMR总孔隙度之间也具有一致性。除了介电模型较好地反映了 Dean - Stark 岩心数据外，两种应用模型均能准确计算含水饱和度。丰富的长石含量导致电阻率增加(图19.11，曲线6)。此外，在薄白云岩—泥岩层段中，Dean - Stark 含水饱和度与基于电阻率的含水饱和度模型存在差异。实际上，介电测量提供了准确的含水饱和度结果。

图19.12显示了每口井的平均 T_2 值与部分井的 Dean - Stark 含水饱和度的关系。结果表明，储层特征的变化与多单元的存在有关。图上给出了两个不同的点云图。第一组含水饱和度在

26% ~ 60%之间,平均每口井的 T_2平均值大于 8ms。第二组含水饱和度值大于 60%,T_2平均值小于 8ms(对下三岔地层,T_2平均值更低,小于 4ms)。可以看出,尽管上三岔地层具有很大的可变性,但其主要特征是孔隙较大,研究的所有井的 T_2 平均值为 12.79ms(表 19.2)。相比之下,中下地层的 T_2均值分别为 5.95ms 和 2.59ms(表 19.3 和表 19.4)。毛细管和黏性流体随深度的增加证实了这些结果(图 19.13,曲线 3;图 19.14,曲线 2)。此外,T_2均值和绿泥石体积与 Dean - Stark 含水饱和度(S_w)之间的关系见图 19.15,从图中可以看出,T_2均值与绿泥石含量之间存在一定的相关性,随着 T_2均值的减小,绿泥石体积增大。说明分布在中三岔地层的绿泥石体积越大,孔径结构越复杂,这种相关性在纳米孔和微孔最丰富的下三岔地层表现得尤为明显。此外,从该图中还可以发现 T_2均值在 8ms 的截断值与 Dean - Stark 含水饱和度(S_w)之间有很强的相关性。T_2均值大于等于 8ms 的值越高,含水饱和度(S_w)越低,孔径越大。

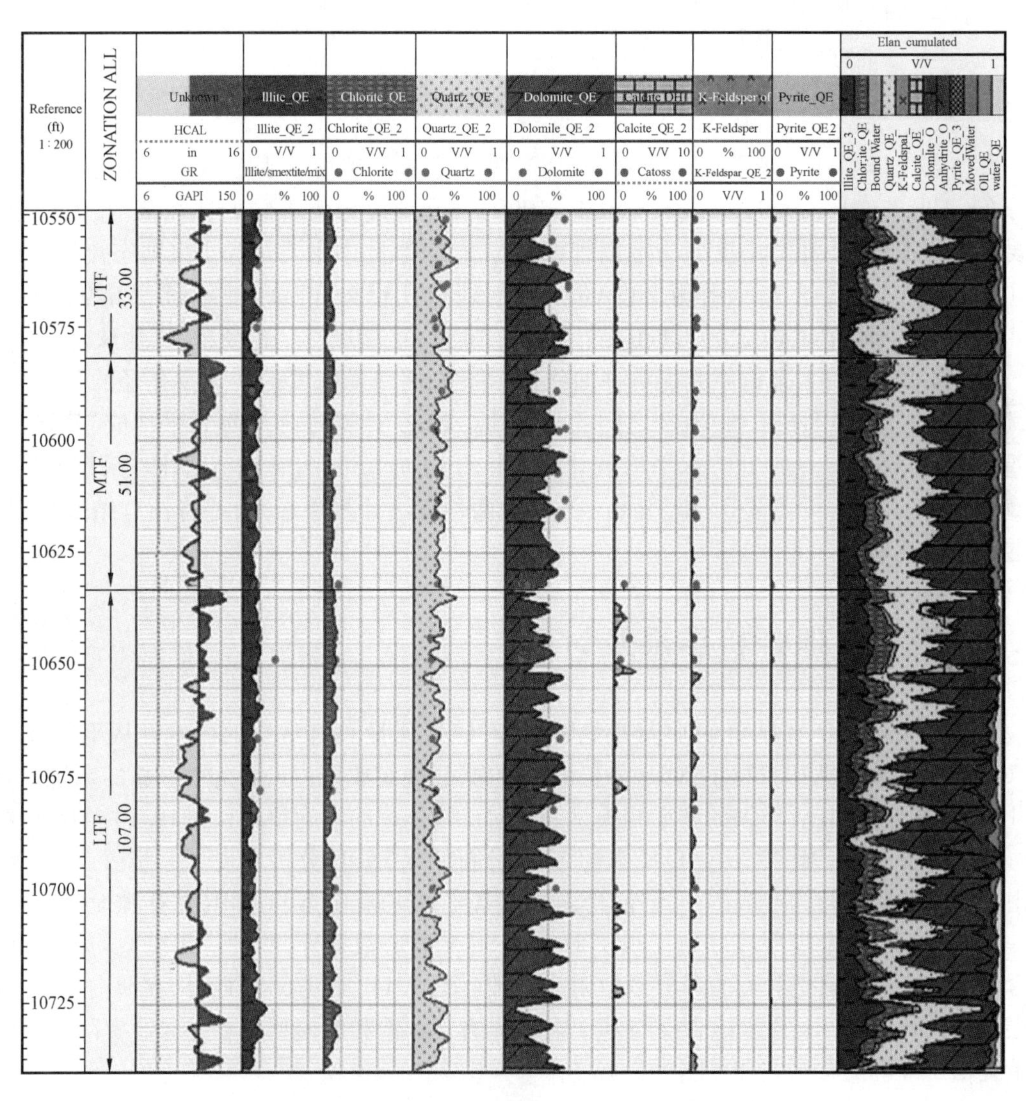

图 19.10　Anderson Federal 152 - 96 - 9 - 4 - 11H 井(一)

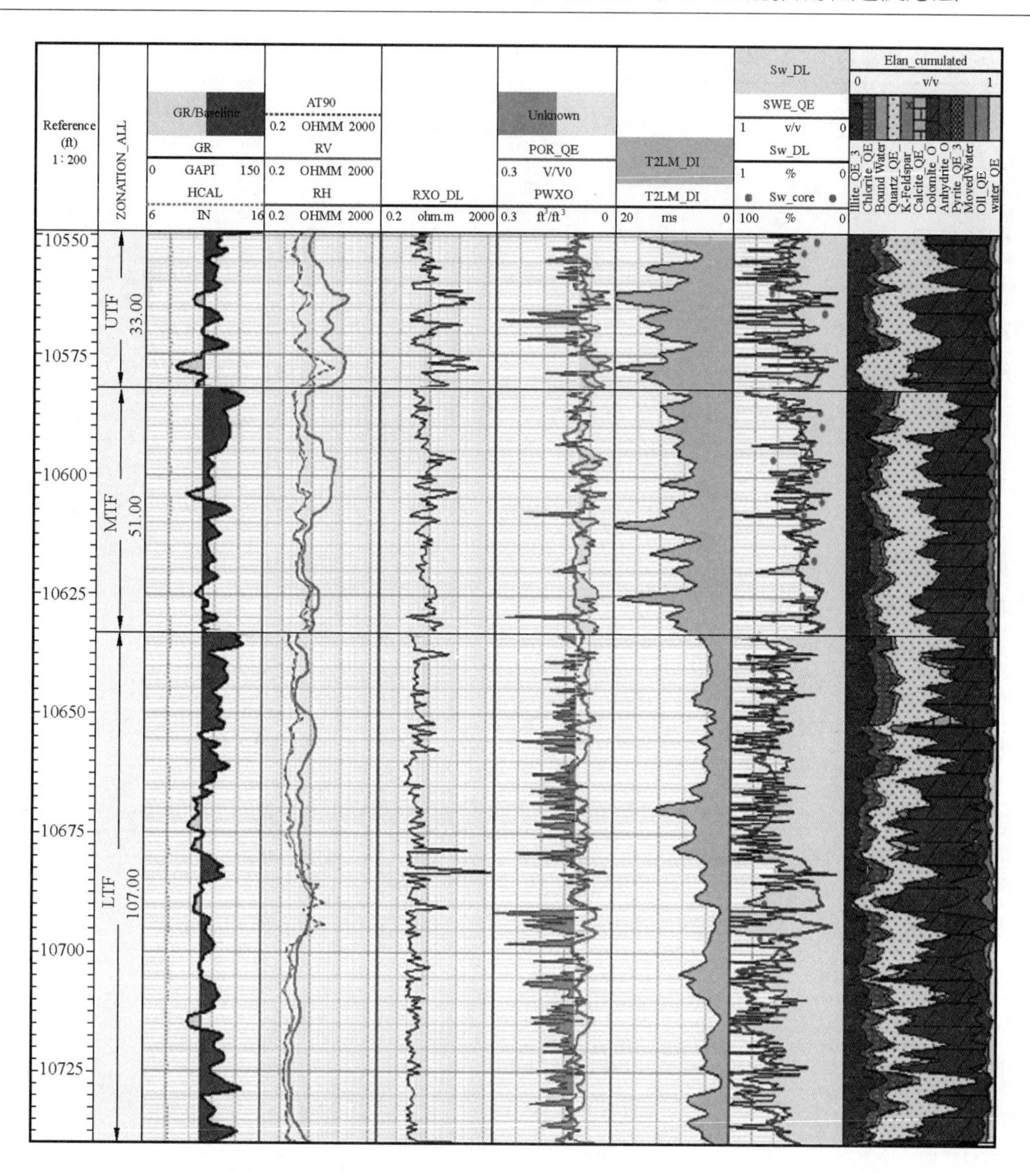

图 19.11 Anderson Federal 152－96－9－4－11H 井(二)

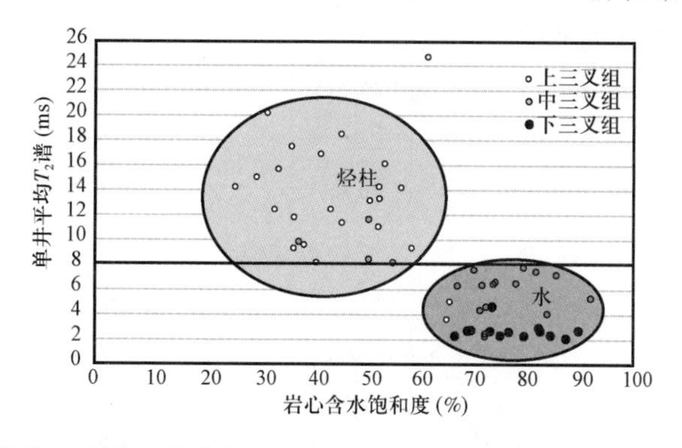

图 19.12 每口井的 T_2测井平均值与 24 口井的 UTF、MTF 和 LTF 的 Dean－Stark S_w交会图

表19.2 NMR和Dean - Stark S_w研究井的T_2对数平均值,上三岔地层

井号	NDIC No	方差	T_2最小值(ms)	T_2最大值(ms)	T_2平均值(ms)	岩心平均含水饱和度(%)
SARATOGA 12 - 1 - 161 - 92H	22572	323.5	4.06	71.72	24.74	62
ROSENCRANS 44 - 21H	17193	248.83	2.55	80.27	20.16	32
BARTLESON 44 - 1 - 2TFH	27026	259.11	3.41	84.26	18.52	46
FORT BERTHOLD148 - 95 - 23D - 14 - 1H	20172	686.68	3.41	180.15	18.67	
FAIRBANKS 1 - 20H	21966	186.327	5.78	76.99	17.53	36.5
JB 11 - 6TFH	29062	185.12	3.08	69.93	16.93	42
ROLF 1 - 20H	20183	79.6	6.6	53.39	16.18	54
KUBAS 11 - 13 TFH	18837	90.31	3.12	36.46	16.1	34
RYSTEDT 4 - 11H	17109	209.12	1.17	84.33	15.83	
CHARLIE SORENSON 17 - 8 3TFH	23285	72.87	5.85	42.49	15.72	
EN - PERSON OBS_2 - 32	20539	145.59	5.28	60.32	15.65	
JERICHO 2 - 5H - TF	18792	216.89	3.52	81.44	15.31	
NESSON STATE 42X - 36	17015	58.5	6.64	44.53	15.03	30
GO - BIWER 157 - 98 - 2635H - 1	21932	53.76	4.82	40.82	14.52	
ERIE 44 - 19H	17289	157.69	5.03	77.52	14.41	
THORLAKSEN 11 - 14H - 17325	17325	81.83	3.7	43.41	14.34	
JANE FEDERAL	17430	246.22	3.41	107.04	14.29	53
COMFORD 9 - 12H	19060	35.96	5.8	29.2	14.28	26
WAYZETTA 46 - 11M	26661	120.57	4.36	60.72	14.27	57
BARENTHSEN 11 - 20H	17194	73.54	3.9	41.08	13.36	53
HAWKINSON 14 - 22H2	24456	345.17	4.22	135.34	13.17	51
PARSHALL 408 - 15M	27850	416.09	3.18	131.54	13.04	
LAKEWOOD 1 - 20H	19799	42.06	3.81	31.22	12.43	
ANDERSON FEDERAL 152 - 96 - 9 - 4 - 11H	24749	15.81	5.21	22.79	12.42	44
FORT BERTHOLD 147 - 94 - 3B - 10 - 3H	24272	29.98	2.77	28.68	12.41	33.5
SHELL CREEK 1 - 01	17058	62.87	2.98	45.05	11.38	46
MC. D. TRUST FEDERAL 31 - 3PH	26269	190.45	1.83	114.85	11.79	37
BRAAFLAT 11 - 11H	17023	62.87	2.98	45.05	11.38	46
GULLIKSON 44 - 34H	32044	25.37	4.44	33.52	11.06	52.8

续表

井号	NDIC No	方差	T_2最小值（ms）	T_2最大值（ms）	T_2平均值（ms）	岩心平均含水饱和度（%）
FARHART 11 - 11H	17096	27.2	1.43	32.28	9.55	39
EN - PERSON OBS_2 - 24	20442	10.66	3.56	18.65	9.53	
TRACKER HOVDEN 15 - 1H	20457	95.49	1.32	81.94	9.35	59
CHARLOTTE 1 - 22H	19918	31.71	3.39	31.01	9.31	37
KOSTELECKEY 31 - 6H	19264	44.88	2.16	42.49	9.042	
MARIANA TRUST 12X - 20G2	24123	6.96	3.56	16.53	8.14	41.2
FAIRFIED STATE 21 - 16 - 1H	21947	9.55	3.86	14.75	7.26	
LIND 2 - 1H	18450	9.47	1.9	18.34	6.87	
BONNIE DIVIDE 16 - 1H	18976	15.21	2.02	33.5	6.45	
GRAVOS 42 - 13 - 14H	24118	6.41	1.19	11.76	4.97	66
EDNA 11 - 2#1H	22022	3.06	2.62	11.67	4.81	
DEBRECEN 1 - 3H	20034	3.77	0.97	10.36	3.59	65.5
平均					12.79	

表 19.3　NMR 和 Dean - Stark S_w的研究井 T_2对数平均值，中三岔地层

井号	NDIC No	方差	T_2最小值（ms）	T_2最大值（ms）	T_2平均值（ms）	岩心平均含水饱和度（%）
CHARLIE SORENSON 17 - 8 3TFH	23285	43.22	3.76	36.96	11.61	51
ANDERSON FEDERAL 152 - 96 - 9 - 4 - 11H	24749	9.64	5.37	21.54	9.76	38
GO - BIWER 157 - 98 - 2635H - 1	21932	28.17	2.3	29.11	8.7	
HAWKINSON 14 - 22H2	24456	50.03	2.92	31.57	8.42	51
LAKEWOOD 1 - 20H	19799	29.48	1.84	34.07	8.17	
FORT BERTHOLD 147 - 94 - 3B - 10 - 3H	24272	10.75	1.94	17.88	8.1	55.5
ROLF 1 - 20H	20183	16.1	2.5	27.91	7.78	79.7
JANE FEDERAL	17430	20.14	2.45	25.24	7.54	70.3
COMFORD 9 - 12H	19060	3.04	3.96	10.72	7.5	82
BARENTHSEN 11 - 20H	17194	18.64	2.6	24.21	7.21	85.7
NESSON STATE 42X - 36	17015	3.12	3.75	11.34	6.96	
FORT BERTHOLD148 - 95 - 23D - 14 - 1H	20172	21.65	2.15	29.7	6.84	
FAIRBANKS 1 - 20H	21966	5.37	3.23	16.8	6.75	74.5
EN - PERSON OBS_2 - 24	20442	5.67	2.88	13.03	6.65	

续表

井号	NDIC No	方差	T_2最小值(ms)	T_2最大值(ms)	T_2平均值(ms)	岩心平均含水饱和度(%)
EN - PERSON OBS_2 - 32	20539	5.71	2.9	18.48	6.64	
CHARLOTTE 1 - 22H	19918	5.64	3.51	16.24	6.5	78.46
SARATOGA 12 - 1 - 161 - 92H	22572	12.75	1.42	17.82	6.47	74.2
JB 11 - 6TFH	29062	9.13	2.24	21.668	6.42	
FARHART 11 - 11H	17096	9.17	2.07	19.9	6.36	72
MARIANA TRUST 12X - 20G2	24123	5.17	2.74	11.71	6.32	67.3
ROSENCRANS 44 - 21H	17193	7.57	2.37	15.58	6.088	
THORLAKSEN 11 - 14H - 17325	17325	6.44	2.83	17.08	6.024	
PARSHALL 2 - 36H	16324	16.4	1.78	15.38	6.02	
ERIE 44 - 19H	17289	7.27	2.17	15.67	5.81	
JERICHO 2 - 5H - TF	18792	11.98	2.18	19.26	5.61	
RYSTEDT 4 - 11H	17109	7.9	1.49	13.79	5.56	
WAYZETTA 46 - 11M	17109	7.9	1.49	13.79	5.56	
FAIRFIED STATE 21 - 16 - 1H	21947	7.39	1.3	13.94	4.89	
KUBAS 11 - 13 TFH	18837	9.14	1.89	12.59	4.67	
GULLIKSON 44 - 34H	32044	9.64	1.32	16.77	4.62	72.8
BARTLESON 44 - 1 - 2TFH	27026	3.93	1.03	11.88	4.52	
SHELL CREEK 1 - 01	17058	2.63	1.74	9.19	4.37	
BRAAFLAT 11 - 11H	17023	3.67	1.3	11.77	4.3	71.5
TRACKER HOVDEN 15 - 1H	17023	3.67	1.3	11.77	4.3	71.5
BONNIE DIVIDE 16 - 1H	18976	5.8	1.01	12.55	3.58	
KOSTELECKEY 31 - 6H	19264	3.43	0.94	10.81	3.45	
EDNA 11 - 2#1H	22022	3.33	1.007	10.15	3.39	
LIND 2 - 1H	18450	2.79	1.05	7.73	3.1	
MC. D. TRUST FEDERAL 31 - 3PH	26269	1.52	1.5	6.93	3.02	
GRAVOS 42 - 13 - 14H	24118	4.15	0.93	14.82	2.44	72.5
DEBRECEN 1 - 3H	20034	1.28	0.92	6.89	2.23	72.5
平均					5.94	

表 19.4 NMR 和 Dean - Stark S_w的研究井 T_2对数平均值,下三岔地层

井号	NDIC No	方差	T_2最小值(ms)	T_2最大值(ms)	T_2平均值(ms)	岩心平均含水饱和度(%)
KOSTELECKEY 31 - 6H	19264	88.23	0.9	91.98	4.84	
ANDERSON FEDERAL 152 - 96 - 9 - 4 - 11H	24749	3.83	1.23	12.84	4.6	73.8

续表

井号	NDIC No	方差	T_2最小值（ms）	T_2最大值（ms）	T_2平均值（ms）	岩心平均含水饱和度（%）
JERICHO 2－5H－TF	18792	31. 15	0. 9	40. 87	3. 75	
GO－BIWER 157－98－2635H－1	21932	57. 95	0. 87	105. 92	3. 69	
LAKEWOOD 1－20H	19799	4. 51	0. 84	12. 19	3. 14	
ROLF 1－20H	20183	3. 3	0. 72	12. 9	3	82. 5
JANE FEDERAL	17430	2. 34	0. 92	11. 86	2. 86	
FORT BERTHOLD 147－94－3B－10－3H	24272	2. 16	0. 89	9. 87	2. 78	70
FORT BERTHOLD 148－95－23D－14－1H	20172		0. 66	10. 94	2. 65	
WAYZETTA 46－11M	26661	0. 98	1. 16	8. 08	2. 68	90
CHARLOTTE 1－22H	19918	1. 34	0. 95	6. 6	2. 66	82. 7
HAWKINSON 14－22H2	24456	1. 78	0. 91	10. 17	2. 64	73. 42
MARIANA TRUST 12X－20G2	24123	1. 42	0. 79	6. 84	2. 63	69. 2
MC. D. TRUST FEDERAL 31－3PH	26269	42. 52	0. 66	82. 84	2. 6	
FAIRBANKS 1－20H	21966	1. 18	0. 85	6. 85	2. 54	77
FAIRFIED STATE 21－16－1H	21947	2. 72	0. 78	14. 14	2. 49	
SHELL CREEK 1－01	17058	1. 19	0. 97	9. 25	2. 49	
FARHART 11－11H	17096	6. 38	0. 7	29. 26	2. 47	
BARENTHSEN 11－20H	17194	14. 2	0. 74	53. 61	2. 34	
CHARLIE SORENSON 17－8 3TFH	23285	1. 47	0. 77	9. 15	2. 34	84. 8
KUBAS 11－13 TFH	18837	2. 45	0. 92	10. 11	2. 33	
GRAVOS 42－13－14H	24118	1. 95	0. 89	15. 97	2. 32	67
EN－PERSON OBS_2－24	20442	0. 79	0. 58	5. 9	2. 27	
DEBRECEN 1－3H	20034	1. 72	0. 73	12. 5	2. 24	75. 5
JB 11－6TFH	29062	1. 11	0. 45	10. 14	2. 23	
EDNA 11－2#1H	22022	1. 057	0. 85	6. . 45	2. 23	
BARTLESON 44－1－2TFH	27026	0. 75	0. 76	6. 58	2. 19	79. 8
ERIE 44－19H	17289	1. 2	0. 52	5. 022	2. 19	
EN－PERSON OBS_2－32	20539	0. 79	0. 77	6. 21	2. 18	
ROSENCRANS 44－21H	17193	1. 16	0. 87	8. 2	2. 18	
SARATOGA 12－1－161－92H	22572	1. 24	0. 82	9. 1	2. 17	
TRACKER HOVDEN 15－1H	20457	0. 88	0. 62	6. 06	2. 11	87. 6
BONNIE DIVIDE 16－1H	18976	0. 56	0. 88	4. 34	2. 08	

续表

井号	NDIC No	方差	T_2最小值(ms)	T_2最大值(ms)	T_2平均值(ms)	岩心平均含水饱和度(%)
THORLAKSEN 11 - 14H - 17325	17325	1.48	0.79	13.45	1.96	
PARSHALL 2 - 36H	16324	1.665	0.68	16.53	1.85	
RYSTEDT 4 - 11H	17109	1.13	0.53	8.42	1.83	
平均					2.599	

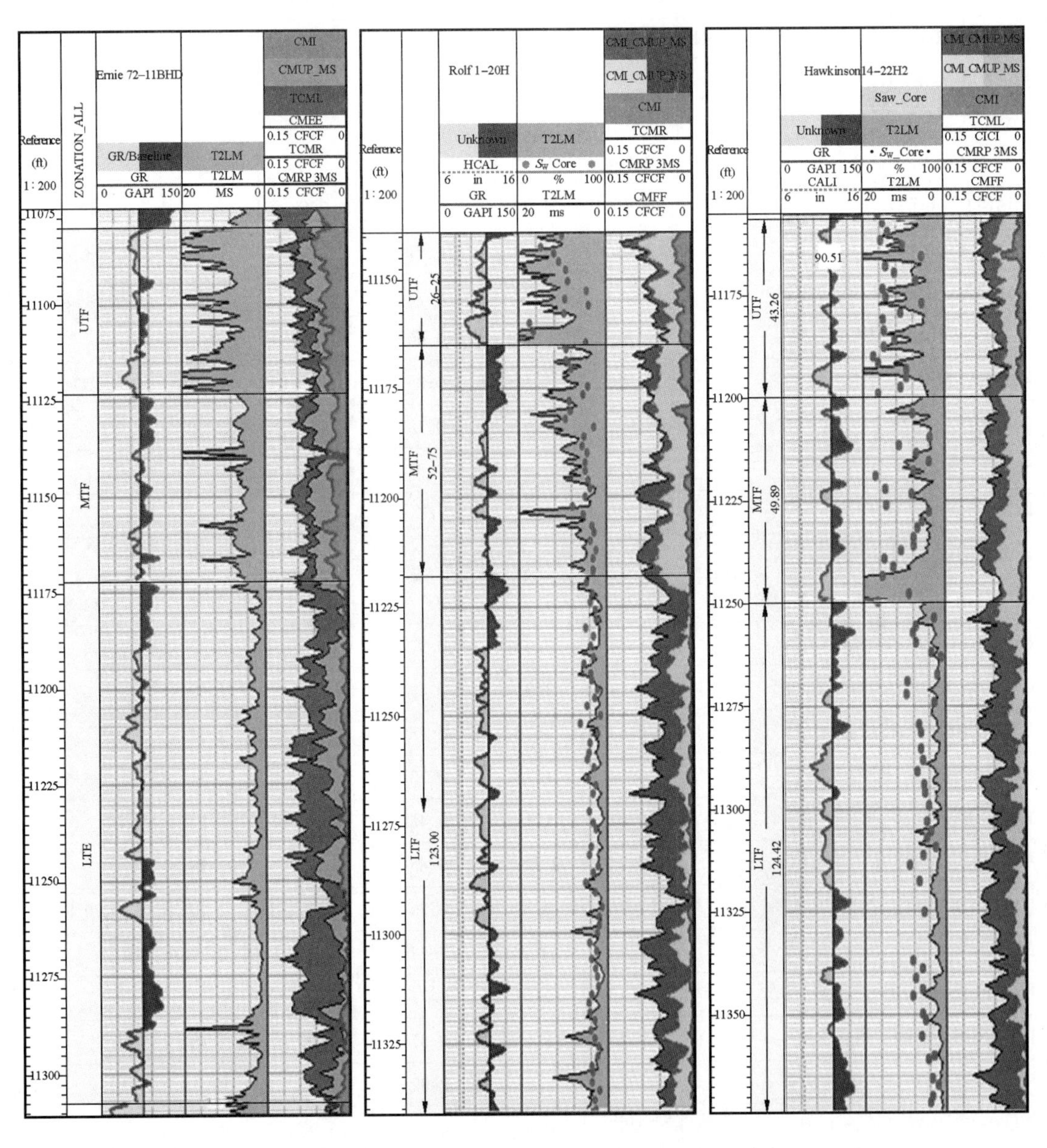

图 19.13 Ernie 72 - 11BHD 井、Rolf 1 - 20H 井、Hawkinson 14 - 22H2 井

19.4.1 上三岔地层

上三岔地层在 Bakken 区块是钻井目标，它比中三岔、下三岔地层更优，说明这个层系含油性好。从 Anderson Federal 152－96－9－4－11H 井可以看出，三轴感应电阻率的垂直电阻率（R_V）和水平电阻率（R_H）显示出电阻率的强各向异性，而介电测量（图 19.11，曲线 2 和曲线 3）的浅层电阻率变化较大。这种各向异性源于白云质泥岩、黏土和白云质粉砂层之间的电阻率差异。在上三岔地层的下部区域，阵列介电测量得到的含水孔隙度低于岩石物理分析得到的有效孔隙度（图 19.11，曲线 4），后者证实了油层的存在。然而，在上三岔地层的上部，这两条曲线之间有较大差异，这种情况是由层状结构造成的，因此含水层段的含水孔隙度高于有效孔隙度。与含水孔隙度相比，有效孔隙度较低，表明白云泥岩交互层岩相是饱和水的（图 19.11，曲线 4）。相应的 Dean－Stark 含水饱和度（S_w）在这些区间明显较高，平均为 68%，如图 19.11（曲线 6）所示。

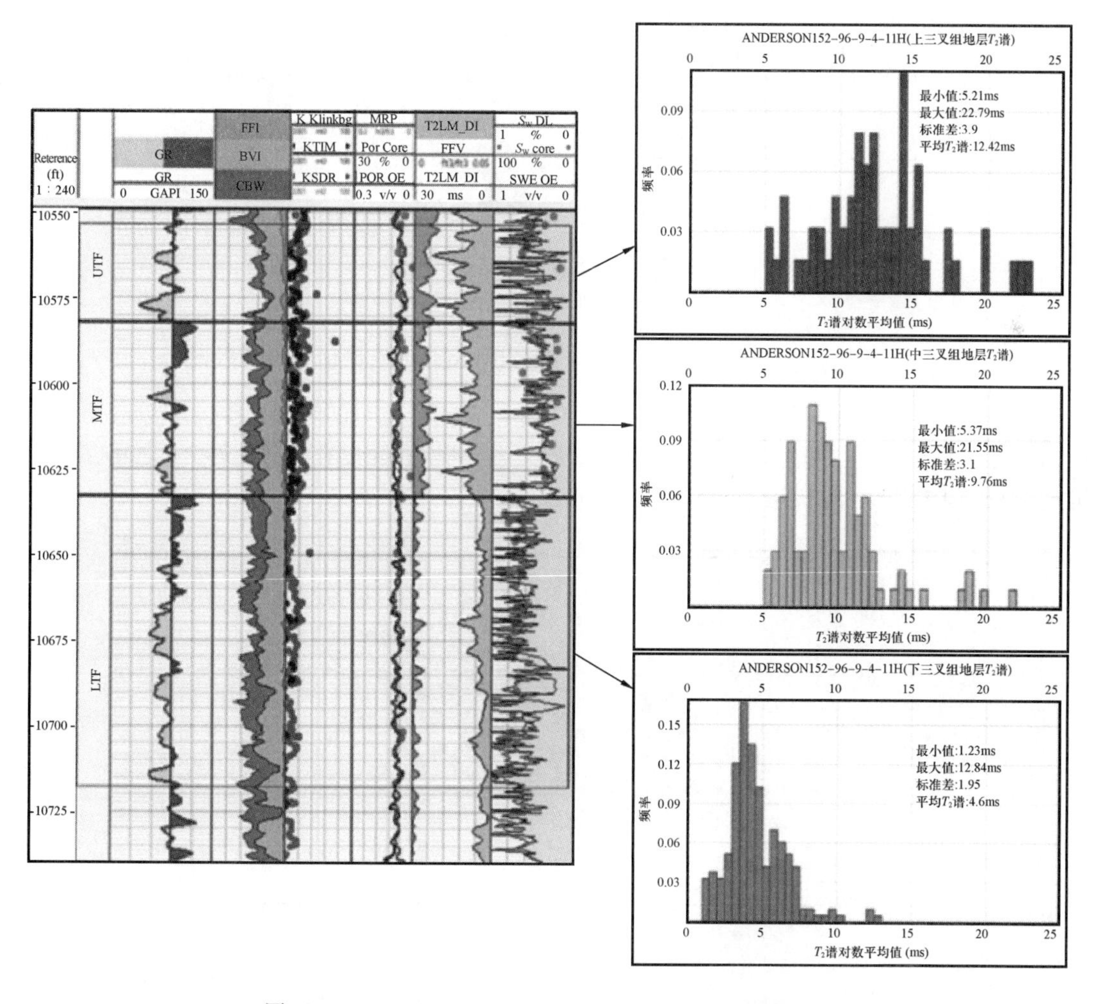

图 19.14 Anderson Federal 152－96－9－4－11H 井（一）

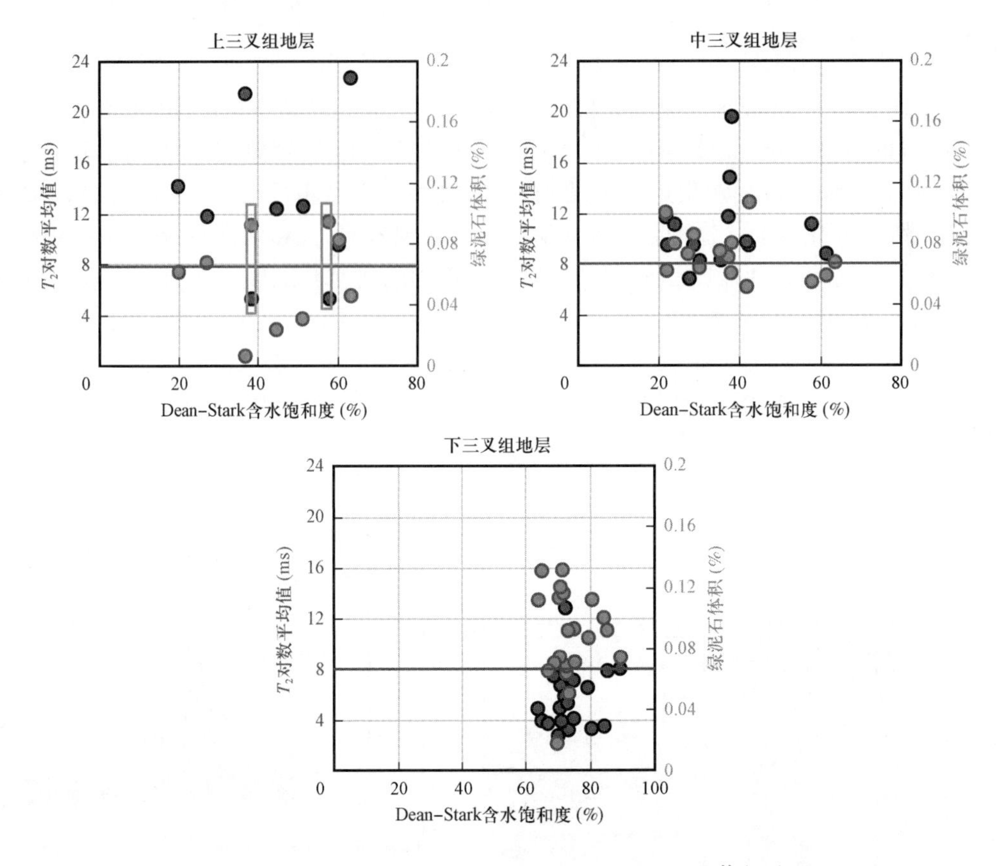

图 19.15 Anderson Federal 152 -96 -9 -4 -11H 井(二)

图 19.16 显示了净围压(NCS)在 2500 ~3000psi 之间变化时的岩心孔隙度和渗透率分布，从图中可以看出，上三岔地层呈现出经典的指数关系，平均孔隙度在 6 % ~7.5% 之间，最大值可达 11%，但渗透率(克氏渗透率)均小于 1mD。

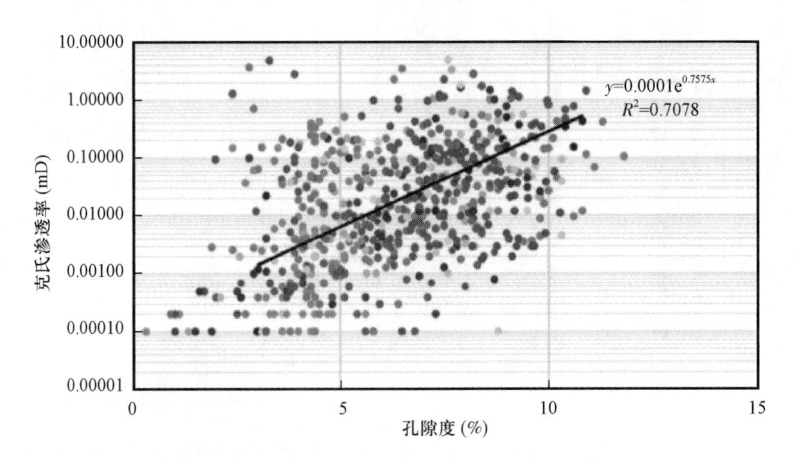

图 19.16 渗透率(克氏渗透率)与孔隙度交会图

上三岔地层，在净围压(NCS)在 2500 ~3000psi。孔隙度在 1% ~11.5%，渗透率一般小于 1mD

由岩性模型结合 XRD 分析可知，上三岔地层主要由白云石、石英、钾长石、斜长石、黄铁矿和以伊利石为主的黏土矿物组成。白云石是最丰富的矿物，含量在 25% ~65% 之间。然而，石英和长石的体积几乎恒定，平均分别为 25% 和 15%（图 19.17），部分井石英体积可达 40%。绿泥石含量一般小于 5%，而伊利石含量在 5% ~20% 之间。粉砂质白云岩含量高、黏土矿物含量低于 10% 的层段储层特征较好。储层特征、矿物组成及其含量之间具有良好的对应关系。此外，Dean – Stark 的含水饱和度在层状白云泥岩中明显较高，平均为 65%。

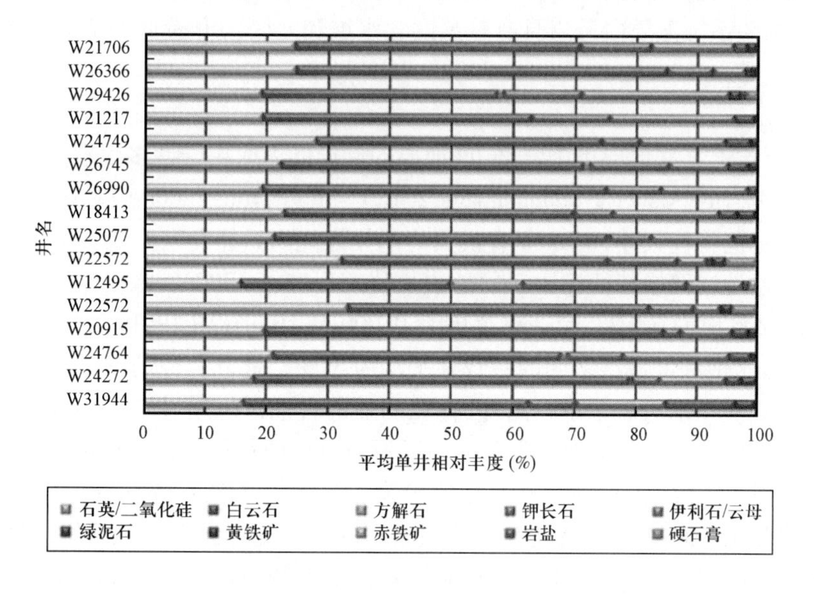

图 19.17　从 XRD 实验中得到上三岔地层的每口井的矿物相对丰度

总体而言，T_2均值分布在上三岔地层中变化较大（标准差为 2.5 ~20.4）。如图 19.18 所示，T_2均值在 3.59 ~24.74ms 之间。Fort Berthold 148 – 95 – 23D – 14 – 1H 井 T_2最大值达到

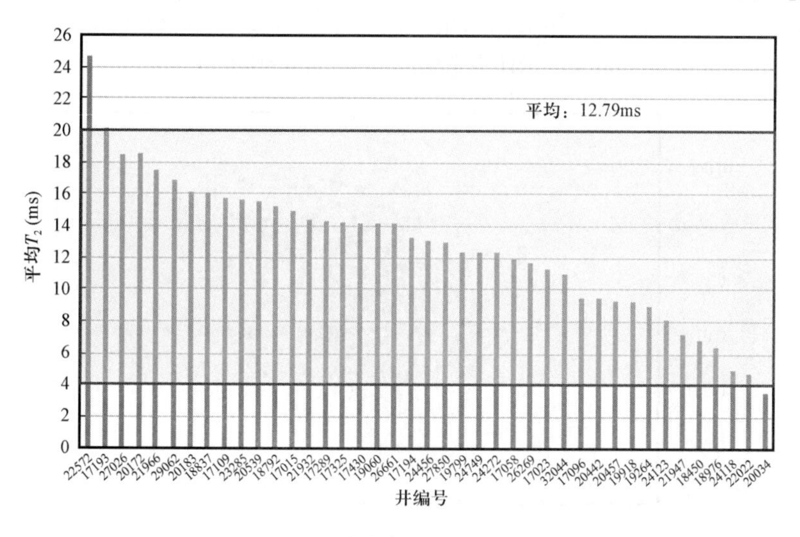

图 19.18　上三岔地层每口井的 T_2均值

180.15ms,方差较大,为686.32ms,见表19.2。这些变化通常归因于储层的层间性质。Debrecen 1－3H井记录的最低T_2均值介于0.97～10.36ms之间,平均含水饱和度(S_w)为65.7%。该井位于研究区域南部上三岔地层40ft的叉角井。从核磁共振(NMR)得到的FFI,BVI和CBW在大多数井中保持一致。与中三岔地层、下三岔地层相比,其特点是BVI和CBW较低。较高的FFI对应着较大的孔隙(T_2均值>8ms)和较低的含水饱和度(S_w)(图19.14)。因此,水占据小孔隙,油填充大孔隙。T_2均值、FFI、BVI和CBW与含水饱和度(S_w)和矿物学组成之间也存在一定的关系。泥质白云岩具有较高的含水饱和度(S_w)和较低的T_2均值。

19.4.2　中三岔地层

中三岔地层比上三岔地层更为复杂,该地层的储烃能力取决于许多因素,包括其地层特征和黑色Bakken页岩的热成熟度(Sonnenberg,2015)。此外,Rice(2000)和Al Duhailan(2014)认为,由于三岔地层特性较差,Bakken有机页岩的排烃能力只能在三岔地层排50～75ft。研究结果表明,上三岔地层储层特征比中三岔地层更优。研究了1300个岩心样品,岩心孔隙度范围为2%～11%,平均为6.5%,渗透率范围为0.0001～10mD(图19.19)。在图19.11(曲线6)中可以看到含水饱和度模型之间的一致性平均为35%。此外,含水孔隙度远低于有效孔隙度,表明除了该地层顶部页岩含量较高外,存在明显的含油区。通过岩石物理分析和XRD分析(图19.20)可以看出,中三岔地层主要由白云石、石英、钾长石、斜长石、黄铁矿、方解石和黏土矿物组成,其中白云石是该地层最丰富的矿物,占45%,石英含量为15%～30%,平均为20%,斜长石含量为3%～15%,黏土矿物含量较高的主要是绿泥石。非储集层发育大量带有泥质白云岩的黏土与白云质泥岩交互层是储层物性变差的根源。如图19.21所示,每口井的T_2均值与Dean－Stark测井曲线相对应,可以看出,每口井的T_2均值低于上三岔地层2～11.6ms的范围(表19.3)。然而,大多数井的T_2均值低于8ms。对于相同的T_2均值,中三岔地层孔隙结构的复杂性表现在含水饱和度(S_w)的高度不一致性。例如,Hawkinson 14－22－H2和Rolf 1－20H井的T_2均值都是8ms,而对应井的含水饱和度(S_w)分别为51%和79.7%,含水饱和度(S_w)的不同可能与Rolf 1－20H井较高的毛细管束缚水有关。

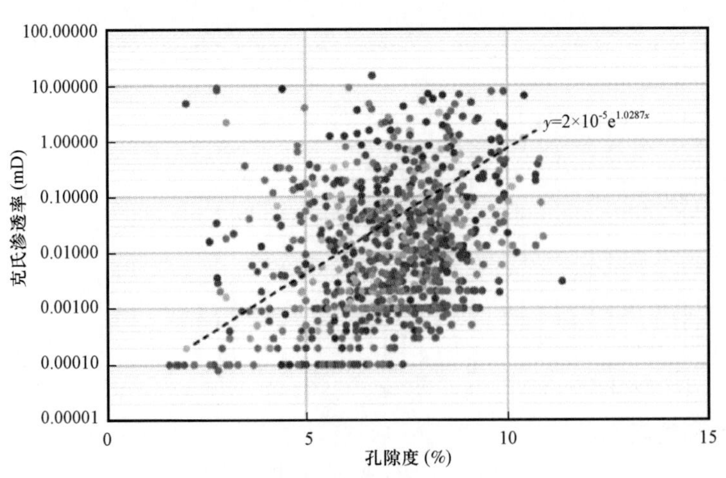

图19.19　中三岔地层的渗透率(克氏渗透率)与岩心孔隙度交会图

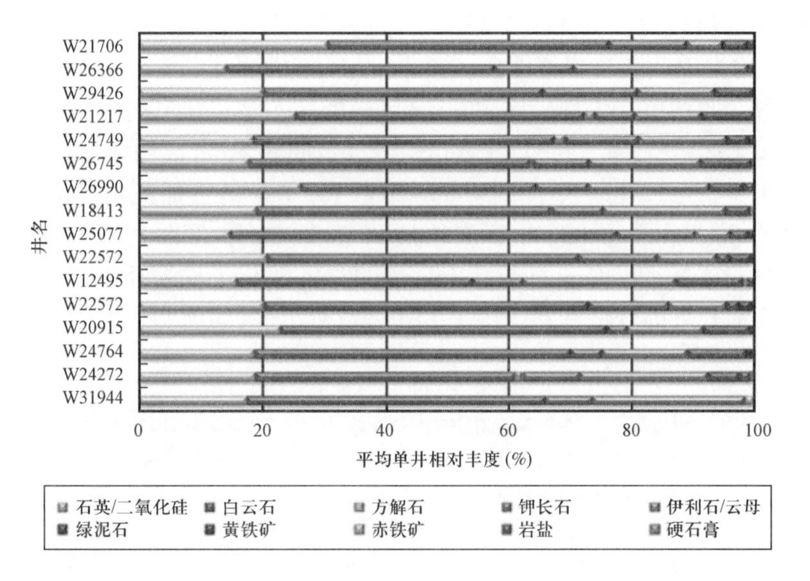

图 19.20　由 XRD 实验得到中三岔地层每口井的矿物相对丰度

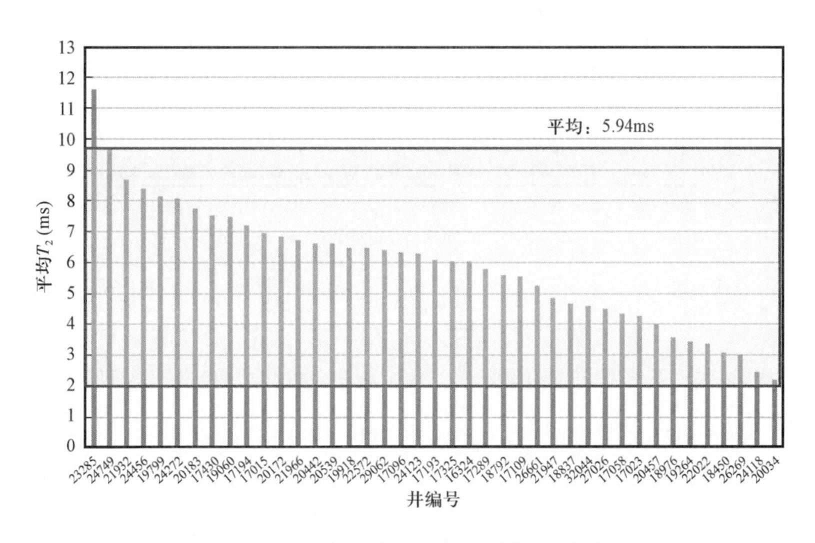

图 19.21　中三岔地层每口井的 T_2均值

19.4.3　下三岔地层

与前面描述的地层不同，下三岔地层以大量发育泥质白云岩和长石为特征(图 19.22)，此外，黏土矿物(16% ~40%)和方解石含量(0 ~35%)变化较大，石英含量为9% ~17%，斜长石含量正长石为3% ~11%。XRD 分析显示有少量的黄铁矿(0 ~1.7%)、赤铁矿(0 ~3%)和石盐(0 ~3.7%)。下三岔地层容易识别出含水带，有效孔隙度远低于含水孔隙度(图 19.11，曲线4)，且含水饱和度高。通过阵列介电测量计算出的含水饱和度与 Dean - Stark 分析和岩石物理分析得出的含水饱和度进行了比较(图 19.11，曲线 6)。阵列介电测量得出的含水饱和度模型与 Dean - Stark 分析结果非常吻合，而在较低的层段，由于长石的丰度，岩石物理分析得出的含水饱和度值较低。图 19.23 显示了渗透率与孔隙度的分布,岩心孔隙度范围为 0.5% ~11%,平均为7%,渗透率范围 0.0001 ~10mD,裂缝岩样通常渗透率较高。此外,从图 19.24 中可以看出,T_2均值在大部分区间处于低值,范围为 2 ~4ms(标准差为 1.48ms)。从 Anderson Federal 152 -96 -9 -4 -11H 井(图 19.14,曲线 5)可以明显看出,T_2均值在中三岔地层下降了 47%,从 9.76ms 下降到 4.6ms,BVI 和 CBW 的增加证实了这一点,它们分别与小孔和微孔有关。另一方面,由于该地层岩性多变,导致大孔隙完全缺失,T_2均为 2.59ms。泥质白云岩特征结合长石与黏土含量的丰度恶化了储层质量。这些特征使该地层不具有任何石油开采的经济利益。图 19.13 可以看出,T_2均值和含水饱和度(S_w)之间有一致的相关性。

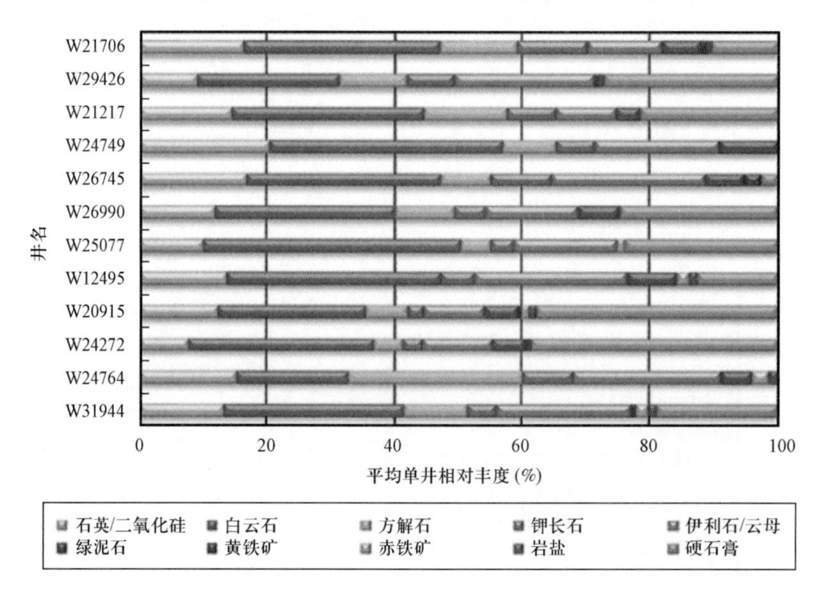

图 19.22　从 XRD 实验中得到的下三岔地层每口井矿物的平均相对丰度

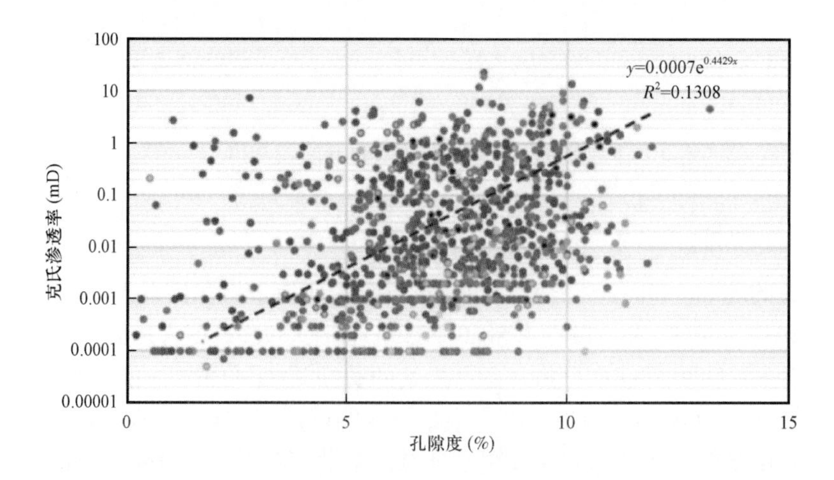

图 19.23　下三岔地层渗透率(克氏渗透率)与孔隙度岩心交会图

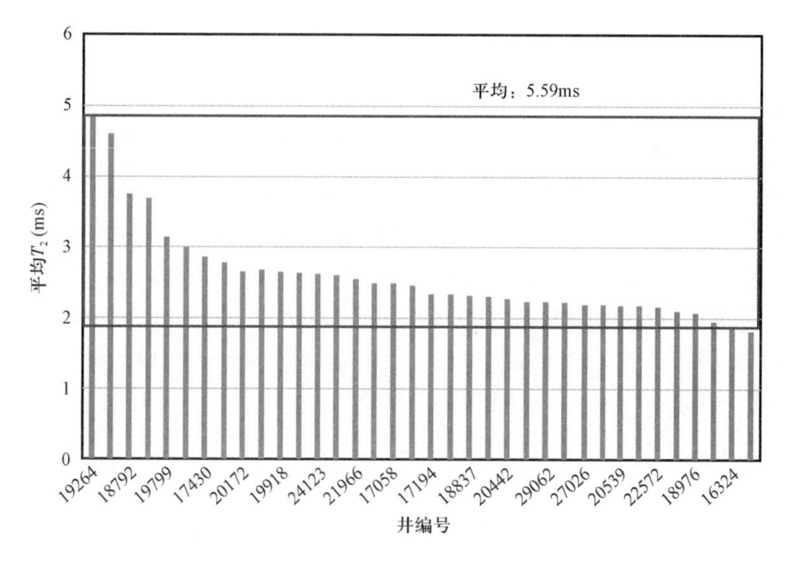

图 19.24　下三岔地层每口井 T_2均值

19.5　结论

本章介绍了用于计算含水饱和度的薄层岩石物理分析的备选方法，从而更好地了解储层特征。主要介绍了两种方法。

通过将先进的测井方法整合到工作流程中，开发了三岔地层的复杂岩石物理模型，包括：(1)矿物学和颗粒密度的元素测井；(2)孔隙度、CBW 和自由流体的核磁共振(NMR)；(3)含水饱和度的多频阵列介电测量。采用概率方法评估输出组分和流体体积。基于交会图和 XRD 分析的矿物学，建立了岩性概念模型。将元素干重分数与常规测井相结合，可以进行更精确的矿物学测定和计算。将中子孔隙度和体积密度相结合计算有效孔隙度。此外，采用修正后的 Simandoux 方程进行含水饱和度计算，阿尔奇参数 m 和 n 分别取 1.7 和 2。利用盐度和温度剖面计算地层水电阻率，将模型的精度与常规和特殊岩心分析进行了比较。第二种方法是通过与电阻率无关的阵列介电测量计算含水饱和度。两种方法的含水饱和度计算结果较为一致。该方法将阿尔奇参数和地层水电阻率作为输入参数输入到改进的 Simandoux 方程。

第二步，将得到的岩石物理模型外推到远离任何先进测井和岩心分析测量的井中。最大的挑战在于将输入分量重新调整为要求解的最小分量，并为每个方程设置适当的矩阵参数、不确定性和权重乘数。

岩石物理分析和岩心孔隙度—渗透率曲线表明，整个三岔地层的孔隙度、有效孔隙度、岩心孔隙度和核磁共振孔隙度之间具有令人满意的一致性。孔隙度平均为 6%~7%，渗透率小于 1mD。储层参数、孔径分布以及地层中黏土的数量和类型决定了上三岔地层最具前景。上三岔地层突出特征是整个层段粉砂白云岩丰富，黏土含量低。

总体而言，XRD 矿物分析显示，三岔地层主要由白云石、石英、长石组成，黏土矿物以伊利石为主，其中白云石是最丰富的矿物。黏土矿物随着深度的增加而增加，主要表现在绿泥石的体积上。在中三岔地层、下三岔地层的部分井中,方解石与赤铁矿含量较高。在上三岔地层中,黄铁矿含量增加,下三岔地层中,长石含量明显增加。

地层中白云质粉砂岩的 T_2均值和 FFI 值较高,而白云质泥岩的含水饱和度较高。当白云质泥岩薄层与含油白云质粉砂岩薄层交互,岩石物理分析具有一定的挑战性。因此,多矿物分析是解决三岔地层表征问题的重要手段。

将 T_2均值大于等于 8ms 定义为三岔地层含油层段对应的截止值。最上部两个层段(上三岔地层与中三岔地层)由于层理的存在,其孔径分布范围具有显著的 T_2均值变化。绿泥石含量对 T_2均值也有影响,其含量越高,孔径结构越复杂,T_2均值越低。

此外,在上三岔地层中,几乎所有井的 T_2均值大于等于 8ms 且 FFI 值都较高,表明该层段存在较大的孔径。在下三岔地层,T_2均值几乎保持不变,其小孔与微孔是最主要的孔隙。

中三岔地层与上三岔地层及下三岔地层之间存在显著差异,其中毛细管束缚水发生较大变化,表明孔隙大小分布具有高度非均质性。总体而言,在整个三岔地层,毛细管束缚水和 CBW 均随着深度的增加而增大。相对而言,含水饱和度、自由流体、T_2均值、毛细管束缚水与 CBW 之间存在一定的对应关系。

参考文献

Adams, J. A. and Weaver, C. E. (1958). Thorium – uranium ratios as indicators of sedimentary processes: example of concepts of geochemical facies. *Bell. Am. Assoc. Petrol. Geol.* 42 (2): 387 – 430.

Adeniran, A., Elshafei, M., and Hamada, G. (2009). Functional network soft sensor for formation porosity and water saturation in oil wells. 2009 *IEEE Instrumentation and Measurement Technology Conference*, Singapore, pp. 1138 – 1143. http//:doi. org/10. 1109/IMTC. 2009. 5168625.

Aguilera, R. (1990b). A new approach for analysis of the nuclear magnetic log – resistivity log combination. *Journal of Canadian Petroleum Technology*29 (1): 67 – 71.

Aguilera, R. (2002). Incorporating capillary pressure, pore aperture radii, height above free watertable, and Winland r 35 values on Pickett plots. *AAPG Bulletin* 86 (4): 605 – 624.

Aguilera, R. (2003a). Determination of matrix flow units in naturally fractured reservoirs. *Journal of Canadian Petroleum Technology* 42 (12): 54 – 61.

Aguilera, R. and Aguilera, M. S. (2002). The integration of capillary pressures and Pickett plots for determination of flow units and reservoir containers. *Society of Petroleum Engineers Reservoir Evaluation and Engineering* 5 (6): 465 – 471.

Al Duhailan, M. (2014). Petroleum – expulsion fracturing in organic – rich shales: genesis and impact on unconventional pervasive petroleum systems. Ph. D dissertation. Colorado School of Mines, 206p.

Al – Bulushi, N., King, P. R., Blunt, M. J., and Kraaijveld, M. (2009). Development of artificial neural network models for predicting water saturation and fluid distribution. *J. Pet. Sci. Eng.* 68 (3 – 4): 197 – 208.

Alexeyev, A., Ostadhassan, M., Bubach, B. et al. (2017). Integrated reservoir characterization of the Middle Bakken in the Blue Buttes field, Williston Basin, North Dakota. *Society of Petroleum Engineers*. https://doi. org/10. 2118/185664 – MS.

Allen, D., Crary, S., Freedman, S. et al. (1997). How to use borehole nuclear magnetic resonance. *Oilfield Review* 9 (3): 34 – 57.

Allen, D., Flaum, C., Ramakrishnan, T. S. et al. (2000). Trends in NMR logging. *OilfieldReview* 12(3): 2 – 19.

Allen, D. C., Flaum, T. S., Ramakrishnan, J. et al. (2008). Trends in NMR logging. *Oilfield Review* 12 (3): 2 – 19.

Allwein, E. L., Schapire, R. E., and Singer, Y. (2000). Reducing multiclass to binary: a unifying approach for margin classifiers. *J. Mach. Learn. Res.* 1: 113 – 141.

Al – Wardy, W. (2002). Measurement of the poroelastic parameters of reservoir sandstones. Ph. D. thesis. Imperial College, London.

Basak, D., Pal, S., and Patranabis, D. C. (2007). Support vector regression. *Neural Information Processing – Letters and Reviews* 11 (10): 21 pp.

Bateman, R. M. (1940). Openhole log analysis and formation evaluation, 668 pp. Softcover. ISBN: 978 – 1 – 61399 – 156 – 5.

Bell, J. S. and Gough, D. I. (1979). Northeast – southwest compressive stress in Alberta – evidence from oil wells. *Earth and Planetary ScienceLetters* 45: 475 – 482.

Bernabé, Y. (1991). Pore geometry and pressure dependence of the transport properties in sandstone. *Geophysics* 56: 436 – 446.

Bernabe, Y., Brace, W. F., and Evans, B. (1982). Permeability, porosity and pore geometry of hot – pressed calcite. *Mech. Maters.* 1982 (1): 173 – 183.

Bernabé, Y., Mok, U., and Evans, B. (2003). Permeability – porosity relationships in rocks subjected to various evolution processes. *Pure Appl. Geophys.* 160: 937 – 960.

Berryman, J. G. (1992). Effective stress for transport properties of inhomogeneous porous rock. *J. Geophys. Res.* 97 (17): 409 – 424.

Berwick, B. R. (2008). Depositional environment, mineralogy, and sequence stratigraphy of the late devonian sanish member (upper three forks formation), Williston Basin, North Dakota. Master's thesis, Colorado School of Mines, Golden, CO, 262p.

Bottjer, R., Sterling, R., Grau, A., and Dear, P. (2011). Stratigraphic relationships and reservoir quality at the three forks – bakken unconformity, Williston basin, North Dakota. In: *The Bakken – ThreeForks Petroleum System in the Williston Basin* (ed. J. W. Robinson, J. A. LeFever, and S. B. Gaswirth), 173 – 228. Rocky Mountains Associations of Geologists.

Boualam, A. (2019). Impact of stress on the characterization of the flow units in the complex three forks reservoir, Williston Basin. Theses and Dissertations. 2839. https://commons. und. edu/ theses/2839.

Boualam, A., Rasouli, V., Dalkhaa, C., and Djezzar, S. (2020a). Advanced petrophysical analysis and water saturation prediction in three forks, Williston basin. *SPWLA 61st Annual Logging Symposium.* Virtual Online Webinar (June 2020). https://doi. org/10. 30632/SPWLA – 5104.

Boualam, A., Rasouli, V., Dalkhaa, C., and Djezzar, S. (2020b). Stress – dependent permeability and porosity in three forks carbonate reservoir, Williston Basin. 54*thU. S. Rock Mechanics/Geomechanics Symposium.*

Bush, D. C. and Jenkins, R. E. (1970). Proper hydration of clays for rock property determinations. *J. Pel. Tech.* 800 – 804.

Chen, S., Ostroff, G., and Georgi, D. T. (1998). Improving estimation of NMR log T_2 cutoff value with core NMR and capillary pressure measurements. *SCA International Symposium*, The Hague (14 September 1998), pp. 14 – 16.

Coalson, E. B., Hartmann, D. J., and Thomas, J. B. (1985). Productive characteristics of common reservoir porosity types. *Bulletin of the South Texas Geological Society* 25 (6): 35 – 51.

Cristianini, C. and Shawe – Taylor, J. (2000). *An Introduction to Support Vector Machine and Other Kernel – based Learning Methods*, 1e, 189. New York, NY: Cambridge University Press.

Cui, A., Wust, R., Nassichuk, B. et al. (2013). A nearly complete characterization of permeability to hydrocarbon gas and liquid for unconventional reservoirs: a challenge to conventional thinking. *SPE Paper* 168730 *Presented at the SPE Unconventional Resources Technology Conference*, Denver (12 – 14 August 2013).

David, C. and Darot, M. (1989). Permeability and conductivity of sandstones. In: *Rock at Great Depth* (ed. V.

Maury and D. Fourmaintraux), 203 – 209. Balkema.

Davies, J. P. and Davies, D. K. (1999). Stress – dependent permeability: Characterization and modeling. *SPE Annual Technical Conferenceand Exhibition.* Houston: SPE 56813.

Dennis, D. (2008). Measuring porosity and permeability from drill cuttings. *Journal of Petroleum Technology* 60 (8). https://doi. org/10. 2118/0808 – 0051 – JPT.

Djebbar, T. and Donaldson, E. C. (2012). *Petrophysics: Theory and Practice of Measuring Reservoir Rock and Fluid Transport Properties*, 3e. Elsevier.

Dong, J. J., Hsu, J. Y., Wu, W. J. et al. (2010). Stress – dependence of the permeability and porosity of sandstone and shale from TCDP Hola – A. *International Journal of Rock Mechanicsand Mining* 47: 1141 – 1156.

Dorfman, M. H. (1984). Discussion of reservoir description using well logs. *Journal of Petroleum Technology*36: 2196 – 2197.

Doveton, J. H., Guy, W., Watney, L. W. et al. (1996). Log analysis of petrofacies and flow units with microcomputer spreadsheet software: Kansas Geological Survey. University of Kansas 66047, 10p.

Droege, L. A. (2014). Sedimentology, facies architecture and diagenesis of the middle Three Forks Formation – North Dakota, U. S. A. Master's thesis. Colorado State University, Fort Collins, CO, 14p.

Drucker, H., Chris J. C., Burges, H. J. C et al. (1997). Support Vector Regression Machines. ARPA contract number N00014 – 94 – C – 1086.

Dumonceaux, G. M. (1984). Stratigraphy and depositional environments of the Three Forks formation (upper Devonian), Williston basin, North Dakota. Master thesis.

Dunham, R. J. (1962). Classification of carbonate rocks according to depositional texture. In: *Classificationof CarbonateRocks* (ed. W. E. Ham), 108 – 121. AAPG Memoir.

Dunn, K. J., Bergman, D. J., and Lattoraca, G. A. (2002). *Nuclear Magnetic Resonance Petrophysical and Logging Applications (Handbook of Geophysical Exploration, Seismic Exploration)*, vol. 32. Amsterdam: Pergamon an Imprint of Elsevier Science. 293p.

Ebanks, W. J. Jr. (1987). Flow unit concept – integrated approach to reservoir description for engineering projects. *AAPG Bulletin* 71 (5): 551 – 552.

Efron, B. and Tibshirani, R. (1994). *An Introduction to the Bootstrap.* New York: Chapman & Hall.

Egbe, S. J., Omole, O., Diedjomahor, J., and Crowe, J. (2007). Calibration of the elemental capture spectroscopy tool using the Niger Delta formation. 31*st Nigeria Annual International Conferenceand Exhibition Held in Abuja.* SPE 111910, Nigeria (6 – 8 August 2007).

El – sebakhy, E. A., Asparouhov, O., Abdulraheem, A. et al. (2010). Data mining in identifying carbonate litho – facies from well logs based from extreme learning and support vector machines. *AAPG GEO, Middle East Geoscience Conference & Exhibition*, Manama, Bahrein (7 – 10 March 2010).

Farber, D. L., Bonner, B. P., Balooch, M. et al. (2001). Observations of water induced transition from brittle to viscoelastic behavior in nano – crystalline swelling clay. *EOS* 82: 1189.

Focke, J. W. and Munn, D. (1987). Cementation exponents in middle eastern carbonate reservoirs. *SPE Formation Evaluation.* SPE, Qatar General Petroleum Corp 2(02): 155 – 167.

Franklin, A. (2017). Deposition, stratigraphy, provenance, and reservoir characterization of carbonate mudstone: The Three Forks Formation, Williston Basin. Ph. D thesis. Colorado School of Mines.

Galford, J., Quirein, J., Shannon, S. et al. (2009). Field test results of a new neutron induced gamma – ray spectroscopy geochemical logging tool. *SPE Annual Techinical and Exibition Held in New Orleans.* SPE 123992.

Ganpule, S. V., Srinivasan, K., Izykowski, T. et al. (2015). Impact of geomechanics on well completion and asset development in the Bakken formation. *Societyof Petroleum Engineers.* https://doi. org/ 10. 2118/173329 – MS.

Gaswirth, S. B. and Marra, K. R. (2015). U. S. Geological Survey 2013 assessment of undiscovered resources in the Bakken and Three Forks Formations of the U. S. Williston Basin Province.

Gerhard, L. C., Anderson, S. B., and Fischer, D. W. (1990). Petroleum geology of the Williston Basin. *American Associationof Petroleum Geologists Memoir* 51: 507 –559.

Ghanizadeh, A., Amann – Hildenbrand, A., and Gasparik, M. (2014). Experimental study of fluid transport processes in the matrix system of the European organic rich shales: II Posidonia Shale (Lower Toarcian, Noerthern Germany). *International Journalof Coal Geology* 123: 20 –33. https://doi. org/10. 1016/j. coal. 2013. 06. 009.

Gottlib Zeh, S., Briqueu, L., and Veillerette, A. (1999). Indexed Self – Organizing Map: a new calibration system for a geological interpretation of logs. *The Fifth Annual Conferenceof the International Association for Mathematical Geology, Proc IAMG*, Trondheim, Norway (6 –11 August 1999), pp. 183 –188.

Gunn, S. R. (1998). Support Vector Machine for Classification and Regression. Tech. Rep., Univ. Southampton, Southampton, U. K.

Gunter, G. W., Finneran, J. M., Hartmann, D. J., and Miller, J. D. (1997). Early determination of reservoir flow units using an integrated petrophysical method: Society of Petroleum Engineers. *SPE –38679 – MS Presented at the SPE Annual Technical Conferenceand Exhibition*, San Antonio, TX (5 –8 October 1997), pp. 373 –380. http://doi. org/10. 2118/38679 – MS.

Hashem, S. (1997). Optimal linear combinations of neural networks. *Neural Net – works*10 (4): 599 –614.

Hassan, M., Selo, M., and Combaz, A. (1975). Uranium distribution and geochemistry as criteria of diagenesis in carbonate rocks. *9th International Sedimentological Congress*, Nice, France, 7pp.

Hassan, M., Hossin, A., and Combaz, A. (1976). Fundamentals of the differential gamma – ray log. Interpretation technique. SPWLA. *17th Ann. Log. Sym. Trans.*, *Paper H*, Denver, CO (June 1976).

Havens, J. B. and Batzle, M. L. (2011). Minimum horizontal stress in the bakken formation. *45th U. S. Rock Mechanics/Geomechanics Symposium*, San Francisco, CA (June 2011). Paper Number: ARMA –11 –322.

He, J., Ling, K., Wu, X. et al. (2019). Static and dynamic elastic moduli of bakken formation. *International Petroleum Technology Conference.* https://doi. org/10. 2523/IPTC –19416 – MS.

Heck, T. J., LeFever, R. D., Fischer, D. W., and LeFever, J. A. (2002). Overview of the petroleum geology of the North Dakota Williston Basin: North Dakota Geological Survey Report, Bismarck, ND, USA.

Herron, S., Herron, M., Pirie, I. et al. (2014). Application and quality control of core data for the development and validation of elemental spectroscopy log interpretation. *Petrophysics* 55 (5): 392 –414.

Hizem, M., Budan, H., Devillé, B. et al. (2008). Dielectric dispersion: A new wireline petrophysical measurement. *Paper SPE* –116130 *Presented at the SPE Annual Technical Conferenceand Exhibition*, Denver, CO, USA (21 –24 September 2008).

Holubnyak, Y. I., Bremer, J. M., Mibeck, B. A. F. et al. (2011). *Understanding the sourcing at Bakken oil reservoirs.* Woodlands, TX, USA: Society of Petroleum Engineers. http://doi. org/10. 2118/141434 – MS.

Isleyen, E., Demirkan, D. C., Duzgun, H. S., and Rostami, J. (2019). Lithological classification of limestone with self – organizing maps. *53rd U. S. Rock Mechanics/Geomechanics Symposium*, New York, NY, USA (23 –26 June 2019). Paper Number: ARMA –2019 –1791.

Jin, H., Sonnenberg, S. A., and Sarg, J. F. (2015). Source rock potential and sequence stratigraphy of bakken shales in the williston basin. *Unconventional Resources Technology Conference.* http://doi. org/10. 15530/URTEC –2015 –2169797.

Johnson, R., Longman, M., and Ruskin, B. (2017). Petrographic and petrophysical characteristics of the upper Devonian three forks formation, southern Nesson anticline, North Dakota. *The Mountain Geologist* 54 (3): 181 –201.

Jones, S. C. (1988). Two – point determinations of permeability and PV vs net confining stress. *SPE Formation Evaluation* (March 1988), pp. 235 –241. ISSN: 0885 –923X. EISSN: 2469 –8512.

Jones, F. O. and Owens, W. W. (1980). A laboratory study of low – permeability gas sand. *Journal of Petroleum*

Technology 32: 1631 - 1640.

Kamalyar, K., Sheikhi, Y., and Jamialahmadi, M. (2012). Using an artificial neural network for predicting water saturation in an Iranian oil reservoir. *Petroleum Scienceand Technology*30 (1): 35 - 45.

Kausik, R., Fellah, K., Feng, L. et al. (2016). High and low field NMR relaxometry and diffusometry of the Bakken petroleum system. *SPWLA 57th Annual Logging Symposium.* Society of Petrophysicists and Well - Log Analysts, Reykjavik, Iceland (25 - 29 June 2016), 7p.

Kenyon, W., Day, P., Straley, C., and Willemsen, J. (1988). A three - part study of NMR longitudinal relaxation properties of water - saturated sandstones. *SPEFormation Evaluation* 3 (3): 622 - 636.

Kerans, C., Lucia, F. J., and Senger, R. K. (1994). Integrated characterization of carbonate ramp reservoirs using Permian San Andres Formation outcrop analogs. *AAPG Bulletin* 78: 181 - 216.

Kingma, D. P. and Lei Ba, J. (2015). *Adam:AMethod for Stochastic Optimization.* ICLR.

Klenner, R., Braunberger, J., Sorensen, J. et al. (2014). A formation evaluation of the middle Bakken member using multimineral petrophysical analysis approach. *Unconventional Resources Technology Conference. SPE/AAPG/SEG Unconventional Resources Technology Conference.* URTeC: 1922735, Denver, CO, USA (25 - 27 August 2014).

Kwon, O., Kronenberg, A. K., Gangi, A. F., and Johnson, B. (2001). Permeability of Wilcox shale and its effective pressure law. *Journalof Geophysics Research*106 (19): 339 - 353.

LeFever, J. A. and Nordeng, S. H. (2009). The three forks formation - North Dakota tosinclair field. Manitoba. *North Dakota Geological Survey Geological Investigations*76: 1.

LeFever, J. A. (2008). *Isopachof theThreeForksFormation.* North Dakota Geological Survey Geological Investigations. No. 64, 1 plate.

LeFever, J. A., Le Fever, R. D., and Nordeng, S. H. (2011). Revised nomenclature for the Bakken Formation (Mississippian - Devonian), North Dakota. The Bakken - Three Forks petroleum system in the Williston basin. Chapter 1, pp. 11 - 26.

LeFever, J. A., LeFever, R. D., and Nordeng, S. H. (2014). *Reservoirsof the BakkenPetroleum System: A Core - basedPerspective.* North Dakota Geological Survey Geologic Investigations. GI. 171, 3 Posters.

Leon, M., Lafournere, A. N., Bourge, J. P. et al. (2015). Rock typing mapping methodology based on indexed and probabilistic self - organized map in shushufindi field. *Societyof Petroleum Engineers.* https://doi.org/10.2118/177086 - MS.

Loucks, R. G., Reed, R. M., Ruppel, S. M., and Jarvie, D. M. (2009). Morphology, genesis, and distribution of nanometer - scalepores in siliceous mudstones of the Mississippian Barnett Shale. *Journal of Sedimentary Research* 79: 848 - 861.

Loucks, R. G., Reed, R. M., Ruppel, S. C., and Hammes, U. (2012). Spectrum of pore types and networks in mud - rocks and a descriptive classification for matrix - related mud - rock pores. *AAPG Bulletin* 96: 1071 - 1098.

Loucks, R. G., Ruppel, S. C., Zhang, T., and Peng, S. (2017). Origin and characterization of eagle ford pore networks in the south Texas upper cretaceous shelf. *AAPG Bulletin* 101 (3): 387 - 418.

Lucia, F. J. (1983). Petrophysical parameters estimated from visual description of carbonate rocks: a field classification of carbonate pore space. *Journal of Petroleum Technology*35 (3): 629 - 637.

Lucia, F. J. (1995). Rock fabric and petrophysical classification of carbonate pore space for reservoir characterization. *AAPG Bulletin* 79 (9): 1275 - 1300.

Lucia, F. J., Kerans, C., and Senger, R. K. (1992). Defining flow units in dolomitized carbonate - ramp reservoirs: proceedings. *Societyof Petroleum Engineers*, paper SPE 24702: 399 - 406.

Mardi, M., Nurozi, H., and Edalatkhah, S. (2012). A water saturation prediction using artificial neural networks and an investigation on cementation factors and saturation exponent variations in an Iranian oil well. *Petroleum Sci-*

*enceand Technology*30 (4): 425 – 434.

Martin, A. J., Solomon, S. T., and Hartmann, D. T. (1997). Characterization of petrophysical flow units in carbonate reservoirs. *AAPG Bulletin* 81: 734 – 759.

Mayergoyz, I. D. (1986). Mathematical models of hysteresis and their application. *IEEE Transactions on Magnetics* 22. https://doi.org/10.1109/TMAG.1986.1064347.

McKenon, D., Cao Minh, C., Freedman, R. et al. (1999). An improved NMR tool design for faster logging, *paperCC, transactions. SPWLA 40th Annual Logging Symposium*, Oslo, Norway (30 May – 3 June).

Merkel, R., Machesney, J., and Tompkins, K. (2018). Calculated determination of variable wettability in the middle Bakken and Three Forks, Williston basin, USA. *SPWLA 59th Annual Logging Symposium*, London, UK (June 2018).

Milijkovic, D. (2017). Brief review of self – organizing maps. 40*th International Convention on Information and Communication Technology, Electronics and Microelectronics (MIPRO)*, Opatija, Croatia (22 – 26 May 2017), 6pp.

Millard, M. and Brinkerhoff, R. (2016). The integration of geochemical, stratigraphic, and production data to improve geological models in the bakken – three forks petroleum system, williston basin, North Dakota. In: *Hydrocarbon Source Rocksin Unconventional Plays* (ed. M. P. Dolan, D. K. Higley, and P. G. Lillis), 190 – 211. Denver: Rocky Mountain Region: RMAG.

Mitchell, R. (2013). Sedimentology and reservoir properties of the Three Forks dolomite, Bakken Petroleum System, Williston Basin, U. S. A: AAPG. Search and Discovery Articles, no. 120079.

Mitra, P. P., Sen, P. N., and Schwartz, L. M. (1993). Short – time behavior of the diffusion coefficient as a geometrical probe of porous media. *Physical ReviewB* 47: 8565 – 8574.

Mohaghegh, S., Arefi, R., Ameri, S. et al. (1996). Petroleum reservoir characterization with the aid of artificial neural networks. *Journal of petroleum Science and Enigineering*16 (1996): 263 – 274.

Mollajan, A., Memarian, H., and Jalali, M. R. (2013). Prediction of reservoir water saturation using support vector regression in an Iranian carbonate reservoir. *ARMA* 13 – 311.

Moss, A. K and Jing, X. D. (2001). An investigation into the effect of clay type, volume and distribution on NMR measurements in sandstones. *Paper SCA*2001 – 29 *Presented at the SCA International Symposium*, Edinburgh, Scotland, UK (17 – 19 September 2001).

Newman, J., Edman, J., Howe, J., and LeFever, J. (2013). The bakken at parshall field: inferences from new data regarding hydrocarbon generation and migration. *Unconventional Resources Technology Conference*. https://doi.org/10.15530/URTEC – 1578764 – MS.

Nordeng, S. H. and LeFever, J. A., 2009. Three Forks Formation Log to Core Correlation. North Dakota Geological Survey Geologic Investigations No. 75, 1p.

Passey, Q. R., Dahlberg, K. E., Sullivan, K. B. et al. (2004). A systematic approach to evaluate hydrocarbons in thinly bedded reservoirs.

Peters, K. E., Walters, C., and Moldowan, J. M. (2005). *The Biomarker Guide*, vol. 2. Cambridge, UK: Cambridge University Press, 490p.

Peterson, K. J. (2017). Pore – size distributions from nuclear magnetic resonance and corresponding hydrocarbon saturations in the Devonian Three Forks Formation, Williston Basin, North Dakota (abstract). *RockyMountain Section Annual Meeting, Billings*, Montana (25 – 28 June 2017).

Petty, D. (2014). Mineralogy and petrology controls on hydrocarbon saturation in the Three Forks reservoir, North Dakota. AAPG Search and Discovery Article – 10623.

Pittman, E. D. (1992). Relationship of porosity and permeability to various parameters derived from mercury injection – capillary pressure curves for sandstone. *AAPG Bulletin* 76: 191 – 198.

Prammer, M. G. , Drack, E. D. , Bouton, J. C. et al. (1996). Measurements of clay – bound water and total porosity by magnetic resonance logging: SPE – 36522 – MS, *Presented at the SPE Annual Technical Conferenceand Exhibition*, Denver, pp. 311 – 320. http://dx. doi. org/10. 2118/36522 – MS (accessed 14 April 2017).

Price, L. C. (2000). Origins and characteristics of the basin – centered continuous reservoir unconventional oil – resource base of the Bakken source system, Williston Basin, paper. Available at: http://www. unddeerc. org/Price/.

Qi, L. and Carr, T. R. (2006). Neural network prediction of carbonate lithofacies from well logs, Big Bow and Sand Arroyo Creek fields, South west Kansas. *Computures and Geosciences* 32 (7): 947 – 964.

Ramakrishna, S. , Balliet, B. , Miller, D. , and Sarvotham, S. (2010). Formation evaluation in the Bakken Complex using laboratory core data and advanced logging technologies. *SPWLA 51st Annual Logging Symposium*, Perth, Australia (19 – 23 June 2010).

Rezaee, M. , Ilkhchi, A. , and Alizadeh, P. (2008). Intelligent approaches for the synthesis of petrophysical logs. *Journal of Geophysics and Engineering* 5: 12 – 26.

Rider, M. and Kennedy, M. (2011). *The Geological Interpretation of Well Logs.* Rider – French Consulting Limited. 3rd Revised edition.

Roland, L. and Olivier, F. (2007). Advances in measuring porosity and permeability from drill cuttings. *SPE/EAGE Reservoir Characterization and Simulation Conference* (28 – 3 October), Abu Dhabi, UAE. https://doi. org/https://doi. org/10. 2118/111286 – MS.

Rosepiler, M. J. (1981). Calculation and significance of water saturation in low porosity shaly gas sands. *SPWLA 22nd Annual Symposium*, Mexico City, Mexico (June 1981).

Saffarzadeh, S. and Shadizadeh, S. R. (2012). Reservoir rock permeability prediction using support vector regression in an Iranian oil field. *Journal of Geophysics and Engineering* 9 (3): 336 – 344.

Sandberg, C. A. and Hammond, C. R. (1958). Devonian system in Williston basin and central Montana. *AAPG Bulletin* 42: 2293 – 2334.

Saneifar, M. , Skalinski, M. , Theologou, P. et al. (2015). Integrated petrophysical rock classification in the McElroy Field, West Texas, USA. *Petrophysics*56: 493 – 510.

Schmoker, J. W. and Halley, R. B. (1982). Carbonate porosity versus depth: a predictable relation for south Florida. *AAPG Bull* 1982 (66): 2561 – 2570.

Serra, O. (1984). *Fundamentals of Well – Log Interpretation. Developments in Petroleum Science* 15A. Elsevier.

Simpson, G. , Hohman, J. , Pirie I. , and Horkowitz, J. (2015). Using advanced logging measurements to develop a robust petrophysical model for the Bakken petroleum system. *SPWLA 56th Annual Logging Symposium*, Long Beach, CA, USA (18 – 22 July 2015).

Sloss, L. L. (1984). Comparative anatomy of cratonic unconformities. In: *Interregional Unconformities and Hydrocarbon Accumulation* (ed. J. S. Schlee), 7 – 36. American Association of Petroleum Geologist Memoir 36.

Smola, A. J. and Schölkopf, B. (1998). A Tutorial on Support Vector Regression, NeuroCOLT. Technical Report NC – TR – 98 – 030, Royal Holloway College, University of London, UK.

Soeder, D. L. (1986). Laboratory Drying Procedures and the Permeability of Tight Sandstone Core. SPE, Inst. of Gas Technology.

Soeder, D. L. and Doherty, M. G. (1983). The effects of laboratory drying techniques on the permeability of tight sandstone core. *SPE* 11622 *Presented at the SPEIDOE*, Denver (13 – 16 March 1983).

Sonnenberg, S. A. (2015). Keys to production, Three Forks, Williston Basin. SPE – 178510 – MS/URTeC:2148989.

Sonnenberg, S. A. (2017). Sequence stratigraphy of the Bakken and Three Forks Formations, Williston basin, USA. *AAPG Rocky Mountain Section Annual Meeting, Billings*, Montana (25 – 28 June 2017).

Sonnenberg, S. A. , Gantyno A. , and Sarg R. (2011). Petroleum potential of the upper Three Forks formation,

Williston basin, USA. *AAPG Annual Convention and Exhibition*, Houston, TX (10 – 13 April 2011).

Sørland, G. H., Djurhuus, K., Widerøe, H. C. et al. (2007). Absolute pore size distributions from NMR. *Diffusion Fundamentals* 5: 4. 1 – 4. 15.

Swanson, V. E. (1960). Oil yield and Uranium Content of black shales. *Geol. Survey* Prof. Paper 356 – A.

Teklu, T., Zhou, Z., Li, X., and Abass, H. (2016). *Cyclic Permeability and Porosity Hysteresis in Mudrocks – Experimental Study. 50th US Rock Mechanics/Geomechanics Symposium*, vol. 1, pp. 1 – 12.

Teklu, T., Zhou, Z., Li, X., and Abass, H. (2016b). Experimental investigation on permeability and porosity hysteresis in low – permeability formations. *The SPE Low Perm Symposium Held in Denver, Colorado, USA*. https://doi. org/10. 2118/180226 – MS.

Terzaghi, K., 1943. *Theoretical Soil Mechanics.*

Thrasher, L. (1987). Macrofossils and stratigraphic subdivisions of the Bakken Formation (Devonian – Mississippian), Williston Basin, North Dakota. In: *Fifth International Williston Basin Symposium* (ed. D. W. Fischer), 53 – 67.

Vapnik, V. N. (1995). *The Natureof Statistical Learning Theory.* Springer – Verlag New York, Inc. 99 – 39803.

Vapnik, V. N. and Chervonenkis, A. (1964). A note on one class of perceptron. *Automation and Remote Control* 25.

Vapnik, V. N. and Lerner, A. (1963). Pattern recognition using generalized portrait method. *Automation and Remote Control* 24: 774 – 780.

Walls, J. and Nur, A. (1979). Pore pressure and confining pressure dependence of permeability in sandstone. 7*th Form. Eval. Symp. Can. Well Logging Soc.*, Calgary.

Walstrom, J. E., Mueller, T. D., and McFarlane, R. C. (1967). Evaluating uncertainty in engineering calculations. *Journal of Petroleum Technology* 1595 – 1599.

Wang, W., Ren, X., Zhang, Y., and Li, M. (2018). Deep learning based lithology classification using dual – frequency Pol – SAR data. *Applied Sciences* 8: 1513.

Wang, X., Yang, S., Zhao, Y., and Wang, Y. (2018b). Lithology identification using an optimized KNN clustering method based on entropy – weighed cosine distance in Mesozoic strata of gaoqing field, jiyang depression. *Journal of Petroleum Scienceand Engineering*. 166: 157 – 174.

White, F. M. (1974). *Viscous Fluid Flow.* New York: McGraw – Hill.

Xu, J. and Sonnenberg, S. A. (2017). An SEM study of porosity in the organic – rich lower Bakken lower Member and Pronghorn member, Bakken Formation, Williston Basin. *Unconventional Resources Technology Conference*, Austin, TX, USA. http://doi. org/10. 15530/URTEC – 2017 – 2697215.

Xu, C. and Torres – Verdin, C. (2013). Quantifying fluid distribution and phase connectivity with a simple 3D cubic pore network model constrained by NMR and MICP data. *Computers and Geosciences* 61: 94 – 103.

Yu, L., Porwal, A., Holden, E., and Dentith, M. C. (2012). Towards automatic lithological classification from remote sensing data using support vector machines. *Computers & Geosciences* 45: 229 – 239.

Zoback, M. D. (1975). High pressure deformation and fluid flow in sandstone, granite, and granular materials. Ph. D. thesis. Stanford Univ., Stanford, Calif.

Zoback, M. D. and Byerlee, J. D. (1975). Permeability and effective stress. *American Association of Petroleum Geologists Bulletin*, 154 – 158.

Zoback, M. D. and Byerlee, J. D. (1976). Effect of high – pressure deformation on permeability of Ottawa sand. *American Association of Petroleum Geologists Bulletin* 1976 (60): 153 – 142.

第20章　机器学习和深度机器学习预测含水饱和度

——以美国北达科他州三岔地层为例

Aldjia Boualam, Sofiane Djezzar

(University of North Dakota, Grand Forks, ND, USA)

20.1　引言

薄储层发育是三岔组地层含水饱和度预测面临挑战的主要原因,含有白云质粉砂岩与高含水饱和度白云质泥岩和页岩互层发育。当小层厚度低于传统测井分辨率时,解释结果会出现明显各向异性和含水饱和度预测值偏高(Passey et al.,2006)。实际会导致储层评价净厚度偏小、非常规油气藏烃含量偏高及适合水力压裂措施等。

许多学者利用先进的工具和技术对薄储层进行评价。除评价薄砂岩页岩互层的Thomas - Steiber 方法外,改进 Simandoux、Dual Water 及 Waxman - Smits 等模型也得到广泛应用。然而,传统测井在薄碳酸盐地层中响应不连贯,导致无法评价含水饱和度,并且由于不同小层响应范围广,可能导致错误解释结果。测井解释面临的关键挑战是如何基于常规测井准确预测非均质碳酸盐岩储层含水饱和度。因此,需要引入机器学习和深度学习等性能强大的算法预测含水饱和度,与先进测井和取心测试方法相比,该类方法能够低成本快速推广到 Williston 盆地三岔组地层。自三岔组油藏发现以来,已累计钻探井超 3000 口。由于储层复杂,三岔地层实施完整取心,部分井还实施了先进的测井措施。

多种智能技术已成功用于预测常规储层和碳酸盐岩储层的含水饱和度及其他岩石物理性质,例如孔隙度和渗透率(Karimian et al.,2013;Kenari et al.,2013;Mardi et al.,2012;Kamlyar et al.,2012;Adeniran et al.,2009;Bulushi et al.,2009;Rezaee et al.,2008;Helle et al.,2002;Yan,2002;Hachem,1997;Mohaghegh et al.,1996)。然而,准确预测薄碳酸盐岩储层含水饱和度依然存在诸多挑战。

本章研究了支持向量机回归(SVR)结合网格搜索算法和核函数预测三岔组地层含水饱和度。首先通过分析生成了输入变量和输出目标。基于多参数(伽马、规整化参数、epsilon 和核函数)最佳组合来构建和训练模型。在测试数据集上测试构建的支持向量机回归模型,进一步验证模型的准确性。此外,将支持向量机回归模型预测结果和基于相关系数、均方根误差和平均绝对误差指数的反向传播人工神经网络和随机森林回归模型预测结果进行了对比分析(表 20.1)。利用 Python3.6、Scikit - learn、TensorFlow、NumPy、Matplotlib 和 Pandas 等多种库构建模型。此外,本章还对 K. Mod 曲线重构方法进行了探讨。图 20.1 给出了预测含水饱和度的工作流程。

表 20.1 精度评价公式

均方根误差(RMSE)	$\sqrt{\frac{1}{n}\sum_{i=1}^{n}(y_i - y_{ip})^2}$
平均绝对误差(MAE)	$\frac{\max\mid y_i - y_{ip}\mid}{n}$
相关系数(R^2)	$100\times\left[\frac{\sum_{i=1}^{n}(y_{ip}-\bar{y}_{ip})(y_i-\bar{y}_i)}{\sqrt{\sum_{i=1}^{n}(y_{ip}-\bar{y}_{ip})^2\sum_{i=1}^{n}(y_i-\bar{y}_i)^2}}\right]^2$

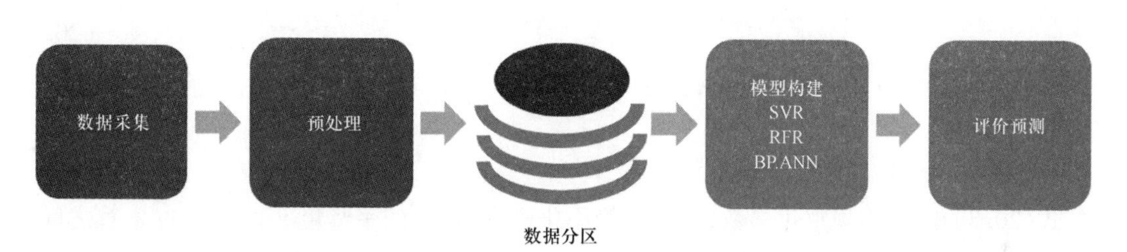

图 20.1 含水饱和度预测流程

20.2 实验步骤和方法

20.2.1 支持向量机

Vapnik 在 1995 年提出了支持向量机模型(SVM),该模型为一种有监督机器学习算法,开发最初是为了解决分类问题(SVC)。通过引入替代损失函数,该模型应用扩展至回归问题(Vapnik et al. ,1997)。支持向量机模型利用训练误差和规整化项组合最小化误差边界,而不是最小化观察到的训练误差(Basak,2007)。支持向量机算法是从高维特征空间中的线性回归函数发展而来,其中输入变量通过非线性函数进行映射(Basak et al. ,2007)。给定模型训练数据集$\{(\boldsymbol{x}_1,y_1)\cdots\cdots(\boldsymbol{x}_n,y_n)\}$,其中 $\boldsymbol{x}_i$是输入向量;y_i为输出标量($i=1,2,\cdots,n$),广义支持向量机回归函数可以表示为:

$$f(\boldsymbol{x}_i) = \boldsymbol{\omega}\cdot\boldsymbol{x}_i + b,\boldsymbol{\omega}\in X,b\in R \tag{20.1}$$

式中 $\boldsymbol{\omega}$——权重变量;

b——偏置值标量。

支持向量机回归模型的目标是确定函数 $f(\boldsymbol{x}_i)$,该函数能够预测平缓的输出目标 y_i 并尽可能保证偏差小于公差 ε (Smola et al. ,2004)。为了设置合理的公差值,ε 敏感损失函数(Vapnik,1995)定义如下:

$$L_{\varepsilon}(y)=\begin{cases}0, & |f(\boldsymbol{x}-y)|<\varepsilon \\ |f(\boldsymbol{x}-y)|-\varepsilon, & \text{其他}\end{cases} \tag{20.2}$$

根据 Drucker 等(1997)的研究,该方程定义了一个 ε 管,如果预测值在管外,损耗对应预测值与 ε 管半径之间的差值,如果预测值在 ε 管内,则损耗为零(图 20.2)。ε 敏感损失函数能够提高预测结果稳定性,并将精度控制在合理范围内。ε 值越小表示对预测结果要求越高,模型试图拟合每个极值及数据集内的所有趋势。ε 值越大表示对预测结果要求越低,模型将优先考虑简单程度,支持向量机回归的软边距也越大。为了保障 $f(\boldsymbol{x}_i)$ 函数平整度,Cortes 和 Vapnik(1995)引入了包含 ε 敏感损失函数的凸优化公式:

$$\varphi(\boldsymbol{\omega},\varepsilon)=\frac{1}{2}\|\boldsymbol{x}\|^2+C\sum_{i=1}^{N}(\xi_i^+ +\xi_i^-)$$

$$\begin{cases} y_i-[\boldsymbol{\omega}\cdot\varphi(\boldsymbol{x}_i)+b]\leqslant\varepsilon+\xi_i^+ \\ -y_i+[\boldsymbol{\omega}\cdot\varphi(\boldsymbol{x}_i)+b]\ll\varepsilon+\xi_i^-, i=1,2,\cdots,n \\ \xi_i^+,\xi_i^-\geqslant 0\end{cases} \tag{20.3}$$

式(20.3)中,C 为规整化参数,决定了最小化函数 $f(\boldsymbol{x}_i)$ 的平整度和偏差超过 ε 管之间的权衡(Smola,2004)。即 C 参数允许算法决定对错误数据点的容忍度(Drucker et al. ,1997)。如果 C 参数值较大,算法更强调误差,反之则更强调权重标准(Drucker et al. ,1997)。

ξ_i^+ 和 ξ_i^- 为松弛变量,表示系统输出的上限和下限约束条件(图 20.2),通过敏感损失函数控制训练误差(Misra et al. ,2009)。

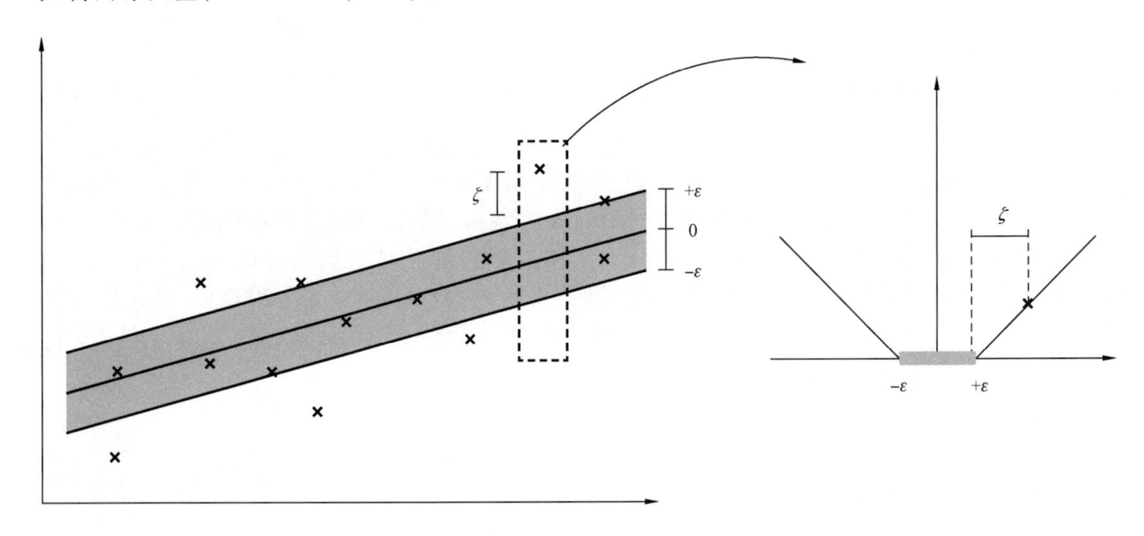

图 20.2 线性支持向量机模型软间隔损失设置

支持向量机回归算法常用损失函数有四类，包括对应传统最小二乘法准则的二次损失函数、Laplace 损失函数、Huber 损失函数及 Vapnik 提出的 ε 损失函数。ε 损失函数可视为 Huber 损失函数的近似值。

利用核函数将非线性回归中的输入空间映射至高维空间(特征空间)。根据 Basak 等(2007)的研究，特征空间中的线性算法等价于输入空间的非线性算法。基于 ε 损失函数的非线性支持向量机回归模型解可表示为：

$$\max_{\alpha,\alpha'} W(\alpha,\alpha') = \max_{\alpha,\alpha'} \sum_{i=1}^{n} \alpha_i'(y_i - \varepsilon) - \alpha_i(y_i + \varepsilon) - \frac{1}{2}\sum_{i=1}^{n}\sum_{i=1}^{n}(\alpha_i' - \alpha_i)(\alpha_j' - \alpha_j)K(\boldsymbol{X}_i,\boldsymbol{X}_j) \begin{cases} 0 \leqslant \alpha_i', \alpha_i \leqslant C, i = 1,2,\cdots,n \\ \sum_{i=1}^{n}(\alpha_i - \alpha_i') = 0 \end{cases} \tag{20.4}$$

$$\begin{cases} f(\boldsymbol{x}_i) = \boldsymbol{\omega} \cdot \boldsymbol{x}_i + b \\ \boldsymbol{\omega} \cdot \boldsymbol{x} = \sum_{i=1}^{n}(\alpha_i - \alpha_i') \cdot K(\boldsymbol{X}_i,\boldsymbol{X}_j) \\ b = -\frac{1}{2}(\alpha_i - \alpha_i')(K(\boldsymbol{X}_i,\boldsymbol{X}_r) + K(\boldsymbol{X}_i,\boldsymbol{X}_s)) \end{cases} \tag{20.5}$$

式中 $\boldsymbol{X}_r,\boldsymbol{X}_s$——满足 $\alpha_r,\alpha_s > 0, y_r = -1, y_s = 1$ 的任何支持向量。

根据 Lagrangian 公式，求解带约束方程式(20.4)，可以确定 Lagrangian 乘子 a_i 和 α_i'，回归函数为：

$$f(x,\alpha_i,\alpha_i') = \sum_{i=1}^{n}(\alpha_i - \alpha_i') \cdot K(x,x_i) \tag{20.6}$$

式中 $K(x,x_i)$——核函数。

在特征空间中，引入点积 $\boldsymbol{\Phi}(x_i) \cdot \boldsymbol{\Phi}(y_i)$ 替代核函数(Smola, 2004; Gunn, 1998)。式(20.7)给出了简单形式：

$$K(x,x_i) = \boldsymbol{x}^T \cdot \boldsymbol{x}_i + C \tag{20.7}$$

式中 $\boldsymbol{x}^T \cdot \boldsymbol{x}_i$——内积；

C——可选常数。

式(20.8)为非平稳的多项式核函数，该式适用于规整化训练数据集问题。多项式核函数中参数包括和系数 γ、常数项 C 和多项式 D。

$$K(x,x_i) = (\gamma x^T \cdot x_i + C)^D \tag{20.8}$$

式(20.9)中给出了来自人工神经网络领域的 sigmoid 核函数，其中包括两个变量参数，核系数 γ 和截距常 C。

$$K(x,x_i) = \tanh(\gamma x^T \cdot x_i + C) \tag{20.9}$$

式(20.10)中给出的 Gaussian 核函数式径向基函数核的例子,本研究中具体应用形式如下:

$$K(x,x_i) = e^{-(\gamma \| x-x_i \|^2)} \tag{20.10}$$

式中 γ——核系数。

20.2.2 数据集预处理

为准确预测薄储层含水饱和度属性,在测井数据基础上还采集了大量含水饱和度岩心分析数据。在 NDIC 网站收集了 47 口井包括 2509 个 Dean - Stark 含水饱和度测试数据和 282 个常规测井数据。由于部分测井数据经过不同的处理导致岩心数据偏移,首先对数据集进行了预处理。数据预处理包括环境校正、深度偏移、数据转换和岩石物理分析,最终形成可用于构建模型的输入变量。

最终选取六种常规测井参数作为输入特征参数,包括伽马测井(GR)、体积密度(RHOB)、补偿中子(NPHI)、声波时差(DT)、深电阻率(R_t)和浅电阻率(R_{xo})。首先对输入特征参数数据集进行主成分分析,识别数据集中的模式和冗余度并突出显示输入变量之间的差异和相似性。认识变量之间的关系有助于明确关键测井信息并有效输入至模型中。首先,利用主成分分析将数据转换为多变量空间中的一组新数据。主成分分析根据变换后的主成分重新计算数据的方差,按照递减顺序排列这些方差,数据集中每个成分都受其他成分的正交约束。即通过主成分分析旋转轴指导检索到一个主轴对应的最大方差方向。然而,再检索数据集中的第二方差,并且其方向必须垂直于第一个轴,因为正交方向上的方差彼此独立互不影响。之后,一次按照该方法检索第三个方差,以此类推。

图 20.3 给出了输入变量(GR、R_t、R_{xo}、NPHI、RHOB 和 DT)绘制的主成分交会图投影,显

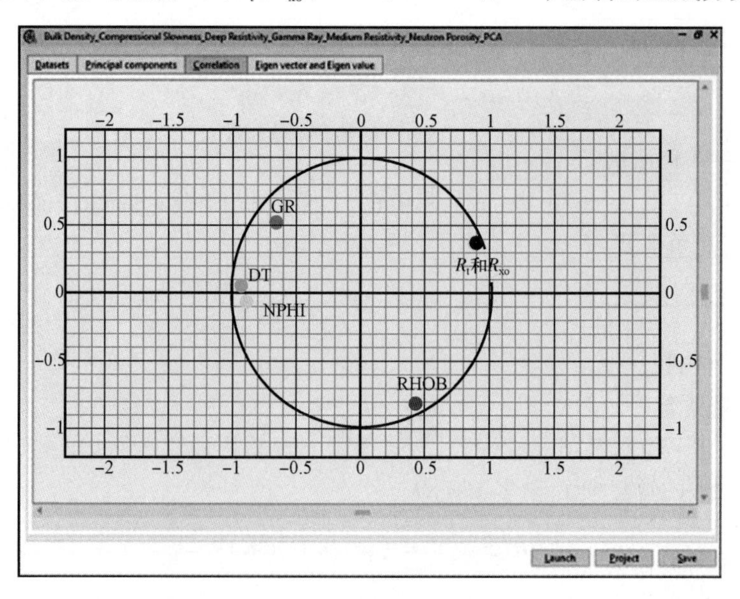

图 20.3 变量投影交会图

示了每个变量对不同轴的影响量。由图可知，所有变量点都接近圆周长，反映每个变量对学习过程的重要性和贡献。补偿中子和声波时差与原点距离最大，两个参数对第一主轴的方差显著贡献。而 GR、R_t、R_{xo}和 RHOB 对第一主轴和第二主轴方差均有所贡献。

选取的六项常规测井数据作为输入变量至关重要，其中 R_t 和 R_{xo} 相互叠加表明数据集中的冗余度。表 20.2 给出了六个常规测井数据之间的相关性矩阵。R_t和 R_{xo}数据表现出最高的相关性，相关系数为 97.7%。除此之外，NPHI 和 DT 数据相关性接近 74%。GR 和两种电阻率测井数据相关系数仅为 4.7%。

表 20.2　相关性矩阵

类别	RHOB	DT	R_t	GR	R_{xo}	NPHI
RHOB	1	−0.6780	0.1694	−0.5671	0.2043	−0.6958
DT	−0.6789	1	−0.3656	0.6149	−0.3902	0.7324
*R*t	0.1693	−0.3656	1	−0.0474	0.9767	−0.4354
GR	−0.5672	0.6149	−0.0460	1	−0.0474	0.5532
*R*xo	0.2043	−0.3902	0.9767	−0.0474	1	−0.4903
NPHI	−0.6958	0.7324	−0.4354	0.5532	−0.4903	1

表 20.3 总结了每个特征向量表征的信息量，显然第一特征向量和第二特征向量捕获了数据集中近 84% 的信息，这也进一步证实可变交会图投影的重要性。

表 20.3　特征向量和特征值

参数	特征向量 1	特征向量 2	特征向量 3	特征向量 4	特征向量 5	特征向量 6
RHOB	0.4144	−0.3215	0.5914	0.3573	0.4972	−0.0002
DT	−0.4703	0.1743	0.0236	0.8538	−0.1368	−0.0051
*R*t	0.3462	0.5846	−0.1458	0.1016	0.1896	−0.6861
GR	−0.3473	0.4355	0.7590	−0.3180	−0.1029	−0.0411
*R*xo	0.3620	0.5717	−0.0700	0.1015	0.0787	0.7215
NPHI	−0.4851	0.0881	−0.2175	−0.1464	0.8253	0.0830
特征值	3.3773	1.6529	0.4318	0.2709	0.2434	0.0201

在数据预处理基础上，由于深电阻率对数与含水饱和度表现出强相关性，为了提高数据集性能优选深电阻率对数代替原始值。此外，深电阻率数据在 2Ω · m 数值附近波动（图 20.4），而深电阻率对数值呈明显正态分布特征（图 20.5）。

根据岩石物理分析结果导出矿物组分构成、有效孔隙度和黏土体积，并将提取参数数据添加到输入变量空间，该方法并不会提高支持向量机模型性能。考虑到三岔组地层复杂性，将变量分为两类作为输入。第一个输入变量是 HC 柱，第二个变量是三岔组储层单元。因此，将数据集划分为上三岔组、中三岔组和下三岔组三个单元。将数据集扩展为三个子系列分别表示 UTF：001、MTF：010 和 LTF：100，将 HC 柱扩展为两个 10 和 01 两个类别。利

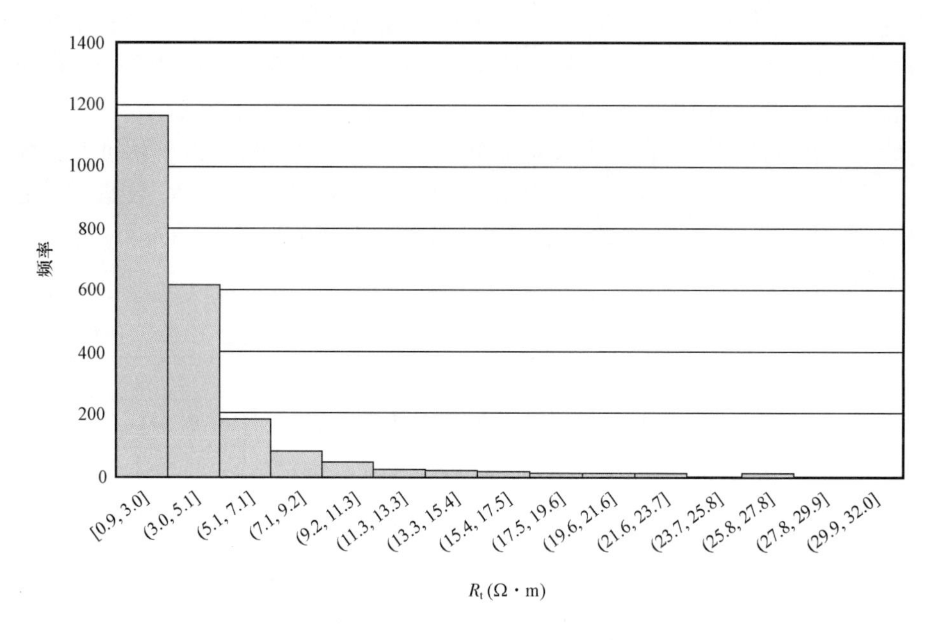

图 20.4　深电阻率柱状统计分布图

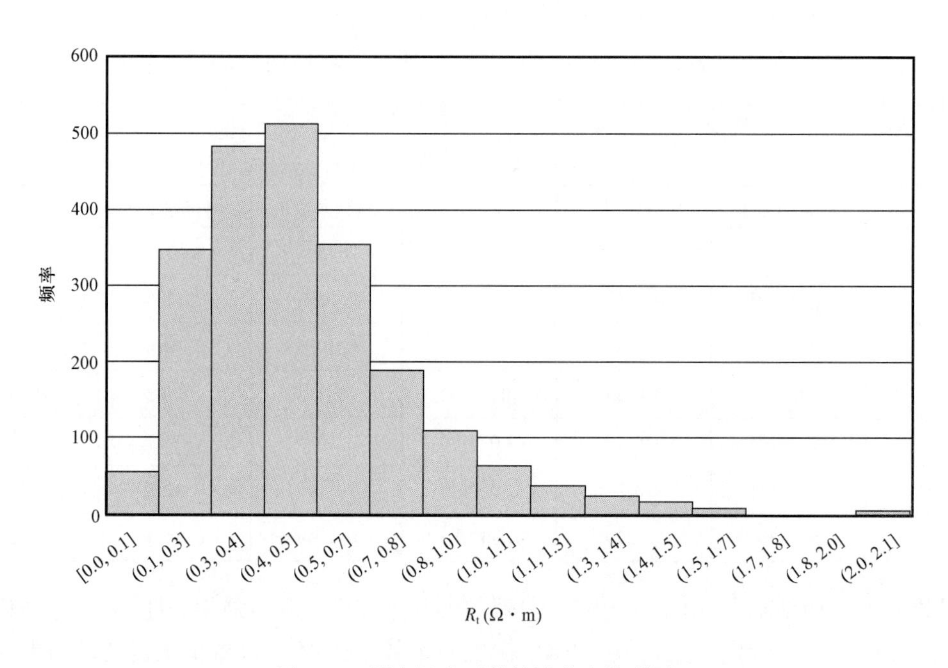

图 20.5　深电阻率对数统计分布柱形图

用虚拟变量表示这些输入数据可能导致虚拟变量封闭,后者是一种可以从其他变量(多重共线)预测一个变量的应用场景。案例研究中,选择一列表示 HC 间隔,选择两列便是三个储层单元。

图 20.6 和表 20.4 给出了变量与 Dean - Stark 含水饱和度之间的关系,HC 柱与输出目标含水饱和度存在强相关性,相关系数高达 87%。HC 柱式模型构建中的重要变量,仅次于

52.4%的深电阻率对数和28.3%的补偿中子对数。最后，伽马测井、声波时差和体积密度测井数据贡献分别为14.2%、10.8%和8.4%。图20.7给出了9个变量的主成分分析结果，其中绘制了每个变量方差比例。结果表明累计方差逐渐增加，反映出9个变量作为模型构建的输入变量的必要性。重要输入变量数量确定后，构建特定模型进行评价，研究中选取了有监督回归算法（SV回归和RF回归）和深度学习（反向传播人工神经网络）两种方法进行评价。

表20.4 9个输入变量的相关矩阵

变量	地层参数1	地层参数2	深度	GR	DT	NPHI	RHOZ	$\lg R_t$	HC柱	S_w
地层参数1	1.000	-0.517	-0.131	0.218	0.070	0.097	-0.077	-0.099	-0.232	0.186
地层参数2	-0.517	1.000	0.016	-0.169	-0.118	-0.247	-0.052	0.415	0.726	-0.640
深度	-0.131	0.016	1.000	-0.031	0.242	0.041	-0.046	-0.149	-0.054	0.084
GR	0.218	-0.169	-0.031	1.000	0.126	0.591	-0.251	-0.418	-0.113	0.142
DT	0.070	-0.118	0.242	0.126	1.000	0.135	-0.061	-0.331	-0.102	0.108
NPHI	0.097	-0.247	0.041	0.591	0.135	1.000	-0.265	-0.650	-0.022	0.283
RHOZ	-0.077	-0.052	-0.046	-0.251	-0.061	-0.265	1.000	0.134	-0.073	0.084
$\lg R_t$	-0.099	0.415	-0.149	-0.418	-0.331	-0.650	0.134	1.000	0.499	-0.524
HC柱	-0.232	0.726	-0.054	-0.113	-0.102	-0.220	-0.073	0.499	1.000	-0.874
S_w	0.186	-0.640	0.084	0.142	0.108	0.283	0.084	-0.524	-0.874	1.000

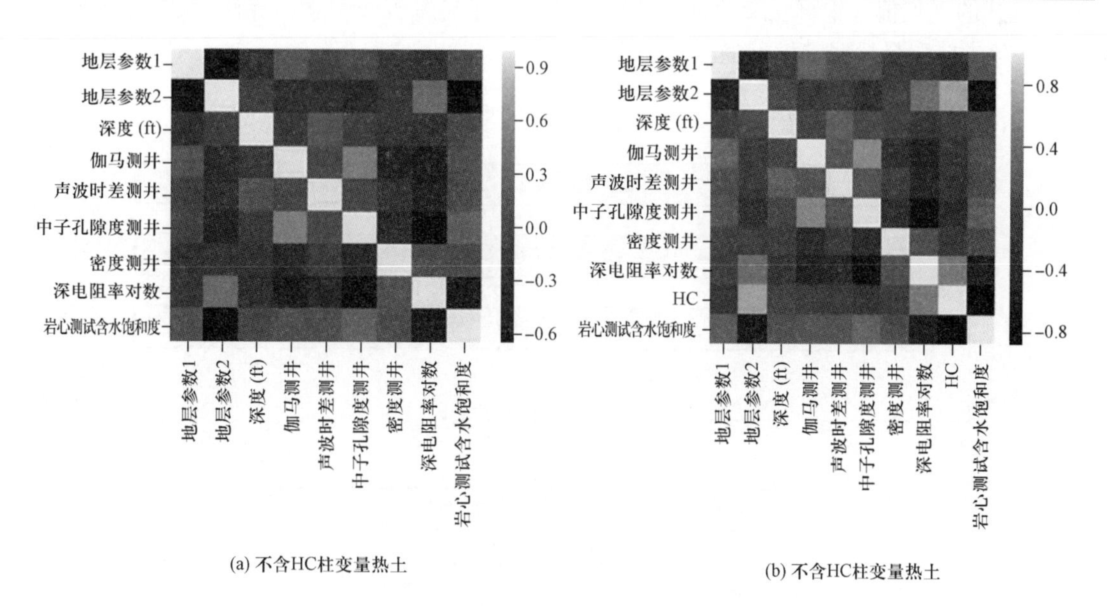

图20.6 (a)不含HC柱变量热土(b)不含HC柱变量热土

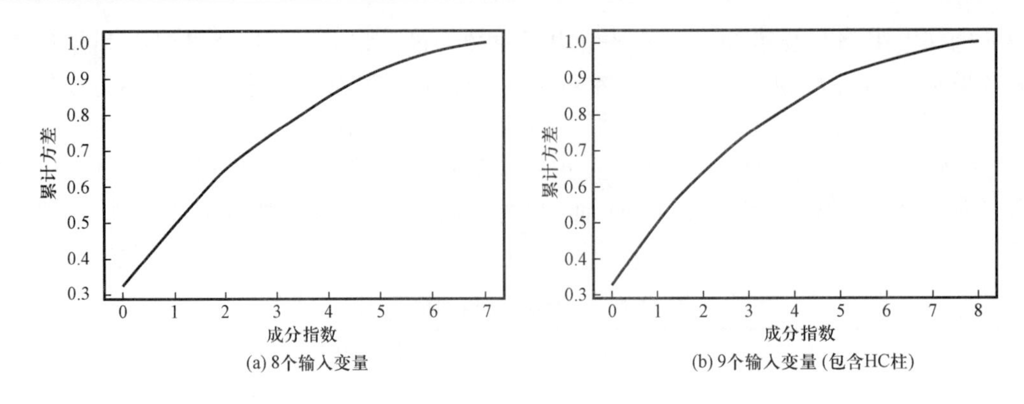

图 20.7 累计解释方差

20.2.3 支持向量机回归模型

支持向量机回归算法适用于回归问题,具备处理小型训练数据集的强大能力(Bruzzone et al. ,2006)。除预处理测井数据外,训练数据集还包含两个分类特征。构建支持向量机回归模型的最佳构建方法是在训练数据集基础上,通过学习算法确定合理的核函数、γ、ε 和规整化参数值。案例研究中,经文献调研与对比分析选择径向基函数作为核函数。利用网格检索确定支持向量机模型最佳训练参数的搜过范围。为了优化支持向量机回归模型,将初始参数设置为默认值,对 C、ε、γ 和 n 倍值多种组合进行正交验证。选择 10 倍正交验证将数据集拆分为 10 个子集,每间隔 10 次迭代使用一个子数据集作为测试集。然后,训练模型的正交验证是 10 倍迭代的平均值。根据正交验证分数设置最优支持向量机回归学习算法参数。图 20.8 给出了构建支持向量机回归模型的工作流程。

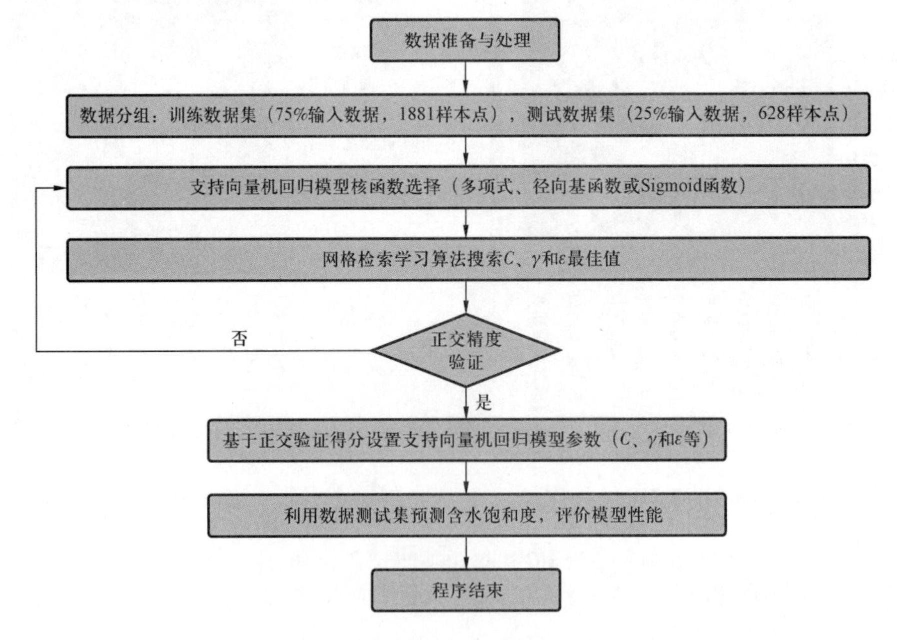

图 20.8 确定 C、γ 和 ε 最佳值构建支持向量机回归模型流程图

在测试集上构建并完成支持向量机模型验证，该程序将用于包含相同变量的验证井。支持向量机模型生成的合成曲线与验证井输出曲线含水饱和度之间有良好的一致性。利用验证井验证支持向量机模型后，便可将模型用于其他未进行含水饱和度解释的井。

20.2.4 随机森林回归模型

随机森林是一种性能强大的机器学习算法，主要用于解决回归和分类问题（Breiman et al.，1984）。随机森林算法可处理数值和分类数据，Patton 库中的随机森林算法包可用于构建模型使用。

随机森林算法结合了多种自学习决策树来参数化用于预测目标输出的模型（Mellor et al.，2013）。随机森林有助于减少单个决策树导致的高方差（Lellogg et al.，2018）。随机森林算法分别并行训练一组决策树，该算法每次迭代中随机对初始数据集进行采样，已获得不同的训练集（自举聚合采样），并且考虑了每个决策树节点上拆分的随机特征子集（Efron et al.，1996）。决策树继续延伸，直至决策树纯度保持稳定（Mellor et al.，2013）。

利用 10 倍正交验证用于评价随机森林模型性能。然后，根据决策树预测平均值给出预测输出结果。图 20.9 给出了利用最佳超参数构建随机森林模型的工作流。

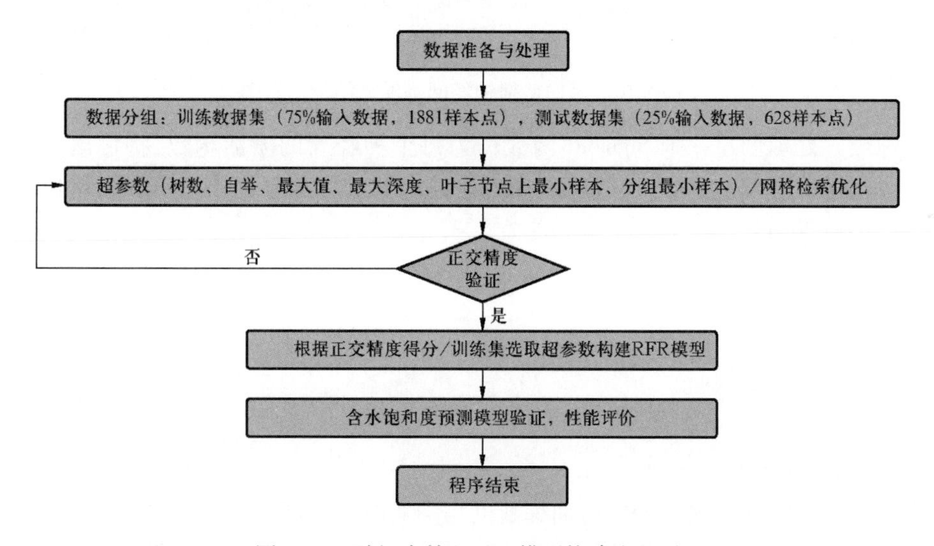

图 20.9 随机森林（RFR）模型构建流程图

20.2.5 深度学习模型

采用相同的数据集构建深度学习（DL）模型，并通过相同的步骤处理测井数据。案例研究采用了反向传播神经网络模型（Werbos，1974），该模型为一种多隐藏层神经网络模型。模型随机选择初始权重，根据迭代计算损失函数梯度并通过网格反向传播调整初始权重值（Mollajan et al.，2013）。

基于多种网格配置研究定义模型结构，并根据层数和隐藏神经元优化反向传播神经网络模型。研究中选取 9 个输入特征值、3 个隐藏层（每个隐藏层设置 20 个神经元）和 1 个神经元作为输出层的模型结构（图 20.10）。

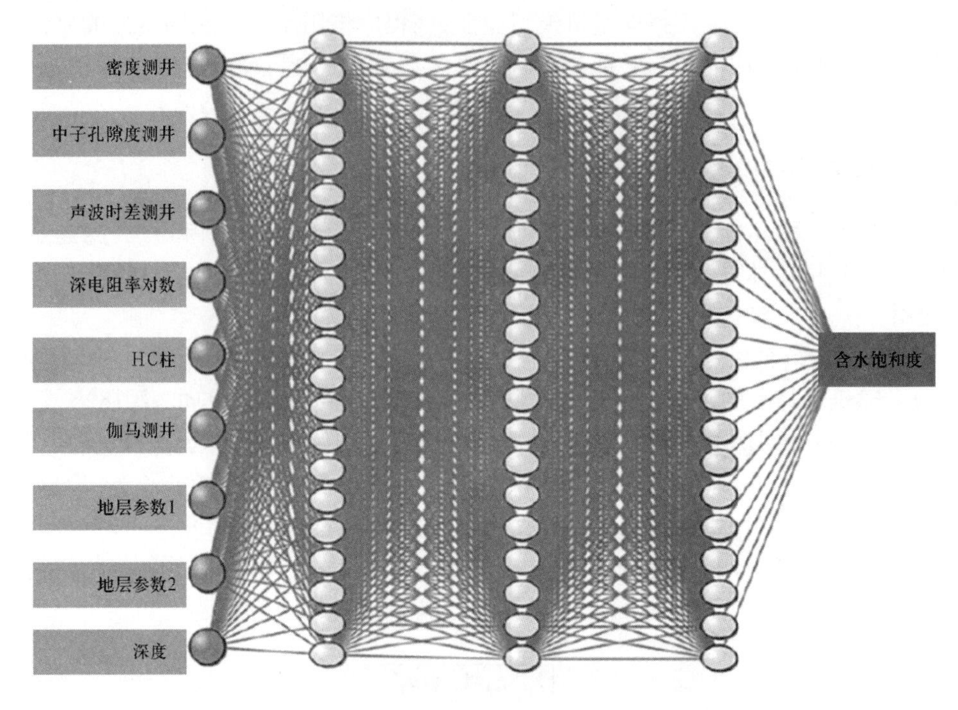

图 20.10 反向传播神经网络模型结构示意图

利用神经元处理创建一个 Sigmoid 函数作为每个神经元的激活函数,将输出与输入相关联。模型优化过程中,选取均方差(MSE)作为损失函数。均方差为预测值和测量值之间平方差的平均值[式(20.11)]:

$$\mathrm{MSE} = \frac{1}{n}\sum_{i=1}^{n}(y_i - y_i')^2 \tag{20.11}$$

式中 n——数据点数量;

y_i——实际数据值;

y_i'——预测数据值。

损失函数为预测模型提供如何与训练数据集中实际值匹配信息。

模型训练阶段按照学习率 0.01 执行 200 次训练,批次大小为 32 次训练。模型训练 200 次数据集并计算每次训练的损失值,权重利用每 32 次运行损失反向传播值进行更新。另外,利用 Adam 优化算法更新和优化模型预测连接权重。Adam 优化器由 Kingma 和 Lei Ba 在 2015 年提出。作者指出,Adam 优化算法易于实现且超参数几乎不需要调整,不需要计算梯度和平方梯度的指数平均值。图 20.11 给出了构建反向传播神经网络模型的工作流。

20.2.6 K. Mod 曲线重构

K. Mod 通常用于曲线重构,使用的人工神经网络建模程序为有监督程序,用于学习重构合成曲线。该方法基于多层感知器原理,用于分离超空间中的数据。

图 20.12 给出了反向传播人工神经网络模型构建工作流,该模型由 5 条输入曲线构成的

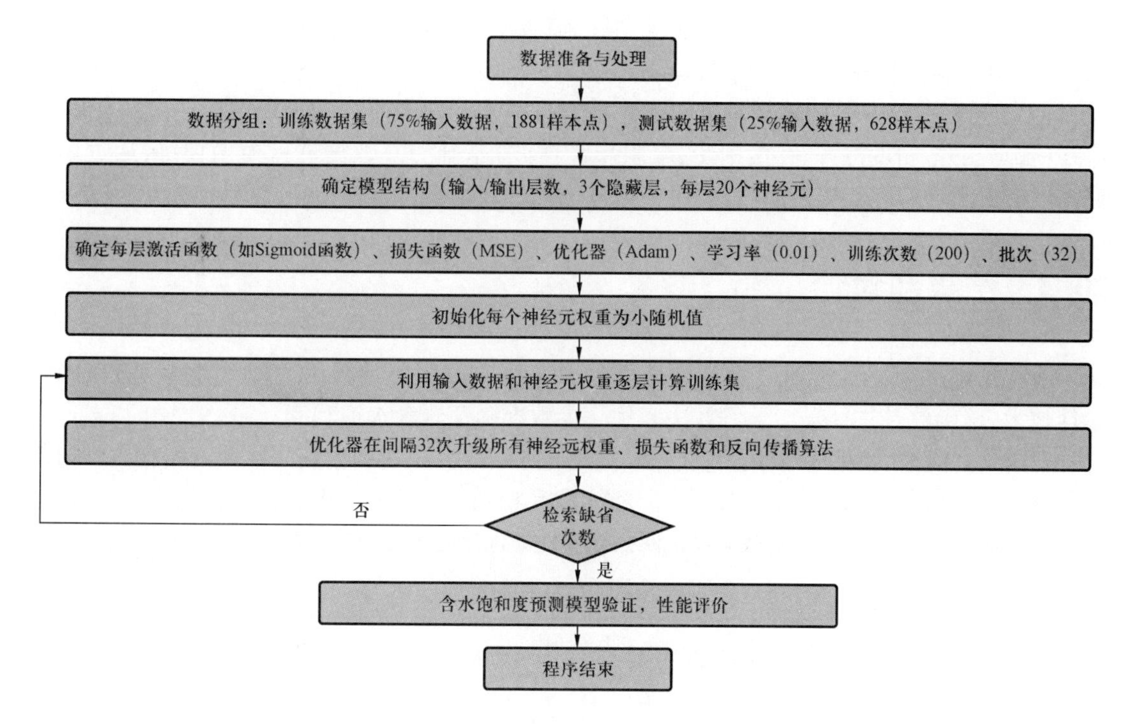

图 20.11　反向传播人工神经网络模型构建流程图

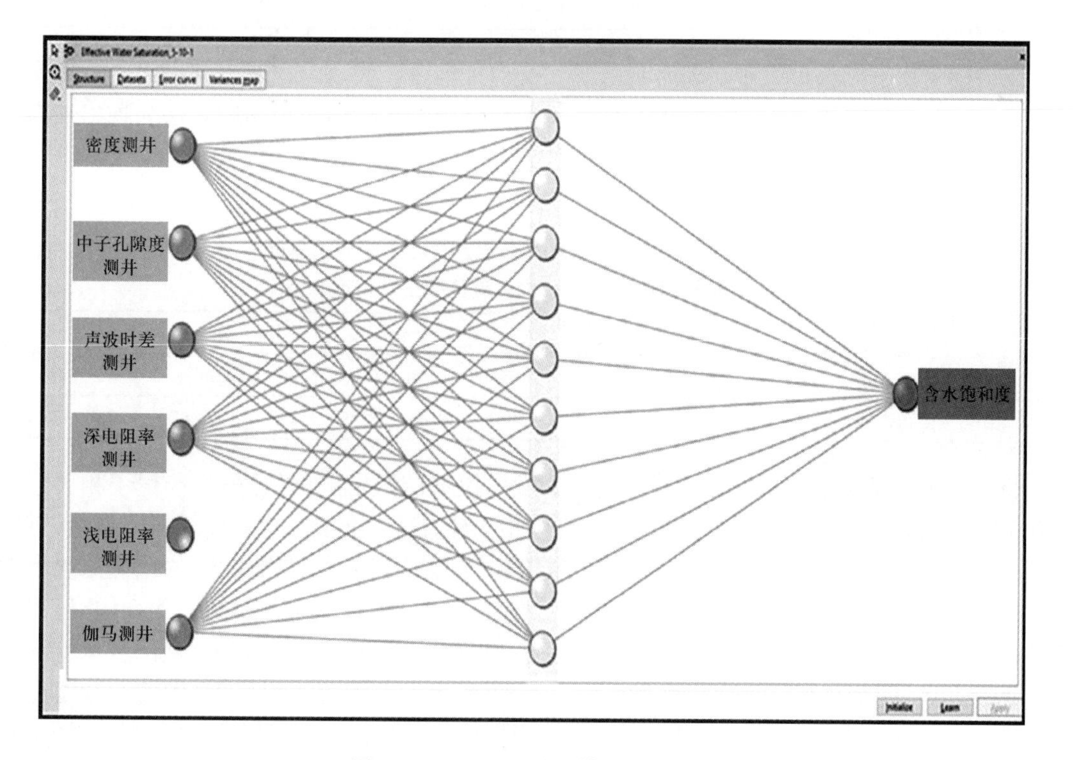

图 20.12　K. Mod 人工神经网络结构

输入层、10个隐藏节点层和1个输出层组成。隐藏层中每个神经元都使用Sigmoid函数生成Sigmoid曲线,以支持输出曲线匹配。

首先选择一个训练井,该训练井包含生成合成曲线所需的曲线和预期输出曲线。利用10口井(伽马测井、密度测井、补偿中子、电阻率和声波)基础测井数据进行模型训练,通过模型训练输出含水饱和度数据。最后,利用3口井的测井数据集进行模型正交验证。

20.3 结果和讨论

上三岔组和中三岔组地层层状特征导致Dean-Stark含水饱和度差异性显著,难以确定最佳技术、核函数、损失函数、学习算法和优化参数准确预测含水饱和度。

对于支持向量机回归模型而言,使用ε损失函数结合径向基函数核函数和网格检索学习算法实现含水饱和度预测。首先将参数C、ε和γ设置默认值,检验C、ε和γ的不同组合(表20.5)。训练效果显示,径向基函数对支持向量机回归模型性能优化由于多项式函数和Sigmoid函数。

表20.5 参数检索范围

参数	检索范围	增量
C	1~10	0.1
ε	0.01~0.5	0.01
γ	0.01~0.5	0.01

支持向量机回归模型表现出非常稳定的正交验证精度。表20.6显示,利用网格检索作为学习算法并将n倍设置为10时,具有径向基函数核函数的支持向量机回归算法表现出最高的正交验证精度,最高精度为82.95%(平均精度77.99%)。网格检索方法确定的C、ε和γ参数最佳值为2.4、0.25和0.04。

表20.6 径向基函数、网格检索学习算法和不同n值条件下支持向量机回归模型含水饱和度预测正交精度验证

核函数	学习算法	n值									
		$n=1$	$n=2$	$n=3$	$n=4$	$n=5$	$n=6$	$n=7$	$n=8$	$n=9$	$n=10$
径向基函数	网格检索	80.10	77.82	80.91	76.84	78.45	82.95	77.49	72.67	73.94	78.82

将带有径向基函数内核的支持向量机回归学习模型应用于测试数据集,产生了相关系数为0.78的预测结果(图20.14)。支持向量机模型构建过程中未将HC柱作为输入变量,其中模型分别使用C、ε和γ参数值为1.9、0.31和0.44生成了相关系数为0.65的预测结果。图20.13给出了Dean-Stark含水饱和度与案例中预测含水饱和度结果的对比。表20.9给出了两种模型的对比及相应结果。尽管针对上三岔组和中三岔组地层(图20.14)预测含水饱和度和Dean-Stark测试含水饱和度结果存在一定差异,程序无法完美模拟峰值,但输出和实测含水饱和度一致性表明支持向量机回归模型能够根据输入特征和输出目标结果之间的传统催熟数据集推断复杂的关系。

随机森林模型预测和评价中采用了相同的数据集和相似的流程。除网格检索学习算法外,训练数据集在每次迭代时被划分为 9 个训练子集和一个验证子集，表 20.7 给出了网格检索范围。

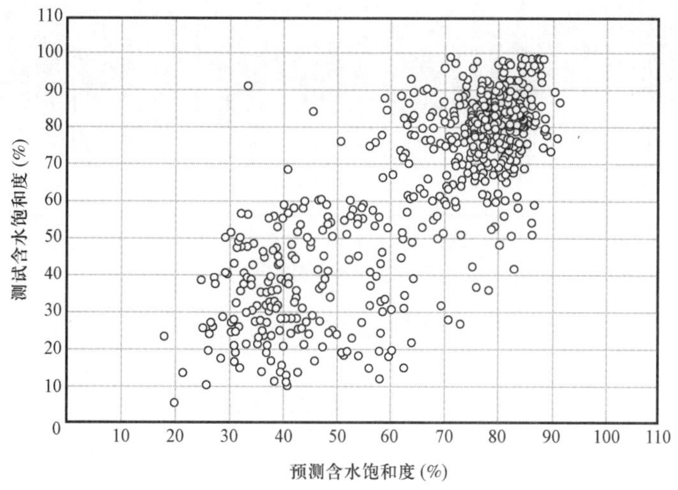

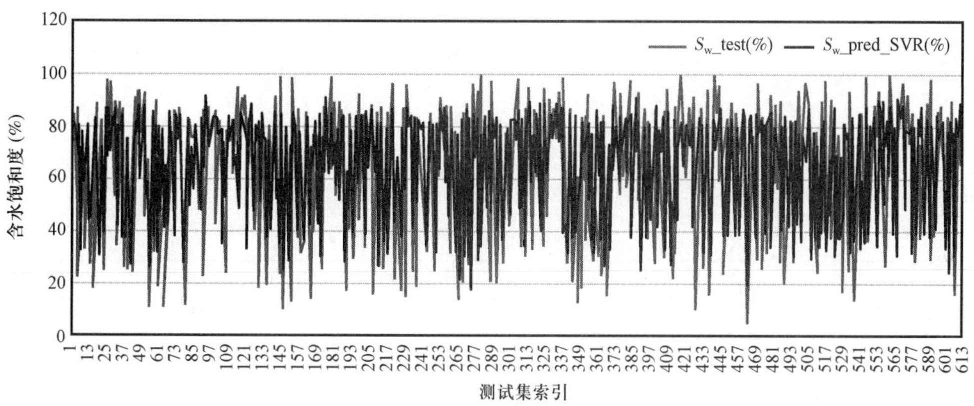

图 20.13　支持向量机回归模型(无 HC 柱输入变量)与 Dean－Stark 测试含水饱和度结果对比

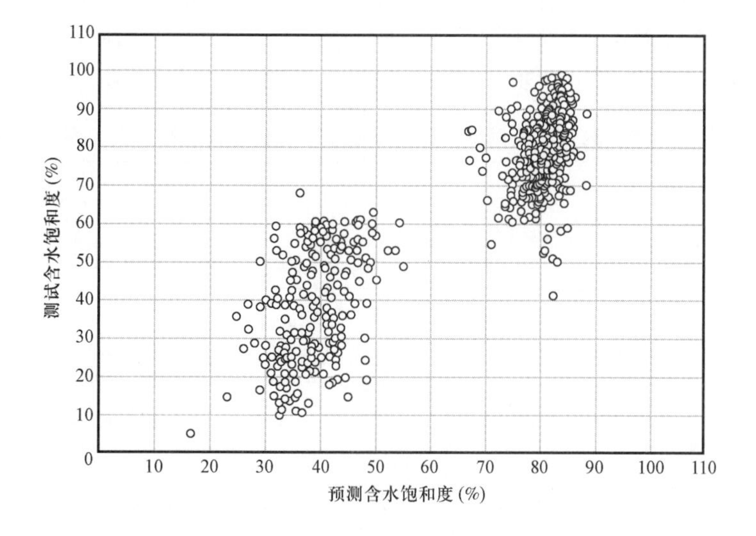

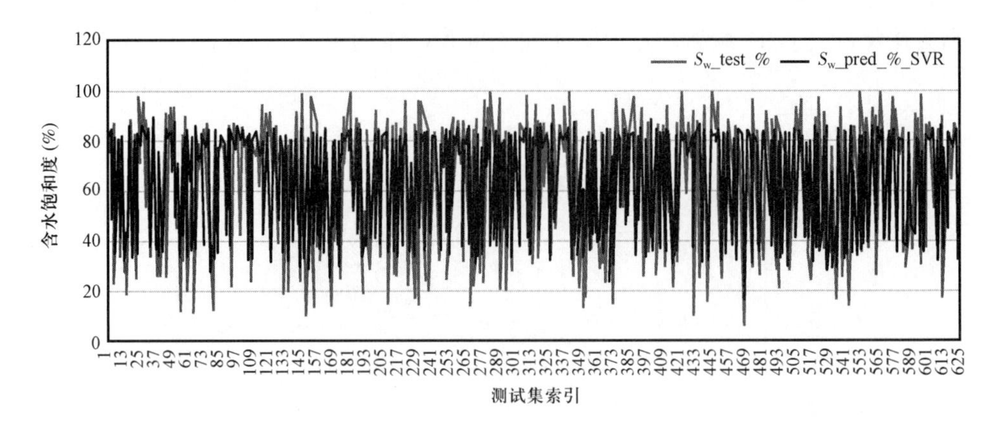

图 20.14 支持向量机回归模型(含 HC 柱输入变量)与 Dean - Stark 测试含水饱和度结果对比

表 20.7 随机森林模型网格检索参数范围

要素	规模	数值
自举	2	[True, False]
最大深度	12	[10, 20, 30, 40, 50, 60, 70, 80, 90, 100, . . .]
最大特征值	2	[auto, sqrt]
最小节点	3	[1, 2, 4]
最小样本批分	3	[2, 5, 10]
评价次数	10	[200, 400, 600, 800, 1000, 1200, 1400, 1600, 1800, 2000]

利用图 20.6 所选择的 9 个特征变量,结果表明随机森林模型比支持向量机回归模型具备更高的正交验证精度。表 20.8 列出了当 n 取值为 10 时最高正交验证精度为 85% (平均 80.58%)。生成模型的决策树数量是根据 n 取值 10 时正交验证精度进行预测。每个决策树深度为 40,叶节点所需最小样本数量为 4。此外,寻求最佳分组时需要考虑特征数大于最大特征数。图 20.16 给出了含水饱和度预测结果。模型定义了两个独立区间,下三岔组地层具备高含水饱和度,中三岔组和上三岔组地层含水饱和度低于 60%,预测结果相关系数为 0.786。研究还给出了 HC 柱对随机森林模型性能的影响,结果如图 20.15 所示,相关因子下降至 0.650(表 20.9)。

表 20.8 网格检索学习算法和不同 n 值条件下随机森林模型含水饱和度预测正交精度验证

核函数	学习算法	n 值									
		$n=1$	$n=2$	$n=3$	$n=4$	$n=5$	$n=6$	$n=7$	$n=8$	$n=9$	$n=10$
径向基函数	网格检索	82.66	80.82	82.80	76.38	82.65	85.03	81.08	75.62	77.89	80.87

表 20.9 支持向量机回归模型、随机森林模型和反向传播人工神经网络模型预测结果 MAE、RMSE 和 R^2 对比表

模型	不含 HC 柱			含 HC 柱		
	MAE	RMSE	R^2	MAE	RMSE	R^2
SVR	10.524	14.052	0.648	8.640	10.897	0.788

续表

模型	不含 HC 柱			含 HC 柱		
	MAE	RMSE	R^2	MAE	RMSE	R^2
RFR	10.557	13.996	0.650	8.709	10.941	0.786
BP - ANN	10.563	14.059	0.647	8.746	10.893	0.788

此外，利用反向传播人工神经网络模型对上述数据集进行含水饱和度预测。图 20.11 给出了用于含水饱和度预测模型的工作流。该算法能够提取隐藏模式映射输入特征和输出含水饱和度之间的复杂非线性关系。如上所述，基于 R^2、RMSE 和 MAE 评价了模型性能和预测结果准确性。

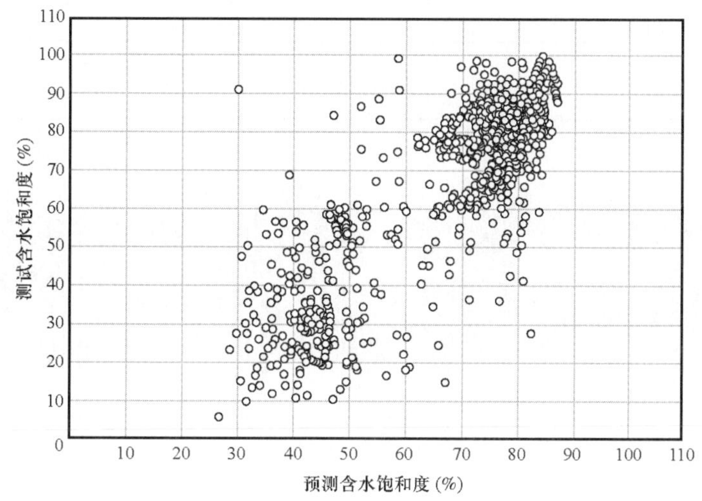

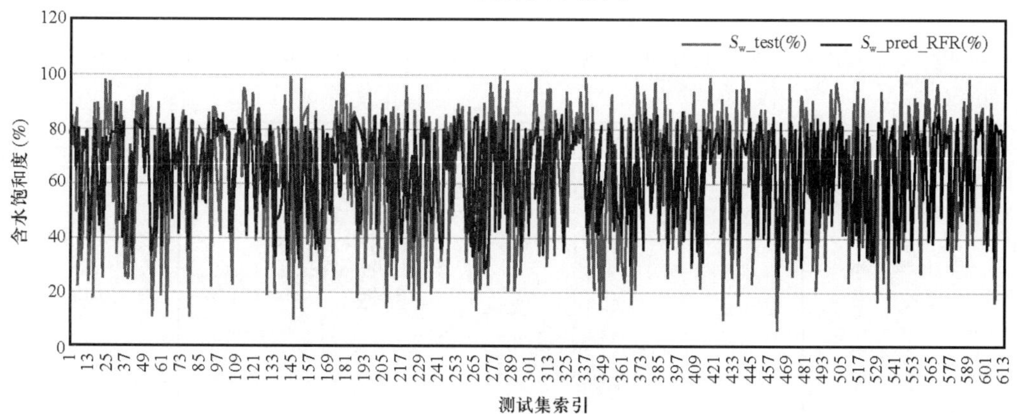

图 20.15　随机森林模型(无 HC 柱输入变量)与 Dean - Stark 测试含水饱和度结果对比

图 20.16、图 20.17 和表 20.9 表明，与随机森林和支持向量机回归模型性能相比，反向传播人工神经网络模型具备相同的预测精度。反向传播人工神经网络模型预测结果相关系数为 0.788，模型含有 3 个隐藏层，每层 20 个节点，并结合优化器和反向传播算法。基于 R^2 值的反向传播人工神经网络模型优秀性能表明，损失函数是模型训练过程中重要的输入信息。

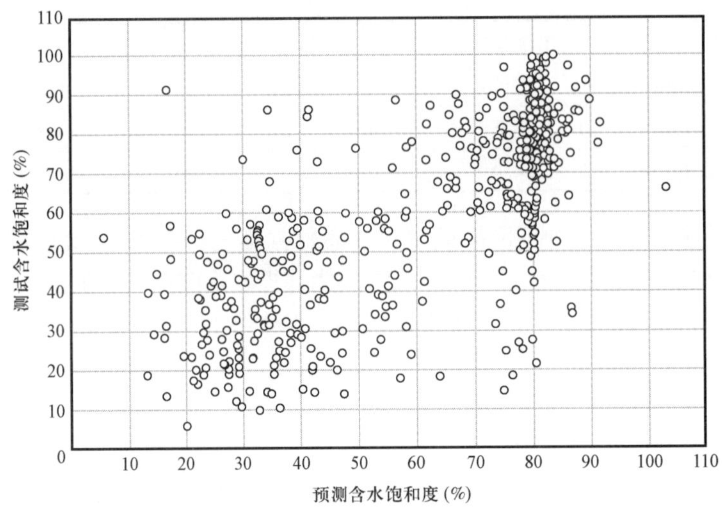

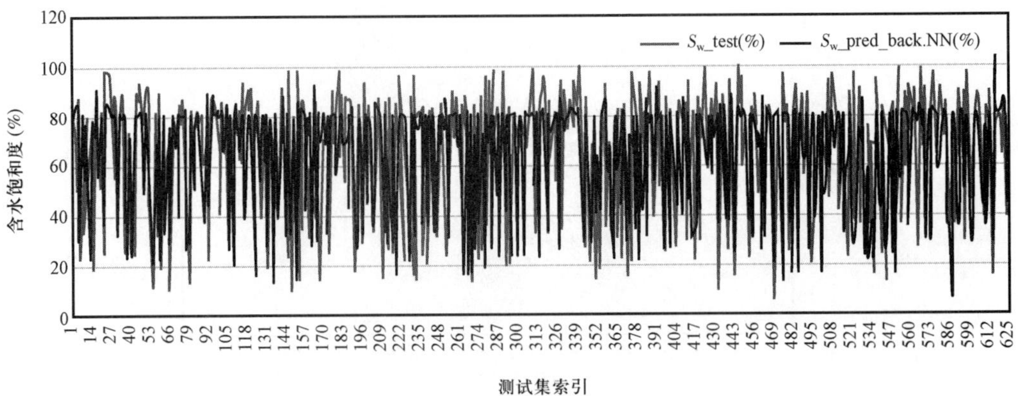

图 20.16 反向传播人工神经网络模型(无 HC 柱输入变量)与 Dean - Stark 测试含水饱和度结果对比

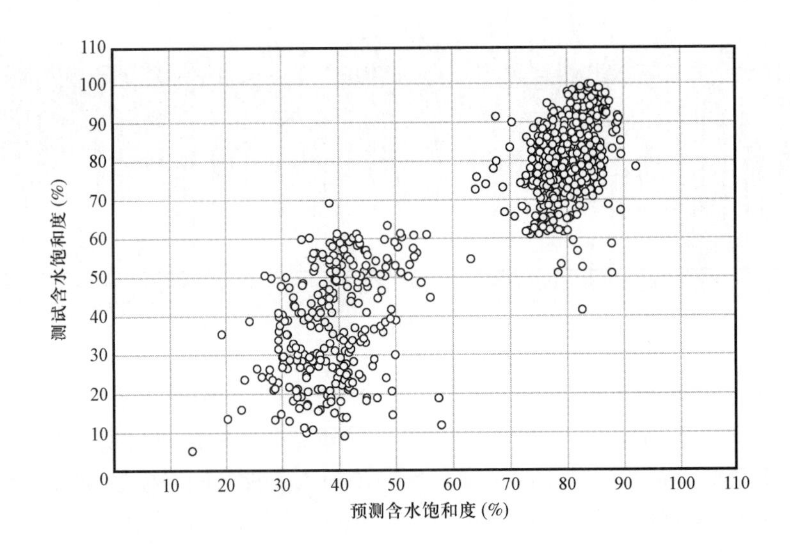

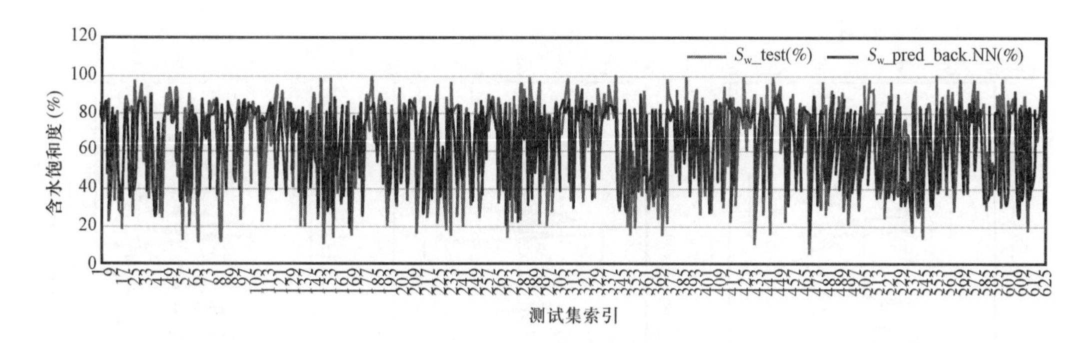

图 20.17　反向传播人工神经网络模型(含 HC 柱输入变量)与 Dean－Stark 测试含水饱和度结果对比

模型构建中加入 HC 柱作为输入特征,三个模型预测性能均有所提高。总体而言,测试数据集在油藏下部地层预测结果与实际吻合(图 20.14、图 20.17 和图 20.18)。然而,储层分层特征导致峰值拟合存在偏差(图 20.19)。

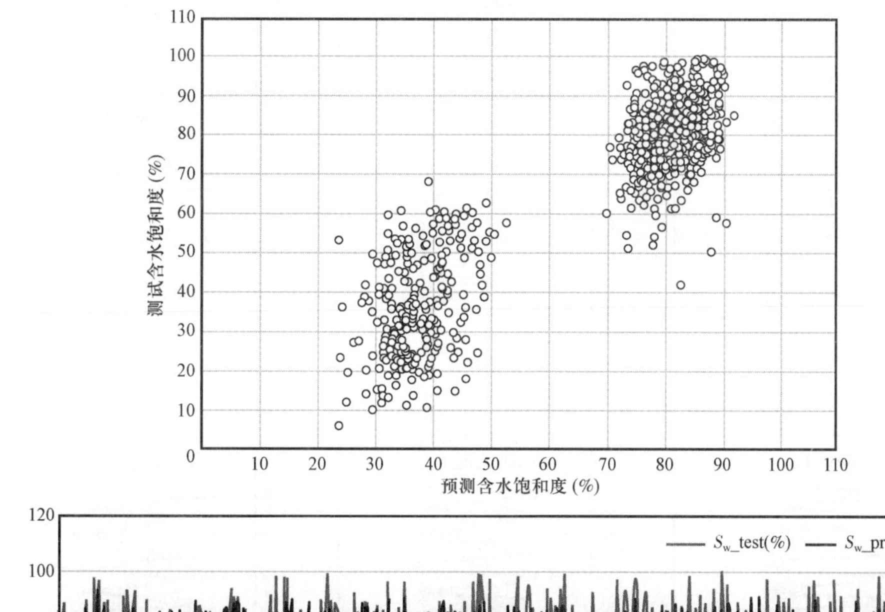

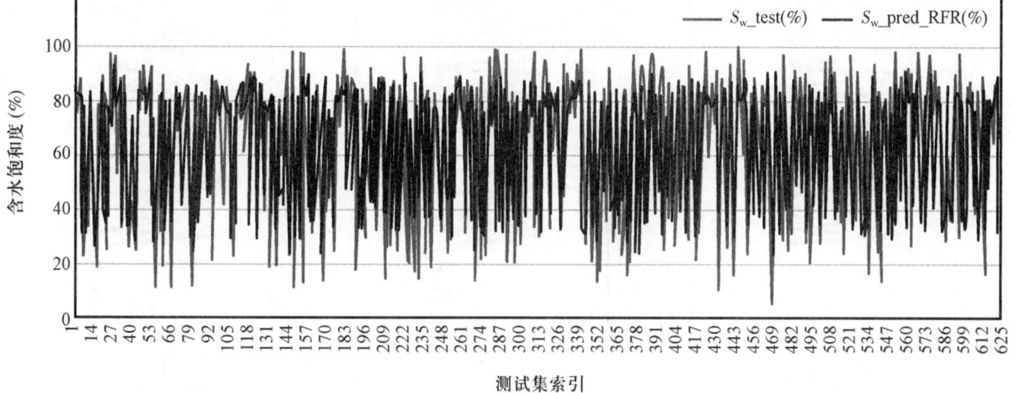

图 20.18　随机森林模型(含 HC 柱输入变量)与 Dean－Stark 测试含水饱和度结果对比

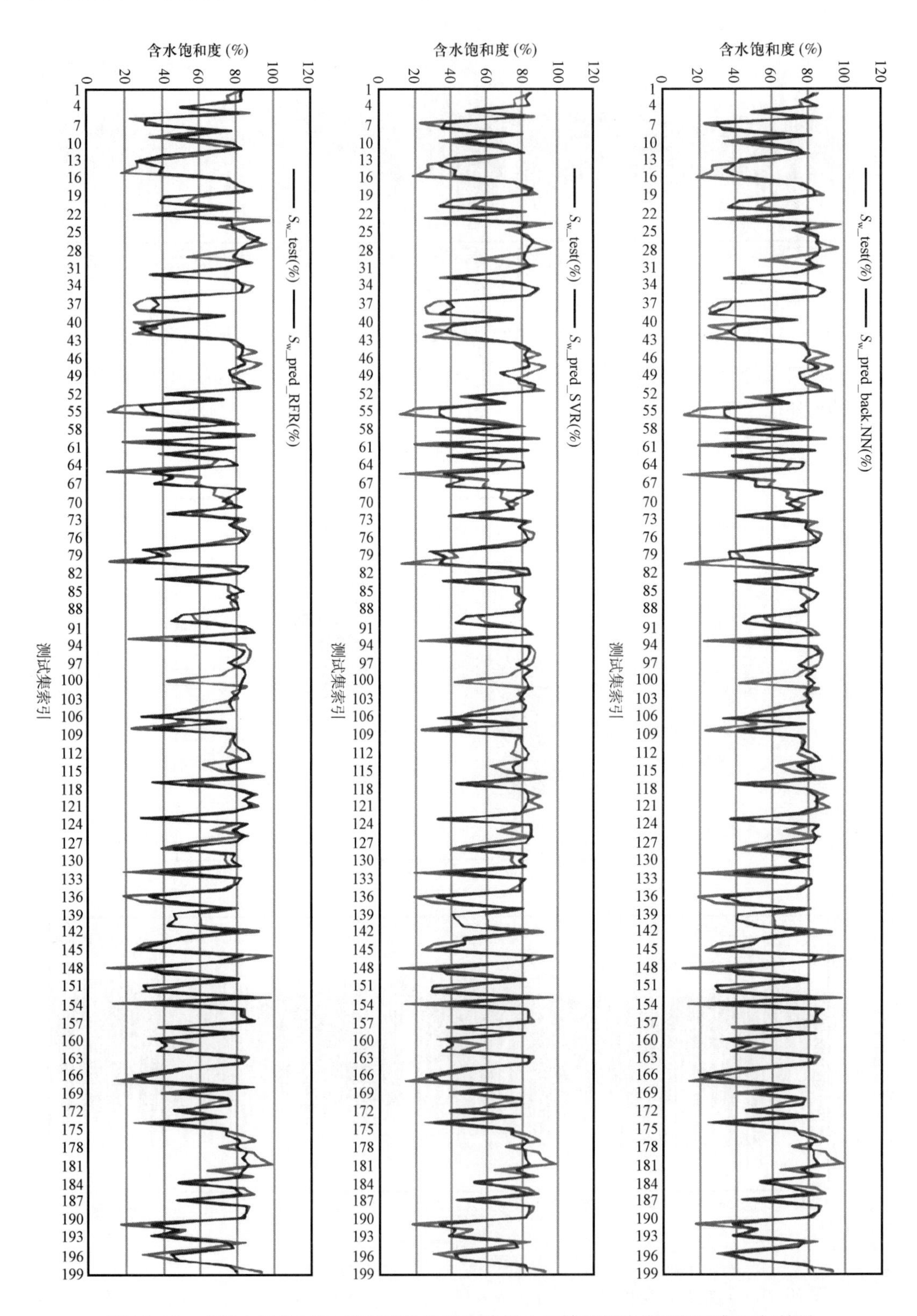

图 20.19 支持向量机回归、随机森林和反向传播人工神经网络模型测试集运行结果

最后，采用 K. Mod 方法对含水饱和度进行曲线重构。如前所述，K. Mod 方法基于多层感知器原理，每个隐藏节点 Sigmoid 函数从输入变量提取信息，并通过交互式学习过程生成含水饱和度输出曲线。从一个具有最小神经元的隐藏层开始，计算学习和验证数据中的误差。通过增加神经元和周期数量，悬链和验证误差有所降低，直到训练误差下降并观测到验证误差增加。然后，保存模型并将模型用于其他井含水饱和度预测。

图 20.20 给出了绘制在 Dean - Stark 含水饱和度顶部的三口井重构曲线，通过预测与测试含水饱和度数据对比获取很多信息。此外，还利用反向传播人工神经网络模型进行了计算，并将其用于模型质量控制。重新构建的测井信息是来自含水饱和度输出结果和学习过程模型。

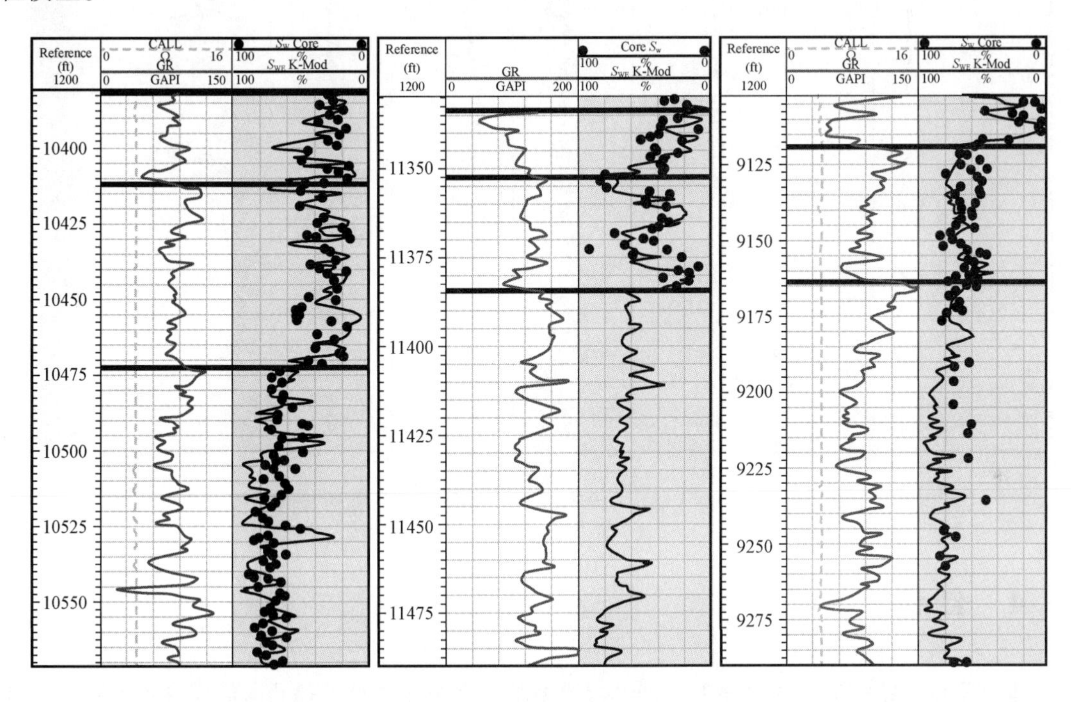

图 20.20　由左到右为 Hognose 152 - 94 - 18B - 19H - TF、Jersey 19 - 6H1 和 Sorenson4A - 27 - 1H 井（校正伽马和井径测井、K. Mod 计算含水饱和度、Dean - Stark 测试含水饱和度）

图 20.21 给出了重构输入测井曲线。除 10475ft 和 10545ft 深度位置伽马测井值外，整体预测与实测结果吻合。曲线重构结果也表明，伽马射线可能会导致含水饱和度预测模型产生高损失。

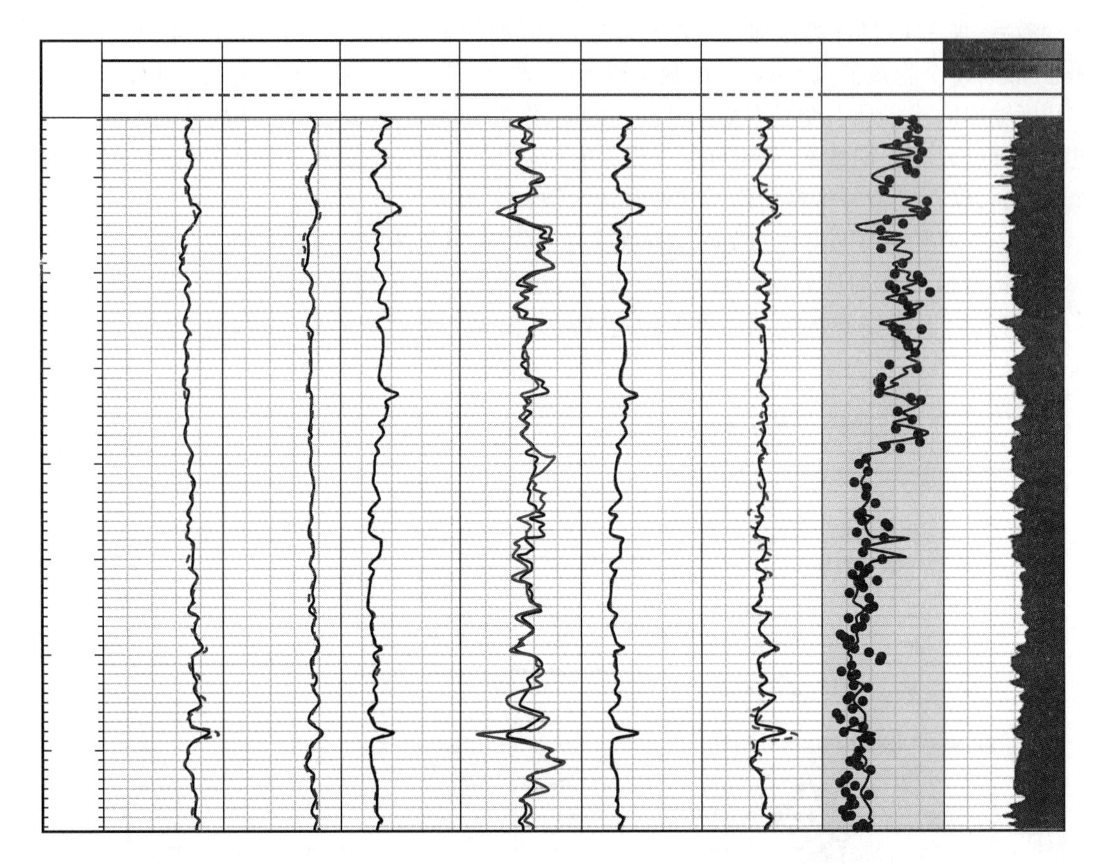

图 20.21　Hognose 152－94－18B－19H－TF 井反向传播人工神经网络模型预测曲线

20.4　结论

本章重点介绍如何构建可靠的机器学习模型基于常规测井数据预测薄储层含水饱和度。利用常规测井数据构建两种有监督机器学习模型和一种深度学习模型预测薄储层含水饱和度。首先,构建支持向量机回归模型,基于相关系数、均方根误差和最大绝对误差三个指标将模型预测结果与反向传播人工神经网络模型和随机森林回归模型结果进行对比分析。

本章第一部分介绍了数据集预处理以及输入变量对模型构建的影响。利用主成分分析识别数据集中的模式和冗余度,并突出显示变量之间的差异和相似性。主成分分析结果表明,常规伽马对数、电阻率对数、补偿中子、声波时差和密度测井作是模型训练和学习的重要输入变量。由于对数电阻率值呈正态分布,选取电阻率对数作为输入变量。

鉴于储层复杂性,除地层单元和 HC 柱外,还引入岩石物理分析等多个属性数据用于模型训练学习。研究结果表明 HC 柱与输出目标 S_w关系较强,相关系数增加 17%,损失降低 3。此外,所有 9 个输入变量的累积解释方差均呈增加趋势。数据预处理后,包括测井和 Dean－Stark 含水饱和度在内的储层数据集被随机划分为 75%(1881 个值)的训练集和 25%(628 个值)的测试集。机器学习和深度学习算法利用训练数据集构建拟合训练数据的模型。同时,使用测试数据集基于相关系数、均方根误差和最大绝对误差指标，检验不同模型对看不见数据的预测性能。

本章第二部分使用 ε 损失函数的支持向量机回归模型结合径向基函数核函数、网格搜索学习算法和 10 倍正交验证对水饱和度进行建模。网格搜索算法确定 C、ε 和 γ 的最佳值分别为 2.4、0.25 和 0.04。将基于径向基函数核函数的支持向量机回归学习模型成功应用于测试数据集，得到相关因子为 0.78 的输出预测结果。与图 20.13 中以往模型预测结果相比，HC 柱显著提高了模型性能，精度提高了 17%。结果表明，支持向量机回归模型可用于薄储层分析。

将反向传播神经网络和随机森林算法应用于同一数据集评价支持向量机回归模型性能。结果显示三个模型之间的性能差异很小，相关系数几乎相当，为 0.78，RMSE 显示出略高的结果。

尽管使用传统测井对水饱和度的预测精度约为 0.78，但图 20.14、图 20.17 和图 20.18 反映了三叉组地层复杂性，其中层理发育，孔径分布复杂。预测结果图可以看出，程序无法准确模拟峰值。研究显示三种模型是基于常规测井数据预测薄储层含水饱和度的有效途径。增加表征岩性和孔径分布等特征输入变量将提高薄储层含水饱和度预测精度。

参考文献

Adams, J. A. and Weaver, C. E. (1958). Thorium – uranium ratios as indicators of sedimentary processes: example of concepts of geochemical facies. *Bell American Association of Petroleum Geologists* 42 (2): 387 – 430.

Adeniran, A., Elshafei, M., and Hamada, G. (2009). Functional network soft sensor for formation porosity and water saturation in oil wells. 2009 *IEEE Instrumentation and Measurement Technology Conference*, Singapore, pp. 1138 – 1143. https://doi.org/10.1109/IMTC.2009.5168625.

Aguilera, R. (1990). A new approach for analysis of the nuclear magnetic log – resistivity log combination. *Journal of Canadian Petroleum Technology* 29 (1): 67 – 71.

Aguilera, R. (2002). Incorporating capillary pressure, pore aperture radii, height above free watertable, and Winland r 35 values on Pickett plots. *AAPG Bulletin* 86 (4): 605 – 624.

Aguilera, R. (2003). Determination of matrix flow units in naturally fractured reservoirs. *Journal of Canadian Petroleum Technology* 42 (12): 54 – 61.

Aguilera, R. and Aguilera, M. S. (2002). The integration of capillary pressures and Pickett plots for determination of flow units and reservoir containers. *Society of Petroleum Engineers Reservoir Evaluation and Engineering* 5 (6): 465 – 471.

AI Duhailan, M. (2014). Petroleum – expulsion fracturing in organic – rich shales: genesis and impact on unconventional pervasive petroleum systems. Ph. D dissertation. Colorado School of Mines, 206p.

Allen, D., Crary, Freedman, S. et al. (1997). How to use borehole nuclear magnetic resonance. *Oilfield Review* 9 (3): 34 – 57.

Allen, D. C., Flaum, T. S., Ramakrishnan, J. et al. (2008). Trends in NMR logging. *Oilfield Review* 12 (3): 2 – 19.

Allen, D., Flaum, C., Ramakrishnan, T. S. et al. (2000). Trends in NMR logging. *Oilfield Review* 12 (3): 2 – 19.

Al – Bulushi, N., King, P. R., Blunt, M. J., and Kraaijveld, M. (2009). Development of artificial neural network models for predicting water saturation and fluid distribution. *Journal of Petroleum Science and Engineering* 68 (3 – 4): 197 – 208.

Alexeyev, A., Ostadhassan, M., Bubach, B. et al. (2017). *Integrated Reservoir Characterization of the Middle Bakken in the Blue Buttes field, Williston Basin, North Dakota.* Society of Petroleum Engineers. http://doi.org/10.2118/185664 – MS.

Allwein, E. L., Schapire, R. E., and Singer, Y. (2000). Reducing multiclass to binary: a unifying approach for margin classifiers. *Journal of Machine Learning Research* 1: 113 – 141.

Al – Wardy, W. (2002). Measurement of the poroelastic parameters of reservoir sandstones. Ph. D. thesis. Imperial College, London.

Bateman, R. M. (1940). Openhole log analysis and formation evaluation.

Bell, J. S. and Gough, D. I. (1979). Northeast – southwest compressive stress in Alberta – evidence from oil wells. *Earth and Planetary Science Letters* 45: 475 – 482.

Bernabé, Y. (1991). Pore geometry and pressure dependence of the transport properties in sandstone. *Geophysics* 56: 436 – 446.

Bernabé, Y., Mok, U., and Evans, B. (2003). Permeability – porosity relationships in rocks subjected to various evolution processes. *Pure and Applied Geophysics* 160: 937 – 960.

Bernabe, Y., Brace, W. F., and Evans, B. (1982). Permeability, porosity and pore geometry of hot – pressed calcite. *Mechanics of Materials* 1982 (1): 173 – 183.

Berwick, B. R. (2008). Depositional environment, mineralogy, and sequence stratigraphy of the Late Devonian Sanish Member (upper Three Forks Formation), Williston Basin, North Dakota. Master's thesis. Colorado School of Mines, Golden, CO, 262p.

Bottjer, R., Sterling, R., Grau, A., and Dear, P. (2011). Stratigraphic relationships and reservoir quality at the Three Forks – Bakken unconformity, Williston basin, North Dakota. In: *The Bakken – Three Forks Petroleum System in the Williston Basin* (ed. J. W. Robinson, J. A. LeFever, and S. B. Gaswirth), 173 – 228. Rocky Mountains Associations of Geologists.

Boualam, A. (2019). Impact of stress on the characterization of the flow units in the complex three forks reservoir, Williston Basin. Theses and Dissertations. 2839. https://commons.und.edu/theses/2839.

Boualam, A., Rasouli, V., Dalkhaa, C., and Djezzar, S. (2020a). Advanced petrophysical analysis and water saturation prediction in three forks, Williston basin. *SPWLA 61st Annual Logging Symposium.* Virtual Online Webinar (June 2020). https://doi.org/10.30632/SPWLA – 5104.

Boualam, A., Rasouli, V., Dalkhaa, C., and Djezzar, S. (2020b). Stress – dependent permeability and porosity in three forks carbonate reservoir, Williston Basin. *54th U. S. Rock Mechanics/Geomechanics Symposium.*

Bush, D. C. and Jenkins, R. E. (1970). Proper hydration of clays for rock property determinations. *Journal of Petroleum Technology* 22: 800 – 804.

Chen, S., Ostroff, G., and Georgi, D. T. (1998). Improving estimation of NMR log T2 cutoff value with core NMR and capillary pressure measurements. *SCA International Symposium*, The Hague (14 September 1998), pp. 14 – 16.

Coalson, E. B., Hartmann, D. J., and Thomas, J. B. (1985). Productive characteristics of common reservoir porosity types. *Bulletin of the South Texas Geological Society* 25 (6): 35 – 51.

Cristianini, C. and Shawe – Taylor, J. (2000). *An Introduction to Support Vector Machine and Other Kernel – Based Learning Methods*, 1e, 189. New York, NY: Cambridge University Press.

Cui, A., Wust, R., Nassichuk, B. et al. (2013). A nearly complete characterization of permeability to hydrocarbon gas and liquid for unconventional reservoirs: a challenge to conventional thinking. *SPE Paper* 168730 *Presented at the SPE Unconventional Resources Technology Conference*, Denver (12 – 14 August 2013).

Dennis, D. (2008). Measuring porosity and permeability from drill cuttings. *Journal of Petroleum Technology* 60 (8). https://doi.org/10.2118/0808 – 0051 – JPT.

Dong, J. J., Hsu, J. Y., Wu, W. J. et al. (2010). Stress – dependence of the permeability and porosity of sandstone and shale from TCDP Hola – A. *International Journal of Rock Mechanics and Mining* 47: 1141 – 1156.

Dorfman, M. H. (1984). Discussion of reservoir description using well logs. *Journal of Petroleum Technology* 36: 2196 – 2197.

Doveton, J. H. , Guy, W. , Watney, L. W. et al. (1996). Log analysis of petrofacies and flow units with microcomputer spreadsheet software: Kansas Geological Survey, University of Kansas 66047, 10p.

Basak, D. , Pal, S. , and Patranabis, D. C. (2007). Support vector regression. *Neural Information Processing – Letters and Reviews* 11 (10). 21pp.

Berryman, J. G. (1992). Effective stress for transport properties of inhomogeneous porous rock. *Journal of Geophysical Research* 97 (17): 409 – 424.

David, C. and Darot, M. (1989). Permeability and conductivity of sandstones. *M Proc International Symposium on Rock at Great Depth*, Pau, V1 (28 – 31 August 1989), P203 – P209. Rotterdam: A A Balkema.

Djebbar, T. and Donaldson, E. C. (2012). *Petrophysics: Theory and Practice of Measuring Reservoir Rock and Fluid Transport Properties*, 3e. Elsevier.

Drucker, H. , Chris, J. C. , Burges, H. J. C. et al. (1997). Support Vector Regression Machines. ARPA contract number N00014 – 94 – C – 1086.

Droege, L. A. (2014). Sedimentology, facies architecture and diagenesis of the middle three forks formation – North Dakota. U. S. A. Master's thesis. Colorado State University, Fort Collins, CO, 14p.

Dumonceaux, G. M. (1984). Stratigraphy and depositional environments of the Three Forks formation (upper Devonian), Williston basin, North Dakota. Master thesis.

Dunham, R. J. (1962). Classification of carbonate rocks according to depositional texture. In: *Classification of Carbonate Rocks* (ed. W. E. Ham), 108 – 121. AAPG Memoir.

Dunn, K. J. , Bergman, D. J. , and Lattoraca, G. A. (2002). *Nuclear Magnetic Resonance Petrophysical and Logging Applications (Handbook of Geophysical Exploration, Seismic Exploration, v. 32)*. Amsterdam: Pergamon an Imprint of Elsevier Science. 293p.

Ebanks, W. J. Jr. (1987). Flow unit concept – integrated approach to reservoir description for engineering projects. *AAPG Bulletin* 71 (5): 551 – 552.

Efron, B. and Tibshirani, R. (1994). *An Introduction to the Bootstrap*. New York: Chapman & Hall.

Egbe, S. J. , Omole, O. , Diedjomahor, J. , and Crowe, J. (2007). Calibration of the elemental capture spectroscopy tool using the Niger Delta formation. 31*st Nigeria Annual International Conference and Exhibition Held in Abuja*, Nigeria (6 – 8 August 2007). SPE 111910.

El – sebakhy, E. A. , Asparouhov, O. , Abdulraheem, A. , et al. (2010). Data mining in identifying carbonate litho – facies from well logs based from extreme learning and support vector machines. *AAPG GEO, Middle East Geoscience Conference & Exhibition*, Manama, Bahrein (7 – 10 March 2010).

Farber, D. L. , Bonner, B. P. , Balooch, M. et al. (2001). Observations of water induced transition from brittle to viscoelastic behavior in nano – crystalline swelling clay. *EOS* 82: 1189.

Focke, J. W. and Munn, D. (1987). Cementation Exponents in Middle Eastern Carbonate Reservoirs. SPE Formation Evaluation. SPE, Qatar General Petroleum Corp.

Franklin, A. (2017). Deposition, Stratigraphy, Provenance, and reservoir characterization of carbonate mudstone: the Three Forks Formation, Williston Basin. Ph. D thesis. Colorado School of Mines.

Galford, J. , Quirein, J. , Shannon, S. et al. (2009). Field test results of a new neutron induced gamma – ray spectroscopy geochemical logging tool. SPE Annual Techinical and Exibition held in New Orleans. SPE 123992.

Ganpule, S. V. , Srinivasan, K. , Izykowski, T. et al. (2015). Impact of geomechanics on well completion and asset development in the Bakken Formation. *Society of Petroleum Engineers*. https://doi. org/ 10. 2118/173329 – MS.

Gerhard, L. C. , Anderson, S. B. , and Fischer, D. W. (1990). Petroleum geology of the Williston Basin. *American*

Association of Petroleum Geologists Memoir 51: 507 – 559.

Ghanizadeh, A., Amann – Hildenbrand, A., and Gasparik, M. (2014). Experimental study of fluid transport processes in the matrix system of the European organic rich shales: II Posidonia Shale (lower Toarcian, Noerthern Germany). *International Journal of Coal Geology* 123: 20 – 33. https://doi.org/10.1016/j.coal.2013.06.009.

Gottlib Zeh, S., Briqueu, L., and Veillerette, A. (1999). Indexed Self – Organizing Map: a new calibration system for a geological interpretation of logs. *The Fifth Annual Conference of the International Association for Mathematical Geology. Proc IAMG*, Trondheim, Norway (6 – 11 August 1999), pp. 183 – 188.

Gunn, S. R., 1998. Support Vector Machine for Classification and Regression. Tech. Rep., Univ. Southampton, Southampton, U. K.

Gunter, G. W., Finneran, J. M., Hartmann, D. J., and Miller, J. D. (1997). Early determination of reservoir flow units using an integrated petrophysical method: Society of Petroleum Engineers. *SPE – 38679 – MS Presented at the SPE Annual Technical Conference and Exhibition*, San Antonio, TX (5 – 8 October 1997), pp. 373 – 380. https://doi.org/10.2118/38679 – MS.

Hashem, S. (1997). Optimal linear combinations of neural networks. *Neural Net – works* 10 (4): 599 – 614.

He, J., Ling, K., Wu, X. et al. (2019). Static and dynamic elastic moduli of bakken formation. *International Petroleum Technology Conference*. https://doi.org/10.2523/IPTC – 19416 – MS.

Heck, T. J., LeFever, R. D., Fischer, D. W., and LeFever, J. A. (2002). Overview of the petroleum geology of the North Dakota Williston Basin: North Dakota Geological Survey. https://www.dmr.nd.gov/ndgs/ Resources/ (accessed June 2016).

Herron, S., Herron, M., Pirie, I. et al. (2014). Application and quality control of core data for the development and validation of elemental spectroscopy log interpretation. *Petrophysics* 55 (5): 392 – 414.

Hassan, M., Selo, M., and Combaz, A. (1975). Uranium distribution and geochemistry as criteria of diagenesis in carbonate rocks. *9th International Sedimentological Congress*, Nice, France, 7pp.

Hassan, M., Hossin, A., and Combaz, A. (1976). Fundamentals of the differential gamma – ray log. In terpretation technique. *SPWLA. 17th Ann. Log. Sym. Trans.*, Denver, CO (June 1976). Paper H.

Havens, J. B. and Batzle, M. L. (2011). Minimum horizontal stress in the bakken formation. *45th U. S. Rock Mechanics/Geomechanics Symposium*, San Francisco, CA (June 2011). Paper Number: ARMA – 11 – 322.

Hizem, M., Budan, H., Devillé, B. et al. (2008). Dielectric Dispersion: A New Wireline Petrophysical Measurement. *Paper SPE – 116130 presented at the SPE Annual Technical Conference and Exhibition*, Denver, CO, USA (21 – 24 September).

Holubnyak, Y. I., Bremer, J. M., Mibeck, B. A. F. et al. (2011). Understanding the sourcing at Bakken oil reservoirs. *Society of Petroleum Engineers*. https://doi.org/10.2118/141434 – MS.

Isleyen, E., Demirkan, D. C., Duzgun, H. S., and Rostami, J. (2019). Lithological classification of limestone with self – organizing maps. *53rd U. S. Rock Mechanics/Geomechanics Symposium*, New York, NY, USA (23 – 26 June 2019). Paper Number: ARMA – 2019 – 1791.

Jin, H., Sonnenberg, S. A., and Sarg, J. F., 2015. Source rock potential and sequence stratigraphy of Bakken Shales in the williston basin. *Unconventional Resources Technology Conference*. http://doi.org/10.15530/URTEC – 2015 – 2169797.

Johnson, R., Longman, M., and Ruskin, B. (2017). Petrographic and petrophysical characteristics of the upper Devonian Three Forks Formation, southern Nesson anticline, North Dakota. *The Mountain Geologist* 54 (3): 181 – 201.

Jones, S. C. (1988). Two – point determinations of permeability and PV vs net confining stress. *SPEFE* 3: 235.

Jones, F. O. and Owens, W. W. (1980). A laboratory study of low – permeability gas sand. *SPE* 32: 1631 – 1640.

Kamalyar, K., Sheikhi, Y., and Jamialahmadi, M. (2012). Using an artificial neural network for predicting water saturation in an Iranian oil reservoir. *Petroleum Science and Technology* 30 (1): 35 – 45.

Kausik, R., Fellah, K., Feng, L. et al. (2016). High and low field NMR relaxometry and diffusometry of the Bakken petroleum system: SPWLA -2016 - SSS, Society of Petrophysicists and Well - Log Analysts. *SPWLA 57th Annual Logging Symposium* (25 -29 June), 7p. https://www.onepetro.org/conference-paper/SPWLA-2016-SSS (accessed 12 April 2017).

Kerans, C., Lucia, F. J., and Senger, R. K. (1994). Integrated characterization of carbonate ramp reservoirs using Permian San Andres Formation outcrop analogs. *AAPG Bulletin* 78: 181 -216.

Kenyon, W., Day, P., Straley, C., and Willemsen, J. (1988). A three - part study of NMR longitudinal relaxation properties of water - saturated sandstones. *SPE Formation Evaluation* 3 (3): 622 -636.

Kingma, D. P. and Lei Ba, J. (2015). *Adam: A Method for Stochastic Optimization.* ICLR.

Klenner, R., Braunberger, J., Sorensen, J. et al. (2014). A formation evaluation of the middle Bakken member using multimineral petrophysical analysis approach. *Unconventional Resources Technology Conference, URTeC*: 1922735. *SPE/AAPG/SEG Unconventional Resources Technology Conference*, Denver, CO, USA (25 -27 August 2014).

Kwon, O., Kronenberg, A. K., Gangi, A. F., and Johnson, B. (2001). Permeability of Wilcox shale and its effective pressure law. *Journal of Geophysical Research* 106 (19): 339 -353.

LeFever, J. A., Le Fever, R. D., and Nordeng, S. H. (2011). Revised nomenclature for the Bakken Formation (Mississippian - Devonian), North Dakota. The Bakken - Three Forks petroleum system in the Williston basin. Chapter 1, pp. 11 -26.

LeFever, J. A. and Nordeng, S. H. (2009). The three forks formation - North dakota to sinclair field. Manitoba. *North Dakota Geological Survey Geological Investigations* 76: 1.

LeFever, R. D., LeFever, J. A., and Nordeng, S. H., 2008. Correlation Cross - Sections for the Three Forks Formation, North Dakota. North Dakota Geological Survey Geologic Investigations No. 65. 1p.

LeFever, J. A., LeFever, R. D., and Nordeng, S. H., 2014. Reservoirs of the Bakken Petroleum System: A Core - based Perspective: North Dakota Geological Survey Geologic Investigations, no. 171. https://www.dmr.nd.gov/ndgs/Publication_List/gi.asp (accessed June 2016).

[82] Leon, M., Lafournere, A. N., Bourge, J. P. et al. (2015). Rock typing mapping methodology based on indexed and probabilistic self - organized map in shushufindi field. *Society of Petroleum Engineers.* https://doi.org/10.2118/177086-MS.

Loucks, R. G., Reed, R. M., Ruppel, S. M., and Jarvie, D. M. (2009). Morphology, genesis, and distribution of nanometer - scale pores in siliceous mudstones of the Mississippian Barnett Shale. *Journal of Sedimentary Research* 79: 848 -861.

Loucks, R. G., Ruppel, S. C., Zhang, T., and Peng, S. (2017). Origin and characterization of eagle ford pore networks in the south Texas upper cretaceous shelf. *AAPG Bulletin* 101 (3): 387 -418.

Loucks, R. G., Reed, R. M., Ruppel, S. C., and Hammes, U. (2012). Spectrum of pore types and networks in mud - rocks and a descriptive classification for matrix - related mud - rock pores. *AAPG Bulletin* 96: 1071 - 1098.

Lucia, F. J. (1995). Rock fabric and petrophysical classification of carbonate pore space for reservoir characterization. *AAPG Bulletin* 79 (9): 1275 -1300.

Lucia, F. J., Kerans, C., and Senger, R. K. (1992). Defining flow units in dolomitized carbonate - ramp reservoirs. *Proceedings, Society of Petroleum Engineers*, Washington, DC (4 -7 October 1992), pp. 399 -406. Paper SPE 24702.

Lucia, F. J. (1983). Petrophysical parameters estimated from visual description of carbonate rocks: a field classification of carbonate pore space. *Journal of Petroleum Technology* 35 (3): 629 -637.

Martin, A. J., Solomon, S. T., and Hartmann, D. T. (1997). Characterization of petrophysical flow units in carbonate reservoirs. *AAPG Bulletin* 81: 734 -759.

Mardi, M. , Nurozi, H. , and Edalatkhah, S. (2012). A water saturation prediction using artificial neural networks and an investigation on cementation factors and saturation exponent variations in an Iranian oil well. *Pet. Sci. Technol.* 30 (4): 425 – 434.

Mayergoyz, I. D. (1986). Mathematical models of hysteresis and their application. *IEEE Transactions on Magnetics* 22. https://doi. org/10. 1109/TMAG. 1986. 1064347.

Merkel, R. , Machesney, J. , and Tompkins, K. (2018). Calculated determination of variable wettability in the middle Bakken and Three Forks, Williston basin, USA. *SPWLA 59th Annual Logging Symposium*, London, UK (June 2018).

McKenon, D. , Cao Minh, C. , Freedman, R. et al. (1999). An improved NMR tool design for faster logging, paper CC, transactions. *SPWLA 40th Annual Logging Symposium*, Oslo, Norway (30 May – 3 June 1999).

Millard, M. and Brinkerhoff, R. (2016). The integration of geochemical, stratigraphic, and production data to improve geological models in the bakken – three forks petroleum system, Williston Basin, North Dakota. In: *Hydrocarbon Source Rocks in Unconventional Plays* (ed. M. P. Dolan, D. K. Higley, and P. G. Lillis), 190 – 211. Denver: Rocky Mountain Region: RMAG.

Milijkovic, D. (2017). Brief review of self – organizing maps. *40th International Convention on Information and Communication Technology, Electronics and Microelectronics (MIPRO)*, Opatija, Croatia (22 – 26 May 2017), 6pp.

Mitchell, R. (2013). Sedimentology and reservoir properties of the three forks dolomite, bakken petroleum system, Williston Basin, U. S. A: AAPG. Search and Discovery Articles, no. 120079.

Mitra, P. P. , Sen, P. N. , and Schwartz, L. M. (1993). Short – time behavior of the diffusion coefficient as a geometrical probe of porous media. *Physical Review B* 47: 8565 – 8574.

Mohaghegh, S. , Arefi, R. , Ameri, S. et al. (1996). Petroleum reservoir characterization with the aid of artificial neural networks. *Journal of petroleum Science and Enigineering* 16 (1996): 263 – 274.

Mollajan, A. , Memarian, H. , and Jalali, M. R. , (2013). Prediction of reservoir water saturation using support vector regression in an Iranian carbonate reservoir. *47th US Rock Mechanics/Geomechanics Symposium*, San Francisco, CA, USA (23 – 26 June 2013). ARMA 13 – 311.

Moss, A. K. and Jing, X. D. (2001). An investigation into the effect of clay type, volume and distribution on NMR measurements in sandstones. SCA 2001 – 29, Society of Core Analysts Symposium, Edinburgh. http://www. jgmaas. com/SCA/2001/SCA2001 – 29. pdf (accessed 13 April 2017).

Newman, J. , Edman, J. , Howe, J. , and LeFever, J. (2013). The Bakken at parshall field: inferences from new data regarding hydrocarbon generation and migration. *Unconventional Resources Technology Conference*. http://doi. org/10. 15530/URTEC – 1578764 – MS.

Nordeng SH and LeFever, J. A. 2009. Three Forks Formation Log to Core Correlation. North Dakota Geological Survey Geologic Investigations No. 75, 1p.

Passey, Q. R. , Dahlberg, K. E. , Sullivan, K. B. et al. (2006). Chapter 7: Characterizing thinly bedded reservoirs with core data. *A Systematic Approach to Evaluate Hydrocarbons in Thinly Bedded Reservoirs*. AAPG Archie Series, No. 1, pp. 73 – 88.

Peterson, K. J. , 2017. Pore – size distributions from nuclear magnetic resonance and corresponding hydrocarbon saturations in the Devonian Three Forks Formation, Williston Basin, North Dakota (abstract). *RMS – AAPG Regional Meeting, Billings.*

Peters, K. E. , Walters, C. , and Moldowan, J. M. (2005). *The Biomarker Guide*, vol. 2. Cambridge, UK: Cambridge University Press. 490p.

Petty, D. (2014). Mineralogy and petrology controls on hydrocarbon saturation in the Three Forks reservoir, North Dakota. AAPG Search and Discovery Article – 10623.

Pittman, E. D. (1992). Relationship of porosity and permeability to various parameters derived from mercury injection – capillary pressure curves for sandstone. *AAPG Bulletin* 76: 191 – 198.

Prammer, M. G., Drack, E. D., Bouton, J. C. et al., 1996. Measurements of clay – bound water and total porosity by magnetic resonance logging: SPE – 36522 – MS. *Presented at the SPE Annual Technical Conference and Exhibition*, Denver, p. 311 – 320. http://dx.doi.org/10.2118/36522 (accessed 14 April 2017).

Price, L. C., 2000. Origins and characteristics of the basin – centered continuous reservoir unconventional oil – resource base of the Bakken source system, Williston Basin, paper. Available at: http://www.unddeerc.org/Price/.

Qi, L. and Carr, T. R. (2006). Neural network prediction of carbonate lithofacies from well logs, big bow and sand arroyo creek fields, South West Kansas. *Computers and Geosciences* 32 (7): 947 – 964.

Ramakrishna, S., Balliet, B., Miller, D, and Sarvotham, S. (2010). Formation evaluation in the Bakken Complex using laboratory core data and advanced logging technologies. *SPWLA 51st Annual Logging Symposium.*

Rezaee, M., Ilkhchi, A., and Alizadeh, P. (2008). Intelligent approaches for the synthesis of petrophysical logs. *Journal of Geophysics and Engineering* 5: 12 – 26.

Rider, M. and Kennedy, M. (2011). *The Geological Interpretation of Well Logs*, 3e.

Roland, L. and Olivier, F. (2007). Advances in measuring porosity and permeability from drill cuttings. *SPE/EAGE Reservoir Characterization and Simulation Conference* (28 – 3 October), Abu Dhabi, UAE. https://doi.org/https://doi.org/10.2118/111286 – MS.

Rosepiler, M. J. (1981). Calculation and significance of water saturation in low porosity shaly gas sands. *SPWLA 22nd Annual Symposium*, Mexico City, Mexico (June 1981).

Saffarrzadeh, S. and Shadizadeh, S. R. (2012). Reservoir rock permeability prediction using support vector regression in an Iranian oil field. *Journal of Geophysics and Engineering* 9 (3): 336 – 344.

Sandberg, C. A. and Hammond, C. R. (1958). Devonian system in Williston basin and central Montana. *AAPG Bulletin* 42: 2293 – 2334.

Saneifar, M., Skalinski, M., Theologou, P. et al. (2015). Integrated petrophysical rock classification in the McElroy field, West Texas, USA. *Petrophysics* 56 (5): 493 – 510.

Schmoker, J. W. and Halley, R. B. (1982). Carbonate porosity versus depth: a predictable relation for south Florida. *AAPG Bulletin* 1982 (66): 2561 – 2570.

Serra, O. (1984). *Fundamentals of Well – Log Interpretation. Developments in petroleum science* 15A. Elsevier.

Simpson, G., Hohman, J., Pirie I., and Horkowitz, J. (2015). Using advanced logging measurements to develop a robust petrophysical model for the Bakken petroleum system. *SPWLA 56th Annual Logging Symposium*, Long Beach, CA, USA (18 – 22 July 2015).

Sloss, L. L. (1984). Comparative anatomy of cratonic unconformities. In: *Interregional Unconformities and Hydrocarbon Accumulation*, vol. 36 (ed. J. S. Schlee), 7 – 36. American Association of Petroleum Geologist Memoir.

Smola, A. J. and Schölkopf, B. (1998). A Tutorial on Support Vector Regression, NeuroCOLT. Technical Report NC – TR – 98 – 030, Royal Holloway College, University of London, UK.

Soeder, D. L. and Doherty, M. G. (1983) The Effects of Laboratory Drying Techniques on the Permeability of Tight Sandstone Core. *SPE* 11622 *Presented at the SPEIDOE.* Denver (March 13 – 16).

Soeder, D. (1986). *Laboratory Drying Procedures and the Permeability of Tight Sandstone Core.* SPE, Inst. of Gas Technology.

Sonnenberg, S. A. (2017). Sequence stratigraphy of the Bakken and Three Forks Formations, Williston basin, USA. *AAPG Rocky Mountain Section Annual Meeting*, Billings, Montana.

Sonnenberg, S. A., Gantyno, A., and Sarg, R. (2011). Petroleum potential of the upper Three Forks Formation, Williston basin, USA. *AAPG Annual Convention and Exhibition*, Houston, TX.

Sonnenberg, S. A. (2015). Keys to production, Three Forks, Williston Basin. SPE – 178510 – MS/

URTeC:2148989.

Sørland, G. H. , Djurhuus, K. , Widerøe, H. C. et al. (2007). Absolute pore size distributions from NMR. *Diffusion Fundamentals* 5: 4. 1 – 4. 15.

Gaswirth, S. B. and Marra, K. R. (2015). *U. S. Geological Survey* 2013 *assessment of Undiscovered Resources in the Bakken and Three Forks Formations of the U. S.* Williston Basin Province.

Swanson, V. E. (1960). Oil yield and uranium content of black shales. *Geological Survey Professional paper.* Serie number 356 – A, pp. 1 – 44. https://doi. org/10. 3133/pp356A.

Teklu, T. , Zhou, Z. , Li, X. , and Abass, H. (2016a). Cyclic permeability and porosity hysteresis in mudrocks – experimental study. *50th US Rock Mechanics/Geomechanics Symposium* 1: 1 – 12.

Teklu, T. , Zhou, Z. , Li, X. , and Abass, H. , 2016b. Experimental investigation on permeability and porosity hysteresis in low – permeability formations. *The SPE Low Perm Symposium Held in Denver*, CO, USA. https://doi. org/https://doi. org/10. 2118/180226 – MS.

Terzaghi, K. (1943). *Theoretical Soil Mechanics.* New York: Wiley. http://dx. doi. org/10. 1002/9780470172766.

Thrasher, L. (1987). Macrofossils and stratigraphic subdivisions of the Bakken Formation (Devonian – Mississippian). In: *Fifth International Williston Basin Symposium* (ed. W. Fischer), 53 – 67.

Vapnik, V. N. and Lerner, A. (1963). Pattern recognition using generalized portrait method. *Automation and Remote Control* 24: 774 – 780.

Vapnik, V. N. and Chervonenkis, A. (1964). A note on one class of perceptron. *Automation and Remote Control* 25: 8.

Vapnik, V. N. (1995). *The Nature of Statistical Learning Theory.* Springer – Verlag New York, Inc. 99 – 39803.

Walstrom, J. E. , Mueller, T. D. , and McFarlane, R. C. (1967). Evaluating uncertainty in engineering calculations. *Journal of Petroleum Technology* 19: 1595 – 1599.

Walls, J. and Nur, A. (1979). Pore pressure and confining pressure dependence of permeability in sandstone. 7*th Form. Eval. Symp. Can. Well Logging Soc.* , Calgary.

Wang, W. , Ren, X. , Zhang, Y. , and Li, M. (2018a). Deep learning based lithology classification using dual – frequency Pol – SAR data. *Applied Sciences* 8: 1513.

Wang, X. , Yang, S. , Zhao, Y. , and Wang, Y. (2018b). Lithology identification using an optimized KNN clustering method based on entropy – weighed cosine distance in Mesozoic strata of gaoqing field, jiyang depression. *Journal of Petroleum Science and Engineering* 166: 157 – 174.

White, F. M. (1974). *Viscous Fluid Flow.* New York: McGraw – Hill.

Xu, C. and Torres – Verdin, C. (2013). Quantifying fluid distribution and phase connectivity with a simple 3D cubic pore network model constrained by NMR and MICP data. *Computers and Geosciences* 61: 94 – 103.

Xu, J. and Sonnenberg, S. A. (2017). An SEM study of porosity in the organic – rich lower Bakken lower Member and Pronghorn member, Bakken Formation, Williston Basin. *Unconventional Resources Technology Conference*, Austin, TX, USA. http://doi. org/10. 15530/URTEC – 2017 – 2697215.

Yu, L. , Porwal, A. , Holden, E. , and Dentith, M. C. (2012). Towards automatic lithological classification from remote sensing data using support vector machines. *Computers & Geosciences* 45: 229 – 239.

Zoback, M. D. and Byerlee, J. D. (1975). Permeability and effective stress. *American Association of Petroleum Geologists Bulletin* 59: 154 – 158.

Zoback, M. D. (1975). High pressure deformation and fluid flow in sandstone, granite, and granular materials. Ph. D. thesis. Stanford Univ. , Stanford, Calif.

Zoback, M. D. and Byerlee, J. D. (1976). Effect of high – pressure deformation on permeability of Ottawa sand. *American Association of Petroleum Geologists Bulletin* 1976 (60): 1531 – 1542.

附录　迟滞测试和矿物组成

表 1　Charlie Sorenson 17 –8 –3TFH 井岩心样品矿物组成(质量百分数)

样品 1A

组分	分子式	质量因数	质量含量(%)
Dolomite	$CaMg(CO_3)_2$	0.520	65
Quartz	SiO_2	0.777	10
Pyrite	FeS_2	2.918	0.22
Orthoclase	$K(AlSi_3O_8)$	1.490	8
Calcite	$CaCO_3$	3.397	0.9
Chlorite	$Mg5.0Al0.75Cr0.25AlSi_3O_{10}(OH)_8$	2.142	0
Illite	$K(Al_4Si_2O_9(OH)_3)$	1.763	9
Apatite –(CaCl)(OH –bearing)	Ca9.7(PO_4)6Cl1.15OH	2.251	2.5
Hydrohalite	$NaCl(H_2O)_2$	1.905	3
Zeolite	Si64O128	1.458	2.9

样品 2A

组分	分子式	质量因数	质量含量(%)
Dolomite	$CaMg(CO_3)_2$	0.571	45
Quartz	SiO_2	0.563	10
Pyrite	FeS_2	3.318	2
Orthoclase	$K(AlSi_3O_8)$	1.696	10
Calcite	$CaCO_3$	3.294	6
Chlorite	$Mg5.0Al0.75Cr0.25AlSi_3O_{10}(OH)_8$	1.935	0
Illite	$K(Al_4Si_2O_9(OH)_3)$	1.388	14
Apatite	Ca9.7(PO4)6Cl1.15OH	2.041	12
Halite	NaCl	2.998	0.5
Zeolite	SiO_2	1.190	0.1

样品 3A

组分	分子式	质量因数	质量含量(%)
Dolomite	$CaMg(CO_3)_2$	0.395	68
Quartz	SiO_2	0.404	12.5
Pyrite	FeS_2	0.943	0.61
Orthoclase	$K(AlSi_3O_8)$	1.446	4.2
Chlorite	$Mg5.0Al0.75Cr0.25AlSi_3O_{10}(OH)_8$	1.854	0
Illite	$K(Al_4Si_2O_9(OH)_3)$	1.702	7.5
Apatite	$Ca9.7(PO_4)_6Cl1.15OH$	1.982	4
Halite	NaCl	1.702	2.4
Calcite	$CaCO_3$	3.001	0.56

样品 4A

组分	分子式	质量因数	质量含量(%)
Dolomite	$CaMg(CO_3)_2$	0.387	64
Quartz	SiO_2	0.544	10.2
Orthoclase	$K(AlSi_3O_8)$	3.598	2.8
Pyrite	FeS_2	1.568	0.17
Calcite	$CaCO_3$	2.977	1.5
Chlorite	$Mg5.0Al0.75Cr0.25AlSi_3O_{10}(OH)_8$	2.041	0.9
Illite	$K(Al_4Si_2O_9(OH)_3)$	1.643	9
Apatite	$Ca9.7(PO_4)_6Cl1.15OH$	2.227	0
Halite	$NaCl(H_2O)_2$	1.801	0.2
Zeolite	SiO_2	1.806	1.2
Magnetite		1.732	10

样品 5A

组分	分子式	质量因数	质量含量(%)
Dolomite	$CaMg(CO_3)_2$	0.654	59
Quartz	SiO_2	1.024	11.1
Pyrite	FeS_2	1.953	7.4
Orthoclase	$K(AlSi_3O_8)$	3.350	1.56
Calcite	$CaCO_3$	2.944	1
Chlorite	$Mg5.0Al0.75Cr0.25AlSi_3O_{10}(OH)_8$	2.155	0.9
Illite	$K(Al_4Si_2O_9(OH)_3)$	2.134	13.7
Apatite	Ca9.7(PO4)6Cl1.15OH	2.774	2
Halite	NaCl	2.990	5
Zeolite	SiO_2	1.882	0.17

表 2 Charlie Sorenson 17 -8 -3TFH 井迟滞测试结果

North Dakota 大学迟滞测试(CPMS 柱塞样品分析)										
样品编号	围压(psi)	干重(g)	长度(cm)	直径(cm)	总体积(cm^3)	颗粒体积(cm^3)	颗粒密度(g/cm^3)	孔隙体积(cm^3)	孔隙度(%)	渗透率(mD)
1A	1000	154. 144	4. 996	3. 955	61. 377	55. 371	2. 784	6. 170	10. 05	0. 036
1A	2500	154. 144	4. 996	3. 955	61. 377	55. 371	2. 784	5. 858	9. 54	0. 028
1A	4000	154. 144	4. 996	3. 955	61. 377	55. 371	2. 784	5. 795	9. 44	0. 026
1A	5000	154. 144	4. 996	3. 955	61. 377	55. 371	2. 784	4. 946	8. 06	0. 022
1A	1000	154. 144	4. 996	3. 955	61. 377	55. 371	2. 784	5. 974	9. 73	0. 032
2A	1000	163. 405	5. 114	3. 957	62. 89	61. 234	2. 797	4. 490	7. 14	0. 180a
2A	2500	163. 405	5. 114	3. 957	62. 89	61. 234	2. 797	4. 219	6. 71	0. 105a
2A	4000	163. 405	5. 114	3. 957	62. 89	61. 234	2. 797	4. 206	6. 69	0. 066a
2A	5000	163. 405	5. 114	3. 957	62. 89	61. 234	2. 797	4. 165	6. 62	0. 048a
2A	1000	163. 405	5. 114	3. 957	62. 89	61. 234	2. 797	4. 280	6. 81	0. 122a
3A	1000	170. 943	5. 078	3. 962	62. 605	61. 234	2. 792	1. 408	2. 25	0. 008
3A	2500	170. 943	5. 078	3. 962	62. 605	61. 234	2. 792	1. 286	2. 05	0. 007
3A	4000	170. 943	5. 078	3. 962	62. 605	61. 234	2. 792	1. 227	1. 96	0. 006
3A	5000	170. 943	5. 078	3. 962	62. 605	61. 234	2. 792	1. 089	1. 74	0. 005
3A	1000	170. 943	5. 078	3. 962	62. 605	61. 234	2. 792	1. 241	1. 98	0. 006
5A	1000	165. 782	5. 076	3. 959	62. 486	59. 455	2. 788	3. 031	4. 85	0. 014
5A	2500	165. 782	5. 076	3. 959	62. 486	59. 455	2. 788	2. 922	4. 68	0. 012
5A	4000	165. 782	5. 076	3. 959	62. 486	59. 455	2. 788	2. 865	4. 58	0. 011
5A	5000	165. 782	5. 076	3. 959	62. 486	59. 455	2. 788	2. 827	4. 52	0. 009
5A	1000	165. 782	5. 076	3. 959	62. 486	59. 455	2. 788	2. 899	4. 64	0. 013

注:渗透率和孔隙度测试值可能受裂缝影响高于实际值。

表 3 Charlie Sorenson 17 -8 -3TFH 井迟滞测试

North Dakota 大学											
样品编号	围压(psi)	干重(g)	长度(cm)	直径(cm)	总体积(cm^3)	颗粒体积(cm^3)	颗粒密度(g/cm^3)	孔隙体积(cm^3)	孔隙度(%)	渗透率(mD)	
										气测	参照值
1A	1000	54. 93	4. 448	2. 516	22. 114	19. 720	2. 785	2. 391	10. 813	0. 02846	0. 01268
1A	2500	54. 93	4. 448	2. 516	22. 114	19. 720	2. 785	2. 356	10. 671	0. 02286	0. 00708
1A	4000	54. 93	4. 448	2. 516	22. 114	19. 720	2. 785	2. 343	10. 619	0. 01656	0. 00475
1A	5000	54. 93	4. 448	2. 516	22. 114	19. 720	2. 785	2. 339	10. 602	0. 01065	0. 00270
1A	6000	54. 93	4. 448	2. 516	22. 114	19. 720	2. 785	2. 095	9. 603	0. 01028	0. 00259
1A	5000	54. 93	4. 448	2. 516	22. 114	19. 720	2. 785	2. 101	9. 630	0. 01060	0. 00269

续表

North Dakota 大学											
样品编号	围压(psi)	干重(g)	长度(cm)	直径(cm)	总体积(cm^3)	颗粒体积(cm^3)	颗粒密度(g/cm^3)	孔隙体积(cm^3)	孔隙度(%)	渗透率(mD)	
										气测	参照值
1A	4000	54.93	4.448	2.516	22.114	19.720	2.785	2.103	9.636	0.01148	0.00292
1A	2500	54.93	4.448	2.516	22.114	19.720	2.785	2.125	9.726	0.01206	0.00322
1A	1000	54.93	4.448	2.516	22.114	19.720	2.785	2.174	9.931	0.02169	0.00669
2A	1000	62.052	4.809	2.517	23.928	22.160	2.800	1.743	7.292	0.02073	0.00626
2A	2500	62.052	4.809	2.517	23.928	22.160	2.800	1.679	7.044	0.01088	0.00362
2A	4000	62.052	4.809	2.517	23.928	22.160	2.800	1.635	6.870	0.00927	0.00224
2A	5000	62.052	4.809	2.517	23.928	22.160	2.800	1.612	6.779	0.00768	0.00178
2A	6000	62.052	4.809	2.517	23.928	22.160	2.800	1.571	6.621	0.00609	0.00300
2A	5000	62.052	4.809	2.517	23.928	22.160	2.800	1.577	6.642	0.00717	0.00162
2A	4000	62.052	4.809	2.517	23.928	22.160	2.800	1.593	6.706	0.00758	0.00175
2A	2500	62.052	4.809	2.517	23.928	22.160	2.800	1.627	6.840	0.01178	0.00312
2A	1000	62.052	4.809	2.517	23.928	22.160	2.800	1.670	7.007	0.03086	0.01782
5A	1000	61.861	4.728	2.519	23.563	22.234	2.782	1.191	5.086	0.00653	0.00143
5A	2500	61.861	4.728	2.519	23.563	22.234	2.782	1.137	4.863	0.00464	0.00094
5A	4000	61.861	4.728	2.519	23.563	22.234	2.782	1.092	4.682	0.00415	0.00081
5A	5000	61.861	4.728	2.519	23.563	22.234	2.782	1.071	4.597	0.00394	0.00076
5A	6000	61.861	4.728	2.519	23.563	22.234	2.782	1.050	4.510	0.00374	0.00071
5A	5000	61.861	4.728	2.519	23.563	22.234	2.782	1.051	4.514	0.00375	0.00072
5A	4000	61.861	4.728	2.519	23.563	22.234	2.782	1.056	4.535	0.00435	0.00086
5A	2500	61.861	4.728	2.519	23.563	22.234	2.782	1.100	4.715	0.00506	0.00106
5A	1000	61.861	4.728	2.519	23.563	22.234	2.782	1.203	5.132	0.01862	0.00546

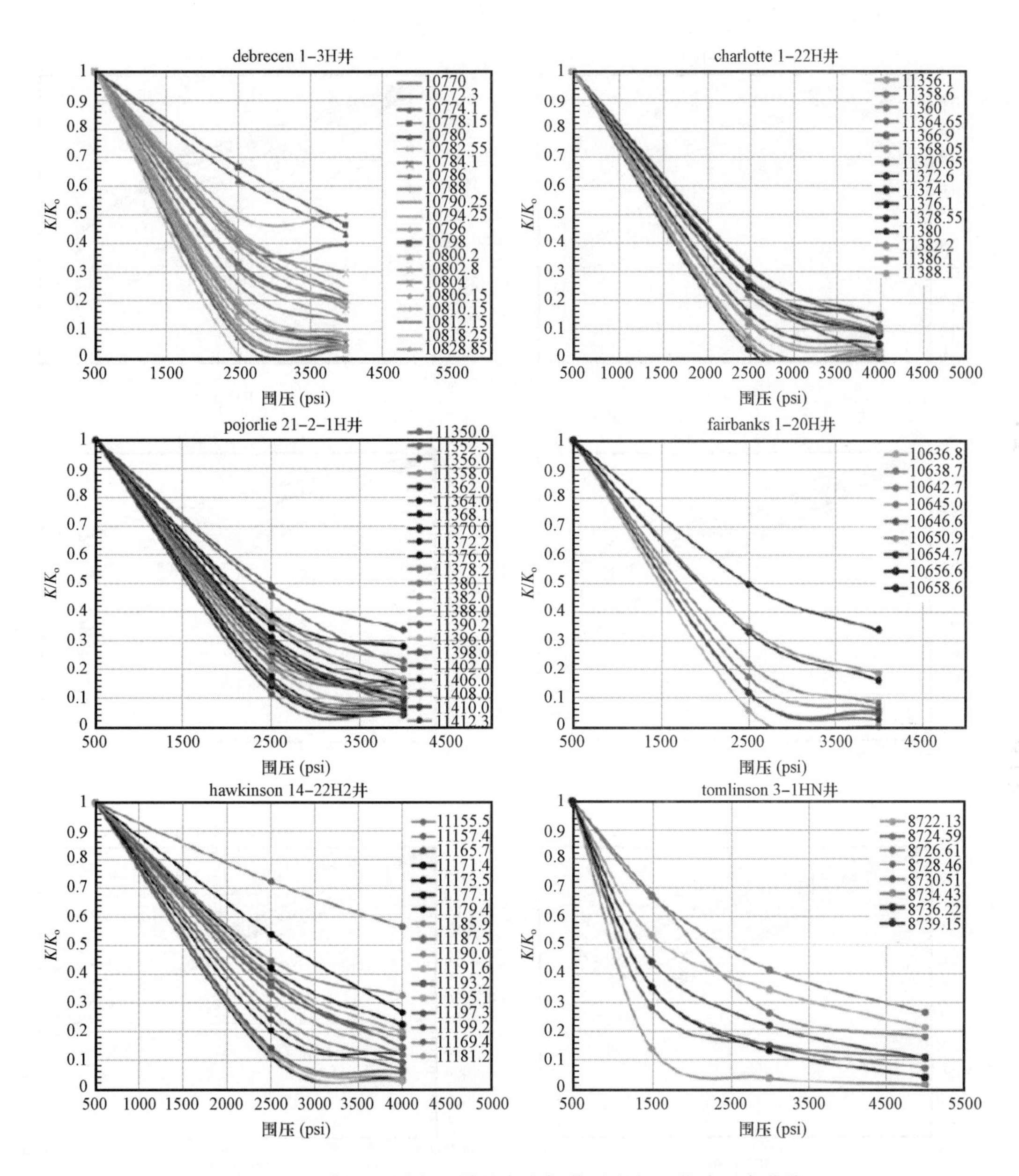

图1 上三岔组地层岩心样品应力加载过程归一化渗透率曲线

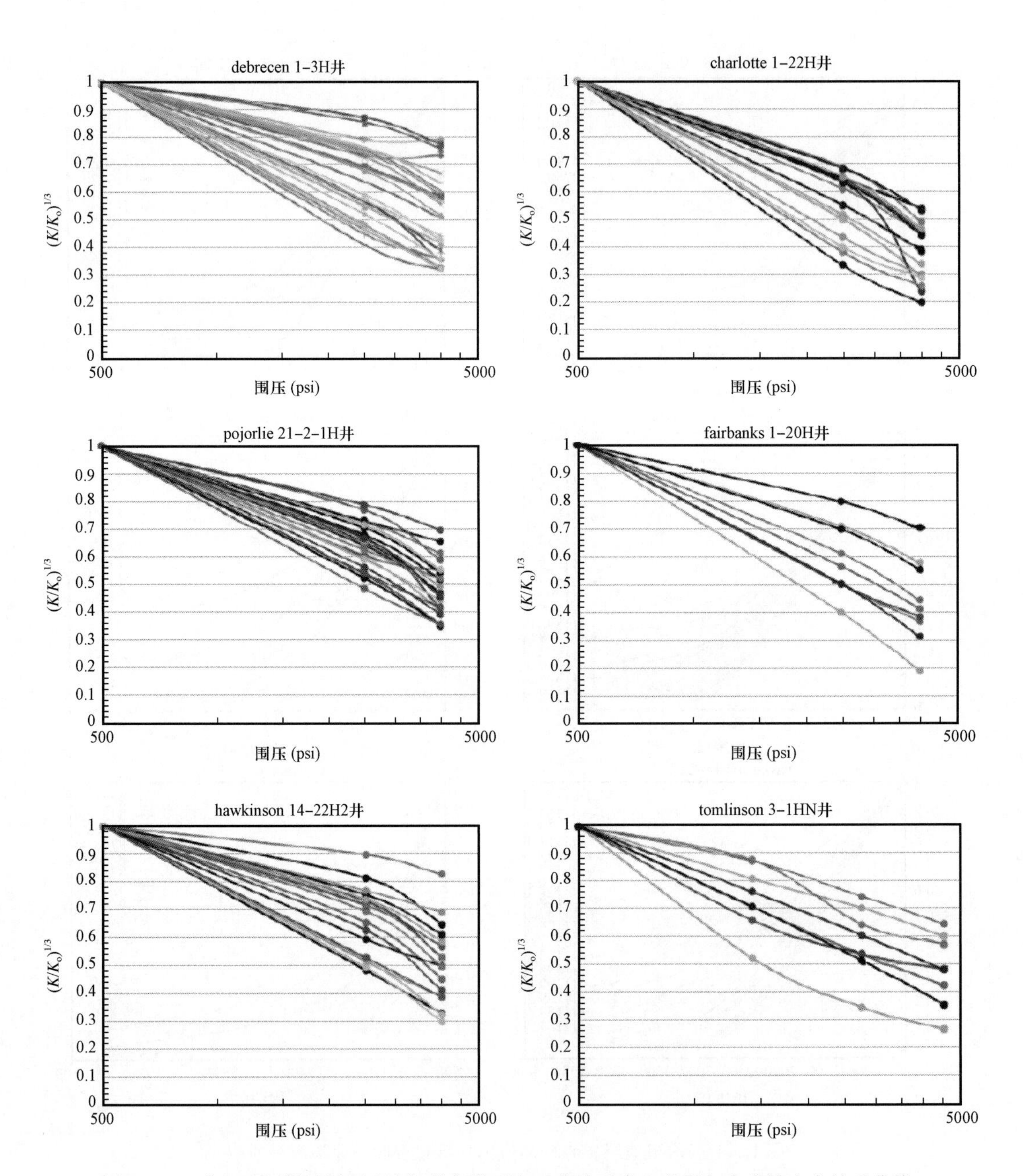

图2 上三岔组地层样品循环应力加载条件下归一化渗透率立方根与净有效应力关系曲线
渗透率随应力增加呈非线性下降特征。循环应力加载范围 500～4000psi 条件，
仅3%样品渗透率随净应力增加遵循线性下降规律

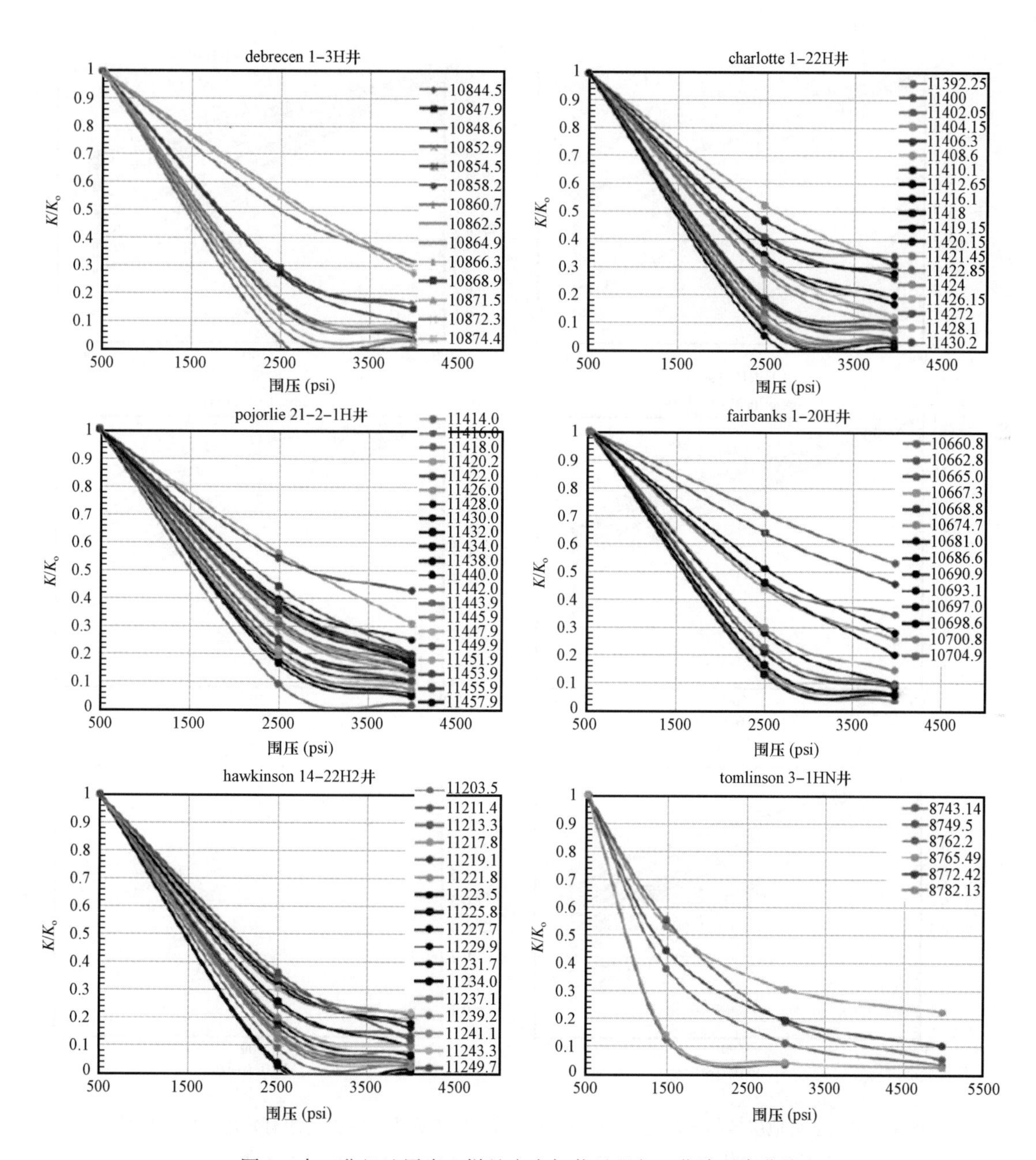

图 3 中三岔组地层岩心样品应力加载过程归一化渗透率曲线

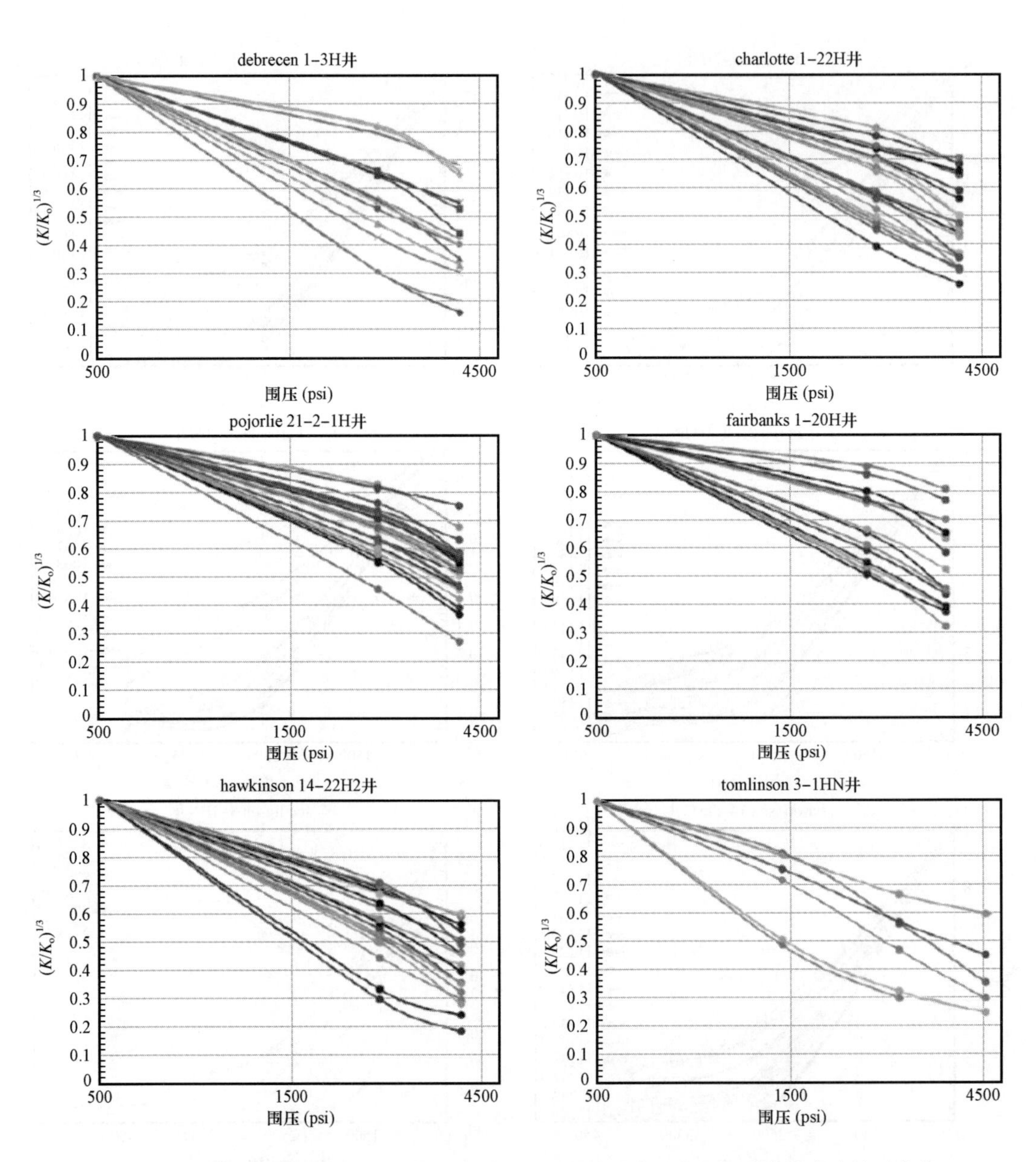

图4 中三岔组地层样品循环应力加载条件下归一化渗透率立方根与净有效应力关系曲线

渗透率随应力增加呈非线性下降特征。循环应力加载范围 500~4000psi 条件,

仅2%样品渗透率随净应力增加遵循线性下降规律

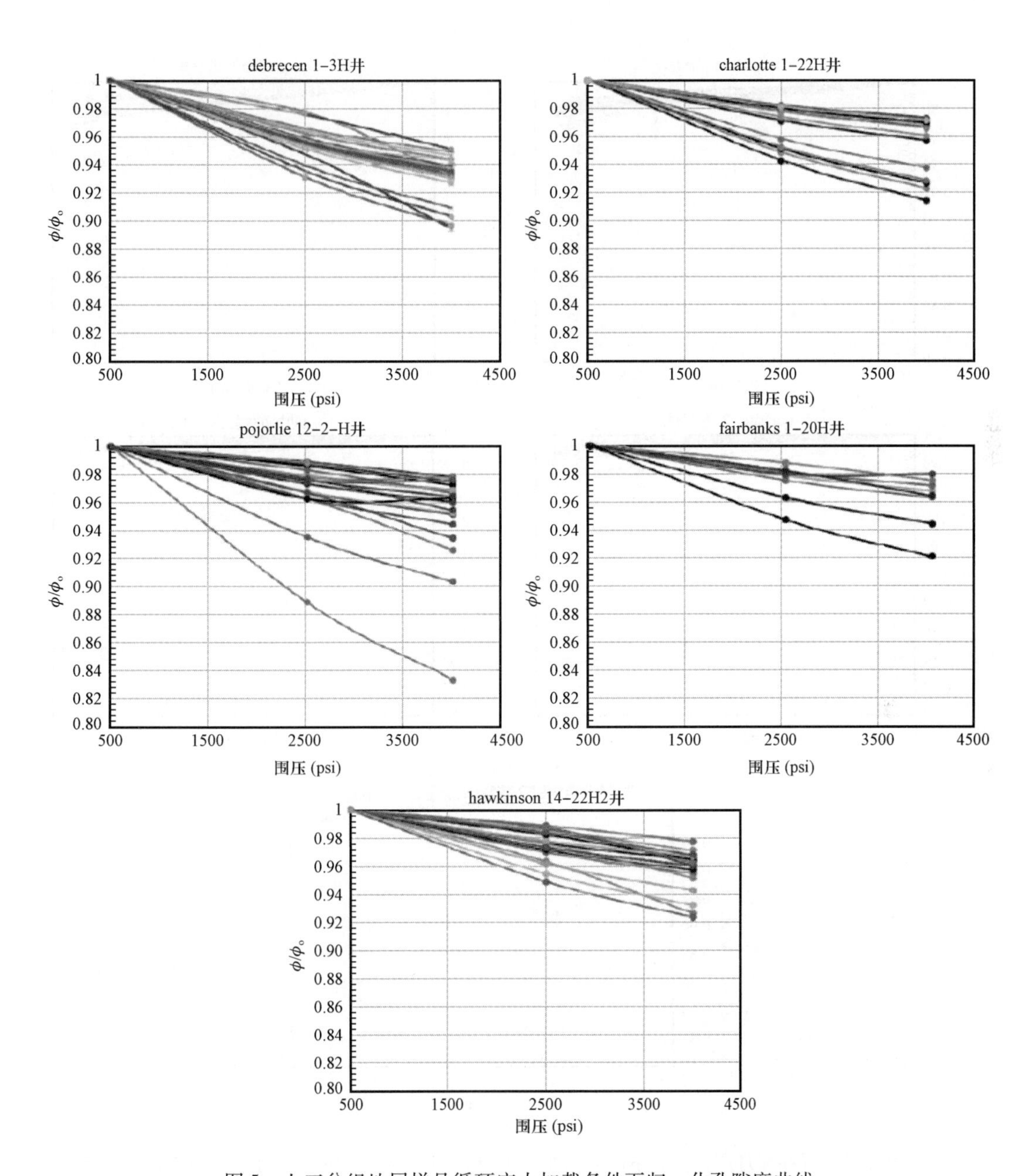

图5 上三岔组地层样品循环应力加载条件下归一化孔隙度曲线

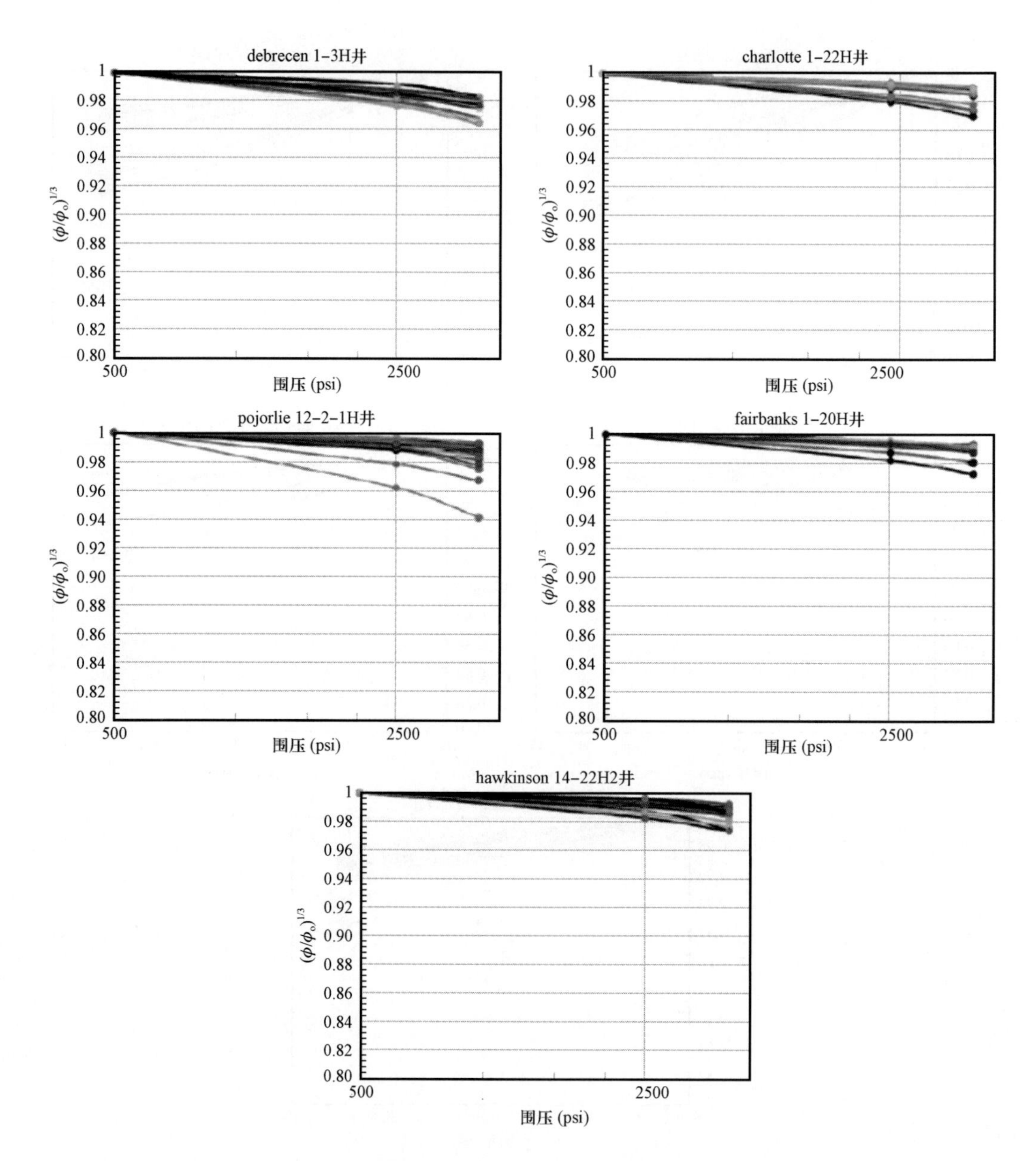

图6 上三岔组地层样品循环应力加载条件下(500～4000psi)归一化渗透率立方根与净有效应力关系曲线

渗透率随应力增加呈近似线性下降特征

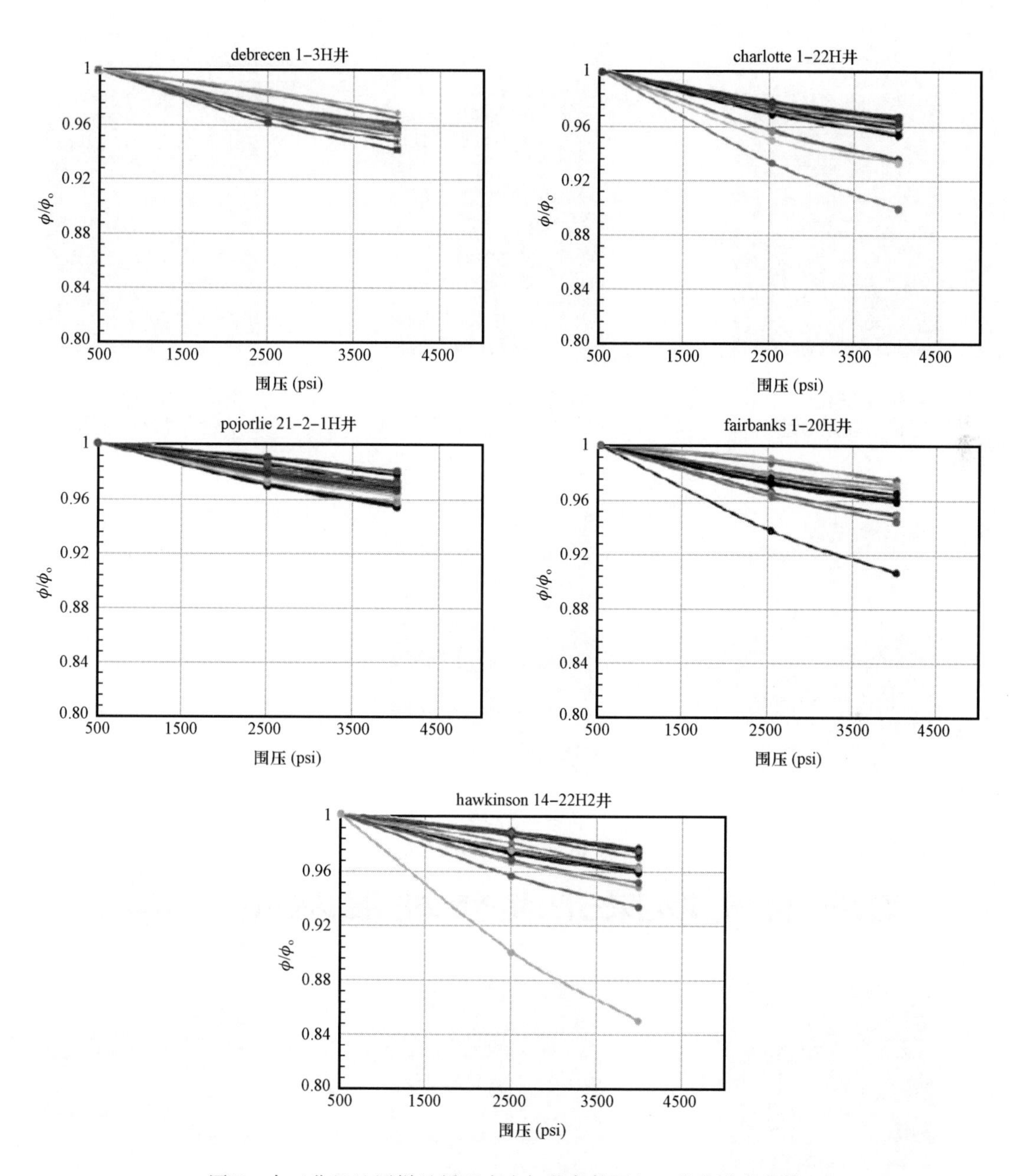

图 7　中三岔组地层样品循环应力加载条件下归一化孔隙度曲线

国外油气勘探开发新进展丛书(一)

书号:3592
定价:56.00元

书号:3663
定价:120.00元

书号:3700
定价:110.00元

书号:3718
定价:145.00元

书号:3722
定价:90.00元

国外油气勘探开发新进展丛书(二)

书号:4217
定价:96.00元

书号:4226
定价:60.00元

书号:4352
定价:32.00元

书号：4334
定价：115.00元

书号：4297
定价：28.00元

国外油气勘探开发新进展丛书（三）

书号：4539
定价：120.00元

书号：4725
定价：88.00元

书号：4707
定价：60.00元

书号：4681
定价：48.00元

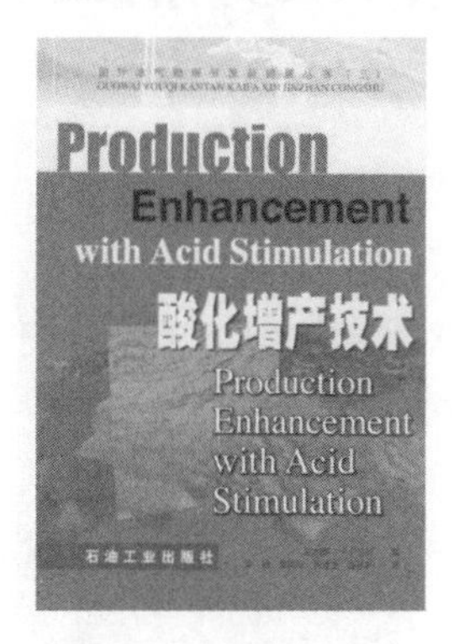

书号：4689
定价：50.00元

书号：4764
定价：78.00元

国外油气勘探开发新进展丛书（四）

书号：5554
定价：78.00元

书号：5429
定价：35.00元

书号：5599
定价：98.00元

书号：5702
定价：120.00元

书号：5676
定价：48.00元

书号：5750
定价：68.00元

国外油气勘探开发新进展丛书（五）

书号：6449
定价：52.00元

书号：5929
定价：70.00元

书号：6471
定价：128.00元

国外油气勘探开发新进展丛书(七)

书号：7533
定价：65.00元

书号：7802
定价：110.00元

书号：7555
定价：60.00元

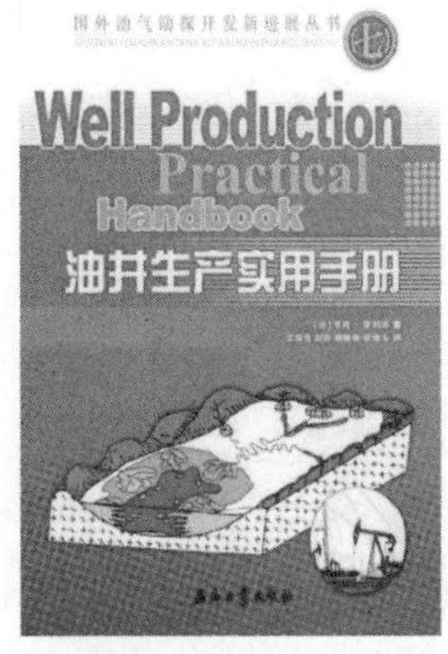

书号：7290
定价：98.00元

书号：7088
定价：120.00元

书号：7690
定价：93.00元

国外油气勘探开发新进展丛书(八)

书号：7446
定价：38.00元

书号：8065
定价：98.00元

书号：8356
定价：98.00元

书号：8092
定价：38.00元

书号：8804
定价：38.00元

书号：9483
定价：140.00元

国外油气勘探开发新进展丛书（九）

书号：8351
定价：68.00元

书号：8782
定价：180.00元

书号：8336
定价：80.00元

书号：8899
定价：150.00元

书号：9013
定价：160.00元

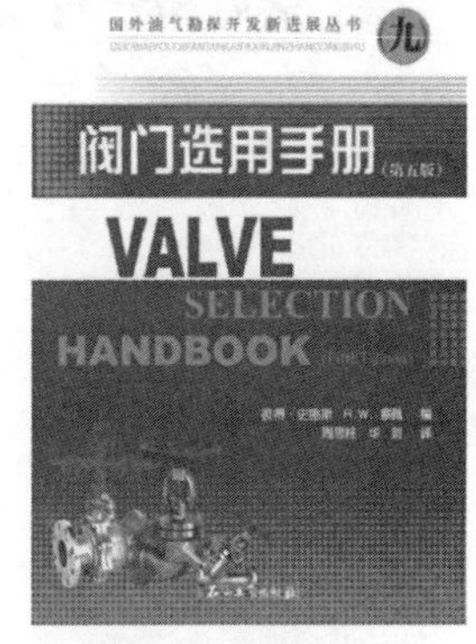

书号：7634
定价：65.00元

国外油气勘探开发新进展丛书（十）

书号：9009
定价：110.00元

书号：9989
定价：110.00元

书号：9574
定价：80.00元

书号：9024
定价：96.00元

书号：9322
定价：96.00元

书号：9576
定价：96.00元

国外油气勘探开发新进展丛书（十一）

书号：0042
定价：120.00元

书号：9943
定价：75.00元

书号：0732
定价：75.00元

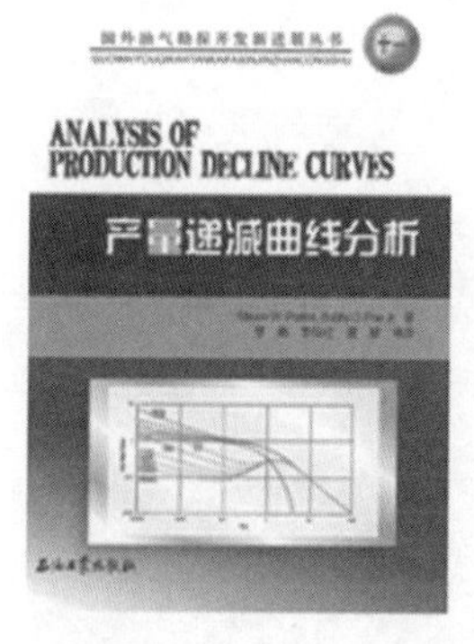

书号：0916
定价：80.00元

书号：0867
定价：65.00元

书号：0732
定价：75.00元

国外油气勘探开发新进展丛书（十二）

书号：0661
定价：80.00元

书号：0870
定价：116.00元

书号：0851
定价：120.00元

书号：1172
定价：120.00元

书号：0958
定价：66.00元

书号：1529
定价：66.00元

国外油气勘探开发新进展丛书（十三）

书号：1046
定价：158.00元

书号：1167
定价：165.00元

书号：1645
定价：70.00元

书号：1259
定价：60.00元

书号：1875
定价：158.00元

书号：1477
定价：256.00元

国外油气勘探开发新进展丛书（十四）

书号：1456
定价：128.00元

书号：1855
定价：60.00元

书号：1874
定价：280.00元

书号：2857
定价：80.00元

书号：2362
定价：76.00元

国外油气勘探开发新进展丛书（十五）

书号：3053
定价：260.00元

书号：3682
定价：180.00元

书号：2216
定价：180.00元

书号：3052
定价：260.00元

书号：2703
定价：280.00元

书号：2419
定价：300.00元

国外油气勘探开发新进展丛书（十六）

书号：2274
定价：68.00元

书号：2428
定价：168.00元

书号：1979
定价：65.00元

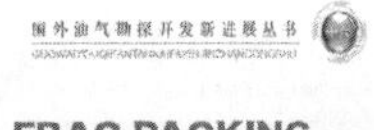

书号：3450
定价：280.00元

书号：3384
定价：168.00元

书号：5259
定价：280.00元

国外油气勘探开发新进展丛书（十七）

书号：2862
定价：160.00元

书号：3081
定价：86.00元

书号：3514
定价：96.00元

书号：3512
定价：298.00元

书号：3980
定价：220.00元

书号：5701
定价：158.00元

国外油气勘探开发新进展丛书（十八）

书号：3702
定价：75.00元

书号：3734
定价：200.00元

书号：3693
定价：48.00元

书号：3513
定价：278.00元

书号：3772
定价：80.00元

书号：3792
定价：68.00元

国外油气勘探开发新进展丛书（十九）

书号：3834
定价：200.00元

书号：3991
定价：180.00元

书号：3988
定价：96.00元

书号：3979
定价：120.00元

书号：4043
定价：100.00元

书号：4259
定价：150.00元

国外油气勘探开发新进展丛书（二十）

书号：4071
定价：160.00元

书号：4192
定价：75.00元

书号：4770
定价：118.00元

书号：4764
定价：100.00元

书号：5138
定价：118.00元

书号：5299
定价：80.00元

国外油气勘探开发新进展丛书（二十一）

书号：4005
定价：150.00元

书号：4013
定价：45.00元

书号：4075
定价：100.00元

SHALE OIL AND GAS HANDBOOK THEORY, TECHNOLOGIES, AND CHALLENGES

页岩油与页岩气手册——理论、技术和挑战

书号：4008
定价：130.00元

书号：4580
定价：140.00元

书号：5537
定价：200.00元

国外油气勘探开发新进展丛书（二十二）

书号：4296
定价：220.00元

书号：4324
定价：150.00元

书号：4399
定价：100.00元

书号：4824
定价：190.00元

书号：4618
定价：200.00元

书号：4872
定价：220.00元

国外油气勘探开发新进展丛书（二十三）

书号：4469
定价：88.00元

书号：4673
定价：48.00元

书号：4362
定价：160.00元

书号：4466
定价：50.00元

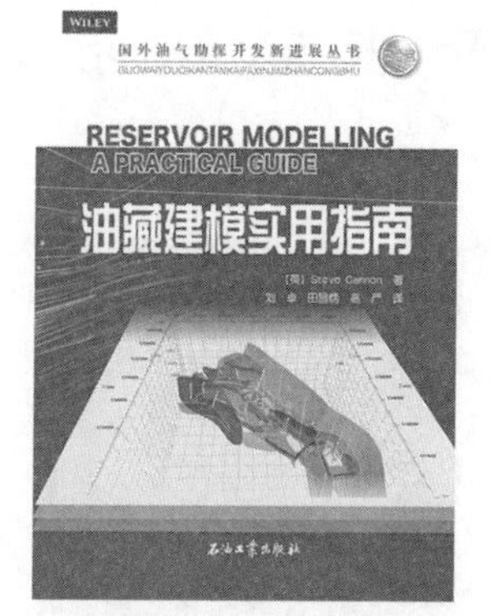

书号：4773
定价：100.00元

书号：4729
定价：55.00元

国外油气勘探开发新进展丛书（二十四）

书号：4658
定价：58.00元

书号：4785
定价：75.00元

书号：4659
定价：80.00元

书号：4900
定价：160.00元

书号：4805
定价：68.00元

书号：5702
定价：90.00元

国外油气勘探开发新进展丛书（二十五）

书号：5349
定价：130.00元

书号：5449
定价：78.00元

书号：5280
定价：100.00元

书号：5317
定价：180.00元

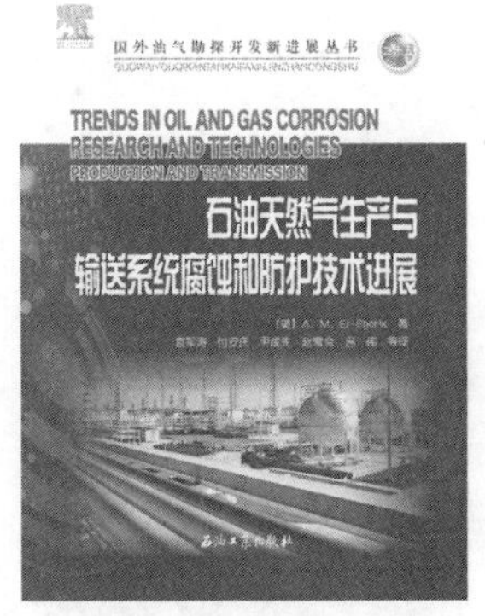

书号：6509
定价：258.00元

书号：5718
定价：90.00元

国外油气勘探开发新进展丛书（二十六）

书号：6882
定价：150.00元

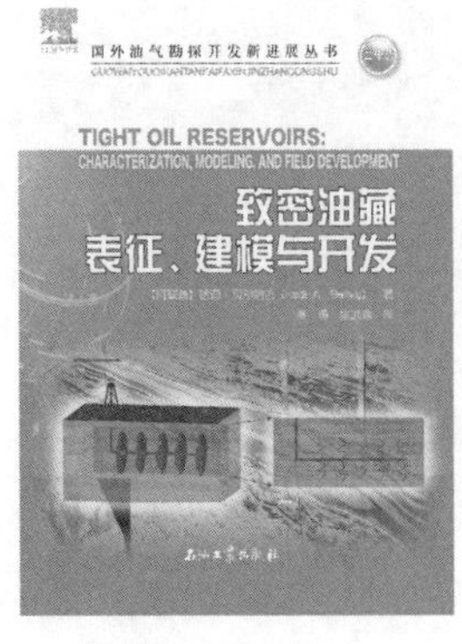

书号：6703
定价：160.00元

书号：6738
定价：120.00元